PBD를 위한

건축물의 연기제어 계획지침

일본건축학회 저
한국화재소방학회 역

도서출판 동화기술

建築物の煙制御計画指針

本書のご利用にあたって

本書は，作成時点での最新の学術的知見をもとに，技術者の判断に資する技術の考え方や可能性を示したものであり，法令等の補完や根拠を示すものではありません．また，本書の数値は推奨値であり，それを満足しないことが直ちに建築物の安全性を脅かすものでもありません．ご利用に際しては，本書が最新版であることをご確認ください．本会は，本書に起因する損害に対しては一切の責任を有しません．

一般社団法人 日本建築学会

본서의 이용에 대하여

본서는 작성시점에서 최신의 학술적 지식을 토대로 기술자의 판단에 유용한 방안이나 가능성을 나타낸 것으로, 법령 등의 보완이나 근거를 나타내는 것은 아닙니다. 또한 본서의 수치는 권장치로서 그것을 만족하지 못하는 것이 바로 건축물의 안전성을 위협하는 것은 아닙니다. 이용 시에는 본서가 최신판인 것을 확인하여 주시기 바랍니다. 본회는 본서에 기인하는 손해에 대해서는 일체의 책임을 지지 않습니다.

일반사단법인 일본건축학회

총괄 번역 및 검토자

권영진 / 호서대 소방방재학과 교수
한국화재소방학회 건축・도시방재분과위원장

번역자

구인혁 / 동경이과대학
김정희 / ㈜ PNR System
김동준 / 화재공학연구소
김동은 / 대전보건대학교
김봉찬 / 요코하마 국립대학
서동구 / 한국건설기술연구원
윤웅기 / 동경이과대학
진승현 / 호서대학교
이영재 / 한밭대학교

검토자

민정기 / 한국건설생활환경시험연구원
신현승 / 융도엔지니어링
김황진 / 초당대학교
여인환 / 한국건설기술연구원
김동준 / ㈜ 파라텍
김길중 / 서울시 동대문소방서
김정엽 / 한국건설기술연구원
이승철 / 강원대학교
황금숙 / ㈜ 한일엠이씨

Preface... 인사말씀

일본건축학회의 「건축물의 연기제어 계획 지침」의 한국어 번역판을 출판하며

(사)한국화재소방학회는 화재소방분야의 폭넓은 연구 활동과 각종 재난에 대처하기 위해 그동안 학문적 역량을 강화키기 위해 부단히 노력해 왔습니다. 대한민국의 화재안전과 함께 한 세월이 30년을 넘어섰습니다. 화재소방분야 연구의 폭이 넓어지면서 대내・외적으로 학회의 위상이 높아지고 연구자도 많이 증가하여 질적인 연구 내용이 향상되었습니다.

화재소방인 여러분의 노력과 성원으로 화재소방분야가 발전할 수 있는 계기가 되었고, 또 크고 작은 사고를 겪으면서 재도약의 기회가 마련되었던 것으로 이해됩니다. 화재소방분야 발전을 위하여 토대를 마련해 주시고 봉사하여 주신 화재소방인 여러분께 깊이 감사드립니다.

우리 학회 건축도시방재분과 위원회에서는 성능기반 화재안전설계 핵심부분 중의 하나인 화재성상예측에 대한 학술적 기반 조성을 목표로 "건축물의 연기제어 계획 지침서"를 출판하게 되었습니다. 본 번역서는 연기관련 화재성상 예측을 위하여 국내에서도 매우 좋은 연구자료가 될 것으로 판단됩니다.

그동안 학술발표 및 국・내외세미나를 통해 화재소방성능기반 설계의 저변확대 및 발전방안을 위하여 연구 활동을 활발히 진행하고 있습니다. 본 번역서는 국내 화재소방분야 성능기반설계에 대한 이론적 기반을 제공한다는 측면에서 상당히 도움을 줄 수 있을 것입니다.

최근 화재로 인한 피해가 점차 늘어나고 있으며, 특히 연기로 인하여 크나큰 대가를 치르고 있습니다. 사건사고와 함께 대두되고 있는 화재의 대형화 문제를 해결하기 위해 학술활동, 포럼, 토론회 등을 통해 해결의 실마리를 풀어가도록 최선의 노력을 해야 할 것입니다. 이러한 상황에서 "건축물의 연기제어 계획 지침서" 내용은 매우 유익할 것으로 판단됩니다. 향후 본 내용을 토대로, 국내의 상황을 고려한 화재성상예측 지침으로 업그레이드되어 재탄생할 수 있기를 기대합니다.

화재소방분야에서 재난 대처에 그동안 많은 연구를 수행하여 온 학계 및 소방기술인의 연구 활동을 위해 (사)한국화재소방학회에서는 최선을 다하겠습니다. 안전한 나라에서 행복한 국민으로 살아가기 위해서는 안전 확보에 구체적 실천계획이 있어야 합니다. 대한민국의 안전문화 확산을 위해 안전분야에서 묵묵히 자신의 소임을 다하시는 모든 분께 감사함을 전하면서 본 번역서를 위해 노력하여 주신 건축도시방재분과위원회 위원과 권영진 위원장께 감사드립니다.

(사) 한국화재소방학회

회장 정영진

Preface... 역자서문

본 책자는 일본건축학회 방화위원회 연기제어설계소위원회(위원장 森山修治)에서 2014년 3월에 집필된 「建築物の煙制御畫指針」의 내용을 한국화재소방학회의 건축도시방재위원회(위원장 권영진)에서 「PBD를 위한 건축물의 연기제어계획 지침」으로 번역한 것으로 국내성능기반 화재안전설계에서 핵심부분 중의 하나인 연기제어기술에 대한 학술적 기반을 조성하는 것을 목표로 출판되었습니다. 또한 2016년 11월에 번역한 「PBD를 위한 화재하중・설계화재모델」에 이은 일본건축학회의 화재안전설계에 대한 두 번째 번역서입니다.

또한 본 책자는 한국화재소방학회의 정영진회장님으로부터 건축·도시방재위원회의 역할을 부여받아 「한국의 성능설계 문제점과 개선방안」이라는 내용으로 건축도시방재위원회를 이끌어나가면서 본 책자가 한국의 화재안전설계에 대한 이론적 기반을 제공한다는 측면에서 매우 큰 도움을 줄 것이란 판단 하에 본 위원회 위원분들과 공동으로 번역하고 검토하여 이렇게 번역서를 출간하게 되었습니다. 또한 국토부의 화재안전연구단과 융합연구단의 지원을 받았으므로 이에 감사를 드립니다.

현재 국내의 경우, 제천 스포츠시설의 화재 및 밀양 요양병원 화재 등 다발하는 건축물의 화재사고는 주로 재실자들의 연기로 인한 사상으로 연기제어문제는 화재안전설계분야의 인명안전을 위한 제일 중요한 기술임에도 불구하고 건축법과 소방법으로 나뉜 상황에서 서로간의 역할이 모호하고 관련용어에서도 차이가 있으므로 그 차이를 명확히 아는 관계자이외에는 오히려 더 이해하기가 어려운상황이고 특히 소방의 경우에서는 최근 급기가압기술에 대한 문제점의 지적에 따른 기술적 재검토가 활발하게 이루어지는 등 화재안전설계의 가장 중요한 부분조차가 정립이 되지못하고 있는 실정으로 판단됩니다. 이러한 상황은 연기제어설계분야는 학술적기반이 매우 부족한 실정에서 주로 법령에 의거한 설계가 이루어지고 있고 관련연구 및 학술적인 진보가 없이 외국법령위주와 실무적인 시뮬레이션으로만 의거하다보니 발생하는 문제인 것으로 저는 진단합니다. 몇몇 연기제어에 관한 매우 유용한 학술서적도 있으나 주로 개인적인 연구내용이나 외국문헌 등을 소개하는 수준의 학술서적으로서 학회 등의 이름으로 통합적인 설계이론과 설계방법 등에 대한 제시가 부족한 것이 국내의 현실정으로 판단합니다.

이러한 상황에서 본 일본건축학회의 지침내용은 일본의 건축법과 소방법의 내용을 소개하고 각각 법령의 차이점을 명확하게 설명하고 있으며 기초이론부터 설계에 이르는 예제에까지 명확하게 설명하고 있으므로 학술적인 내용이나 기술적인 설계내용 및 법령과의 관계가 아주 상세하게 소개되고 있으므로 국내의 상황에 매우 유익할 것으로 판단됩니다. 향후 본 내용을 토대로 면밀하게 검토되어 한국의 상황을 고려한 연기제어계획 지침으로 업그레이드 되어 재탄생 할 수 있기를 바랍니다. 본 결실을 볼 수 있도록 그동안 다방면으로 지원하여 주신 정영진회장님께 감사드리며 함께 고생하여주신 건축도시방재분과위원분들과 출판에 많은 신경을 써주신 도서출판 동화기술 관계자분들께 다시 한 번 감사드립니다.

건축·도시방재분과위원장

호서대학교 소방방재학과 교수

권영진

Preface... 저자서문

일본건축학회의 「建築物の煙制御計画指針」 한국어판의 발행에 대하여

건축물에서 발생하는 화재사고에서 피난자가 사망하는 경우, 그 주요원인으로서는 화염 그 자체가 아니라 연기라는 것은 널리 알려져 있습니다. 이것은 화재 시의 연기가 화염과 비교하면 위험도는 낮으나 화염보다는 매우 빠른 속도로 광범위하게 건물 내로 전파한다는 것과 더불어 인체의 서한도(恕限度)가 화재생성물에 대하여 현저하게 낮은 것에 기인합니다. 또한 건물 내에 충만한 연기는 거기에 포함되는 열과 유독가스 연기입자 등으로 인하여 소화나 재관자 구조 시 소방대의 활동이 현저하게 곤란하게 됩니다. 연기제어는 이와 같은 연기에 따른 위험을 막거나 완화시킴으로써 재관자 및 피난자의 안전이나 소방대의 활동을 지원하는 것을 목적으로 합니다. 즉, 연기제어 설계라는 것은 연기제어를 위하여 필요한 연기제어시스템의 구성이나 성능을 명확하게 하고 건축물의 설계에 반영시키는 것입니다.

일본의 경우, 이러한 연기제어 설계에 관하여는 배연기준의 형태로 건축기준법으로 규정되어 왔습니다. 그러나 본래의 연기제어설계에 관하여는 고도한 지식이나 기술이 필요하고 법 규정의 형식적인 적합만으로는 유효하지 못한 사례가 매우 많습니다. 또한 최근 피난안전검증법과 압출배연 시행령이나 고시에 따른 가압배연 등 새로운 연기제어 시스템의 규정이 정비되고 있습니다. 또한 장관인정제도에 따른 성능설계도 시행되고 있습니다. 이와 같은 고도화된 기술을 적절하게 취급하기 위하여 최신의 공학적인 지식이나 기술을 소개하고 법령을 존중하면서도 보다 합리적이고 적절한 연기제어계획의 방안을 제안하고 방향성을 제시하는 것은 본 일본건축학회의 역할이라 생각됩니다. 따라서 일본건축학회에서는 2011년 3월에 「건축물의 연기제어지침(안)」을 간행하고 내용을 보완하여 2014년에 개정판을 간행하기에 이르렀습니다.

한국과 일본은 역사적인 교류가 지리적으로도 문화적으로도 가까운 국가입니다. 이번 기회에 한국에서 본 책자가 번역되어 출판됨으로써 본 책자가 한국의 방화기술 특히 연기제어 설계의 발전에 일조할 수 있다면 매우 의미 있는 일일 것이고 더 나아가 한국과 일본의 활발한 기술교류에도 공헌할 수 있을 것으로 생각되어 매우 의미 있는 일로 생각됩니다. 이와 같은 의미 있는 일이 될 수 있도록 한국에서 번역을 주관해주신 호서대학교 권영진교수님께 감사의 뜻을 전합니다.

日本大学 教授
日本建築学会, 防火委員会, 煙制御設計小委員会 主事
森山修治

목차

CHAPTER 3

연기제어설비

CHAPTER 5 연기 유동에 관한 기초 지식

CHAPTER 6 각종 연기제어방식의 계산 예

CHAPTER 7

화재 시 인간의 거동과 피난계획에 관한 기초지식

부록

a
b
c

1.1 화재의 역사와 연기의 위험성
1.2 화재안전설계와 연기제어
1.3 연기제어의 개념과 방법
1.4 연기제어 설계와 법규

제 1 장 연기제어의 목적과 개념

1.1 화재의 역사와 연기의 위험성

1.1.1 건축화재의 역사

인간과 건축화재는 관련된 역사가 매우 길고, 우리나라뿐만 아니라 외국에서도 많은 수의 화재가 발생되었다. 상세한 기록이 남게 된 것은 약 100년 정도 이전부터이며 그럼에도 많은 화재가 발생하였다는 것을 알 수 있다. 여기에서는 극히 일부의 화재에 대하여 서술한다.

(1) 일본의 건축화재

일본의 경우, 실로 대규모의 도시화재를 경험하여 왔다. 메이지시대(1868~1912) 이후는 서양의 도시와 같은 불연도시를 건설하는 것이 절실하였고, 이러한 불연건물이 화재안전대책으로서 맹목적인 신뢰를 받으며 건설이 진행되었다. 그러나 쇼와시대(1926~1989)로 진행되면서 일본에서도 서서히 불연건물이 증가되어감에 따라 이러한 불연건물이 반드시 화재에 대하여 안전한 것은 아니라는 것을 인식하기에 이르렀다.

표 1.1.1은 1931년 이후부터 현재까지 10명 이상의 사망자를 발생시킨 일본의 건축화재사례를 정리한 것이다.

표 1.1.1 많은 사상자를 발생시킨 건축화재

연도	건축명칭	용도	소재지	사망자 / 부상자	원인
1931	견사시장	시장	이시카와현 고마쓰정	16 /	영화 상영 중
1932	시로키야	백화점	도쿄 니혼바시	14 / 91	전구 스파크
1932	다이후 아파트	아파트	도쿄 후카가와	20 / 16	
1943	호테이야	영화관	홋카이도 도모치 야스마치	208 /	영사실에서 발화
1949	쓰가루 병원	병원	요시모리현 히로사키시	10 / 7	
1951	오하라 극장	영화관	홋카이도 하마나카 마을	39 /	영사실에서 발화
1951	켄시히꼬네 공장	공장	시가현 오우미시	23 / 22	영화 상영 중
1951	미하라디칸	여관	치바현 가쓰우다시	10 / 9	
1951	시립 구시로 병원	병원	홋카이도 구시로시	18 / 9	

1953	카모중학교	학교	오까야마켄 카모시	14 /	영화 상영 중
1955	성모공원	노인홈	요코하마시	99 / 9	
1955	시끼죠 정신병원	정신병원	치바현 시카와시	18 /	
1959	다나기 병원	병원	구마모토현 타나기쪼	12 / 23	
1959	긴우쯔자	영화관	홋카이도 미뽀로쪼	12 / 23	보일러실
1960	키누가사	병원	카나가와현 요코스가시	16 /	중유스토브
1960	구루미 국립요양소	병원	후부오까현 구루미시	11 /	
1960	타소가대	주점	구마모토현 구마모토시	14 /	
1966	가나이 빌딩	다중이용업소	가나카와켄 가와다키시	12 / 11	담배
1966	키꾸후지 호텔	주상복합	군마현 스이죠온천	30 / 29	석유스토브
1968	이께노보만게죠 호텔	호텔	효코현 아리마온천	30 / 44	
1969	이와히까리 호텔	호텔	후쿠시마현 고우리마시	30 / 35	횃불
1970	모우류 병원	호텔	도치기현 사노시		방화
1971	스시유로우	여관	와카야마켄 와카냐마시	16 / 15	
1971	미용사 숙소	기숙사	홋카이도 비파이시	10 / 1	
1972	센니찌 백화점	주상복합	오오사카부 오오다카시	118 / 81	담배
1973	사이세이카이하치반 병원	병원	후쿠오카켄 북규우슈시	13 / 3	
1973	다이요 백화점	백화점	쿠마보토켄 쿠마모토시	103 / 121	
1976	미자와 빌딩	주상복합(주점)	시즈외가켄 누마쯔시	15 / 8	방화
1977	야나이건설 숙소	기숙사	오오사카시 니시나리구	12 / 3	
1978	이마마치 회관	주상복합	니카타켄 니카타시	11 / 2	
1980	가와지프린스 호텔	호텔	도차키현 가와지온천	45 / 22	아세틸렌화염
1982	호텔 뉴재팬	호텔	동경도 치요다구	32 / 34	담배
1983	사오우 관광호텔	호텔	야마가타켄 사오우온천	11 / 2	전기스토브
1983	만스이테이	식당	시즈오카켄 가께시와시	14 / 28	가스폭발
1986	호텔 다이또칸	호텔	시즈오카켄 아타가와온천	24 /	
1987	쇼류엔	노인홈	동경도 히가시무라야마시	17 / 25	방화
1990	나가사키야 아마가사끼점	복화점	현 아마가사끼시	15 / 6	방화
2001	가부키죠 다중이용업소	다중이용업소 (주점 등)	동경도 신쥬쿠구	44 / 3	방화
2008	개별 비디오방	다중이용업소 (주점 등)	오오사까시 나니아구	15 / 10	방화
2009	세이요우홈타마유라	노인홈	군마현	10 / 1	담배
2013	아베 정형외과	정형외과병원	후쿠오카 후쿠오카시	10 / 5	

※ 소재시의 명칭은 화재발생 당시의 것이고 부상자 및 원인이 공란인 것은 명확하지 않음을 의미함.

1945년의 제2차 세계대전 종전까지의 시기는 아직 고층 및 대규모건물이 적었던 것이 주요 원인일수도 있으나 심각한 건물화재는 매우 적었다. 그러나 1932년에 발생한 「시로키야 백화점의 화재」에서는 100명 이상의 사상자가 발생함으로써 그때까지 일본국민의 내화건물에 대한 신뢰가 처음으로 무너진 건물화재로서 유명하다.

1945년 이후 수년간은 도시화재는 빈번하였으나 현저한 피해가 발생한 건물화재는 거의 없었다. 전시 중에 대규모의 공습으로 대부분 붕괴되었으므로 대규모 건물이 그대로 남아있는 사례가 없었기 때문이다. 그러나 1950년대에 이르러 영화상영 중의 화재사고, 병원, 여관, 음식점 및 술집 등과 같은 다중이용업소를 중심으로 다수의 사망자가 발생하는 화재사고가 증가하였다. 그것들의 대부분은 전쟁 전부터 사용된 노후된 건물과 전용한 건물 또는 전후의 자재가 결핍된 상태로 지어진 조악한 건축물의 화재였다. 예를 들면, 99명이나 사망한 참사가 있었던 1955년 카톨릭노인홈 「성모의 정원」과 같은 목조건물의 화재였다.

1965~1974년의 경우에는 일본의 전후 부흥작업이 개시되는 시점이고 내화건물도 증가된 시기이며 동시에 내화건물의 화재에 대한 안전신화가 완전히 붕괴된 시기라고 할 수 있다. 이 시기 이후 다수의 희생자를 발생시킨 화재의 대부분은 내화건물의 화재, 즉 건물화재가 그 주요 대상이었기 때문이다. 이러한 빌딩화재에서 공통적인 것은 희생자의 대부분은 화염보다는 오히려 연기에 의하여 발생하였다는 점이다. 내화건물은 구조체 자체는 연소되지 않으나 수납된 가연물은 용이하게 연소되어 대량의 연기를 발생시킨다. 연기는 화염보다 위험성은 낮다고 할 수 있어도 인체에 미치는 측면에서 고려하면 충분한 살상력이 있다. 일례로 1966년의 군마현에서 발생한 「기꾸지 호텔」, 1968년 효고현 아리마온천인 「이케소보만게쯔죠」, 1969년도의 후쿠시마현 온천의 「이와히카리 호텔」 등의 온천관광호텔의 화재가 계속되어 30명이나 사망하는 사례가 발생하였다. 그러나 더욱 충격적인 것은 센니치백화점과 다이요백화점의 2가지의 화재사례이다. 센니치백화점 빌딩화재(1972년)의 경우에는 118명의 사망자가 발생하여 2차 세계대전 이후 사상최악의 참사였다. 다이요백화점화재(1973년)에서도 사망자 103명, 부상자 121명이라는 대참사가 발생하였다. 이러한 화재에서도 사상자의 대부분은 출화층 이외에서 발견되었고, 사인의 대부분은 일산화탄소 중독 및 기도손상으로 파악됨으로써 빌딩화재에서 연기의 위험성을 크게 시사하고 있다.

1975~1985년도에 들어서도 다수의 사상자가 발생하는 화재가 빈번하게 발생하였다.

이중 특히 대형피해가 있던 화재의 예로서는「가와지 프린스호텔」,「호텔 뉴재팬」이 있으며, 주요 특징으로는 숙박객이 피난을 개시하려고 했을 때는 이미 피난경로인 복도와 계단이 연기로 충만하여 다수의 사상자가 발생한 것이다.

1989년 이후는 화재안전대책이 충실하게 진전됨으로써 많은 사망자를 발생시키는 화재는 감소하였다. 그러나 2001년에 일본의 신주꾸 가부끼지역의 다중이용업소빌딩에서 발생한 화재와 2008년 오오사카의 비디오방화재는 다중이용업소에서 발생한 화재로서 연소확대범위는 매우 협소하나 작은 건물에서 많은 재실자가 있었던 것과 화재안전대책 및 방화관리체계가 미비함으로써 연기에 의한 다수의 희생자가 발생한 화재사건이다. 이러한 화재 외에도 다중이용업소에서 발생하는 화재가 최근 들어 증가하고 있으며 건물의 사용형태가 변화되는 상황에서 주목하여야만 한다.

(2) 세계 각국의 주요건축화재 사례

일본의 경우에는 사망자가 수십 명 정도 발생하면 대참사로 일컬어지나 대상을 세계 각국에서 발생하는 화재사례로 확대하여 조사해보면 100인 이상이 사망한 대규모 화재사례가 많이 발생하고 있는 것을 알 수 있다. 표 1.1.2는 세계의 중대한 건축화재로 알려지고 있는 100인 이상이 사망한 주요건축화재사례를 나타낸 것이다.

표 1.1.2를 통하여 알 수 있는 것은 과거에 다수의 희생자가 발생한 것은 대부분이 극장, 영화관, 댄스홀 등 불특정 다수가 모이는 시설의 화재라는 것을 알 수 있다, 특히 1800년대의 극장화재의 피해는 매우 심각했음을 알 수 있다. 극장은 관내가 어둡고, 무대의 조명 및 연출에도 불을 사용하므로 위험성이 있었던 반면, 이때에는 피난경로의 중요성에 대한 일반의 인식이 낮고 피난규정도 확립되어 있지 않았던 것에 기인한 결과임을 알 수 있다. 최근에는 고층의 건축물이 다수의 인원을 수용하도록 됨에 따라 호텔, 사무소, 병원, 백화점 등에서 대규모의 화재사고가 증가하고 있다. 또한 표에서 미국의 화재비율이 높은 것은 오래전부터 대규모적인 건축물이 많이 건설됨에 따른 이유로 사료되고 기록이 정확하게 남아있기 때문인 것으로 판단되며 발생빈도를 정확하게 반영한 것은 아닌 것으로 사료된다.

최근에는 중국, 동남아시아 등에서 대규모 화재사고가 많이 발생하고 있다. 이러한 경향은 경제발전에 따라 대규모의 건축물이 건설된 것과 아울러 정보가 국외로 전달되기 쉽게 된 것도 그 이유 중의 하나인 것으로 사료된다.

다수의 사상자가 발생한 화재에서 사인의 대부분은 연기에 의한 질식, 중독, 기도열상 및 연기로부터 피난하기 위하여 건물로부터 뛰어내리는 것 등이다. 또한 계단 및 복도 등과 같은 피난경로에 연기가 충만하기 때문에 피난할 수 없었던 사례도 적지 않다.

표 1.1.2 세계 각국의 주요 건축화재

연도	화재 명칭/건물용도	소재지	사망자/부상자
1836	극장	소련, 레닌그라드	700 /
1846	왕립 극장 화재	캐나다, 퀘벡	200 / 다수
1876	브루클린 극장 화재	미국, 브루클린	296 /
1881	링 극장 화재	오스트리아, 빈	640 /
1883	브포 극장	소련, 모스크바	270 /
1883	빅토리아 홀 화재	영국, 선더랜드	183(아동) /
1887	오페라 극장 화재	프랑스, 파리	115 / 60
1888	로켓 극장 화재	포르투갈, 오포르트	170 /
1897	자선 시장 화재	프랑스, 파리	124 /
1903	이로코스 극장 화재	미국, 시카고	602 / 250
1909	극장	멕시코, 아카프노레코	250 /
1911	트라이앵클사 화재	미국, 뉴욕	145 /
1929	클리닉 병원	미국, 클리블랜드	124 / 40
1930	교회	루마니아, 코스지	150 /
1930	오하이오 주 교도소	미국, 콜럼버스	300 /
1937	안동극장	중국, 안동	650 /
1940	댄스 홀	미국, 미시시피 주	198 /
1942	코코넛 그로브(나이트 클럽)	미국, 보스턴	492 /
1944	하트포드 서커스 화재	미국, 하트포트	163 / 260
1946	트윈 콕 호텔 화재	미국, 애틀랜타	119 /
1960	영화관	시리아, 아뮤다	152 /
1961	서커스 텐트	브라질, 나이트 롤	323 /
1967	리노바시온 백화점	벨기에, 브뤼셀	322 /
1970	댄스 홀 화재	프랑스	144 /
1971	대연각 호텔 화재	한국, 서울	163 /
1972	앤드 라우스 빌딩 화재	브라질, 상파울로	16 /

1974	죠엘 마나 빌딩 화재	브라질, 상파울로	189 / 345
1975	순례자용 텐트 화재	사우디아라비아, 메카	138 / 151
1977	베벌리힐스 사파 클럽 화재	미국, 켄터키	164 /
1978	영화관	이란, 아바단	430 /
1979	영화관	인도, 쯔치콜린	104 /
1980	노인, 곤궁자시설	자메이카	157 /
1980	MGM그랜드 호텔	미국, 라스베가스	84 / 679
1986	듀폰·플라자 호텔	푸에르토리코, 산후안	95 /
1993	장난감 공장	태국, 방콕	211 / 547
1994	댄스 홀	중국, 랴오닝 성	233 / 5
1995	영화관	중국, 위그르 자치구	310 / 150
1995	학교	인도, 하리아나 주	425 / 120
2009	클럽	러시아, 페름	156 /
2010	아파트	방글라데시, 다카	120 이상 / 100 이상
2010	아파트	중국, 상해	58 이상 / 70 이상
2012	의료품 공장	방글라데시, 다카	124 이상 /

※ 소재시의 명칭은 화재발생 당시의 것이고 부상자 및 원인이 공란인 것은 명확하지 않음을 의미함.

이상과 같이 건축화재의 역사를 살펴보면 화재시의 안전한 피난 및 소방 활동을 행하기 위해서는 연기에 대한 대처가 불가피한 것임을 알 수 있다.

1.1.2 화재와 연기

(1) 화재시에 발생하는 연기

a) 연기의 생성

화재시의 연소는 열을 받은 가연물이 열분해 됨으로써 발생하는 가연성가스와 공기 중의 산소의 화학반응에 의하여 나타난다. 연소에 의하여 이산화탄소와 수증기 등과 같은 기체와 매연 등의 고체의 연소생성물 및 열이 발생한다. 이러한 기체와 고체입자의 고온의 혼합물이 연기이다.

b) 연기의 흐름

가연물이 연소되면 그 부력에 의하여 상승기류가 나타나며 이러한 상승기류를 화재플륨이라고 칭한다. 이 플륨은 상승과정에서 공기를 인입함으로써 순차적으로 유량이 증대되며 발열속도가 증대함에 따라 유량이 증가하는 것도 이미 알려지고 있다.

화재의 초기단계에서는 화재플륨으로서 상승하는 연기는 천장에 도달한 후 수평방향으로 진전한다. 이러한 천장아래에서의 연기의 흐름을 천장젯이라고 칭한다. 천장젯은 화재플륨과 마찬가지로 공기를 인입하면서 수평적으로 전파된다. 이러한 전파과정을 거쳐서 벽에 충돌하게 되면 아래쪽 방향으로 방향이 바뀌나 부력이 있으므로 다시 한 번 상승하게 되고 공간상부에 연기가 축척되며 이것을 연기층이라 칭한다. 공간하부에 연기에 오염되지 않은 영역을 공기층이라 칭하며 화재플륨에 의하여 연기층은 서서히 두꺼워지고 연기층하단부가 개구부 상단까지 하강하게 되면 연기가 실외로 유출하게 된다.

복도로 유출되는 연기는 온도가 높은 경우에는 복도의 상부를 수평방향으로 이동하게 되나 이동의 과정에서 벽에 대한 열전달, 열복사 및 공기가 혼입됨으로써 온도가 저하되고 체적이 증대한다. 더 나아가 이동이 계속되면 연기는 횡방향으로 개방된 공간으로 침입하게 된다.

그러나 겨울철에는 건물 내의 온도가 외기보다 높고 그림 1.1.1과 같이 엘리베이터 샤프트 등의 횡방향으로 개방된 공간에서는 아래로부터 위로의 기류, 즉 「연돌효과」가 발

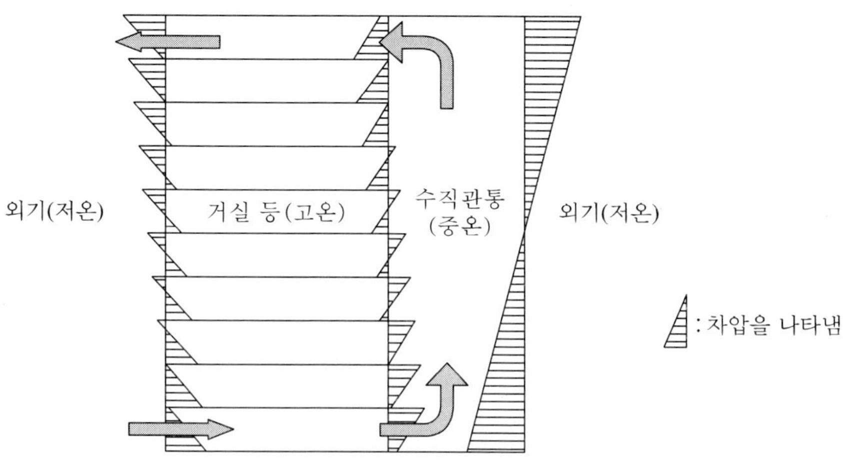

그림 1.1.1 건물에 나타나는 압력차분포와 연돌효과(겨울철)

생한다. 이러한 연돌효과에 의하여 아래층에서 화재가 발생하게 되면 횡방향으로 개방된 공간에 연기가 매우 침투하기 쉽고, 샤프트공간의 상부층에 연기를 확산시킬 위험이 크다.

더 나아가 샤프트공간에 고온의 연기가 침입하게 되면 연돌효과가 크게 되어 다량의 연기가 건물전체로 급속하게 확산된다. 따라서 샤프트공간으로의 연기의 유입방지를 도모하는 것은 매우 중요하다.

(2) 연기의 유해성

인간에 대한 연기의 유해성은 인체에 대한 생리적인 유해성과 피난 시의 시각적인 유해성 및 심리적인 유해성 등 3가지로 나누어 볼 수 있다.

a) 생리적인 유해성

연기가 사람에게 주는 생리적인 주된 유해성은 산소농도의 감소와 이산화탄소의 증가에 의한 질식, 유독가스에 의한 중독, 열기에 의한 기도손상, 매연입자에 의한 눈이나 폐에 대한 자극이다. 이 중 일산화탄소는 탄소를 포함하는 모든 가연물로부터 발생되고 독성적인 측면에서 가장 위험하다. 일산화탄소는 혈액 중의 헤모글로빈과 결합력이 강하고 흡입하는 체내조직에 대한 산소의 전달이 저해된다. 그 영향력은 농도와 폭로시간의 곱으로 영향을 미치고 일산화탄소농도가 1% 이상에서는 수분정도에 사망하고 큰 후유증이 나타나는 사례가 많다.

열기를 흡입함에 따른 영향도 매우 크다. 폐의 화상은 우선 폐수종, 그리고 감염증이 복합적으로 나타남으로써 100℃의 열기를 6～7분 흡입하게 되면 그 사망률은 거의 100%로 조사되고 있다.

화재 시에 인간들의 행동이 과격하게 되는 점과 스트레스에 따른 산소소비가 증가하는 점과 더불어 연기 중의 산소의 감소, 일산화탄소 등의 유독가스의 흡입 등이 부가적으로 작용하여 단독의 경우보다도 영향이 크게 된다. 연기를 흡입한 경우에는 행동력이 저하되고 의식이 상실되며, 더 나아가 다량의 유독가스를 흡입하여 사망 또는 소사(燒死)하는 경우가 많은 것으로 사료된다.

b) 시각적인 유해성

연기가 충만한 공간은 눈이나 폐에 자극을 주게 되고, 또한 피난로 및 유도표식의 인지가 곤란하게 됨으로써 피난이 어렵게 된다.

빛을 차단하여 시인성을 저하시키는 연기의 성질은 주로 연기에 포함되어 있는 입자에 의한 것이다. 연기가 검게 되면 빛의 흡수가 많고 어두워지므로 보기 어렵게 되고, 흰 연기에서는 산란이 많고 대상물이 판별하기 어렵게 된다. 이러한 현상을 빛이 소산된다고 표현한다. 소산의 정도는 연기입자의 성질 및 입자수의 크기 등에 따라 바뀐다.

c) 심리적인 유해성

화재가 발생하여 생명의 위협을 느끼는 경우, 인간은 공포심으로 인하여 평상심을 잃어버리게 된다. 일례로 연기를 본 것만으로 패닉현상이 나타났다고 하는 화재사례도 있다. 이러한 심리로 인하여 피난활동이 계획된 상황과는 전혀 다르게 진전되어 생각지도 못한 재해가 발생하게 된다. 연기 중에서의 인간의 심리에 대하여 과거의 화재사례부터도 정성적인 결과는 얻어지고 있으나 정량적으로는 아직 파악되고 있지 못한 분야이다.

1.2 화재안전설계와 연기제어

1.2.1 연기제어의 목적

1.1.1에서 서술한 바와 같이 1945년 이후 내화건축물이 출현함으로써 건물구조체의 안전성은 향상되었으나, 한편으로는 폐쇄적인 건물 내부에서 독성이 높은 연기가 발생하여 건물 내에서 확대됨으로써 인간에게 중대한 피해가 나타나는 문제점이 발생하였다. 일본 건축법에서는 1970년 개정에서 배연설비가 규정되었고, 더 나아가 1975년도에 배연설비 기술지침(개정판은 신 배연설비 기술지침)이 출판되어, 배연설비는 화재 시의 재실자의 피난을 지원하기 위한 중대한 설비로서 정비되어 왔다. 이와 같이 연기대책이 강화되는 한편, 건물의 공간구성에 따라 보다 합리적인 연기대책이 요구됨에 따라 건설성의 주도

로 1989년도에 종합방화설계법이 구축되어 연기유동성상이나 연기제어효과를 파악하기 위한 예측계산방법을 기본으로 한 성능설계방법이 정비되었다. 이와 같은 노력으로 「가압방연」 또는 돔이나 아트리움에 대한 「축연」이라고 하는 건축기준법에 규정되지 않은 연기제어기술이 개발되어 당시의 건축기준법 제38조를 적용하여 많은 건물에 사용되었다.

그 후 2000년도의 건축기준법의 개정에 따른 성능설계방안은 법체계에서도 복잡한 예측계산법을 간이계산식으로 대체한 피난안전검증법이라는 고시로서 규정되기에 이르렀다.

1970년의 배연설비의 도입 이래 건물의 다양화 및 기술의 진전에 따라 다양한 연기제어의 방법이 제안되어 개발되어 왔다. 연기제어의 목적은 「화재로 발생한 연기에 대하여 피난 및 소방 활동을 위하여 안전을 확보하는 것」이고 화재의 상황을 상정하면서 피난 및 소방 활동의 안전을 위하여 요구되는 것이 무엇인가를 고려하고 검토하면서 설계하여야 한다.

1.2.2 연기제어의 중요성

(1) 화재안전시스템

그림 1.2.1의 화재의 진전을 단순화시킨 이벤트 트리에 나타낸 바와 같이, 건물 내의 화재현상은 시간의 경과와 더불어 서서히 진행되기 때문에 각각의 상황에 대응한 안전대책이 필요하게 된다. 즉, 어떠한 화재안전대책도 100%의 신뢰성을 확보한다는 것은 불가능하므로 하나의 상황에서 실패하여도 다음 상황에서 막을 수 있는 대책을 강구하여야 한다. 따라서 그림 1.2.2에 나타낸 바와 같이 화재안전시스템은 복수의 서브시스템으로 구성되고 다양한 상황에 대응하도록 설계되어야만 한다. 연기제어시스템은 화재안전시스템의 일부로서 구획화 시스템과 피난유도시스템, 감지시스템과 다른 시스템과 연대하여 효과를 발휘하여야 하는 것으로 시스템 전체를 고려하여 설계되어야만 한다.

다음은 주로 시스템의 특징을 서술한다.

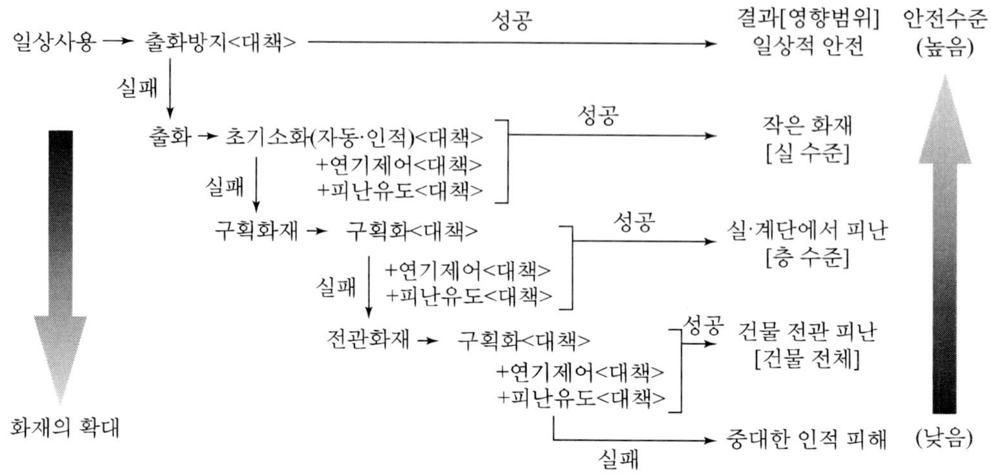

그림 1.2.1 화재의 진전 프로세스와 안전수준

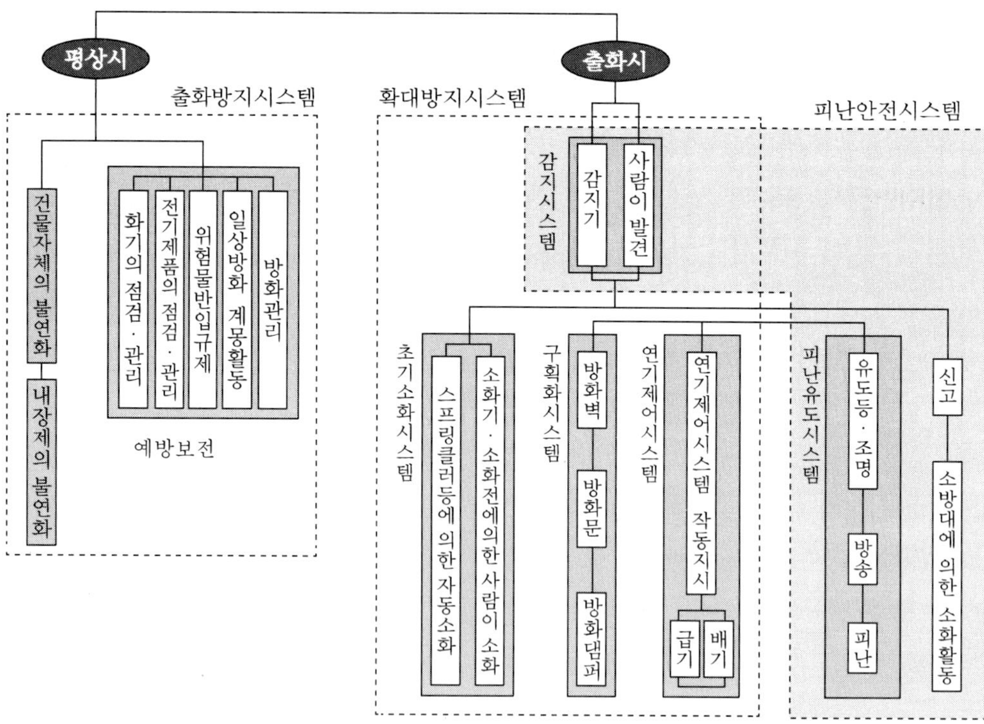

그림 1.2.2 화재안전시스템

a) 출화방지

화재를 발생시키지 않는 것은 방화안전의 기본이고, 일본에서 방화에 관한 개념도 출화방지시스템이 최우선이다. 소방법에서는 일반적인 건축물 안으로 기름 및 가스 등의 위험물이 반입되지 않도록 하는 것을 규제하고 있고, 건축기준법에서는 내장재의 불연화에 의하여 특수건축물 및 피난경로의 출화위험을 저감하고 있으며, 더 나아가 화기사용실에서는 보다 엄격하게 규제하고 있다. 한편 화기관리를 포함하여 인적요인이 출화방지에 미치는 영향은 매우 크므로, 건물관리자 및 이용자는 일상생활에서 출화방지에 최대한의 노력을 강구하여야 한다.

b) 초기소화

만일 화염이 출화하여도 적은 규모의 화재단계에서 소화될 수 있다면 위험성은 낮다. 그 대책으로서 소화기 및 소화전 등을 사용한 인간에 의한 소화시스템과 스프링클러 등의 기계에 의한 자동소화시스템이다.

인간의 소화행동에는 불확실성이 따르는데 비하여 스프링클러에 의한 화재억제에 대한 신뢰성이 높다. 이것은 통계적으로 잘 알려지고 있다. 스프링클러가 유효하게 작동되면 대부분의 경우 소화 또는 화세의 억제가 가능하게 되고 화재의 영향은 아주 일부분의 작은 범위로 한정된다. 따라서 스프링클러의 설치는 화재안전을 위한 매우 유효한 대책이다.

c) 구획화, 연기제어 및 피난유도

연기제어라는 것은 구획을 전제로 성립된다. 특히 어느 정도 크기 이상의 화재에서는 처리능력 이상의 연기가 발생하기 때문에 어떠한 연기제어방법으로도 대처할 수 없게 된다. 그러한 경우에는 화재실을 적절히 구획하여 연기를 가두고, 더 나아가 피난경로 및 소방활동경로에도 구획하여 연기가 침입하지 않도록 하거나 충분히 제어할 수 있는 정도의 연기침입량으로 조절하여야 한다. 즉, 연기제어계획이란 피난계획 및 소방활동계획에 연관된 구획계획과 일체가 될 수 있도록 하여야 한다.

(2) 페일세이프(fail-safe)의 개념

건축물의 화재안전시스템에서는 계층성을 확보하는 페일세이프시스템으로 구성된다. 즉, 출화되지 않으면 화재위험성은 없게 되나, 만일 출화된 경우에 있어서도 초기소화 및 구획화에 따라 화염 및 연기의 확대를 방지하고 더불어 피난유도에 따라 안전을 확보한다. 더 나아가 만일 화염 및 연기가 상부층으로 전파될 위험이 있는 경우에는 전관화재에 대처하기 위한 시스템이 작동될 필요가 있다. 상위레벨의 안전시스템이 작동되지 않아도 하위레벨 시스템이 작동하여 최소한의 안전확보를 하여야 하고, 각 레벨의 시스템이 건물의 특징에 따라 균형적으로 설계되는 것이 방지대책의 기본방침이다. 또한 페일세이프의 개념에 따라 설계함으로써 화재의 진전프로세스와 화재안전시스템의 역할에 관하여 이해함으로서 신뢰성이 높은 화재안전시스템을 구축할 수 있게 된다. 또한 인간의 행동이 관여하는 경우에는 훌프루프(fool-proof)시스템도 고려할 필요가 있다.

(3) 시스템의 신뢰성

화재안전시스템은 복수의 시스템으로 구성되어 있으나 이러한 각 시스템의 신뢰성을 향상시켜야 한다. 이러한 시스템은 일상적으로 사용되지 않기 때문에 만일 충분한 유지관리가 되지 않으면 화재가 발생한 경우 그 성능을 발휘할 수 없게 된다. 특히 연기제어시스템은 가동부가 많으므로 일상적인 유지관리에 각별한 관심이 요망된다.

1.2.3 화재의 진전프로세스와 연기제어

(1) 화재의 진전프로세스에 따른 연기제어

화재는 출화 직후에 단독의 가연물이 연소되는 단계로부터 화재전파 및 연소확대를 통하여 실 전체의 최최성기화재, 더 나아가 방화구획 전체의 화재로 확대되어 간다. 그때 거실피난, 층피난, 전관피난 등 피난하여야 할 범위 및 재실자의 수가 증대되어 가는 특징이 있다.

거실피난의 단계에서는 화재초기라고 하면 화재규모는 비교적 적고, 국소적인 범위로 한정됨으로써 연기층은 실의 상부로 축적된다. 이 단계에서는 화재실의 연기하강을 늦춤으로써 보다 안전한 피난을 실현시키기 위하여 배연 등의 연기제어가 행하여진다.

참고 **페일세이프와 훌프루프**

안전시스템을 구축할 때 안전을 달성할 수 있는 신뢰성 및 그 목적을 달성하기 위한 다층적으로 강구되는 확장성을 고려하여야 한다. 더 나아가 안전시스템의 설치 이후의 시간경과에 따른 고장수리와 보수 등도 포함시킨 유지관리도 중요하다. 화재안전시스템을 구축할 때 페일세이프와 훌프루프를 특히 고려하여야 한다.

페일세이프(fail-safe)란 안전달성을 위한 하나의 방법에 대한 고장이 발생하여도 다른 방법이 기능하는 확장성을 말한다. 초기소화에 실패하여도 피난자에 대하여 안전이 확보되도록 병렬시스템을 구성하는 것이다.

훌프루프(fool-proof)란 비상 시 냉정한 판단을 할 수 없는 상황 하에서도 자연적으로 대응할 수 있는 단순명료한 체계를 말하는 것으로, 예를 들면 피난경로의 문에 대한 열리는 방향을 피난방향으로 할 것 등이 있다.

층피난의 단계에서는 복수의 가연물이 동시에 연소됨으로서, 화재로 인하여 다량의 연기가 발생하게 된다. 이와 같은 단계에서는 피난경로의 안전성을 확보하기 위한 연기제어가 행하여진다.

전관피난의 단계에서는 실 전체 및 방화구획 전체의 화재로 확대되고 있는 상황으로서 화재에 의하여 발생하는 연기 및 열이 매우 많게 된다. 이러한 단계에서는 전관의 재실자를 피난시킬 수 있도록 피난완료까지 재실자를 연기로부터 지키기 위한 시스템이 필요하게 된다. 특히 고층건축물 등에서는 전관피난에 1시간 이상 걸리는 경우도 많으므로 피난이 장시간에 걸친 경우에도 계단이나 샤프트공간 등의 피난경로가 연기 및 열로부터 안전할 수 있도록 충분한 배려가 필요하다.

(2) 피난안전계획

거실피난의 경우, 명확하게 피난출구가 파악될 수 있는가, 피난 시에 용이하게 배연을 기동할 수 있는가, 출화실만이 아니라 그 주변의 보이지 않는 부분에도 재실자가 남아있지는 않는가 등에 대한 배려가 필요하게 되며, 이러한 조건을 감안하여 계획하여야 한다. 층피난의 단계에서는 피난경로의 안전성확보가 중요하고 2방향피난을 확보하는 등 막다른 통로를 적게 하기 위한 배려가 중요하다. 전관피난의 경우에는 피난시간을 짧게 하도록 계단수 및 폭을 확보함과 동시에 계단을 적절하게 배치하여 복수의 계단이 사용불가능하게 되지 않도록 하는 등의 배려가 중요하다. 어떠한 단계에서도 재실자의 패닉행동과 기기의 부작동 및 구획의 부작동을 상정하여 페일세이프를 염두에 두고 설계하는 것이 중요하다.

1.2.4 소방활동지원과 연기제어

(1) 소방배연의 목적과 특징

그림 1.2.3에 그 개요를 나타내었다. 소방대는 건물 주위로부터 화재상황을 확인한 후에 건물 내부에 진입하여 잔존자의 구조활동과 소방 활동 등을 행한다. 화열에 강한 복장 및 연기 중에서도 호흡할 수 있는 장비를 장착하고 있으나 시계가 좋지 못한 연기 중에서는 소방 활동은 곤란하고, 이러한 활동지연은 재실자 및 소방대의 생명을 위태롭게 한다. 특히 창이 적은 건물이나 지하가에서는 연기가 체류하기 쉽고 또한 유독가스가 발생하기 쉬우므로 이것들을 옥외로 배출할 필요가 있다. 그렇기 때문에 소방 활동상 유효한 개구부가 바닥면적의 1/30 미만인 무창층에 대하여는 소방대가 안전하고 신속하게 활동할 수 있도록 건축기준법의 배연과는 별도로 소방법에서도 배연이 규정되어 있다. 이것을 일반적으로 소방배연이라고 칭한다. 현재 일본의 대부분의 백화점 및 지하가는 소방배연의 대상으로 되고 있다.

이러한 소방배연의 특징은 대상으로 하는 화재의 단계가 피난이 행하여지고 있는 화재초기만이 아니라, 소방대가 활동하는 시기인 화재가 확대된 이후의 상황에 대하여도 계속적으로 기능유지가 기대되는 점이다. 소방배연은 소방활동 지원이라는 관점으로부터 설계되기 위하여 여기에서는 소방활동 전술로부터 소방배연에 요구되는 기본요건에 관하여도 정리한다.

(2) 소방배연의 방어범위

a) 소방전술에서 거점의 중요성

화재가 발생하는 건물의 소화 구조 등을 위한 소방활동 전술상 특히 중요한 것은 화재층 또는 그 근처 층에서의 안전한 활동거점의 확보와 더불어 건물입구로부터 그 활동거점까지의 연속된 경로이다.

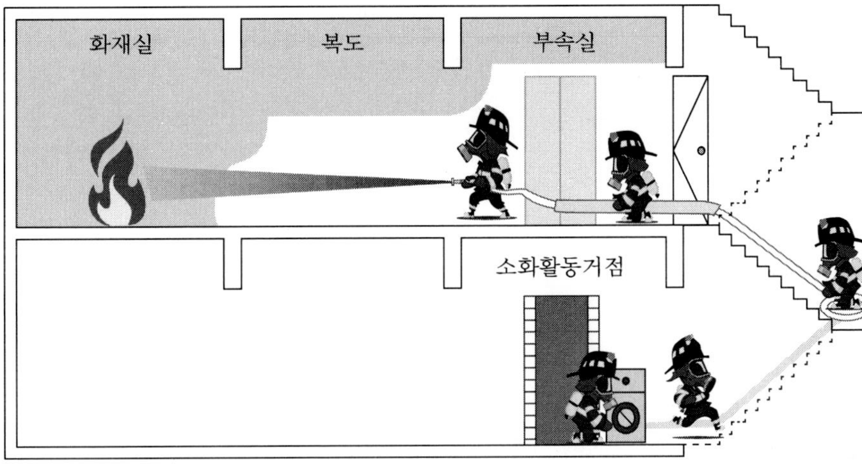

[주] 소방활동거점이란 것은 소방대가 활동할 수 있는 근거가 되는 부분으로서 부속실 등을 사용하는 경우가 많다.

그림 1.2.3 소방 활동(화재 층의 연결송수관으로 대응하는 경우도 많음)

일반적인 고층건축물에서 안전한 활동거점으로서 생각될 수 있는 것은 특별피난계단 부속실 및 비상용 엘리베이터 승강로비이다. 또한 연속된 경로는 특별피난계단 등의 샤프트구획으로 판단하여도 좋다. 일반적으로 부속실에는 연결송수관 방수구, 비상전화, 비상전원이라고 하는 소방 활동을 위한 중요한 3점 세트가 준비되어 있으므로 화재층으로 진입하기 위한 안전한 공간으로 인식되고 있다. 여기를 거점으로 한 화재실의 소방 활동 및 화재층의 잔류자를 조사하는 것이 일반적인 전술이다. 또한 소방 활동 중의 대원의 교체, 구출자의 일시체류장소가 됨으로써 이 거점을 화염과 연기로부터 안전하게 확보하는 것은 소방배연에 요구되는 중요 항목이다.

b) 거점으로부터 앞공간의 방어

거점으로부터 앞공간이 화세가 강한 상태에서는 진입이 불가능하므로 소방활동은 매우 곤란한 상태로 된다. 이러한 상황은 무창층의 거실의 경우 대책이 없으면 현실적으로 일어날 수도 있다. 일반적인 건물에서는, 예를 들어 배연장치가 기동하지 않더라도 화세에 의한 유리창이 파손되고 화재의 열과 연기가 외부로 배출되어 화세가 약해지면 파손된 창으로부터 제연되어 소방활동이 가능한 상황이 된다. 그러나 무창층에서는 창으로부터의 배연은 기대할 수 없고, 열이나 연기가 옥내에 체류하기 쉽게 된다. 이와 같은 상황 하에서는 거점으로부터 소방활동은 대폭적으로 제한되어 장시간에 걸친 구조 및 소방활동이 행하여지게 된다. 무창층에서는 소방활동에 대하여 충분히 배려하여 연기제어설계를 행하여야 한다.

(3) 소방배연의 배연방식

a) 가압 방배연방식

2009년도의 일본 소방청고시에 따라 종래의 배연설비대신에 가압 방배연설비를 설치할 수 있게 되었다. 가압 방배연방식은 소방활동거점에 공기를 공급하여 거점출입구에서 차연하는 연기방식이다. 이 방식은 거점으로의 연기침입방지와 신선한 공기의 공급이라는 두 가지의 이점을 지니고 있다. 화원으로 진입 시 배후로부터 신선한 공기가 들어온다는 것은 퇴로의 안전확보를 의미하고 소방대원의 안심감을 확보하기 위한 중요한 요소이다. 본 방식은 급기한 공기의 배출경로확보라는 관점으로부터 화재구획측으로 고온의 연기를 배연할 수 있는 공기누출구(방화댐퍼를 설치하지 않은 기계배연이나 자연배연에 유사한 장치)를 설치할 필요가 있다. 거점 이외의 일반실의 배연설비에 관하여도 관련하여 규정하고 있으므로 가압 방배연설비로 불린다.

b) 계단실을 배연탑으로 이용

이 연기제어방식과 다음에 서술하는 양압환기에 의한 연기제어는 일반적인 연기제어방식으로서, 설계 시에 고려하는 내용은 아니나 소방전술 중에 사용하는 방법이므로 여기에서 소개한다.

그림 1.2.4에 나타낸 바와 같이 여러 개 있는 계단 중 하나를 연돌과 같이 연기를 배출하도록 이용하는 방식이다. 배연되는 계단에서는 화재층과 외기로 통하는 옥상층만의 문만을 개방한다. 이 계단 이외의 다른 계단을 급기경로로서 사용하면 큰 배연효과를 기대할 수 있다. 화재층의 위층에 피난자가 없거나 또는 피난자가 있어도 배연에 이용되는 계단을 이용하지 않는다는 대전제 하에 시행된다. 또한 화재층의 상부층의 계단 문이 개방되면 연기의 확대가 촉진됨으로써 본 대책을 강구함에 있어서는 각 부서의 세심한 지휘가 필요하다.

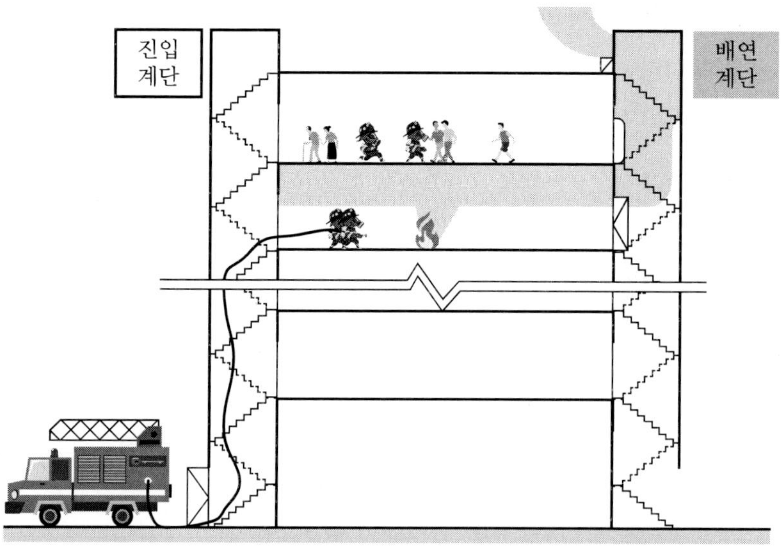

그림 1.2.4 계단실을 배연탑으로 사용하는 소방전술

c) 양압환기(Positive Pressure Ventilation)에 의한 연기제어

유럽과 미국의 소방전술로서 보급되어 있는 방식으로 건축기준법의 압출배연과 유사한 개념이다. 건물에 설치된 설비가 아닌 소방대의 장비로서 송풍기를 현장까지 반입하여 사용한다. 소방대의 진입측으로부터 대형의 송풍기를 사용하여 외기를 송풍하여 미리 상정되어 있는 화재실 및 그 근처의 배출구로부터 연기를 배연한다. 송풍기의 정압이 높지 않기 때문에 외부로의 배연을 위한 충분한 개구가 없으면 배연효과는 기대할 수 없다.

1.3 연기제어의 개념과 방법

1.3.1 연기제어의 개념

연기제어 설계에서는 화재성상의 시간변화를 고려한 후 화재 시의 건물 내부에 전개되는 연기와 신선한 공기의 거동을 제어한다. 더 나아가 피난 및 소방 활동의 단계에 따라 연기제어의 목적이 상이하게 된다. 연기제어는 상정하는 화재성상, 피난상황, 소화활동상황에 따라 적절하게 대처할 수 있도록 설계할 필요가 있다. 일반적으로는 다음의 세 가지의 단계를 고려하여야 한다.

(1) 화재초기 화재실에서의 피난(거실피난)안전을 확보하는 단계 : 피난완료시점까지 연기층 하단높이가 허용치까지 하강하지 않을 것
(2) 화재실에서 화재가 확대된 경우에 대한 화재층에서의 피난(층피난)안전을 확보하는 단계 : 화재층의 피난경로에서 해당경로의 피난완료지점까지 연기층 하단높이가 허용높이까지 하강하지 않을 것
(3) 화재가 더욱 확대되어 비화재층 재실자의 피난(전관피난)안전을 확보하고 소방 활동의 안전도 확보하는 단계 : 최후까지 지켜야 할 부속실 및 샤프트공간이 연기에 오염되지 않을 것(문 위치에서 차연되고 있는가 혹은 충분한 배연이 행하여지고 있는가 등)

1.3.2 연기제어 계획

화재실에서는 발생한 연기를 대처하기 위하여 배연 등의 연기제어를 행하여야 한다. 더불어 피난경로에서는 다른 실로부터 발생하는 연기의 침입에도 대처하여야 하며 화재시의 중요성을 고려하여 안전구획을 선정하여야 하고, 더 나아가 연기에 의한 오염의 방지 또는 저감을 목적으로 한 연기제어계획을 행한다. 또한 피난경로에서는 특별피난계단실, 부속실 등 높은 수준의 안전구획일수록 연기에 오염되지 않는 계획을 행하여야 한다.

연기에 대한 대책을 강구하는 용어로서 「연기제어」, 「방연」, 「차연」이 사용되고 있으나 용어의 명확한 사용을 위하여 본서에서는 다음과 같이 정의한다.

- 연기제어 : 피난 및 소방 활동을 안전하게 하고 더 나아가 효율적으로 진행시키기 위한 연기대처방법 또는 그 개념
- 방연 : 광의로는 연기의 발생방지, 연기거동의 제어, 배출 및 제거 모두를 포함한 연기전반에 대한 대처방법을 의미하고, 협의적으로는 연기의 확대를 방지 또는 지연시키기 위하여 「공간」에 대한 연기제어방법을 의미하여 본서에서는 특별한 서술이 없는 한 협의의 「방연」을 지칭함.

- 차연 : 개구부나 혹은 구조체 등의 「면」에 대한 연기의 침입을 방지하기 위한 연기제어방법

1.3.3 연기제어의 방식

연기제어에는 크게 분류하여 다음의 4개의 방식이 있다.

(1) 연기를 가둔다(밀폐방식).
(2) 연기를 담아둔다(축연방식).
(3) 연기를 배출한다(배연방식).
(4) 연기침입을 방지한다(차연방식).

전술한 바와 같은 4개의 연기제어방식에 대하여 그 개념은 다음과 같다.

(1) 밀폐방식

구획을 통하여 다른 실로의 연기유출을 막고 피난경로를 연기의 오염으로부터 보호하는 연기제어방식이다. 구획으로서는 「방화구획」과 「불연구획」의 2종류가 있다.

「방화구획」은 화재의 확대방지를 목적으로 하는 것으로 장기간에 걸친 연기의 유출을 막을 수가 있다. 「불연구획」은 화재의 온도가 크게 높지 않은 경우에는 연기의 확산을 막는 기능이 크다. 이와 같이 연기제어 시에는 보다 큰 의미를 인식한 후 계획하여야 한다.

(2) 축연방식

축연방식은 화재초기 시 공간의 높은 천장과 대공간을 이용하여 연기를 공간상부에 축연하여 연기층이 위험높이까지 하강할 때까지 피난을 완료시키는 방식이다. 단, 일반적으로는 과도적인 상태를 대상으로 하고 있으므로 배연이 되지 않으면 최종적으로는 공간전체를 오염시킬 수 있고 인접공간으로 유출되는 것에 유의하여야 한다. 따라서 거대한 아트리움 및 돔 공간 이외에서는 배연으로 연기를 어느 높이로 유지하는 등의 대책이 필요하게 된다.

● 장점

- 공간의 크기를 이용하는 패시브적인 이용방식이고 기계작동이나 인간행동 및 이용 상황 등에 영향을 적게 받기 때문에 신뢰성이 높은 연기제어방법이다.
- 비용면에서도 경제적이다.

● 단점

- 이용할 수 있는 공간 및 용도가 천장이 높은 공간이나 가연물이 비교적 적은 공간으로 한정되는 경우가 많다.
- 피난완료 후에 연기층이 하강하고 장시간에 걸쳐 연기가 배출되지 않기 때문에 소방 활동에 지장을 줄 가능성이 높다.

(3) 배연방식

자연배연, 기계배연, 급기에 의한 기계배연[압출배연(제2종 배연)]이 있고, 그 개요도를 그림 1.3.1에 나타낸다.

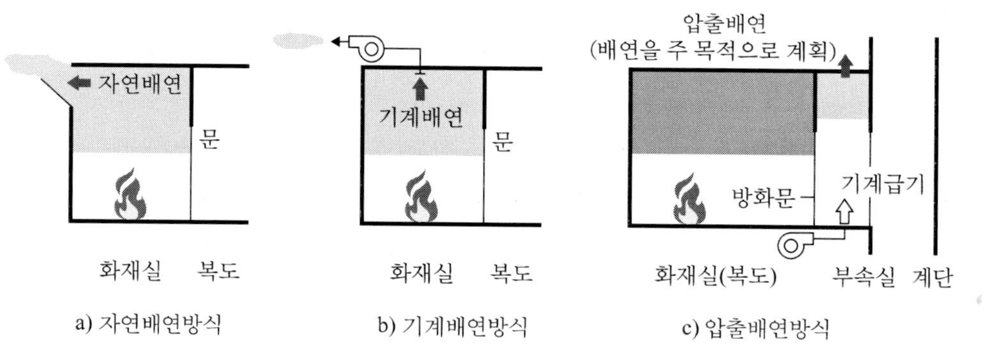

그림 1.3.1 각종 배연방식의 개요도

a) 자연배연(그림 1.3.1a)

연기가 고온이기 때문에 부력을 이용하여 직접외기에 면한 창 및 배연구 등으로부터 연기를 옥외로 배출하는 방식이다. 천장이 높고, 배연구가 높은 위치에 있을수록 배연능력은 향상된다.

- 대표적인 설치장소
  - 거실, 복도, 부속실, 비상용엘리베이터 승강로비 등의 모든 실
  - 건물의 저층부로서 외기풍의 영향을 받기 어려운 실
  - 천장이 비교적 높고, 배연구를 높은 위치에 설치할 수 있는 실
  - 피난 및 소방 활동을 위하여 장시간의 배연이 필요한 실
- 장점
  - 팬 등이 필요하지 않고, 전원 등의 동력원이 불필요하므로 구동시간에 제한이 없으며, 정전에 따른 기능정지 등의 위험이 없다,
  - 연기가 고온이 되어도 배연을 계속할 수 있다.
  - 덕트 등이 불필요하므로 경제성이 우수하다.
  - 풍도를 사용하지 않으므로 화재 시 풍도가 탈락될 위험이 없고 방화구획의 관통도 없다.
- 단점
  - 해당실이 외기에 접하지 않으면 설치가 불가능하다.
  - 외부의 풍향 및 풍속 등의 조건에 따라 외기가 배연구로부터 역류될 위험이 있다. 특히 고층건축물에서는 이러한 위험성이 크다.
  - 연기의 흐름을 의도적으로 설정할 수 없다. 특히 화재초기의 연기층온도가 낮은 단계에서는 배연효과가 낮다.
  - 스팬드럴이 충분하지 않으면 상부층으로 연소 확대될 위험성이 있다.

b) 기계배연(그림 1.3.1b)

배연구, 배연덕트, 배연팬 등으로 구성되어 기계력으로 연기를 흡입하고 배출하는 방식이다.

- 대표적인 설치장소
  - 거실, 복도, 부속실, 비상용엘리베이터 승강로비 등 모든 실
- 장점
  - 외기에 면한 배연구를 설치할 수 없는 경우 및 지하부분에도 설치할 수 있다.
  - 외기풍의 영향이 적고, 바람이 강한 지역 및 고층에서도 유효한 배연이 기대된다.

- 화재실의 배연량을 필요한 성능 이상으로 설정하기 쉽다.
- 화재실의 압력이 저하됨으로써 화재실로부터 연기의 확산도 억제된다.

● 단점

- 영화관, 차음실 등의 밀폐성이 높은 실이나 계단전실 등의 적은 실에서는 배연에 따른 과잉적인 압력저하로 문의 개폐장해가 발생할 수 있다.
- 덕트 공간, 배연팬의 설치 공간 및 비상전원이 필요하다.
- 자연배연에 비하여 고가인 경우가 많다.
- 일상적으로는 가동되지 않는 시스템이므로 고장의 발견이 지연될 우려가 있다.
- 화재가 진전되어, 연기층 온도가 높게 되면 방화구획부분에서 배연덕트의 방화댐퍼가 폐쇄하는 등 배연이 정지될 우려가 있다.
- 배연량에 따른 공기의 유입경로의 확보가 필요하다. 이 경로가 확보되지 않으면 문이 열리는 방향과 공간의 기밀성에 따라서는 이상적인 압력저하에 따른 문의 개폐장애가 발생할 우려가 있다.
- 한번에 다수의 배연구가 개방되면 배연풍량이 부족할 가능성이 있다.

c) 급기에 의한 기계배연(압출배연 · 제2종배연)

급기팬, 급기구, 외기로 개방된 배연구 등으로 구성되고, 팬실로 급기하여 그 압력으로 배연구로부터 연기를 압출함으로써 배연하는 방식이다. 2000년에 건축기준법으로 정해진 하나의 실에 급기구와 배기구를 설치하는 경우(제1)(그림 1.3.1.c)와 복수실에 걸쳐 설치하는 경우(제2)가 있다. 후술하는 가압방연과 혼동될 우려가 있으나 여기에서는 배연구로부터 배연을 목적으로 한 것이다.

● 대표적인 설치장소

- 부속실 및 비상용엘리베이터 승강로비에 이용된다. 화재발생의 위험이 있는 실에서는 사용하여서는 안 된다.

● 장점

- 부속실로 이용하는 경우에는 기계배연에 비하여 급기덕트를 작게 만들 수 있기 때문에 덕트공간을 삭감할 수 있다.
- 충분한 급기량을 확보하면 실을 정압으로 할 수 있기 때문에 인접실로부터의 연기의 침입방지효과도 기대될 수 있다.

● 단점

- 급기된 공기가 화재를 크게 할 위험이 있다.
- 화재실에 제1의 방법을 적용하는 경우, 공기의 압입에 따라 압력이 상승하고 간극 및 덕트를 통하여 인접실 및 예기치 못한 장소로 연기를 압출시킬 위험이 있다. 화재실에는 설치하여서는 안 된다.
- 부속실의 위치에 따라서는 외기에 면한 배연구를 설치하기 어려운 경우가 있다.

(4) 차연방식

차연방식이란 연기의 침입을 방지할 공간에 대하여 급기함으로서, 차연을 이루어야 할 개구부에서의 압력을 제어함으로써, 특정한 공간으로의 연기의 침입을 방지하는 연기제어방식이다. 2009년에 건축기준법과 소방법에 추가된 가압방배연도 이것에 속한다(그림 1.3.2).

● 대표적인 설치장소

- 부속실 또는 비상용엘리베이터 승강로비, 계단전실 등으로서 주로 실의 문부분에서 차연하는 시스템이 거의 대부분이나, 복도와 거실과의 사이를 차연시키도록 설치하는 경우도 있다.

● 장점

- 급기팬이 열로 인하여 정지되지 않으므로 장시간의 차연이 가능하다.
- 부속실의 급기덕트가 기계배연방식에 비하여 적게 되므로 공간이용측면에서 우수하다.

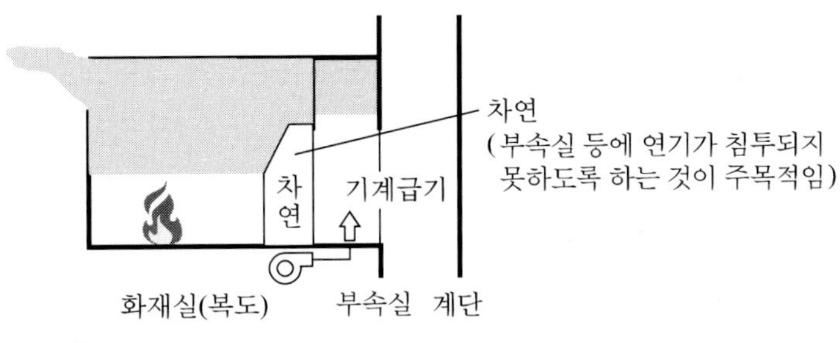

그림 1.3.2 차연방식의 개요도

- 단점
  - 급기실에서 출화되면 연기를 광범위하게 확산시킬 위험이 있다.
  - 적정한 압력제어가 행하여지지 않으면 화재실로의 과도한 공기급기에 의한 화재의 확대, 과도한 압력에 의한 문의 개폐장애, 비연기오염실로 연기가 압입되는 등의 위험성이 발생할 가능성이 높아진다.

1.4 연기제어 설계와 법규

2000년에 일본건축기준법이 개정됨으로써 피난규정에 성능기준이 도입되었고, 건축물의 피난안전에 관한 성능을 검증함으로써 몇 개의 시방규정을 면제받을 수 있도록 개정되었다. 연기제어에 관하여는 배연설비의 구조 및 방연구획의 크기 등의 설계 시에 주어지는 자유도가 크게 되는 계기가 되었다. 또한 소방법에서는 가압 방배연설비에서도 성능기준이 도입되었고, 소방활동거점의 안전성을 성능적으로 검증할 수 있도록 개선되었다.

본 절에서는 법령에서 소개하는 설계방법의 개요와 적용 시에 대한 유의점을 서술한다.

1.4.1 법적체계와 설계순서

현재의 건축기준법에서는 가능한 방법으로서 다음과 같은 3가지가 있다. 첫 번째는 법규의 시방규정에 따라 설계를 행하는 것으로서 「루트 A」라 칭한다. 두 번째는 일부의 조문에 대하여 적용 제외로 할 수 있으나 이렇게 되기 위해서는 성능평가방법이 고시로 정하여져 있으며, 이것에 따라 설계를 행하는 방법으로서 국토교통장관이 정하는 방법으로서 「루트 B」로 칭한다. 마지막 세 번째는 건축기준법에서는 평가방법은 기재되어 있지 않으나 적절한 공학적 방법을 사용하여 피난의 안전성이 확보되고 있는 것을 나타낸 장관인정을 받는 설계를 행하는 것으로서 국토교통장관이 인정하는 방법 「루트 C」로 칭한다. 여기에서 「루트 B」 및 「루트 C」를 적용한 설계를 성능설계라 칭한다.

이러한 세 가지 설계방법의 개념을 다음에 나타내었다.

(1) 건축기준법의 시방규정에 따른 연기제어설계(루트 A)

일반적으로는 건축계획 시 건축기준법의 「시방규정」에 따라 각 실의 연기제어가 검토된다. 배연방식에 관하여는 법규를 만족시키는 것 중 의장, 마감 및 비용 등을 고려하여 합리적인 기계배연방식이거나 자연배연방식 중 하나를 선택하는 경우가 많다. 기계배연과 자연배연 모두 방연구획면적에 비례한 배연량 또는 자연배연구 면적이 설계된다.

(2) 건축기준법의 성능규정고시에 따른 연기제어설계(루트 B)

피난안전검증에 관한 2000년의 성능규정고시[2000년 건설성고시 제1441호(피난안전검증법), 제1442호(전관피난안전검증법)]에 나타낸 계산법을 사용하여 피난완료시간과 피난상 지장이 있는 영역(재실자의 바닥면으로부터 1.8 m의 높이)까지 연기층이 하강하는 피난한계시간을 산출함으로써 이러한 시간을 비교하여 피난안전검증을 행한다.

검증의 결과 해당설계안이 피난안전성능을 만족하게 되면 배연의 풍량을 저감시키거나 또는 배연설비자체를 적용시키지 않을 수 있으며 방연면적을 확대하거나 또는 피난계단의 시방을 저감할 수 있다. 구체적인 계산법, 평가법에 관하여는 문헌 3에 제시한다.

루트 B에서는 고시에 따른 계산법에 따라 비교적 용이하게 피난안전검증을 행할 수 있다. 그러나 계산법 및 평가기준이 있다는 이유만으로 계산상의 수치에 맞추고자 하는 설계가 되어 버릴 수 있는 위험성이 있다. 성능설계를 행함에 있어서는 법령을 만족하면 충분하다는 것은 아니므로 건물 전체에 피난안전계획이 충분히 배려되어 있는가 하는 것을 전제로 설계되어야 한다. 그러한 의미로서도 건축물의 특성을 고려한 화재안전시스템의 개념, 법규상의 정합성 및 성능적 평가의 적용, 상정하는 화재시나리오 뿐만 아니라 더 나아가서는 방재상의 관리와 운영체제 등에 대한 방재계획을 각각의 건물에 대하여 면밀하게 적용하는 것이 요망된다.

(3) 공학적인 방법으로 안전성을 확인하여 장관인정을 받는 연기제어설계(루트 C)

루트 B와 마찬가지로 피난안전성능의 기준을 만족한다는 것을 확인하는 것으로 시방규정에 따르지 않는 설계를 실현하는 방법이며, 평가의 설정조건 및 검증방법으로는 고도한 시뮬레이션 및 실험 등 설계자 독자의 공학적 방법을 이용하는 것도 가능하며 보다 큰 설계 자유도가 확보된다. 단, 검증의 타당성 및 피난안전성능에 대하여 국토교통부장관의 인정을 받을 필요가 있다. 이러한 설계법에 대하여는 본 지침의 후반에서 서술한다.

이러한 공학적 방법의 상세한 소개에 대하여는 많은 참고도서[2)~5)]가 있으므로 이러한 자료도 참고로 하면 유용할 것이다.

1.4.2 소방 활동지원을 위한 연기제어

소방법에서는 루트 A로서 자연배연, 기계배연이 규정되고 있으나 가압방배연은 규정되어 있지 않다. 소방배연으로서 가압방배연 등이 채택될 경우는 소방 루트 B 또는 루트 C를 적용하는 경우이다.

(1) 소방법의 성능규정고시에 따른 가압방배연설계(소방루트 B)

소방루트 B는 소방배연의 대상부분에 가압에 따른 차연방법을 채택한 경우에 적용된다. 2009년 총무성령 제88호 및 2009년 소방고시 제16호에 필요사항과 기술상의 기준이 규정되어 있다. 그 내용에 관하여는 3.5.5에 나타내었다.

(2) 공학적 방법으로 장관인정을 받는 특수 소방용 설비 등(소방루트 C)

소방법령에서 책정하고 있지 않은 특수한 기술에 의한 소방방재시스템, 고도한 소방방재시스템은 소방법 제17조 제3항에 따라 총무장관의 인정을 취득하여 설계할 수 있다. 이러한 제도를 이용한 설계루트를 소방루트 C로 명명한다.

소방루트 C는 소방법 전반에 대한 제도로 소방배연에 관하여도 적용가능하다. 소방루트 B보다도 유연한 대응이 가능하고, 이미 몇 개의 건물에서 가압방배연이 설계되고 있다.[6) 7)]

참고문헌

1) 日本建築センター：新・排煙設備技術指針 1987 年版，1987
2) 国土開発技術センター編集：建築物の総合防火設計法　第 3 巻，日本建築センター，1989
3) 国土交通省住宅局建築指導課他編集：避難安全検証法の解説および計算例とその解説，井上書院，2001
4) J. H. Klote, J. A. Milke, Paul G. Turnbull, Ahmed Kashef, Michael J. Ferreira：Handbook of Smoke Control Engineering, ASHRAE, International Code Council, Society of Fire Protection Engineers, National Fire Protection Association, 2012
5) 田中哮義：建築火災安全工学入門（改訂版），日本建築センター，2002
6) 長岡勉，上原茂男：消防活動拠点に加圧防煙システムを設置した物販店舗（その１）—ジャスコ喜連瓜破駅前店—，火災 283，pp. 8-13，日本火災学会，2006
7) 山田茂：消防活動拠点に加圧防煙システムを設置した物販店舗（その２）—（仮称）港北ＮＴセンター北ＳＣ—，火災 283，pp. 14-19，日本火災学会，2006

제 2 장

연기제어설계의 방법

2.1 연기 제어의 종류

연기 제어의 방식으로는 1.3.3 연기제어의 방식에서도 설명한 바와 같이 크게 분류하여 다음의 4가지로 나눌 수 있다.

(1) 밀폐방식 : 화재실을 밀폐하여 연기가 인접한 실로 확산되는 것을 방지하여 화재에 의한 피해 범위를 최소화하는 방법
(2) 축연방식 : 화재실의 상부 공간에 머물게 하여 하부 공간을 대피 가능한 상태로 유지하는 방법
(3) 배연방식 : 화재실이나 연기로 오염된 방에서 연기를 배출시켜 실의 연기에 대한 안전성을 높이는 방법
(4) 차연방식 : 대피 시나 소방 활동 시에 중요한 복도, 부속실, 계단실 등의 공간에 대한 압력을 높여 연기가 침입하는 것을 방지하는 방법

「밀폐방식」은 화재의 범위를 한정시킴으로써 실의 화재 피해를 줄이고자 하는 목적으로 설계하는 경우가 대부분으로서, 화재와 동시에 연기의 확대 범위도 한정하여 비(非)화재실의 안전성을 큰 폭으로 향상시킬 수 있는 매우 중요한 방재・방연 대책이다. 실의 용도, 규모에 따라 반드시 방화 구획일 필요는 없으며 불연 구획에서도 기능한 경우도 있다. 단, 설계 방법으로서는 연기제어라기보다 구획계획에 해당하기 때문에 본 장에서는 이 방식을 따로 설명하지는 않는다.

「축연방식」은 적극적인 방법은 아니나, 대규모의 돔 등에서는 일반적으로 사용되고 있으며 본 장에서는 넓은 범위의 의미에서 연기 제어 방법으로 다룬다.

「배연방식」은 주로 화재실이나 그 주변의 대피 경로 경로에서 연기를 배출할 목적으로 설치된다.

축연방식과 배연방식은 해당 실 단독으로 설계되는 경우가 많다.

한편 「차연방식」은 실과 실 사이의 압력차를 제어하는 방법이며 급기하는 실과 배연하는 실 등 여러 개의 실로 설계되는 점에 특징이 있다. 연기 제어는 실 단독으로 설계하는 것보다 차연 방식과 같이 화재실에서 대피 경로까지(경우에 따라서는 층 전체나 전관) 총체적으로 고려하여 설계하는 것이 바람직하지만 이 설계방법은 고도의 전문지식을 필요로 하며 순서가 복잡해지기 쉽다.

표 2.1.1 연기제어방식의 종류

방식	개념도	기능	방배연의 원리	작동 신뢰성	적합한 실 설계 루트주)
밀폐		• 비화재실로 연기 유출 방지	• 차연성이 있는 방화 설비 등의 구획을 통해 공기를 밀폐한다.	• 도어 클로저가 설치되어 있거나 연기감지기가 연동되어 폐쇄되는 도어인 경우에는 그 성능이 매우 우수함	• 바닥면적이 작은 실 • A, B, C
축연	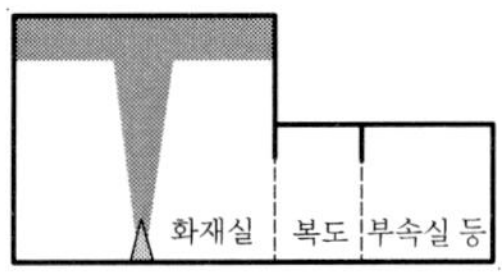	• 연기의 하강을 늦춘다.	• 높은 천장, 큰 부피를 이용하여 화재 실 상부에 연기를 축적시킨다.	• 신뢰성이 매우 우수함.	• 공간 상부의 체적이 큰 실 • B, C
배연		• 연기의 하강을 늦춘다. • 비화재실 방향으로 연기 배출 방지	• 연기의 부력을 이용하여 연기를 배출한다.	• 바람의 영향을 받음. • 대 공간의 냉방 시 등에 외기가 역류될 우려가 있음.	• 외벽에 면한 실 • A, B, C
	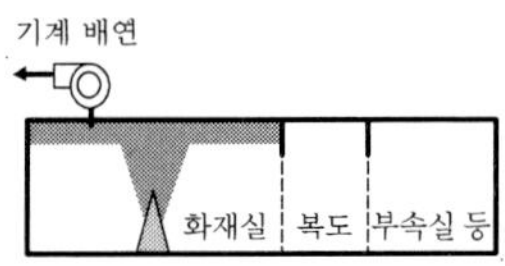	• 연기의 하강을 늦춘다. • 비화재실 방향으로 연기 배출 방지	• 기계력으로 연기를 배출한다.	• 성능은 안정적임. • 고온 시에는 정지될 가능성 있음.	• 모든 실 • 단, 밀폐성이 높은 실에서는 도어의 개폐 장애에 주의가 필요한 경우도 있음. • A, B, C
	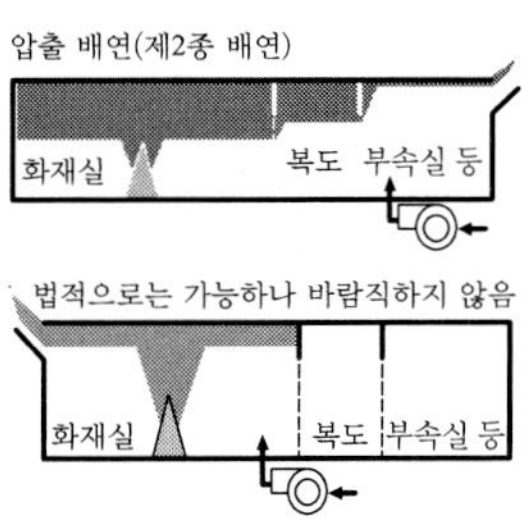	• 해당 실의 연기의 하강을 늦춘다. • 실내에 확산된 연기를 희석하거나 배출한다.	• 신선한 공기를 공급하여 실내압을 높이고 연기를 압출시킨다.	• 화재실 온도 상승의 영향은 경미하므로 장시간 작동 가능	• 출화(出火) 가능성이 적은 부속실 등의 대피 경로 • 화재실에 직접 급기하는 것은 바람직하지 않음 • A, B, C

차연	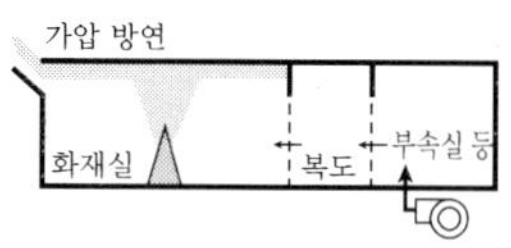	• 연기의 침입을 방지한다.	• 실내압을 높여 연기의 침입을 방지한다.	• 화재실 온도 상승의 영향을 받지 않으므로 장시간 작동 가능	• 출화(出火) 가능성이 적은 부속실 등의 대피 경로 • 소방활동거점 • A, B, C

[주] 설계 루트에 대해서는 1.4에서 설명하였음.

본 장에서는 원리나 설계 순서가 단순한 축연 방식부터 설명을 시작하여 배연 방식, 차연 방식의 순서로 설명한다.

표 2.1.1은 각종 연기제어방식의 개요를 나타낸 것이다. 각 방식의 특징을 파악하기 위해서는 제어법을 비교하는 것이 가장 적절하다고 생각되어 일람표로 작성하였고 이후 각 방식의 상세한 내용을 설명한다.

2.2 설계방법의 개요

1.4 연기제어설계와 법규에서 기술한 바와 같이 설계에는 3가지 루트가 있으며, 본 장에서는 설계의 자유도가 가장 높은 루트 C를 중심으로 설명한다.

2.2.1 연기제어방식의 선택

각종 연기제어방식의 특징과 대상이 되는 공간의 성질을 바탕으로 구체적인 연기 제어 방법을 선택하게 된다. 공간의 특성에 따른 연기 제어 시스템을 선택한 후의 지침은 제4장 공간별·용도별 연기제어설계에 상세히 기술되어 있으므로 참조하기 바란다. 여기에서는 화재실, 대피 경로, 부속실로 나누어 연기 제어 방법의 선택과 관련된 공통된 주의사항을 설명한다.

먼저 화재실에서는 배연 방식을 채용하는 것이 원칙이다. 단, 대피 시간이 짧고 공간 용적이 크며 연기하강시간이 길다는 등 대피 안전성을 충분히 확보할 수 있는 경우에는 축연 방식을 채용하는 것도 가능하다. 한편, 압출배연이나 가압방연방식에서는 급기의 영향에 의해 화재실의 압력이 높아지면 연기를 확산시키는 요인이 되기도 하므로 충분한 검토가 필요하다.

부속실 등 중요한 대피 경로는 장시간 연기로부터 방어할 필요가 있기 때문에 차연 방식을 채용하는 것이 바람직하다. 부속실을 가압함으로써 그곳과 이어지는 복도 등의 대피 경로의 압력도 높아지고 연기의 침입을 방지할 수 있다. 한편 부속실 등에 기계배연을 설치하는 경우에는 부속실 등이 극단적인 부압이 되면 연기를 유인하게 되므로 외기로 이어지는 급기구를 설치하도록 법령으로 의무화되어 있다.

부속실 이외의 대피 경로는 모든 종류의 연기제어방식을 선택할 수 있다. 배연 방식을 채택하는 경우에는 대피 상의 중요도와 함께 화재실과의 사이의 구획 성능에 따라 배연 능력을 결정해야 한다. 대피 경로를 축연으로 하는 경우에는 화재실과의 구획의 성능을 높이거나 부속실 급기를 이용하여 대피 경로도 화재실에 대하여 양압이 되도록 하는 등의 고려가 필요하다.

2.2.2 설계 순서

성능 설계 시에는 건물 내에 있는 재실자의 대피안전성능을 검증하면서 연기 제어 시스템을 설계하여야 한다. 그림 2.2.1은 일반적인 안전 설계의 개념적인 검증 흐름도로서 이후에는 설계 화원의 설정, 연기의 발생량과 허용 기준에 대하여 설명한다.

(1) 설계 화원의 설정

열이나 연기의 발생원이 되는 화원의 크기를 나타내는 가장 대표적인 것이 단위시간당 발열량이며 이것을 발열속도라 칭하며, 이 값이 화재 성상에 미치는 영향은 매우 크다. 많은 실험 연구를 통해 이 발열속도를 시간의 제곱에 비례하는 형태로 표현한 다음 식과 같은 화원 모델이 만들어지고 있으며 일반적으로 이용되고 있다.

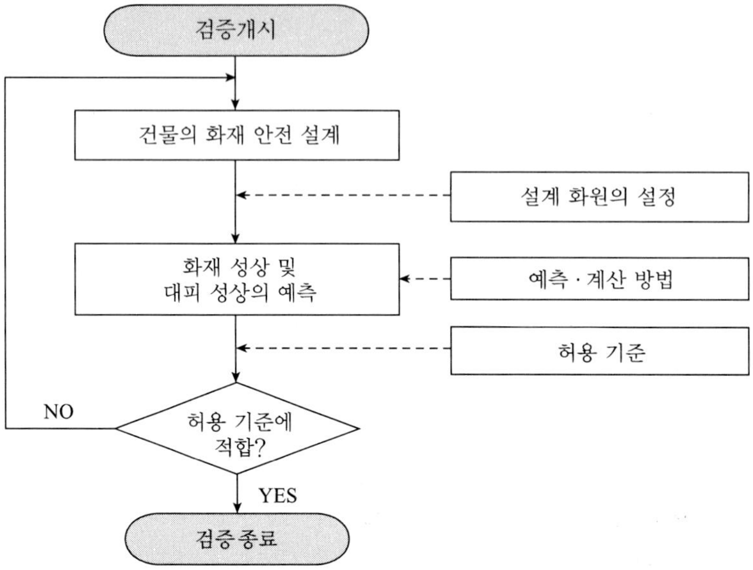

그림 2.2.1 피난안전설계의 검증 흐름도

$$Q = \alpha \cdot t^2 \tag{2.2.1}$$

여기서, Q : 발열속도[kW]

α : 화재성장률[kW/s²]

t : 시간[s]

여기서 화재성장률 α는 실내에 있는 가연물의 질, 양과 형상 등으로 결정되며 「피난안전 검증법(2000년 건설성 고시 제1441호, 동제1442호)」이 주로 참고된다. 이것은 표 2.2.1과 같이 수납 가연물에 의한 화재성장률 α_f와 마감재에 의한 화재성장률 α_m을 합산하여 α로 한다.

그림 2.2.2는 발열속도의 시간 변화에 대한 예이며, 발열속도는 시간의 경과에 따라 증대하나 산소의 공급이 제한되거나 스프링클러의 작동을 예상하거나 하는 경우에는 어떤 시점 이후에는 증대되지 않고 일정치를 유지하는 것으로 계산하는 경우도 있다.

표 2.2.1 피난 안전 검증법의 화재성장률

$q_1 \leq 170$의 경우	$\alpha_f = 0.0125$
$q_1 \geq 170$의 경우	$\alpha_f = 2.6 \times 10^{-6} q_1^{5/3}$

이 표에서 α_f는 수납 가연물에 의한 화재성장률[kW/s^2], q_1은 해당 실의 1 m^{2}당 발열량[MJ/m^2]을 나타낸다(고시 제1441호, 동제1442호 참조).

불연재료를 사용한 마감	$\alpha_m = 0.0035$
준불연재료를 사용한 마감	$\alpha_m = 0.014$
난연재료를 사용한 마감	$\alpha_m = 0.056$
목재 기타 유사한 재료를 사용한 마감	$\alpha_m = 0.35$

이 표에서 α_m은 벽 및 천장의 마감재에 의한 화재성장률[kW/s^2]

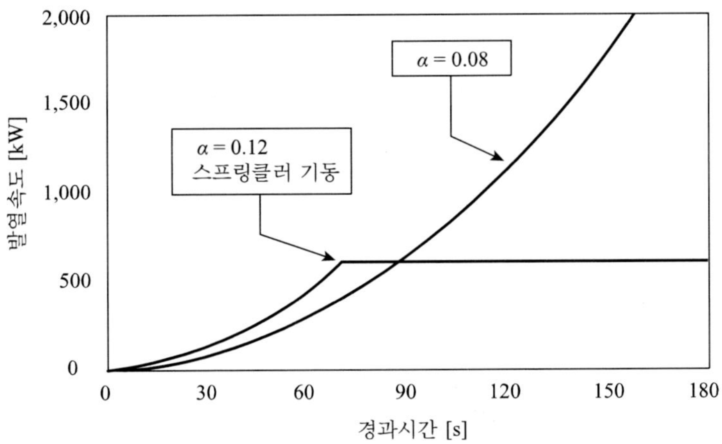

그림 2.2.2 발열속도의 시간 변화 예

(2) 연기의 발생량

화원에서 열과 함께 발생한 연기는 주위의 공기를 인입시키면서 상승해 나간다. 이 상승 기류를 플륨(plume)이라 부르며 본 장에서는 그 질량 유량의 산출 시 다음 식을 이용한다.

$$m = k \cdot Q^{1/3} \cdot Z^{5/3} \tag{2.2.2}$$

여기서, m : 플룸 양[kg/s]

k : 계수(≒ 0.08)

Q : 발열속도[kW]

Z : 화원으로부터 연기층 높이[m]

(3) 허용 기준

a) 연기층의 높이

화원에서 상승한 플룸은 천장에 도달하여 동심원상으로 퍼져나가며 천장 아래에 연기층을 형성한다. 이 연기층은 일반적으로 온도가 높고 일산화탄소 등의 유해물질을 함유하는 경우도 있다. 한편 하부의 공기층은 적어도 화재 초기에는 온도, 가스 농도 모두 보통의 실내 공기와 차이가 없는 경우가 많으므로 안전한 것으로 평가된다. 피난 안전 설계에서는 연기에 폭로되지 않고 대피할 수 있는 것을 목표로 한다.

현재 가장 일반적으로 이용되는 것은 피난 안전 검증법에서 규정하고 있는 「한계 연기층 높이 H_{lim}」이며 연기층이 이보다 높은 위치에 있으면 안전한 것으로 평가한다.

$$H_{\text{lim}} = FL + 1.8 \text{ [m]} \tag{2.2.3}$$

여기서, FL : 피난 공간 바닥 높이[m]

또한 실제로는 연기층 경계가 명확하지 않다는 점과 천장이 매우 높은 공간 등도 고려하여 다음 식으로 평가하는 사례도 있다.

$$H_{\text{lim}} = 1.6 + 0.1H \text{ [m]} \tag{2.2.4}$$

여기서, H : 대피 공간 천장 높이[m]

b) 연기층의 온도

연기로부터의 안전을 확보하기 위한 목표로서 연기에 폭로되지 않는 것이 가장 좋지만 실제 건물에서는 이 목표의 달성이 어려운 경우도 있다. 예를 들면, 그림 2.2.3의 극장과 같이 천장이 높고 발코니석 등 높은 위치에 대피자가 있는 경우에는 초기에 연기층의 하강이 빠르므로 대피자는 화재의 매우 빠른 단계에서 연기에 의해 영향을 받는 경우도 있을 수 있다.

초기의 옅은 연기단계에서 단시간이라면 통과할 수 있는 경우도 있다.

그림 2.2.3 옅은 연기층을 통과하는 피난

그러나 연기가 어느 정도 존재하더라도 그 농도가 옅고 온도도 낮아 대피에 지장이 없는 수준이라면 허용할 수 있다고 생각되는 경우도 있다.

초기의 옅은 연기 속을 통과하여 대피할 수 있기 위한 평가 기준은 다음의 기준을 이용할 수 있다.

$$\int_{t_1}^{t_2} (\Delta T)^2 dt < 10,000 \tag{2.2.5}$$

또는

$$(\Delta T_{max})^2 \times (t_2 - t_1) < 10,000 \tag{2.2.6}$$

여기서, ΔT : 대피자가 폭로되는 연기의 온도 상승값[K]

ΔT_{max} : 대피자가 폭로되는 연기의 최대 온도 상승값[K]

t_1 : 해당 대피자에게 연기 폭로가 시작되는 시간[초]

t_2 : 해당 대피자에게 연기 폭로가 종료되는 시간[초]

허용치에 대해서는 폭로되는 농도와 시간의 곱이 관계한다는 것을 알고 있으며 위 식은 이것을 바탕으로 옅은 연기 속을 대피하는 경우의 연기 온도에 관한 허용치로서 나타낸 것이다.

구체적인 이미지는 아래와 같다. 대피 경로의 연기 농도는 화재실의 1/100 이하로 희석되어 있다면 안전한 것으로 간주되므로 이에 따르면 화재실의 온도 상승을 1,000 K라고 했을 때 10 K가 된다. 여기에서는 안전을 고려하여 5 K 상승까지 허용하고 한다. 높이 100 m의 고층 빌딩에서 내려오는데 필요한 보행시간을 400초라고 한다면

$$(\Delta T)^2 \, t_{EVAC} = 5^2 \times 400 = 10{,}000 \tag{2.2.7}$$

이 되는데 이러한 연기 및 대피 성상을 바탕으로 평가식이 구축된 것이다.[4)]

성능 기준을 농도가 아닌 온도 상승을 지표로 하는 것은 연기의 온도와 농도 모두 신선한 공기 혼입의 영향을 받는 현상이며 그리고 대피 상 문제가 되는 농도의 연기에서는 온도도 중요한 대피의 저해 요인이 된다는 것도 고려한 것이다.

더 나아가 이산화탄소(CO_2) 농도를 평가 지표로 하고 그 허용최대값을 0.5%라고 하는 경우도 많다.

계산 예

해당 공간의 연기층 온도가 12℃ 상승한 경우에 해당 공간을 대피를 위하여 통과하는데 60초가 걸린 경우의 안전성은 다음과 같이 확인할 수 있다.

$12 \times (60 - 0) = 8{,}640 < 10{,}000$

$\therefore$ OK

또한 피난 안전이나 소방 활동에 매우 중요한 공간에서는 차연 방식을 채택함으로써 연기가 칩입하지 못하는 연기제어방식을 취하는 것이 바람직하다. 차연 방식에 대해서는 3.5장에서 설명한다.

2.3 축연 방식의 설계법

축연은 적극적으로 연기를 제어하지 않고 대공간 용적을 살려 비교적 긴 연기하강시간을 피난 안전 확보에 이용하는 방식이며 연기층이 한계 연기층 높이까지 하강하기 이전에 피난이 완료될 수 있도록 계획하는 것이 축연 방식의 목표이다.

반면 건축 기준법에서 사양적으로 정해진 방법이 아니기 때문에 적용 시에는 주의가 필요하다.

(1) 계획상의 주의점

천장 높이가 높을수록 축연 용적은 커지지만 천장 높이가 높으면 화원에서 상승하는 플륨으로의 공기인입량도 커진다는 점에 주의하여야 한다. 일반적으로는 천장 높이가 높을수록 연기하강시간은 길어지지만 천장 높이에 비례하여 길어지는 것은 아니다. 또한 피난안전 검증법에서는 천장 높이가 어느 값을 초과하면 연기하강시간이 짧아지는 경우도 있기 때문에 주의할 필요가 있다.주1)

높은 천장의 공간에서는 바닥면 가까이까지 연기층이 하강하는 시간이 길기 때문에 일반적으로는 유리하지만 아트리움 등의 오픈된 공간에서 대피자가 발코니 형태의 높은 위치에 존재하는 경우에는 주의하여야 한다.

적용 공간에 온도 성층(태양열 등에 의한 열축적층)이 생성된 경우에는 연기가 상승하지 않고 열축적된 상간하부에 머물게 됨으로써 연기하강시간이 빨라지거나 연기 감지를 충분히 할 수 없는 가능성도 있다.

(2) 축연 방식의 설계방법

a) 설계방법의 개요

성능적으로 축연 방식을 설계하기 위하여 여기에서는 간이 수치 계산을 이용하여 계산하는 방법을 소개한다.

주1) 피난 안전 검증법(2000년 건설성 고시 제1441호, 동 제1442호)에서는 천장 높이가 약 5.8 m를 초과하여 높아지면 연기하강시간이 짧아지는 경우도 있으므로 주의하여야 한다.

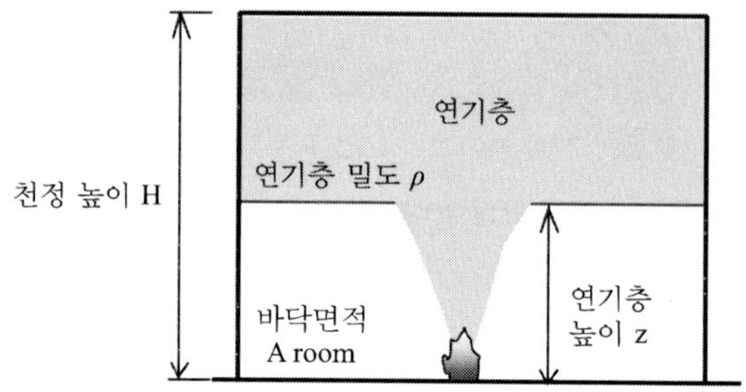

그림 2.3.1 축연 방식의 설계

그림 2.3.1과 같은 공간에서 화원을 설정하고 그 플륨 양을 구한 후 실의 상부로부터 순차적으로 연기가 머무르는 것으로 하여 한계 연기층 높이까지 연기가 하강할 때까지의 시간을 구한다.

b) 연기하강시간의 간이 계산 방법

축연 방식에서는 연기층에 유입되는 기체가 화재 플륨뿐이므로 약간의 간이화를 실시한다면 산술적으로 연기하강시간을 산출할 수 있다. 즉, 발열속도가 $Q=\alpha \cdot t^2$이며 또한 실 형상이 높이 방향으로 일정하고 화재 초기(연기 온도가 거의 높아지지 않음)의 조건이라면 연기하강시간은 식 (2.3.1)을 통해 구할 수 있다. 상세 내용은 5.4.3 2층 존모델을 참고하기 바란다.

조건 화원 : $Q=\alpha \cdot t^2$ (화재 초기에 한함)
실 형상 : 수평단면적이 높이 방향으로 일정

연기하강시간의 산출식

$$t=\left\{\frac{5}{2}\cdot\frac{\rho \cdot A_{room}}{0.08 \cdot \alpha^{1/3}}\cdot\left(\frac{1}{z^{2/3}}-\frac{1}{H^{2/3}}\right)\right\}^{3/5} \tag{2.3.1}$$

여기서, Q : 발열속도[kW]
t : 연기하강시간[s]
A_{room} : 거실의 바닥면적[m²]

H : 천장 높이[m]

z : 연기층 높이[m]

α : 화재성장률[kW/s^2]

ρ : 연기층 밀도(연기층 온도가 100℃ 정도 이하인 경우는 1.0 [kg/m^3])

또한, H 및 z는 화원을 상정하는 바닥면으로부터 높이이며, 천장이 높은 공간에서 대피자가 발코니 형태의 높은 바닥면 위치에 존재하는 경우에는 이 점에 주의하여야 한다.

2.4 배연방식의 설계법

2.4.1 자연배연

(1) 자연배연의 메커니즘

그림 2.4.1 (a)와 같이 화재실 내에 고온의 연기층이 형성되면 공기의 밀도차에 의해 화재실과 외부와의 사이에 압력차가 발생한다. 이 압력차에 의해 화재실의 위쪽에서는 연기를 외부로 배출하는 힘이 작용하고 반대로 아래쪽에서는 공기를 화재실로 유입하려는 힘이 작용한다. 이러한 힘을 이용하는 것이 자연배연의 메커니즘이다.

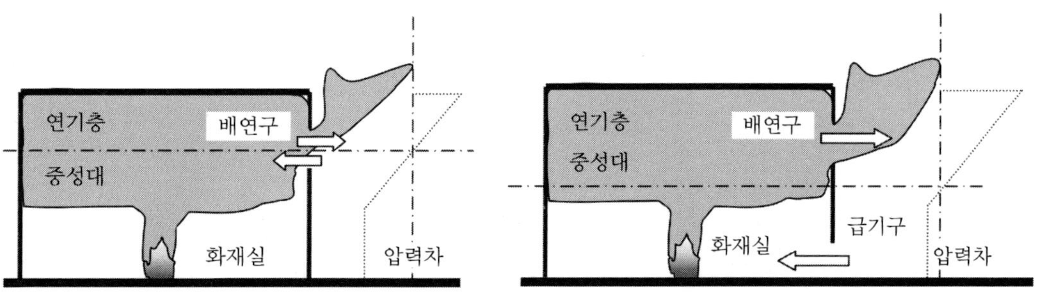

그림 2.4.1 (a) 급기구가 없는 경우(압력차가 작고 배연량이 적다)
(b) 급기구가 있는 경우(압력차가 커지며 배연량이 많다)

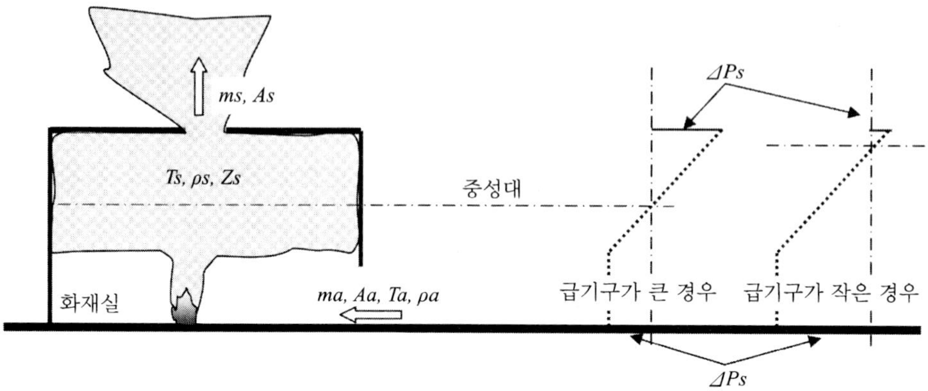

그림 2.4.2 부위별 압력 및 유량의 결정 방법

화재실 하부에 급기구의 유무로 인하여 중성대의 높이에 큰 차이가 발생한다. 그림 2.4.1 (a)와 같이 급기구가 없는 경우에는 중성대가 배연구의 중간에 형성되고 그 위쪽에서는 연기가 유출되고 아래쪽에서는 외기가 유입되게 된다. 따라서 연기를 배출하는 구동력이 되는 압력차는 크지 않게 된다. 한편 그림 2.4.1 (b)와 같이 화재실의 하부에 충분한 면적의 급기구를 두면 중성대의 위치가 내려가고 배연구의 모든 면이 연기의 배출에 사용됨과 동시에 배연의 구동력인 압력차도 커진다. 즉, 급기구의 유무는 배연 성능에 크게 영향을 미친다.

따라서 배연구는 물론 급기구의 크기와 위치의 영향도 크다는 것을 잊어서는 안 된다. 정리하면 배연구는 크게 높은 위치에 설치하고, 급기구는 동등한 크기로 유입 공기가 아래의 공기층에 유입되도록 낮은 위치에 설치하는 것이 배연 성능을 높이는 포인트가 된다.

배연량 혹은 압력차가 어떻게 정해지는지를 비교적 간단한 예를 들어 구체적으로 설명한다. 그림 2.4.2는 그림 2.4.1 (b)와 기본적으로 동일하지만 보다 조건이 단순한 형상을 나타낸다.

배연구와 급기구의 크기 및 위치는 설계 조건으로서 정해져 있고 연기층의 온도와 두께는 사전에 알고 있으므로, 정상상태로 가정하면 연기층과 외기와의 사이의 배연구 압력차 ΔP_s 및 하부 공기층과 외기와의 사이의 급기구의 압력차 ΔP_a와 배연구 및 급기구의 유량의 관계는 다음과 같다.

$$m_s = \alpha A_s \sqrt{2\rho_s \Delta P_s} \tag{2.4.1}$$

$$m_a = \alpha A_a \sqrt{2\rho_a \Delta P_a} \tag{2.4.2}$$

여기서, m_s : 배연량[kg/s]　　A_s : 배연구 면적[m^2]

T_s : 연기층 온도[K]　　ρ_s : 밀도[kg/m^3]

Z_s : 연기층 두께[m]　　ΔP_s : 배연구 압력차[Pa]

m_a : 급기량[kg/s]　　A_a : 급기구 면적[m^2]

T_a : 공기 온도[K]　　ρ_s : 밀도[kg/m^3]

ΔP_a : 급기구 압력차[Pa]

정상상태로 가정하면 급기량과 배연량의 질량은 동일하므로 다음의 관계가 성립한다.

$$m_s = m_a \tag{2.4.3}$$

이 관계에서 급기구와 배연구에서의 압력차 관계를 구하면 다음과 같다.

$$\Delta P_s = \left(\frac{A_a}{A_s}\right)^2 \left(\frac{\rho_a}{\rho_s}\right) \Delta P_a \tag{2.4.4}$$

이와 같이 배연구에서의 압력차는 배연구와 급기구의 면적비와 연기층과 공기층의 온도에 따라 정해지는 밀도의 비를 통해 결정된다는 것을 알 수 있다.

또한 연기층 두께 Z_s에서 압력차를 구하고 배연량을 산출하면 다음과 같다.

$$\Delta P_s + \Delta P_a = \Delta \rho g Z_s \tag{2.4.5}$$

$$\left\{1 + \left(\frac{A_s}{A_a}\right)^2 \left(\frac{\rho_s}{\rho_a}\right)\right\} \Delta P_s = \Delta \rho g Z_s$$

$$\therefore \Delta P_s = \Delta \rho g Z_s \Big/ \left\{1 + \left(\frac{A_s}{A_a}\right)^2 \left(\frac{\rho_s}{\rho_a}\right)\right\} \tag{2.4.6}$$

$$\therefore m_s = \alpha A_s \sqrt{2\rho_s \Delta \rho g Z_s \Big/ \left\{1 + \left(\frac{A_s}{A_a}\right)^2 \left(\frac{\rho_s}{\rho_a}\right)\right\}} \tag{2.4.7(1)}$$

또한 $\rho \approx \dfrac{353}{T}$ 이기 때문에 밀도 ρ 대신에 온도 T를 이용하여 식 (2.4.7(1))은 다음과 같이 표현할 수도 있다.

$$m_s = 353\alpha A_s \sqrt{2\Delta TgZs \Big/ Ts\,Ta\left\{Ts + Ta\left(\frac{A_s}{A_a}\right)^2\right\}} \qquad (2.4.7(2))$$

식 (2.4.6), 식 (2.4.7(1)), 식 (2.4.7(2))에서 알 수 있듯이 급기구 면적이 작아지면 배연구 압력차는 작아지고 결국 배연량도 작아진다.

전술한 식은 정상상태를 가정한 것이며 시간의 경과에 따라 화재실의 연기층 온도와 연기층 두께 등은 약간 변화되지만 전체적인 경향을 파악하는 것은 가능하므로 이 관계를 예로 들어본다.

어느 실에 면적 1.0 [m^2]의 자연배연구를 설치한 경우, 급기구 면적과 배연량의 관계를 살펴보면 그림 2.4.3과 같다. 또한 배연량은 식 (2.4.7)의 m_s를 밀도 ρ_s로 나누고 체적 유량[m^3/s]으로 나타내었다.

이 그래프로부터 급기구 면적이 배연구 면적보다 작게 되면 배연풍량이 급격하게 감소하는 것을 알 수 있다. 급기구 면적이 커질수록 배연량은 증가하는데, 배연구 면적보다 큰 폭으로 크더라도 그만큼 배연 풍량은 증가하지 않는다는 점에서 배연구 면적과 급기구 면적은 거의 동일한 정도로 하는 것이 배연을 위하여 가장 효율이 좋은 개구면적이라

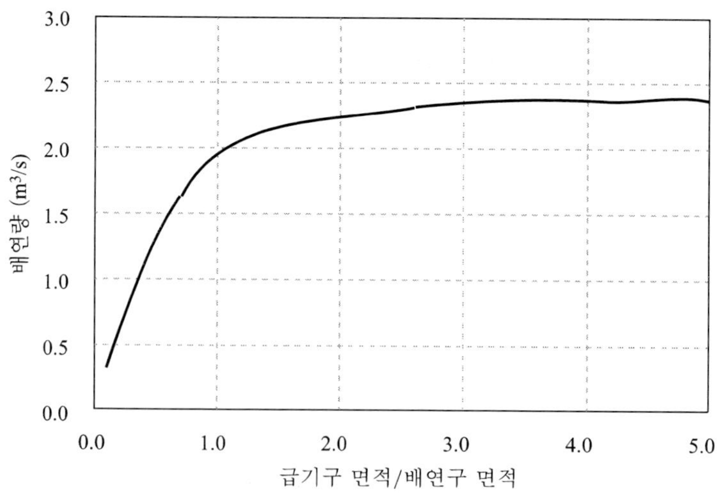

그림 2.4.3 급기구 면적률과 배연량의 관계

할 수 있다.

계산조건 연기층 온도 = 200 [℃](밀도 = 0.75 [kg/m^3])

외기 온도 = 20 [℃](밀도 = 1.20 [kg/m^3])

연기층 두께 = 1.0 [m], 천장 높이 = 3.0 [m]

자연배연구는 천장면에 있고 면적 = 1.0 [m^2]

개구 계수 $\alpha = 0.7$, 중력 가속도 $g = 9.8$ [m/s^2]

급기구의 위치는 연기층 높이 이하에 있으며 면적 = 0.01～5.0 [m^2]

(2) 계획 시 주의점

a) 화재실 온도의 영향

앞서 설명한 바와 같이 자연배연의 효과는 배연구이 위치나 크기에 영향을 받고 또한 계절의 영향을 포함한 실내외 온도에도 영향을 받는다.

그림 2.4.4 왼쪽 그림과 같이 실내 온도가 외기 온도보다 낮은 경우(여름철 냉방 시)에는 실내외 압력차 분포가 그림과 같아지며 화재 초기에 자연배연의 효과가 현저히 악화된다. 이 문제는 자연배연의 원리이기 때문에 근본적인 해결은 어렵지만 화재실 온도가 상승하면 오른쪽 그림과 같이 압력차 분포가 바뀌게 되어 점차 배연이 촉진된다. 이 점에 주의하여 배연구 개방이 이루어져야 한다.

	실내 온도 〈 외기 온도	실내 온도 〉 외기 온도
급기구 면적과 배연구 면적이 같은 정도인 경우	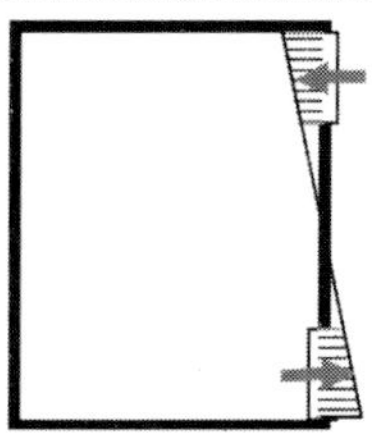 • 화재 초기 단계(연기층 온도가 낮음)에서는 배연을 기대할 수 없음. • 화재에 의한 온도 상승과 함께 점차 오른쪽 그림에 가까워짐.	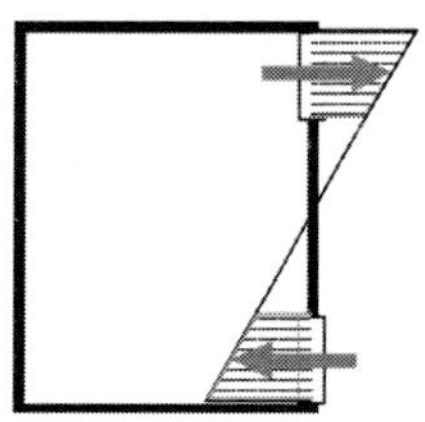 • 배연구의 크기에 따라 배연이 가능

그림 2.4.4 자연배연에서의 압력차 분포

b) 급기구의 위치 · 크기의 영향

배연구의 크기를 어떻게 설정할 것인지는 설계 상 주요한 관심의 대상이 되지만 급기구의 유무 · 크기도 동일하게 배연 성능에 영향을 미치기 때문에 검토할 필요가 있다.

전술한 바와 같이 자연배연구가 설치되어 있어도 급기구가 작으면 실내로의 유입 공기량을 확보할 수 없고 배연의 효과가 떨어진다. 일반적으로는 화재실로부터의 대피가 이루어지고 있는 동안에는 문이 개방되어 있기 때문에 이러한 현상은 잘 일어나지 않지만 건물 전체적으로 기밀성이 높은 건물에서는 거실로부터의 대피 출구가 개방되는 것만으로는 충분한 급기가 확보된 것은 아니다. 이러한 경우에는 급기구와 급기 경로를 계획하여야 한다.

단, 급기 경로가 작으면 화재실내가 부압이 됨으로써 연기가 누출되기 어려워진다는 점에서 화재실 대피가 끝난 후에는 급기 경로가 작은 쪽이 바람직한 경우도 있다.

c) 고층 건물에서 연돌효과의 영향

고층 건물에서는 냉난방 시에 엘리베이터 샤프트나 계단실 등의 개방공간을 사이에 두고 건물 전체에 연돌효과가 나타난다. 예를 들면, 그림 2.4.5와 같이 난방 시에 아래층에서 화재가 발생하여 배연을 위해 창문을 열면 공기가 유입되는 경우가 있다. 이것은 실내측 압력이 외기측보다 낮아져 있기 때문이다. 이러한 조건 하에서는 자연배연의 성능을

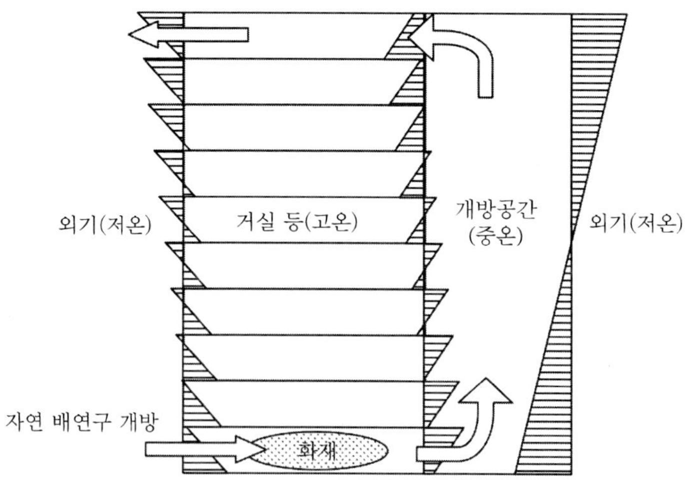

그림 2.4.5 고층 건물에서의 난방 시 연돌효과와 자연배연에 대한 영향

발휘하기 어려운 상황이 되는 점도 염두에 두고 설계하는 것이 바람직하다.

d) 바람의 영향

바람이 건물에 강하게 영향을 미칠 때에도 배연을 위해 창문을 열면 공기가 유입되는 경우가 있다. 풍속이나 풍향 등이 영향을 주거나 또는 발생 빈도에 의한 영향도 있으므로 대체적으로 강한 바람이 있는 경우에는 자연배연을 피해야 한다.

(3) 자연배연의 설계방법

a) 설계방법의 개요

자연배연은 루트 A(건축 기준법의 시방 규정)와 루트 B(2000년 건설성 고시 제1441호, 제1442호)로 설계되는 경우가 많으며 이들 방법은 일반적이며 해설서[2),5)]도 많기 때문에 본 장에서는 별도로 언급하지 않는다.

위의 루트 A, B 이외의 설계방법으로서는 컴퓨터를 이용하여 계산하는 2층 존모델이나 1층 존모델, CFD 모델 등을 적용할 수 있다. 또한 간이적인 계산 방법을 이용하여 설계하는 방법도 제안되고 있다.

여기에서는 간이적인 계산 방법을 이용하여 설계하는 방법으로 b) 급기구 면적을 정하여 필요한 배연구 면적을 구하는 방법과 그와 반대로 c) 배연구 면적을 정하여 필요한 급기구 면적을 구하는 방법을 설명한다.

b) 급기구 면적을 정한 후 배연구 면적을 구하는 방법

그림 2.4.6에 나타낸 바와 같이 천장 또는 벽의 상부에 배연구를 설치하고 벽의 하부에 급기구를 계획하는 경우를 고려한다. 급기구의 면적·위치 등을 먼저 정하고 화재실의 연기층을 한계 연기층 높이 Z_c [m]로 유지하기 위해 필요한 배연구 면적을 구하는 순서는 다음과 같다.

① 목표로 하는 시간(피난종료시간 등)의 발열속도 Q, 목표로 하는 한계 연기층 높이 Z_c를 설정

Introduction of Smoke Control Engineering

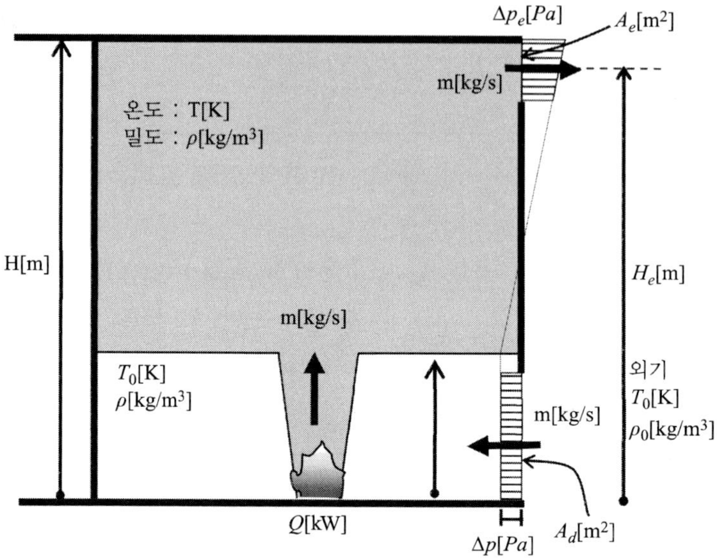

그림 2.4.6 자연배연구 면적을 구하는 조건

② 화원에서 발생하는 연기량(플륨양)의 계산

한계 연기층 높이 Z_c에서의 플륨 질량 유량을 구한다.

$$m = 0.08 Q^{1/6} Z_c^{5/3} \tag{2.4.8}$$

이 플륨양에 상당하는 연기가 배연구로부터 배출되면 연기층 높이를 목표로 하는 한계 연기층 높이 Z_c로 유지할 수 있다.

③ 연기층 온도의 계산

$$T = T_0 + Q/(c_p m + hA_w) \tag{2.4.9}$$

④ 연기층 밀도의 계산

$$\rho = 353/T \tag{2.4.10}$$

⑤ 실의 압력(외기와의 차압, 바닥 수준)의 계산

$$\Delta p = -m^2/2\rho_0(\alpha A_d)^2 \tag{2.4.11}$$

⑥ 배연구 높이에서의 압력(외기와의 차압)의 계산

$$\Delta p_e = \Delta p + (\rho_0 - \rho)g(H_e - Z_c) \tag{2.4.12}$$

⑦ 필요 배연구 면적의 계산

$$A_e = m/\alpha\sqrt{2\rho\Delta p_e} \tag{2.4.13}$$

c) 배연구 면적을 정한 후 급기구 면적을 구하는 방법

위와 동일한 화재실 조건에서 배연구의 면적·위치 등을 먼저 설정한 후 화재실의 연기층을 한계 연기층 높이 Z_c [m]로 유지하는데 필요한 급기구 면적을 구하는 순서는 다음과 같다.

① b)의 ①, ②, ③, ④와 동일

② 배연구 높이의 차압계산

$$\Delta p = m^2/2\rho(\alpha A_e)^2 \quad (2.4.14)$$

③ 실의 압력(외기와의 차압, 바닥 수준)의 계산

$$\Delta p = \Delta p_e + (\rho_0 - \rho)g(H_e - Z_c) \quad (2.4.15)$$

④ 필요 급기구 면적의 계산

$$A_d = m/\alpha\sqrt{2\rho_0 \Delta p} \quad (2.4.16)$$

여기서, T_0 : 외기 온도[K]

A_e : 배연구 면적[m^2]

H_e : 배연구 중심 높이[m]

A_d : 급기구 면적[m^2](단, Z_c 이하인 부분)

A_w : 주변 벽 면적 [m^2]

Q : 발열속도[kW]

Z_c : 한계 연기층높이[m]

h : 실효열전달률[kW/m^{2}K](권장치 0.01～0.015)

C_p : 정압비열[=1.0 kJ/kg·K]

α : 유량계수[−]

2.4.2 기계배연

(1) 기계배연의 메커니즘

발생한 연기를 배연 팬의 기계적인 힘으로 배출하는 방식이다. 배연기 작동 중에는 직접적인 효과인 연기의 배출과 함께 간접적인 효과로서 그 실의 압력이 낮아지기 때문에 화재실 등 연기로 폭로된 실에서 다른 실로의 연기 확산을 방지 또는 제어하는 효과도 있다.

기계배연의 배연 능력은 다음과 같은 요인의 영향을 받는다. 먼저 배연기에 의한 배기 능력이며 다음으로 배기 풍량 속에서 얼마나 연기 성분을 효과적으로 배출할 것에 관한 배연 효율이다. 여기서 배기 능력은 배연 팬 자체의 능력 외에 배연 계통의 배기측과 급기측의 통기 저항의 영향도 받는다(그림 2.4.7).

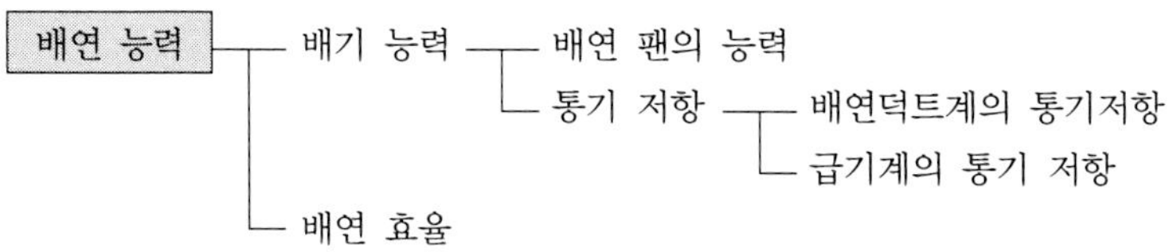

그림 2.4.7 배연 능력에 영향을 주는 요인

상기 요인 중 배연 팬의 능력이나 배연덕트계의 저항은 이미 잘 알려졌으나 급기 경로의 통기 저항은 알려지지 못한 경우가 많다. 실제 건물에서는 배연을 위한 급기구가 설치되어 있지 않은 경우라도 외벽 부분의 틈새나 화재실의 열에 의해 파손된 유리창, 대피 경로 상의 도어 등을 통하여 실질적으로 급기 루트가 확보되는 경우도 많은 반면 지층이나 기밀성이 높은 방에서는 급기경로가 거의 없는 케이스도 있기 때문에 이들 경우에는 급기구와 경로를 계획하여야 한다.

또한 연기층의 두께가 얇으면 배연구에서 연기와 함께 공기도 배출되고 이로 인해 배연 효율이 저하되는 경우도 있다(3.1.2 참조).

(2) 계획 시 주의점

기계배연 방식의 배연 풍량은 계획보다 적으면 배연 효과를 기대할 수 없지만 반대로 너무 커도 부압에 의해 유입되는 공기가 많아져 화세가 커지게 되거나 문이 열리지 않게 되는 등 대피에 지장을 주게 된다.

배연 풍량에 관해서는, 예를 들면 안전 구획(복도)의 배연은 화재실 문의 틈새 등을 통해 누출된 연기에 의해 복도의 연기층이 위험한 높이까지 하강하지 않도록 하는 것을 목적으로 한다. 따라서 복도의 바닥 면적이 아니라 화재실에서 복도로 누출되는 연기의 양에 따라 필요 배연량을 결정하는 것이 바람직하다. 이와 같이 급기 경로의 확보도 매우 중요하다.

(3) 기계배연의 설계방법

a) 설계방법의 개요

기계배연의 설계에서는 대부분의 경우 루트 A라 불리는 건축기준법의 시방 규정에 의한 방법과 루트 B라 불리는 2000년 건설성 고시 제1441호, 제1442호에 의한 방법을 채택하고 있다. 이들 방법은 일반적이기 때문에 자연배연과 동일하며 여기에서는 다루지 않기로 한다.

성능적으로 기계배연을 설계하는 방법으로서 상기 루트 B에 의한 방법 외에도 컴퓨터를 이용하는 계산하는 방법과 간이적인 계산 방법을 이용하여 설계하는 방법이 제안되고 있다. 성능적인 설계를 추진하기 위한 설계 흐름도는 그림 2.2.1에 나타낸 일반적인 검증 흐름도와 기본적으로 동일하다.

여기에서는 간이적인 계산 방법을 이용하여 필요한 배연 풍량을 구하는 방법 및 표 계산 소프트웨어(엑셀 등) 등을 이용한 간이적인 수치계산을 통한 방법을 설명한다.

b) 간이적인 계산 방법

화재실의 연기층을 한계 연기층 높이 Z_c [m]로 유지하기 위하여 배연 풍량 V_e [m^3/s]를 계산하는 방법은 다음과 같다. 여기에서는 그림 2.4.8과 같은 천장면에 배연구가 있는 경우를 생각한다. 이것은 정상계산에 따른 방법이다.

① 목표로 하는 시간(피난종료시간 등)의 발열속도 Q, 목표로 하는 한계 연기층 높이 Z_c를 설정

② 화원에서 발생하는 연기량(플룸양)의 계산

한계 연기층 높이 Z_c에서의 플룸 질량 유량을 구한다.

$$m_p = 0.08Q^{1/3}z_c^{5/3} \tag{2.4.17}$$

이 플룸양에 상당하는 연기를 배연구에서 배출하면 연기층 높이를 목표로 하는 한계 연기층 높이 Z_c로 유지할 수 있다.

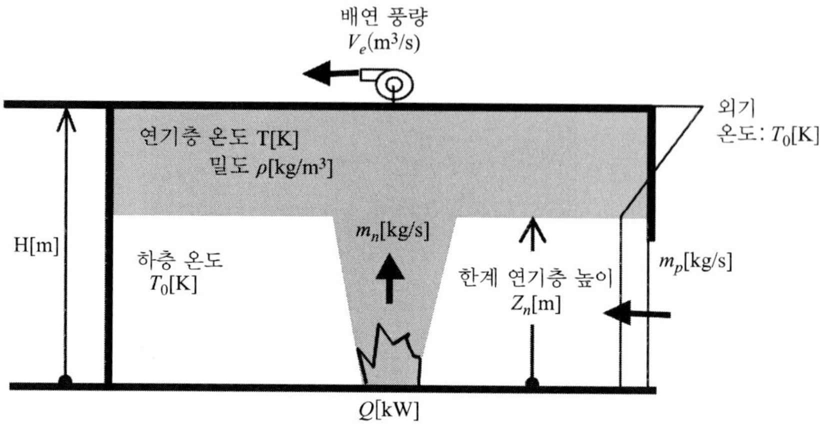

그림 2.4.8 기계배연량을 구하는 계산 조건

③ 연기층 온도의 계산

$$T = T_0 + Q/(c_p m_p + hA_w) \qquad (2.4.18)$$

④ 연기층 밀도의 계산

$$\rho = 353/T \qquad (2.4.19)$$

⑤ 실의 압력(외기와의 차압, 바닥 레벨)의 계산

$$V_e = m/\rho \qquad (2.4.20)$$

배연 풍량을 구할 때는 배연 효율을 고려하는 것이 일반적이지만 여기에서는 이것을 1.0이라고 하였다.

여기서, Q : 화원의 발열속도[kW]

Z_c : 한계 연기층 높이[m]

T : 연기층 온도[K]

A_w : 연기층에 접한 주변 벽의 면적[m^2]

h : 실효열전달률[kW/m^2K](권장치 0.01∼0.02)

ρ : 연기층 밀도[kg/m^3]

C_p : 정압비열[=1.0 kJ/kg・K]

공간의 수평단면적이 높이에 따라 변화하지 않으면 A_w는 다음과 같이 해도 좋다.

$$A_w = A_c + L(H - z_c) \qquad (2.4.21)$$

여기서, A_c : 공간의 천장 면적[m^2]

L : 공간의 주변 길이[m]

H : 천장 높이[m]

c) 표 계산 소프트웨어 등을 이용한 간이적인 수치 계산을 통한 방법

앞서 설명한 계산 방법보다 복잡하지만 엑셀 등을 이용하면 비교적 간단하게 실시할 수 있는 설계방법을 소개한다. 시간에 따라 값이 변화하는 것을 전제로 한 비정상 계산방법이다.

상정하고 있는 방 조건은 앞서 설명한 간이적인 계산 방법과 동일하게 화재실 단독이며 실의 상부에 균일한 연기층이 형성되어 있는 이른바 2층존 상태이다. 계산은 시간 단계별로 각 값을 구하고 이전 시간 단계의 값에서 다음 연기층 두께와 연기층 온도를 차분을 통해 계산하는 순서로 실시해 나간다.

이 방법은 기계배연 방식뿐만 아니라 배연량을 0으로 한 축연 방식에도 적용할 수 있다. 그러나 자연배연 방식의 경우에는 배연량의 계산 방법이 약간 복잡해지기 때문에 여기서 설명한 방법만으로는 적용할 수 없다. 또한 여기에서는 간이적인 계산이므로 가상 점열원의 취급 등은 생략하였다.

i) 수치 계산의 흐름도

수치 계산의 흐름도는 그림 2.4.9와 같다.

ii) 계산 과정

제$(n-1)$ 단계의 상태량으로부터 5.4 화재실의 모델화에 설명한 식을 통해 제n단계의 연기층 높이 $Z_s(n)$ 및 연기층 두께 $Z_s(n)$ 및 연기층 온도 $T(n)$의 예측 계산을 실시한다.

① 연기층 두께 Z_s의 산정

연기층에 유입되는 것은 m_p뿐이며 다시 유출되는 것은 m_e뿐이기 때문에 5.4.3 2층 존모델의 식 (5.4.16)을 약간 변형하여 연기층 두께 Z_s는 다음 식으로 나타낼 수 있다.

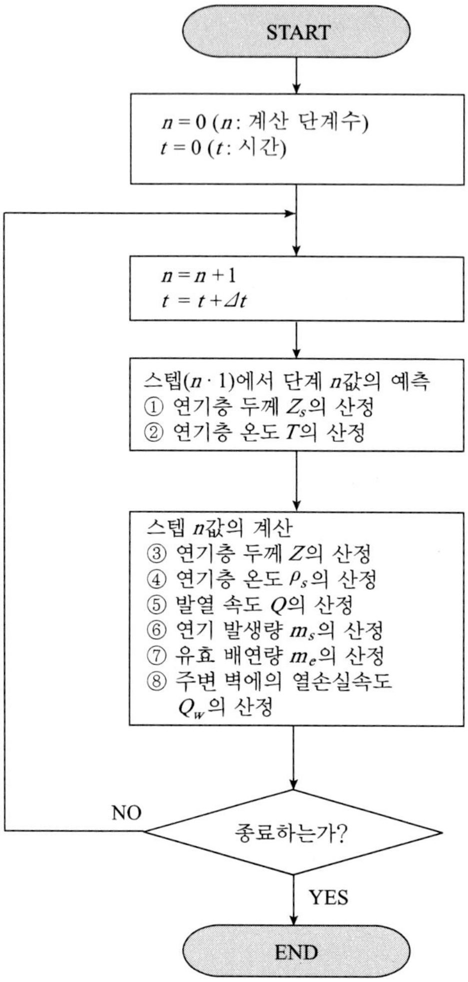

그림 2.4.9 간이수치계산의 흐름도

$$\frac{dZ_s}{dt} = \frac{m_p - m_e}{\rho_s A} + \frac{1}{T_s}\left\{\frac{Q - Q_w - C_p m_p (T_s - T_a)}{C_p \rho_s A}\right\} \tag{2.4.22}$$

여기서, Z_s : 연기층의 두께[m]

m_p : 연기층에 유입되는 연기의 유입 속도[kg/s]

m_e : 배연에 의한 연기층의 유출 속도[kg/s]

A : 실의 바닥면적[m^2]

ρ_s : 연기층 밀도[kg/m^3]

t : 시간[s]

Q : 화원의 발열속도[kW]

Q_w : 화원에서 주변 벽으로의 실열 속도[kW]

T_s : 연기층의 온도[K]

T_a : 공기층 온도(주변 온도 $= T_0$)[K]

C_p : 공기의 정압비열[kJ/kg · K]

② 연기층 온도 T_s의 산정

5.4.3의 식 (5.4.15)를 약간 변형하여 연기층 온도 T_s는 아래 식으로 나타낼 수 있다. 이를 통해 연기층 온도를 구하는 식은 다음과 같다.

$$\frac{dT_s}{dt} = \left\{ \frac{Q - Q_w - C_p m_p (T_s - T_a)}{A \cdot Z_p \rho_s C_p} \right\} \quad (2.4.23)$$

여기서, T_s : 연기층의 온도[K]

T_a : 주변 공기 온도[K]

Q : 화원의 발열속도[kW]

Q_w : 주변 벽으로의 열손실 속도[kW]

m_p : 연기층에 유입되는 연기의 유입 속도[kg/s]

Z_s : 연기층의 두께[m]

A : 실의 바닥면적[m^2]

ρ_s : 연기층 밀도[kg/m^3]

C_p : 공기의 정압비열[kJ/kgK]

이후에서는 상기 ①, ②를 통해 예측한 연기층 두께 $Zs(n)$ 및 연기층 온도 $T(n)$를 바탕으로 단계 n시점의 각 요소 상태량을 계산한다.

③ 연기층 높이 Z의 산정

연기층 높이 Z는 아래 식으로 나타낼 수 있다.

$$Z = H - Z_s \quad (2.4.24)$$

여기서, Z : 바닥면에서의 연기층 높이[m]

H : 실의 천장 높이[m]

Z_s : 연기층의 두께[m]

④ 연기층 밀도 ρ_s의 산정

연기층 밀도 ρ_s는 식 (2.3.19)에서 아래 식으로 나타낼 수 있다.

$$\rho_s = \frac{353}{T_s} \tag{2.4.25}$$

여기서, ρ_s : 연기층의 밀도[kg/m³]

T_s : 연기층의 온도[K]

⑤ 발열속도 Q의 산정

화재 초기 화원의 발열속도 Q는 시간의 제곱 곡선으로 나타낼 수 있다.

$$Q = \alpha \cdot t^2 \tag{2.4.26}$$

여기서, Q : 화원의 발열속도[kW]

α : 화재성장률[kW/s²]

t : 시간[s]

또한 대피 안전 검증법에서 화재성장률 α는 아래 식으로 산출된다.

$$\alpha_f = \begin{cases} 0.0125 & (q_1 \le 170) \\ 2.6 \times 10^{-6} \times {q_l}^{5/3} & (q_1 > 170) \end{cases} \tag{2.4.27}$$

$$\alpha = \alpha_f + \alpha_m$$

여기서, α_f : 적재 자연물의 화재성장률[kW/s²]

α_m : 내장재에 의한 화재성장률[kW/s²]

q_1 : 적재 가연물의 발열량[MJ/m²]

⑥ 연기 발생량 m_p의 산정

단위 시간당 연기 발생량 m_p는 아래 식으로 나타낼 수 있다.

$$m_p = k \cdot Q^{1/3} \cdot Z^{5/3} \tag{2.4.28}$$

여기서, m_p : 연기 발생량[kg/s]

k : 관련 정수=0.08[kg/s/m$^{5/3}$/kW$^{1/3}$]

Q : 화원의 발열속도[kW]

Z : 바닥면으로부터의 연기층 높이[m]

⑦ 유효 배연량 m_e의 산정

단위 시간당 유효 배연량 m_e는 연기층의 두께에 의한 배연 효율을 고려하면 다음 식으로 나타낼 수 있다.

$$m_e = \frac{\rho_s E}{60} \tag{2.4.29}$$

여기서, m_e : 유효 배연량[kg/s]

ρ_s : 연기층 밀도[kg/m^3]

E : 배연구로부터의 유효 배연량 풍량[m^3/min]

$$\beta = \begin{cases} 3.9 Z_s w^{-1/3} & (w > 60 {Z_s}^3) \\ 1 & (w \le 60 {Z_s}^3) \end{cases} \tag{2.4.30}$$

$$E = \beta w = \begin{cases} 3.9 Z_s w^{2/3} & (w > 60 {Z_s}^3) \\ w & (w \le 60 {Z_s}^3) \end{cases} \tag{2.4.31}$$

여기서, β : 배연 효율[−]

Z_s : 연기층의 두께[m]

W : 배연구에서의 배기 능력[m^3/min]

본 식의 배연 효율 β는 고시에 따른 피난 안전 검증법에 이용되는 식이며 상당히 안전한 값(E를 작게 보는 측)으로 구해진다.

⑧ 주변 벽으로의 열손실 속도 Q_w의 산정

$$Q_w = h_k A_c (T_s - T_0) \tag{2.4.32}$$

$$h_k = \begin{cases} \dfrac{k}{\delta} & \left(t > \dfrac{\delta^2}{4\alpha}\right) \\ \left(\dfrac{k\rho c}{t}\right)^{1/2} & \left(t > \dfrac{\delta^2}{4\alpha}\right) \end{cases} \tag{2.4.33}$$

여기서, Q_w : 둘레 벽에의 열손실 속도[kW]

h_k : 실효열전달률[kW/m^{2}K]

A_c : 주변 벽으로의 전열 면적[m^2]

=천장 면적+연기층과 접하는 벽 부분 면적

T_s : 연기층 온도[K]

T_0 : 주변 공기 온도[K]

k : 주변 벽재의 열전도율[kW/mK]

δ : 주변 벽재의 두께[m]

ρ : 주변 벽재의 밀도[kg/m^3]

c : 주변 벽재의 비열[kJ/kgK]

α : 주변 벽재의 열확산계수[m^2/s]$= k/\rho c$

t : 시간[s]

또한 5.4.3(3)도 참고하기 바란다.

⑨ 상기 수치 계산식을 순차 계산함으로써 화재실의 연기층 하강 시간을 산정한다.

d) 기계 배연 효과의 예측 예

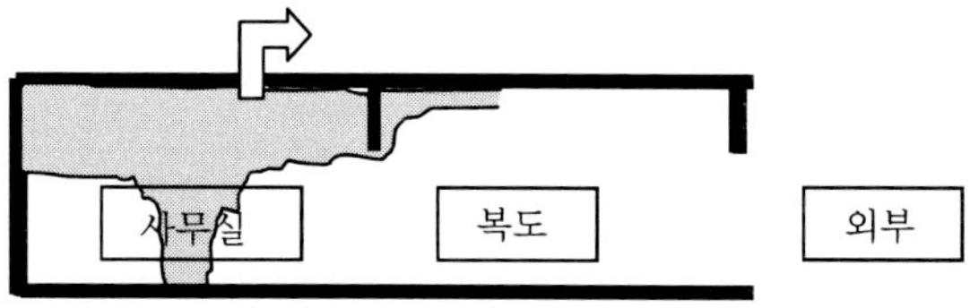

사무실 : 500[m^2], CH3.0[m]
복도 : 50[m^2], CH3.0[m]
사무실 배연 풍량 : 1.0[m^3/m^2/분] 단, $2\sqrt{500}$ =45초 후에 기동
사무실－복도간 문 : w2.0[m], h2.0[m] × 2개소
복도－외부간 문 : w2.0[m], h2.0[m] × 1개소
사무실 내 발열속도 : αt^2[kW]
여기서, α=0.11[kW/s^2]
최대 3000[kW]

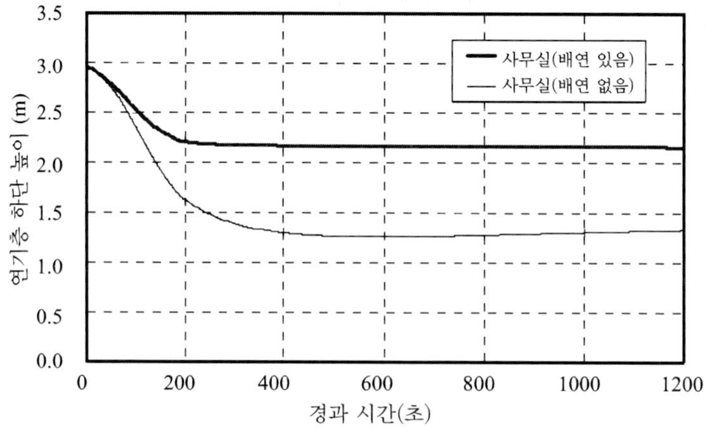

그림 2.4.10 기계배연이 없는 경우와 있는 경우의 화재실 연기층 높이의 추이

기계배연의 효과를 확인하기 위하여 2층 존모델을 이용한 상세한 예측법을 통한 연기층 하강 높이의 예측 결과 사례를 나타내었다.

계산 예의 대상은 그림 2.4.10에 나타낸 바와 같이 바닥면적 500 m^2, 천장 높이 3 m의 사무실과 인접하는 바닥면적 50 m^2, 천장 높이 3 m의 복도이다. 사무실의 천장면에 있는 배기구에서 기준법 시방 규정에 상당하는 기계배연 500 [m^3/분]이 출화로부터 45초 후에 기동하는 것으로 설정하였다. 발열속도는 αt^2로 하였으며 최대를 3,000 [kW]로 하고, 이후는 일정하게 하였다. 예측 계산에 이용된 프로그램은 BRI2002이다.

이 계산 예에서는 기계배연이 없으면 화재실의 연기층은 3분 만에 한계 연기층 높이 1.8 [m]까지 하강하는데, 기계배연이 가동되면 한계 연기층 높이까지 충분한 시간 동안 하강되지 않는다는 것을 나타내고 있다.

(4) 천장챔버 방식의 계획

천장챔버 방식은 배연덕트의 집연구(그림 3.3.15 참조)를 천장 내에 설치하고 연기를 천장면에 설치된 흡입구(천장 슬릿)로부터 천장 내 챔버를 거쳐 배연구로 유도하는 방법이다.

a) 특징

① 천장면에 균등하게 흡입구가 있으므로, 천장 아래의 칸막이와 관계없이 항상 균일한 배연을 기대할 수 있다.

② 흡입구가 분산되어 1개소당 배연량이 작기 때문에 배연 효율이 높다(3.1.2 참조).

③ 칸막이 변경 시 배연덕트 공사를 실시하지 않아도 배연을 확보할 수 있다.

b) 계획 시 주의점

① 천장챔버 내부를 흡인하여 실내를 부압으로 유지하기 위해 천장챔버가 건축적으로 기밀하게 유지되는 것이 중요하다. 특히 천장챔버 방식과 가로축 덕트 배연구 방식이 혼재하는 경우에는 그 경계가 기밀성능이 확보되어야 한다.

천장은 바탕재와 마감재 모두 불연재료를 사용하는 것을 원칙으로 한다.

② 천장챔버 내에서 보 등의 장애물에 의한 저항이 크고 챔버 내 압력 분포가 불균일

해질 것이 예상되는 경우에는 덕트를 보를 관통하여 횡방향으로 설치하고 대들보 스팬별로 집연구를 설치하는 등 극단적으로 불균일한 압력 분포가 되지 않도록 한다.

③ 천장 내부에 계획되는 피난이나 연기 제어와 관련된 설비의 전선이나 기구에 대하여 내열 성능에 대한 배려가 필요하다. 거실에서는 비교적 단시간에 대피할 수 있으므로 문제가 없지만 피난을 위하여 중요한 역할을 수행하는 장시간의 배연이 요구되는 복도에 챔버 방식을 채용하는 경우에는 전선의 내열 시방(3.9 참조)을 고려하여야 한다.

④ 배연구의 상태가 직접 보이지 않기 때문에 작동(개방) 확인용 표시 램프 등이 필요하다.

⑤ 천장 아래로 경계벽을 설치하는 경우 그 깊이(천장면에서부터의 길이)는 25 cm 이상 확보하는 것이 바람직하다.

2.4.3 압출배연

(1) 압출배연의 개요

2000년 6월에 일본 건설성 고시 제1437호에 따라 자연배연에 기계 급기를 병용한 배연 방식이 추가되었다. 그림 2.4.11은 그 개념도이며 기계 급기에 의해 실내 압력을 상승시키고 자연배연의 개구부에서의 배연 효과를 높이고자 하는 배연 방식이다. 연기를 압출하는 방식이기 때문에 「압출배연」이라 불리는데 그 개념이 제2종 환기에 가깝기 때문에 「제2종 배연」이라 불리는 경우도 있다(본 책자에서는 압출배연이라 칭함).

고시 제1437호서에는 각 실에서 급기 및 배연을 실시하는 방식(고시 제1437호 제1)과 복수의 실을 통합한 급기 및 각실 별 배연을 실시하는 방식(고시 제1437호 제2)의 2가지 방법이 정해져 있다. 전자의 각 실에서 실시하는 방식은 배연구 면적과 배연량의 상한이 정해져 있으며 비교적 작은 배연구 면적으로 종료되므로 설계 시에 반영하기 용이하다. 한편 후자의 여러 실을 통합하는 방식에서는 급기실에서 화재실까지의 경로 상의 모든 실에 자연배연구를 설치해야만 하므로 실제 건물에서의 반영은 어려운 것이 사실이다.

아래에 고시 제1437호 제1 각실에서의 급기 및 배연을 실시하는 방식의 경우 계획 시 유의점에 대하여 해설하였다. 또한 공기 조화・위생공학회에서 이 배연 방식에 관한 설계 매뉴얼[10)]이 발행되어 있으므로 이것도 참고하기 바란다.

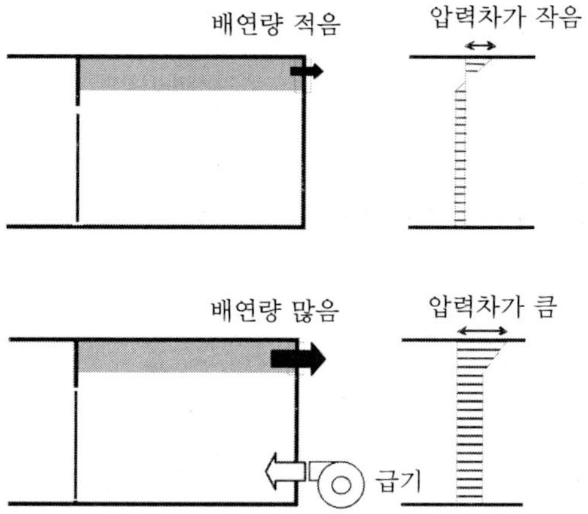

그림 2.4.11 압출배연의 메커니즘

요약 일본 건설성 고시 제1437호 제1 (각실에 대한 급기 및 배연을 실시하는 방식)

가. 설치하는 부분의 기준

(1) 바닥면적이 1500 m^2 이내인 실에서 준내화구조의 벽 혹은 바닥 또는 령 제14항 제2조 제2호인 방화설비로 구획된 것일 것

(2) 해당 배연설비를 설치하는 실 이외의 부분이 령 제126조의 2 및 령 제126조의 3 제1항의 규정에 적합할 것

나. 배연구의 구조

(1) 각 부분에서 배연구 중 하나에 이르는 수평거리가 30 m 이하일 것

(2) 천장 또는 벽의 상부(천장에서 80 cm 이내)에 설치할 것

(3) 직접 외기와 접할 것

(4) 개구면적이 해당실의 바닥면적 수치를 550으로 나눈 수치 이상이고 또한 해당 실의 바닥면적 수치를 60으로 나눈 수치 이하일 것

다. 급기구의 구조

(1) 벽의 하부(천장 높이의 1/2 미만)에 설치할 것

(2) 정해진 구조의 풍도에 직접 연결시킬 것

(3) 다음에 정해진 구조의 송풍기를 풍도를 통하여 설치할 것

i) 하나의 배연구의 개방에 따라 자동적으로 작동할 것

ii) 1분 동안 해당실의 바닥면적 1 m^2당 1 m^3 이상이며 또한 배연구의 개구면적의 합계치에 550을 곱한 수치(m^3/분) 이하의 공기를 배출할 수 있을 것

(2) 압출배연의 계획 시 주의점

압출배연은 기계배연과 같이 고온의 연기로 인하여 댐퍼가 폐쇄되어 배연 기능이 정지될 우려가 없으며 장시간에 걸쳐 배연을 기대할 수 있다는 이점도 있지만 기계 급기를 실시하는 방식이기 때문에 연기가 주변 공간으로 확산되지 않도록 충분한 주의가 필요하다.

a) 압출배연을 화재실에 이용해서는 안 된다

그림 2.4.12와 같이 화재실에 직접 기계 급기를 실시하여 화재실 내 압력을 상승시키면 화재실에 방화구획이 되어 있더라도 대피 시에는 문이 개방되기 때문에 화재실로부터 복도 등 대피 경로로 연기가 확산된다. 따라서 화재실인 실에 압출배연을 실시해서는 안 된다.

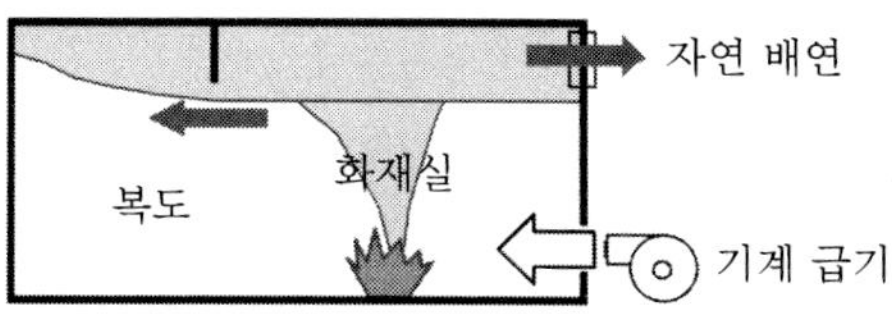

그림 2.4.12 화재실에서의 연기로부터의 확산(바르지 못한 사례)

b) 피난이나 소방활동에 따라 문이 개방되는 것을 고려한다

압출배연은 근본적으로 실내 압력을 상승시킴으로써 자연배연구가 비교적 작아도 배연 효과를 높일 수 있는 이점을 가지는 방식이나 대피나 소방 활동을 위해 문이 개방된 상태에서는 실내 압력이 충분히 상승되지 못하는 경우가 있다. 자연배연구 면적이나 급기 풍량이 작으면 계획대로 배연 효과를 기대할 수 없기 때문에 충분한 배려가 필요하다(그림 2.4.13).

c) 문의 개방 장애가 일어나지 않는 계획이어야 한다

피난 경로로 이용하는 경우, 급기량이 과도하게 많으면 피난문을 개방할 수 없는 위험성도 있기 때문에 문 개방을 위한 압력 균형에 대해서 면밀하게 계획한다.

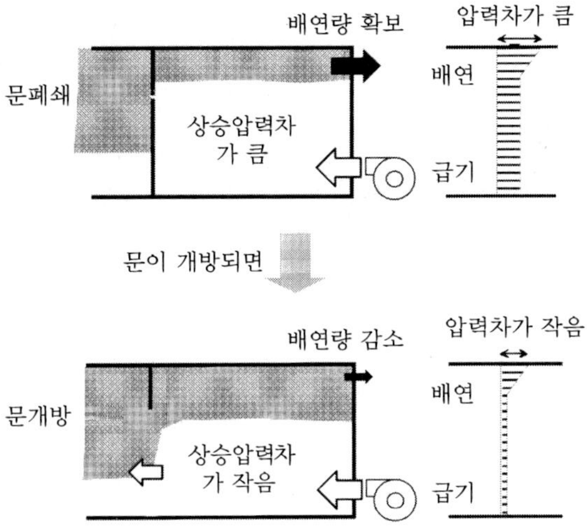

그림 2.4.13 압출배연 시 문의 개폐와 실내압력 상승

d) 배연덕트를 설치하는 경우에는 압력 손실을 고려한다

자연배연구는 직접 실외로 통하는 창문을 두는 것이 원칙이나 덕트를 통하여 실외로 배연하는 케이스도 허용된다. 이러한 경우에는 덕트를 통한 압력 손실을 고려한 배연구 계획이어야 하고 배연량이 감소하지 않도록 유의하여야 한다.

e) 급기구는 연기층을 흩뜨리지 않는 위치에 설치한다

고시에서는 급기구가 바닥으로부터 천장 높이의 1/2 미만의 위치에 설치되도록 정해져 있으나, 예를 들면 천장 높이 3.6 m를 초과하는 실의 경우 천장 높이의 1/2가 한계 연기층 높이인 1.8 m를 초과해버린다. 이와 같은 경우 천장 높이의 1/2 근처에 급기구를 설치하면 연기층이 1.8 m 이상의 높이에 있어도 급기에 의해 연기층이 흐트러질 우려가 있다. 특히 천장이 높은 공간에서는 이점에 유의하여 급기구는 최대한 낮은 위치에 설치하는 것이 바람직하다(그림 2.4.14).

f) 급기량은 충분히 크게 설정한다

압출배연을 반영하는 실의 바닥면적에 따라 배연구 면적의 최소값과 최대값이 결정되며 배연구의 면적에서 배연량의 최대값이 결정된다. 그리고 이 배연량과 누설량에 따라

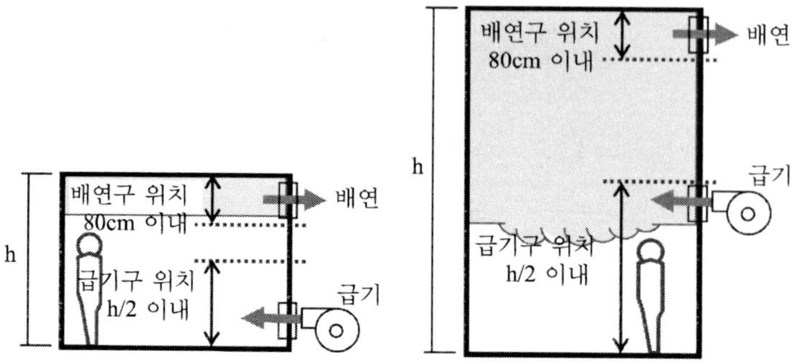

(1) 천장이 낮은 경우　　　　(b) 천장이 높은 경우

그림 2.4.14 압출배연의 급기구 위치

급기량이 결정되나 배연구 면적을 고시가 정하는 최대에 가까운 값으로 설정하고 누설도 충분히 고려하여 급기량을 충분히 크게 설정하지 않으면 부속실의 안전성을 확보할 수 없는 경우도 있으므로 주의가 필요하다.

2.5 차연 방식의 설계법

차연 방식이란 대피 시나 소방 활동 시에 중요한 복도, 부속실, 계단실 등에 대한 공간의 압력을 높여서 연기가 침입하는 것을 방지하는 연기제어방식이다. 대표적인 차연 방식으로는 부속실에 급기 가압하는 부속실 가압방연방식과 계단실에 급기 가압하는 계단실 가압방연방식을 들 수 있다. 본 절에서는 먼저 차연의 기본적인 개념과 차연조건의 설정 방법을, 그리고 다음으로 각 방식의 필요 급기량의 산정을 포함한 설계방법을 설명한다. 이들에 대해서는 문헌[11),12)] 등도 참고하기 바란다.

다음으로 2009년에 일본 국토교통성 및 총무성을 통해 제정・시행된 가압 방배연에 관한 고시 등에 대한 개요를 설명한다. 또한 구체적인 계산 예는 제6장에서 설명한다.

2.5.1 차연에 관한 기본 사항

(1) 차연조건

그림 2.5.1(a)와 같이 화재실과 복도의 2개실 사이에 온도차가 있으며 이들이 개구로 연결되어 있는 경우에는 부력에 의해 개구 상부에서는 화재실(고온실)로부터 복도(저온실)로 연기(열기류)가 유출되고 반대로 개구 하부에서는 복도로부터 화재실로 유입된다. 이 상태에서는 화재실의 연기가 개구를 통하여 복도로 새어 나오게 된다.

따라서 복도로 급기를 실시함으로써 복도의 압력을 화재실보다 높게 하여 그림 2.5.1(b)와 같은 압력분포가 가능해지면 복도로의 연기 누설을 막을 수 있다. 여기서 연기 누설을 방지하기 위해 필요한 압력차와 개구 유량의 최소값을 「차연조건」이라 한다.

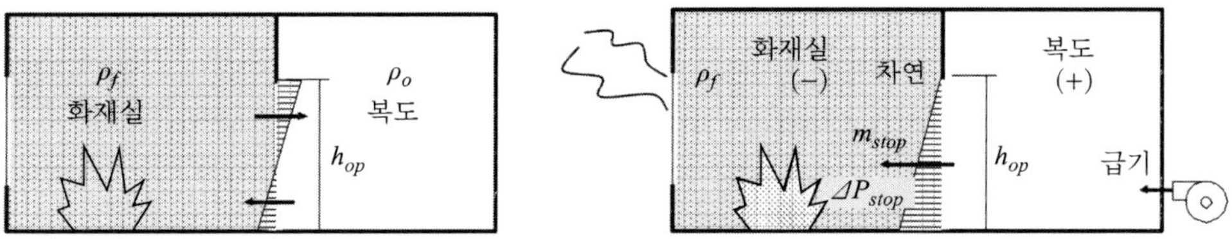

(a) 일반적인 압력 분포 (b) 급기 가압에 의해 차연이 달성된 상태의 압력 분포

그림 2.5.1 온도차가 있는 두 실 간의 압력 분포와 차연

(2) 차연조건의 설정 방법

화재의 초기 단계의 경우, 연기층이 천장 아래에 머물고 연기층 아래는 공기층이 형성되어 2층으로 성층화 된다. 또한 화재가 진전되어 최성기화재가 되면 실내는 이미 연기층과 공기층의 2층 상태가 아니라 실내가 균일하게 연기로 뒤덮인 상태로 바뀐다.

이러한 2가지 상태의 개구에서의 압력 분포에 대한 그림 설명이 그림 2.5.2이다.

그림 2.5.2의 각 상태에서의 바닥 레벨의 압력차, 개구 유량 및 평균 압력차에 의한 차연조건을 설명한다.

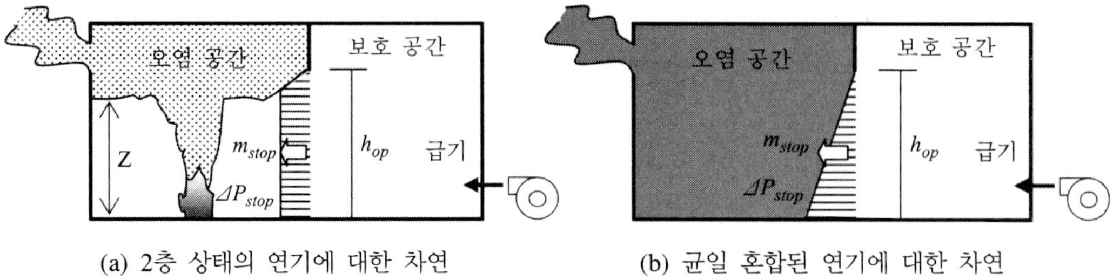

그림 2.5.2 오염 공간의 연기층 상태에 따른 차연조건의 설정

a) 바닥 레벨의 압력차에 따른 차연조건

개구 상단에서 차연이 실현되어 있을 때의 2층 상태와 균일 혼합의 압력 분포는 그림 2.5.2와 같다. 따라서 이 때 바닥 레벨($z=0$)에서의 압력차 $\Delta P_{stop}(0)$ [Pa]를 구하면 다음과 같다.

i) 2층 상태의 연기에 대한 차연조건

$$\Delta P_{stop}(0) = (\rho_o - \rho_s) g (h_{op} - z) \tag{2.5.1}$$

ii) 균일 혼합 상태의 연기에 대한 차연조건

$$\Delta P_{stop}(0) = (\rho_o - \rho_s) g h_{op} \tag{2.5.2}$$

여기서, ρ_s : 연기층 밀도[kg/m^3]
ρ_o : 공기 밀도[kg/m^3]
g : 중력 가속도[m/s^2]
h_{op} : 개구 높이[m]
z : 연기층 높이[m]

b) 개구 유량에 의한 차연조건

개구에서의 차연조건에 따른 전술한 a)와 같은 압력차는 이에 따른 개구 유량 m_{stop} [kg/s]를 발생시키게 된다. 이것을 식으로 나타내면 다음과 같다.

i) 2층 상태의 연기에 대한 차연조건

$$m_{stop} = \alpha B_{op}\sqrt{2\rho_o(\rho_o - \rho_s)g}\left\{\frac{2}{3}(h_{op}-z)^{3/2} + z(h_{op}-z)^{1/2}\right\} \quad (2.5.3)$$

ii) 균일 혼합 상태의 연기에 대한 차연조건

$$m_{stop} = \frac{2}{3}\alpha B_{op}\sqrt{2\rho_o(\rho_o - \rho_s)g}\cdot h_{op}^{3/2} \quad (2.5.4)$$

여기서, α는 유량계수[－], B_{op}는 개구폭[m]이다.

c) 평균 압력차에 의한 차연조건

다공간의 압력차를 산술적으로 계산하기 위해서는 모델이 단순해질 필요가 있으므로 가압방연을 위한 각 공간의 압력차를 구하기 위해서는 평균 압력차가 이용되는 경우가 많다. 그림 2.5.3과 같이 온도가 다른 공간 사이의 개구부에서 발생하는 개구 유량을 부여하는 개구면 전체의 균일한 압력차를 평균 압력차라고 한다[5.2.4(3) 참조].

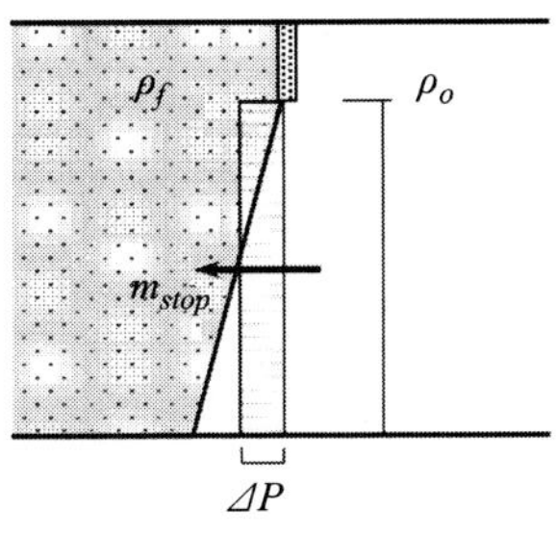

그림 2.5.3 평균 압력차에 의한 차연조건

식 (2.5.1)의 $\Delta P_{stop}(0)$은 $z=0$에서의 압력차라는 의미이며 평균 압력차는 높이에 상관없이 일정하므로 단순히 ΔP_{stop}이라고 표현하면 차연을 달성하는데 필요한 평균 압력차 ΔP_{stop}과 개구 유량 m_{stop}은 다음과 같다.

i) 2층 상태의 연기에 대한 차연조건

$$\Delta P_{stop} = \frac{4}{9}(\rho_o - \rho_f)\,g\,(h_{op} - z)\left(1 + \frac{z}{2h_{op}}\right)^2 \qquad (2.5.5)$$

$$m_{stop} = \alpha A_{op}\sqrt{2\rho_o\,\Delta P_{stop}} \qquad (2.5.6)$$

ii) 균일 혼합 상태의 연기에 대한 차연조건

$$\Delta P_{stop} = \frac{4}{9}(\rho_o - \rho_f)gh_{op} \qquad (2.5.7)$$

$$m_{stop} = \alpha A_{op}\sqrt{2\rho_o \Delta P_{stop}} \qquad (2.5.8)$$

여기서, α : 유량계수 [−]

A_{op} : 개구면적 [m^2]

또한 평균 압력차는 개규 유량을 식 (2.5.6), (2.5.8)과 같이 간단한 오리피스 유량식으로 나타내기 위해 도입한 것이다. 이를 통해 2.5.2절에서 설명하는 부속실 가압방연을 위한 필요 급기량을 산정할 수 있다.

2.5.2 부속실 가압방연

(1) 부속실 가압방연방식의 개요

피난 경로를 연기로부터 안전하기 위한 유효한 연기제어방식으로서 사무실 건물을 중심으로 널리 채택되어 온 것이 「부속실 가압방연방식」이다. 이 방식은 특별피난계단의 부속실에 급기하여 부속실이나 복도의 압력을 높임으로써 대피 경로에 화재실의 연기가 새어 나오는 것을 방지하는 목적을 가진 연기제어방식이다. 그림 2.5.4는 그 개념도이다.

종래의 기계배연설비나 자연배연설비는 배연설비를 설치하는 실만을 계획의 대상으로 하였지만 그에 비해 부속실 가압방연방식은 차연의 달성이라는 안전 목표가 명확하다는 점과 화재실로부터 대피 경로까지의 공간을 일체화하여 압력 제어 계획을 실시하는 시스템이라는 점에서 종래의 연기제어방식에 비해 안전성이 높은 것으로 간주된다. 또한 부속실 가압방연방식은 급기를 실시하는 방식이기 때문에 기계배연과 같이 화재실의 연기가 고온이 되어 배연덕트의 방화 댐퍼가 폐쇄되고 연기 제어 시스템이 정지될 우려가 없으며 대피중은 물론 소방대의 활동 단계에서도 대피 경로의 안전성을 확보할 수 있을 것으로 기대된다.

또한 설계 상 이점이 크다는 점도 실제 건물에 널리 반영되어온 이유 중 하나이다. 즉, 가압방연방식은 차연 달성 목표에 맞는 배연량의 계획에 따라 배연덕트 면적이 감소될 수 있고 급기를 기계식으로 설정함으로써 급기 덕트 면적이 감소될 수 있다.

(2) 필요 급기량의 산정 방법

부속실 가압방연방식을 설치한 모델 건물에 대하여 루트 C(1.4 참조)인 경우의 필요 급기량을 산정한 예를 설명한다. 또한 본 산정 예는 2009년 국토교통성 고시 제1007호의 가압방연 설비와의 관련성은 고려하지 않았으나 고시의 방식(루트 A)도 원리적으로는 본 예와 동일한 개념을 바탕으로 하고 있으며 참고가 되는 부분이 많다고 할 수 있다.

a) 모델 건물

모델 건물로서 그림 2.5.5와 같은 기준층 평면인 사무실 건물을 설정하였다. 2개의 특별피난계단이 있으며 복도와의 사이에 부속실을 두었다. 또한 부속실에는 비상용 엘리베이터가 있으며 복도에는 승강용 엘리베이터를 두었다. 거실, 복도, 부속실, 계단실, 비상

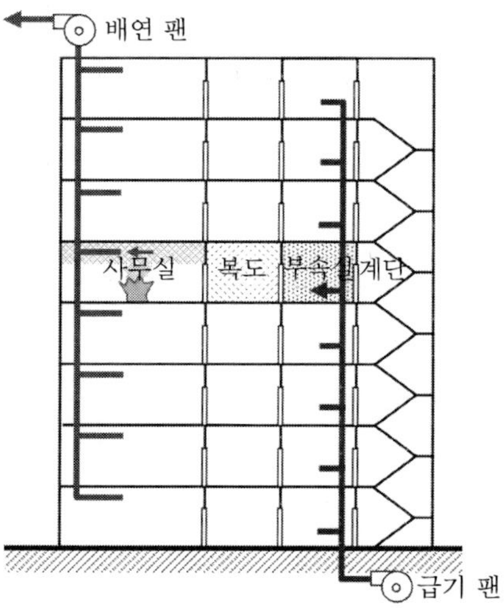

그림 2.5.4 부속실 가압방연방식의 개념도

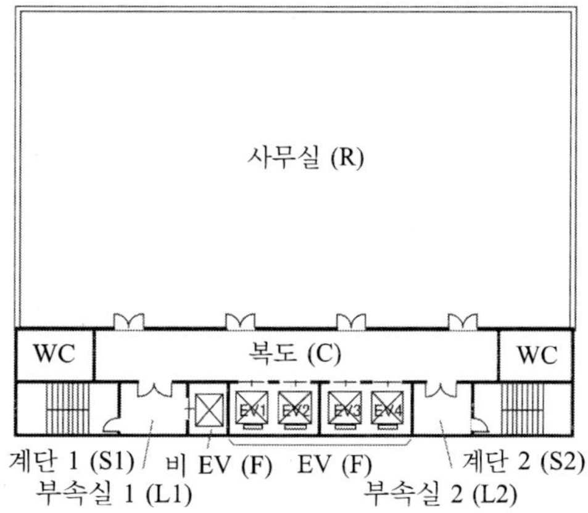

그림 2.5.5 부속실 가압방연방식의 모델 플랜

용 엘리베이터, 승강용 엘리베이터를 각각 R, C, L, S, F, E, 실외를 O의 기호로 나타내었다.

본 계산 예에서는 부속실뿐만 아니라 승강용 엘리베이터 샤프트에도 급기를 실시함으로써 엘리베이터 샤프트로의 연기 침입을 방지하는 방법을 사용하였다. 또한 사무실에 기계배연을 설치하고 복도에는 배연을 실시하지 않는 계획으로 하였다.

b) 대피 시나리오와 안전 목표의 설정

초기 화재와 최성기화재의 각 화재 상황에 따라서 각종 시나리오와 안전 목표를 정리한다.

i) 초기 화재

- 화재 상황 : 화재 초기 단계
- 대피 상황 : 화재층의 대피자가 계단을 향하여 거실, 복도로부터 대피 중(화재층 대피)
- 문 등의 개폐 상황 : 화재실－복도 사이의 문, 복도－부속실 사이의 문 및 부속실－계단 사이의 문은 개방
- 안전 목표 : 화재층으로부터 대피하는 동안 복도로 연기가 침입하지 않을 것
- 차연 목표 : 복도(C)－화재실(R) 사이를 차연한다.

  $$\Delta P_{CR}(Z) > 0 \tag{2.5.9}$$
- 가압 시스템 : 통상의 공조시스템을 정지시킨 후 화재실 배연팬과 부속실 급기팬을 기동

ii) 최성기화재

- 화재 상황 : 화재가 진전되어 화재실의 창문은 파손되었고, 화재실 안은 고온이 되어 FD가 폐쇄되었기 때문에 화재실의 배연은 작동하지 않는다.
- 대피 상황 : 화재층의 층 대피가 완료되고 비화재층의 대피가 이루어진다(전관 대피). 소방대가 활동을 시작한다.
- 문 등의 개폐 상황 : 화재실－복도 사이의 문, 복도－부속실 사이의 문 및 부속실－계단 사이의 문은 개방. 화재실 창은 파손
- 안전 목표 : 전관 대피 및 소방대가 활동하는 사이에 부속실로 연기가 침입하지

않을 것

- 차연 목표 : 부속실(L)－복도(C) 사이를 차연한다(엘리베이터 샤프트를 가압 급기하는 경우에는 엘리베이터 샤프트－복도 사이를 차연한다).

$$\Delta P_{LC}(z) > 0 \tag{2.5.10}$$

- 가압 시스템 : 계속해서 부속실 급기 팬이 작동

c) 차연조건의 산정 방법

초기 화재 시의 복도－화재실 사이 개구부에 대한 차연조건과 최성기화재 시 부속실－복도 사이의 개구부에 대한 차연조건을 구하는 방법을 설명한다.

i) 초기 화재 시의 화재실 문에서의 차연조건 계산 방법

초기 화재 시 화재실에서는 연기층과 공기층의 2층으로 성층화 된다. 화재실의 배연을 통하여 화재실의 연기층을 높게 유지함으로써 재실자를 복도로 안전하게 대피시키는 역할을 수행한다. 화재실－복도 사이 개구에서의 차연을 고려하는 경우, 그림 2.5.6과 같이 연기층이 개구 상단 h_{CR}보다 높은 위치에 있는 경우(a)와 개구 상단보다 낮은 위치가 되는 경우(b)로 나누어 검토하여야 한다. 연기층이 개구 상단보다도 높은 위치에 있는 경우에는 화재실－복도 사이의 차연조건을 따로 검토할 필요는 없지만(단, 식 (2.5.9)에서 $\Delta P_{CR}(z) > 0$) 낮은 위치가 되는 경우에는 화재실－복도 사이에서 차연조건을 만족하도록 설계해야 한다.

① 화재실의 기계배연량의 설정

화재실의 유효 배연량 $U_{R(eff)}$을 설정한다.

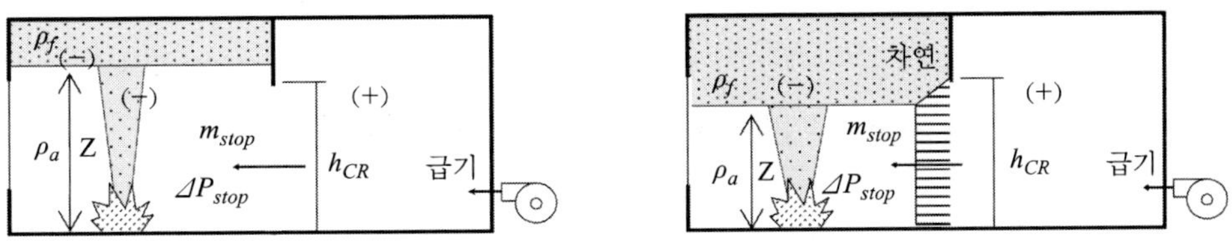

(a) 연기층이 차연 개구부 상단보다 높은 위치에 있을 때($z \geq h_{CR}$)

(b) 연기층이 차연 개구부 상단보다 낮은 위치에 있을 때($z < h_{CR}$)

그림 2.5.6 초기 화재 단계의 복도－화재실 사이의 차연 조건

② 연기층 높이의 산정

시간 t일 때의 발열속도 Q 및 연기층 높이 z에서의 화재 플륨 유량 m_p는 다음과 같이 쓸 수 있다.

$$m_p = 0.08Q^{1/2}z^{5/3} \tag{2.5.11}$$

단,
$$Q = \begin{cases} \alpha t^2 & (\text{스크링클러 없음 또는 미작동}) \\ Q_{SP} & (\text{스프링클러 작동을 고려}) \end{cases} \tag{2.5.12}$$

여기서, α는 화재성장률이다. t는 복도로 연기가 새어 나오지 않는 목표 시간(층 대피 완료시간)이다. 또한 Q_{SP}는 스프링클러 설비를 동작시키기 위해 필요한 최소 발열속도이다. 스프링클러 설비의 작동을 고려하는 경우에는 Q_{SP}를 제시하여야 한다.

배연에 의해 연기층 높이가 정상상태로 유지된다고 가정하면,

$$m_p = U_{R(eff)} \tag{2.5.13}$$

이 되며, $Q = \alpha t^2$일 때 배연량이 화재 플륨 유량과 동일해졌을 때의 연기층 높이 z는 식 (2.5.12)~(2.5.13)으로부터

$$U_{R(eff)} = 0.08\alpha^{1/3}t^{2/3}z^{5/3} \tag{2.5.14}$$

즉,
$$z = \left(\frac{U_{R(eff)}}{0.08\alpha^{1/3}t^{2/3}}\right)^{3/5} \text{ 로 유도된다.} \tag{2.5.15}$$

③ 연기층 높이 z와 개구 상단 높이 h_{CR}의 비교

연기층 높이 z가 개구 상단 높이 h_{CR}보다 높은 경우 목표 시간 t가 될 때까지 연기는 복도로 새어나오지 않기 때문에 개구에서의 차연은 따로 검토할 필요가 없다(그러나 안전 목표인 식 (2.5.9)에 따라 적어도 $\Delta P_{CR}(z) > 0$을 만족하도록 계획해야 한다).

한편 연기층 높이 z가 개구 상단 높이 h_{CR}보다 낮은 경우, 연기가 복도로 새어나오기 때문에 차연에 의한 연기제어설계를 실시하여야 한다.

④ 연기층의 온도와 밀도의 산정

열량 보존식으로부터 연기층 온도 T_f를 구한다. 열량 보존식은

$Q = C_P U_{R(eff)}(T_f - T_a) + h\{A_R + L_R(H_R - z)\}(T_f - T_a)$라고 쓸 수 있으므로

$$T_f = T_a + \frac{Q}{C_P U_{R(eff)} + h\{A_R + L_R(H_R - z)\}} \tag{2.5.16}$$

여기서, T_f와 T_a는 각각 화재실의 연기층 온도와 공기층 온도이며 A_R, H_R, L_R은 화재실의 면적, 천장 높이, 둘레 길이이다. 또한 C_P, h는 각각 기체의 정압 비열과 실효열전달률이다.

다음으로 연기 밀도 ρ_f를 구한다.

$$\rho_f = \frac{353}{T_f} \tag{2.5.17}$$

⑤ 차연조건에 해당하는 평균 압력차와 개구 유량을 구한다.

$$\Delta P_{CRstop} = \frac{4}{9}(\rho_c - \rho_f)\, g\,(h_{CR} - z)\left(1 + \frac{z}{2h_{CR}}\right)^2 \tag{2.5.18}$$

$$m_{CRSstop} = aA_{CR}\sqrt{2\rho_C \Delta P_{CRstop}} \tag{2.5.19}$$

여기서, a는 유량계수[－]

ii) 최성기화재의 부속실 문에서의 차연조건의 계산 방법

최성기화재가 되면, 화재실에서는 실내가 균일하게 연기로 뒤 덮인 상태가 되며, 이 단계에서는 복도로 새어 나온 연기도 균일하게 혼합된 상태로 가정하는 것이 좋다. 그림 2.5.7과 같이 부속실－복도 사이의 개구에서 차연이 달성되도록 계획한다.

① 최성기화재 시의 화재실 온도 및 복도 온도의 산정

전관 대피에서는 화재실은 최성기화재가 되어 복도가 화재실로부터의 연기에 오염되어 있는 것으로 상정한다. 이 단계에서 부속실－복도 사이의 차연조건을 얻기 위해서는 복도 온도를 파악하여야 한다. 복도 온도를 산정하는 방법으로 다음과 같은 간이방법을 사용할 수 있다.

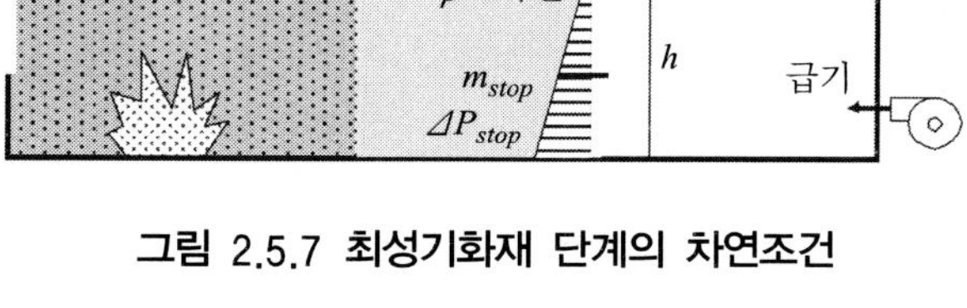

그림 2.5.7 최성기화재 단계의 차연조건

화재실(R) 및 복도(C)의 온도 상승 ΔT_R, ΔT_C는 아래 식을 이용하여 구할 수 있다.

$$\Delta T_R = 3.0 \cdot {K_R}^{2/3} \cdot {F_{OR}}^{1/3} \cdot \tau^{1/6} \cdot T_a \tag{2.5.20}$$

$$\Delta T_C = 1.35 \cdot {F_{OC}}^{1/3} \cdot {K_R}^{4/9} \cdot {F_{OR}}^{2/9} \cdot \tau^{5/18} \cdot T_a \tag{2.5.21}$$

여기서, T_a는 주변 온도이며 4개의 패러미터 K_R, F_{OR}, F_{OC}, τ는 다음 식에 따른다.

$$K_R = \frac{A_{RO}\, h_{RO}^{1/2}}{A_{RO}\, h_{RO}^{1/2} + A_{RC}\, h_{RC}^{1/2}} \tag{2.5.22}$$

$$F_{OR} = \frac{A_{RO}\, h_{RO}^{1/2} + A_{RC}\, h_{RC}^{1/2}}{A_{RW}} \tag{2.5.23}$$

$$F_{OC} = \frac{A_{RC}\, h_{RC}^{1/2} + A_{CO}\, h_{CO}^{1/2}}{A_{CW}} \tag{2.5.24}$$

$$\tau = t_{dev} / k\rho c = 0.3 t_{dev} \quad (1/k\rho c = 0.3) \tag{2.5.25}$$

여기서, $A_{RO}\, h_{RO}^{1/2}$는 거실(R)−외기(O) 사이 개구의 환기인자, $A_{RC}\, h_{RC}^{1/2}$는 복도−거실 사이 개구의 환기인자, $A_{CO}\, h_{CO}^{1/2}$는 복도−외기 사이 개구의 환기인자, A_{RW}는 화재실 둘레 벽 면적, A_{CW}는 복도 둘레 벽 면적, k, ρ, c는 각각 둘레 벽의 열전달률, 밀도, 비열, t_{dev}는 최성기화재 시의 안전 목표 시간이다.

② 최성기화재 시에 대한 차연조건의 산정

①에서 산정한 복도 온도를 이용하면 부속실(L)−복도(C) 사이의 차연조건에 대응하는 평균 압력차와 유량은 다음과 같이 산출할 수 있다.

$$\Delta P_{LCstop} = \frac{4}{9}(\rho_L - \rho_C)\, g h_{LC} \tag{2.5.26}$$

$$m_{LCstop} = a A_{LC} \sqrt{2\rho_L \,\Delta P_{LCstop}} \tag{2.5.27}$$

또한, 엘리베이터 샤프트(E)에 가압 급기하여 다른 층으로의 연기 전파를 막는 방법을 채택하는 경우에는 엘리베이터 샤프트(E)−복도(C) 사이의 차연조건에 대응하는 평균 압력차와 유량을 아래 식을 이용하여 산출할 수 있다.

$$\Delta P_{ECstop} = \frac{4}{9}(\rho_E - \rho_C)\, g h_{EC} \tag{2.5.28}$$

$$m_{ECstop} = aA_{EC}\sqrt{2\rho_E \Delta P_{ECstop}} \qquad (2.5.29)$$

d) 초기 화재 단계에서의 필요 급기풍량의 산정 방법

i) 차연조건의 설정

먼저 전항 c) i)에 따라 차연조건을 설정한다.

ii) 압력과 유량의 기본적 관계의 정리

초기 화재 단계의 연기 제어에 따른 흐름 상황은 그림 2.5.8과 같다. 각 공간의 압력을 P [Pa], 압력차를 ΔP [Pa], 개구 유량을 m [kg/s] 및 흐름의 방향을 나타내는 화살표로 표현하였다. 첨자 R, C, L, S, F, E, O는 각각 사무실, 복도, 부속실, 계단실, 비상용 엘리베이터, 승강용 엘리베이터 샤프트, 실외를 나타낸다. 이 예에서는 부속실 외 엘리베이터 샤프트에 대한 급기가압도 실시하고 있다.

공간의 압력 관계와 질량 보존에 따른 유량 관계를 정리하면 다음과 같다. 차연조건으로서의 ΔP_{CRstop}, m_{CRstop}은 전술한 바와 같이 이미 확정되었고, 또한 기계배연량 U는 설정으로서 확정값이라 하면(식의 □) 이들 식을 순서대로 풀어나가면 급기량 W를 구할 수 있다.

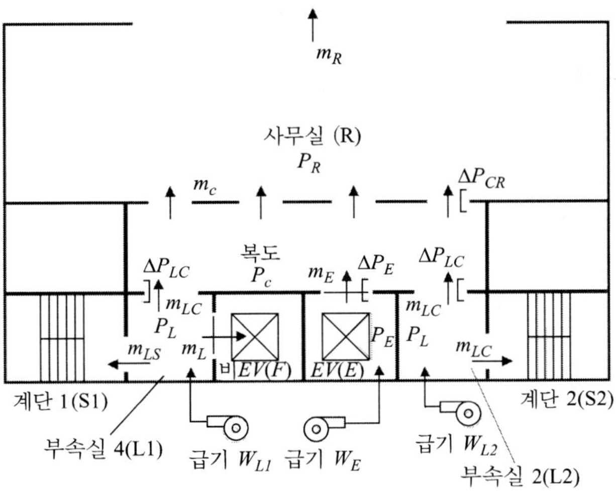

그림 2.5.8 초기 화재 단계 시의 연기 제어에 따른 흐름의 상황

① 압력 관계

$$P_C = P_R + \boxed{\Delta P_{CRstop}} \tag{2.5.30}$$

$$P_{L1} = P_C + \Delta P_{LC1} \tag{2.5.31}$$

$$P_{L2} = P_C + \Delta P_{LC2} \tag{2.5.32}$$

$$P_E = P_C + \Delta P_{EC} \tag{2.5.33}$$

② 유량 관계

$$\boxed{m_{CTstop}} = m_{RO} + \boxed{U_R} \text{ (화재실의 질량 보존)} \tag{2.5.34}$$

$$m_{LC1} + m_{LC2} + m_{EC} = m_{CR} + m_{CO} \text{ (복도의 질량 보존)} \tag{2.5.35}$$

$$W_{L1} = m_{LC1} + m_{LS1} + m_{LF} \text{ (부속실 1의 질량 보존)} \tag{2.5.36}$$

$$W_{L2} = m_{LC2} + m_{LS2} \text{ (부속실 2의 질량 보존)} \tag{2.5.37}$$

$$W_E = m_{EC} + m_{EO} \text{ (승강용 엘리베이터 샤프트의 질량 보존)} \tag{2.5.38}$$

③ 평균 압력차와 개구 유량의 관계

$$m_{ij} = aA_{ij}\sqrt{2\rho_i \Delta P_{ij}} \tag{2.5.39}$$

iii) 필요 급기량의 산정

압력과 유량의 관계식을 바탕으로 차연조건을 만족하는 부속실 및 엘리베이터 샤프트에 대한 급기량을 다음 순서와 같이 산정한다.

① 화재실 압력의 산정

$$m_{RO} = \boxed{m_{CRstop}} - \boxed{U_R} \tag{2.5.40}$$

$$P_R(=\Delta P_{RO}) = \begin{cases} \dfrac{m_{RO}{}^2}{2\rho_R(aA_{RO})^2} & (m_{RO} \geqq 0) \\ -\dfrac{m_{RO}{}^2}{2\rho_O(aA_{RO})^2} & (m_{RP} < 0) \end{cases} \tag{2.5.41}$$

② 복도 압력의 산정

$$P_C = P_R + \boxed{\Delta P_{CRstop}} \tag{2.5.42}$$

③ 복도에서 외기로의 누기량의 산정

$$m_{CO} = \begin{cases} aA_{CO}\sqrt{2\rho_C P_C} & (P_C \geq 0) \\ -aA_{CO}\sqrt{2\rho_O |P_C|} & (P_C < 0) \end{cases} \tag{2.5.43}$$

여기서 aA_{CO}는 복도－외기 사이의 유효개구면적이다.

④ 부속실－복도 사이, 엘리베이터 샤프트－복도 사이 유량의 산정

전술한 바와 같이 m_{CR}, m_{CO}가 확정되었기 때문에 다음 2식을 만족하는 부속실－복도 사이 유량 m_{LC1}, m_{LC2} 및 엘리베이터 샤프트－복도 사이 유량 m_{EC}를 결정한다.

$$m_{LC1} + m_{LC2} + m_{EC} = m_{CR} + m_{CO} \tag{2.5.44}$$

$$m_{LC1} > 0,\ m_{LC2} > 0 \text{ 및 } m_{EC} > 0 \tag{2.5.45}$$

식 (2.5.44)를 만족하는 좌변의 m_{LC1}, m_{LC2}와 m_{EC}의 결정에는 자유도가 있으므로 적절히 결정하여도 좋다. 그러나 이들 값은 부속실 및 엘리베이터 샤프트의 압력을 규정하는 것이 되므로 결과적으로 부속실 급기량 W_{L1}, W_{L2} 및 엘리베이터 샤프트 급기량 W_E에 영향을 준다는 점에 유의해야 한다.

⑤ 부속실－복도 사이, 엘리베이터 샤프트－복도 사이의 평균 압력차의 산정

부속실－복도 사이 및 엘리베이터 샤프트－복도 사이의 각각에 대한 평균 압력차 ΔP_{LC1}, ΔP_{LC2}, ΔP_{EC}는 다음 식을 통해 구할 수 있다.

$$\Delta P_{LC1} = \frac{{m_{LC1}}^2}{2\rho_L (aA_{LC1})^2} \tag{2.5.46}$$

$$\Delta P_{LC2} = \frac{{m_{LC2}}^2}{2\rho_L (aA_{LC2})^2} \tag{2.5.47}$$

$$\Delta P_{EC} = \frac{{m_{EC}}^2}{2\rho_E (aA_{EC})^2} \tag{2.5.48}$$

⑥ 부속실 압력의 산정

$$P_{L1} = P_C + \Delta P_{LC1} \tag{2.5.49}$$

$$P_{L2} = P_C + \Delta P_{LC2} \tag{2.5.50}$$

⑦ 부속실로부터 외기로의 누설량의 산정

부속실 1에서 계단실 1로의 누설량 m_{LS1}은 다음 식을 통해 산정할 수 있다.

$$m_{LS1} = aA_{LSO1}\sqrt{2\rho_L(P_{L1} + (\rho_O - \rho_f)\, gH_{LSO1})} \tag{2.5.51}$$

식의 $\sqrt{\ }$ 내 $(\rho_O - \rho_f)\, gH_{LSO1}$은 계단실과 외기와의 온도차에 연돌효과를 반영하였다.

H_{LSO1}은 부속실 1－계단실 1 사이의 개구와 계단실 1－외기 사이 개구의 수직거리, aA_{LSO1}는 양 개구를 직렬 합성한 유효 면적이며 아래 식을 이용하여 산정할 수 있다.

$$\sqrt{\rho_L}\, aA_{LSO1} = \frac{1}{\sqrt{\dfrac{1}{\rho_L(aA_{LS1})^2} + \dfrac{1}{\rho_L(aA_{SO1})^2}}} \tag{2.5.52}$$

같은 방법으로 부속실 2에서 계단실 2로의 누설량 m_{LS2}를 산정한다.

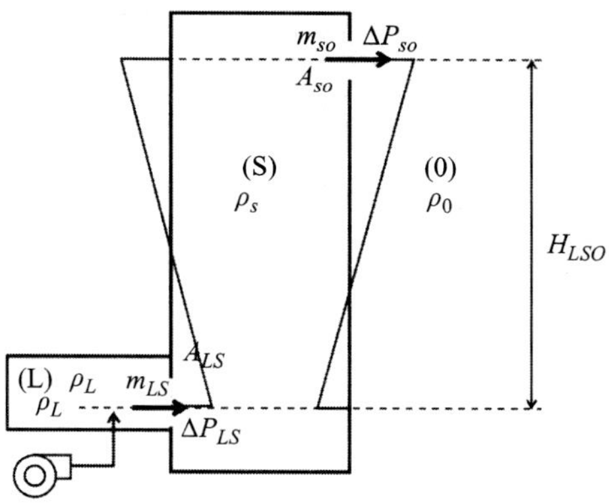

그림 2.5.9 계단실 주변의 압력과 유량

부속실 1로부터 비상용 엘리베이터 샤프트로의 누설량 m_{LF}는 다음 식으로 통해 산정할 수 있다.

$$m_{LF} = aA_{LFO}\sqrt{2\rho_L(P_L + |\rho_O - \rho_F|\, gH_{LFO})} \tag{2.5.53}$$

aA_{LFO}는 양 개구를 직렬 합성한 유효 면적이며 다음과 같이 산정할 수 있다.

$$\sqrt{\rho_L}\, aA_{LFO} = \frac{1}{\sqrt{\dfrac{1}{\rho_L(\alpha_{LF} A_{LF})^2} + \dfrac{1}{\rho_F(\alpha_{FO} A_{FO})^2}}} \tag{2.5.54}$$

또한 H_{LFO}는 부속실 1－비상용 엘리베이터 사이 개구와 비상용 엘리베이터－외기 사이 개구의 수직 거리이며 다음과 같이 산정할 수 있다.

$$H_{LFO} = \frac{H_F}{(\rho_O/\rho_F)^{1/3}+1} - H_L \quad (\rho_F < \rho_O) \tag{2.5.55}$$

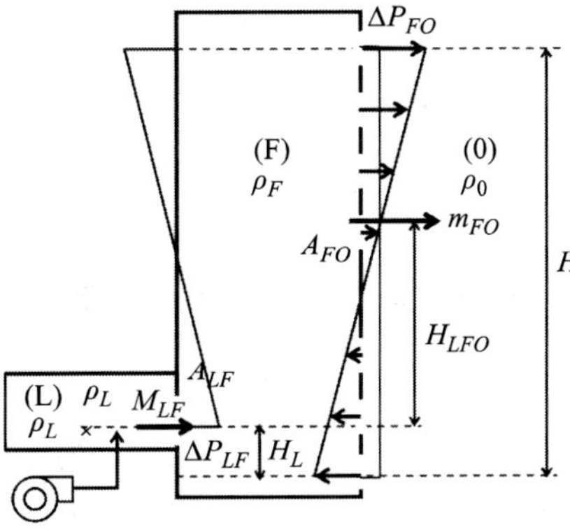

그림 2.5.10 비상용 엘리베이터 샤프트 주변의 압력과 유량

⑧ 부속실 급기량의 산정

부속실 급기량 W_{L1}, W_{L2}는 다음 식으로 구할 수 있다.

$$W_{L1} = m_{LC1} + m_{LS1} + m_{LF} \tag{2.5.56}$$

$$W_{L2} = m_{LC2} + m_{LS2} \tag{2.5.57}$$

⑨ 엘리베이터 샤프트의 압력과 누설량의 산정

$$P_E = P_C + \Delta P_{EC} \tag{2.5.58}$$

엘리베이터 샤프트로부터 외기로의 누설량 m_{EO}를 산정할 수 있다.

$$m_{EO} = aA_{EO}\sqrt{2\rho_E(P_E|\rho_E - \rho_O|gH_{CEO})} \tag{2.5.59}$$

H_{CEO}는 복도 엘리베이터 샤프트 사이의 개구와 샤프트－외기 사이 개구의 수직 방향 거리로 다음과 같이 산정할 수 있다.

$$H_{CEO} = \frac{H_E}{(\rho_O/\rho_E)^{1/3}+1} - H_C \quad (\rho_E < \rho_O) \tag{2.5.60}$$

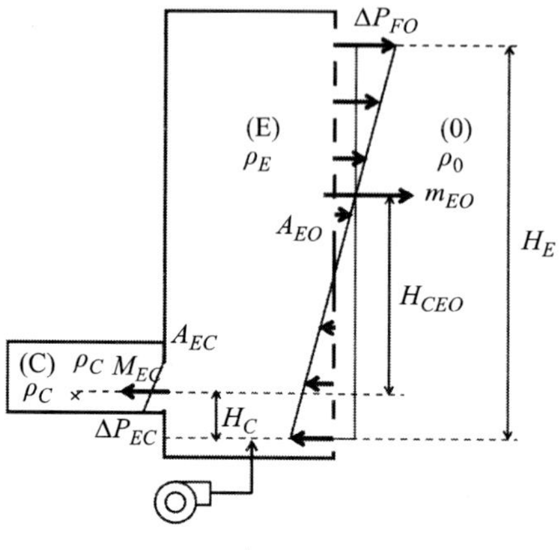

그림 2.5.11 승강용 엘리베이터 샤프트 주변의 압력과 유량

⑩ 부속실 급기량의 산정

엘리베이터 샤프트 급기량 W_E는 다음 식으로 구할 수 있다.

$$W_E = m_{EC} + m_{EO} \tag{2.5.61}$$

e) 최성기화재 단계 시 필요 급기풍량의 산정 방법

i) 차연조건의 설정

먼저 c) ii)에 따라 차연조건을 설정한다.

ii) 압력과 유량의 기본적 관계의 정리

최성기화재 단계의 연기 제어에 따른 흐름 상황은 그림 2.5.12와 같다.

초기화재 단계와 동일하게 공간의 압력 관계와 질량 보존에 따른 유량 관계를 다음과 같이 정리하였다.

① 압력 관계

$$P_C = P_R + \Delta P_{CR} \tag{2.5.62}$$

$$P_{L1} = P_C + \boxed{\Delta P_{LC1stop}} \tag{2.5.63}$$

$$P_{L2} = P_C + \boxed{\Delta P_{LC2stop}} \tag{2.5.64}$$

$$P_E = P_C + \boxed{\Delta P_{ECstop}} \tag{2.5.65}$$

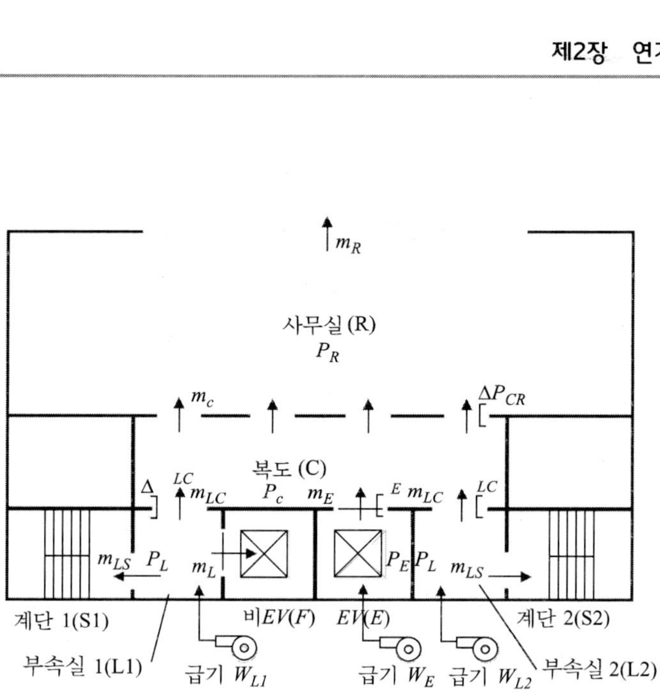

그림 2.5.12 최성기화재 단계에서의 연기 제어에 의한 유동의 상황

② 유량 관계

$$m_{CR} = m_{RO} \tag{2.5.66}$$

$$\boxed{m_{CL1stop}} + \boxed{m_{CL2stop}} + \boxed{m_{ECstop}} = m_{CR} + m_{CO} + \boxed{U_C} \tag{2.5.67}$$

$$W_{L1} = \boxed{m_{CL1stop}} + m_{LS1} + m_{LF} \tag{2.5.68}$$

$$W_{L2} = \boxed{m_{CL2stop}} + m_{LS2} \tag{2.5.69}$$

$$W_E = \boxed{m_{ECstop}} + m_{EO} \tag{2.5.70}$$

iii) 필요 급기량의 산정

압력과 유량의 관계식을 바탕으로 차연조건을 만족하는 부속실 및 엘리베이터 샤프트에 대한 급기량의 산정 순서는 다음과 같다.

① 복도 압력의 산정

$$m_{CR} + m_{CO} = \boxed{m_{CL1stop}} + \boxed{m_{CL2stop}} + \boxed{m_{ECstop}} - \boxed{U_C} \tag{2.5.71}$$

$$P_C = \frac{(m_{CR} + m_{CO})^2}{2\rho_C(\Sigma a A_{CO})^2} \tag{2.5.72}$$

U_C는 복도의 배연이나, 화재실 문이 크게 개방되어 있어 복도 온도가 상승되는 경우(280℃ 이상)에는 복도 배연이 정지될 것으로 판단된다. 이때는 $U_C = 0$으로 하여 P_C를 산정한다. 또한 $\sum aA_{CO}$는 복도에서 외기로 이어지는 개구를 합성

함으로써 구한 유효개구면적으로서 aA_{CO}는 복도－외기 사이의 유효개구면적, aA_{CRO}는 복도－화재실－외기 사이의 직렬 합성 개구면적으로서 각각 식 (2.5.73) 및 식 (2.5.74)를 사용하여 계산할 수 있다.

$$\sum aA_{CO} = aA_{CO} + aA_{CRO} \tag{2.5.73}$$

$$\sqrt{\rho_C}\; aA_{CRO} = \frac{1}{\sqrt{\dfrac{1}{\rho_C(aA_{CR})^2} + \dfrac{1}{\rho_C(aA_{RO})^2}}} \tag{2.5.74}$$

② 부속실 압력과 누설량의 산정

$$P_{L1} = P_C + \Delta P_{LC1stop} \tag{2.5.75}$$

$$P_{L2} = P_C + \Delta P_{LC2stop} \tag{2.5.76}$$

부속실에서 계단실로의 누설량 및 비상용 엘리베이터 샤프트에서의 누설량은 식 (2.5.51)~(2.5.55)를 이용하여 산정할 수 있다.

③ 부속실 급기량의 산정

$$W_{L1} = m_{LC1stop} + m_{LS1} + m_{LF} \tag{2.5.77}$$

$$W_{L2} = m_{LC2stop} + m_{LS2} \tag{2.5.78}$$

④ 엘리베이터 샤프트 내 압력과 누설량의 산정

$$P_E = P_C + \Delta P_{ECstop} \tag{2.5.79}$$

엘리베이터 샤프트에서 외기로의 누설량 m_{CO}는 식 (2.5.59)와 (2.5.60)을 이용하여 산정할 수 있다.

⑤ 엘리베이터 샤프트 급기량의 산정

$$W_E = m_{ECstop} + m_{EO} \tag{2.5.80}$$

(3) 문의 개방 장애를 방지하기 위한 압력제어댐퍼의 설계방법

a) 설계를 위한 설정 조건

부속실－복도 사이의 압력 조정 댐퍼에 대한 계산을 간략화하고 안전측으로 다음과 같이 가정한다.

i) 문의 개폐에 관계없이 급기량은 설계 급기량 WL_1, WL_2를 유지한다.

ii) 부속실－계단실 사이의 문은 폐쇄되어 있으며 간극은 무시한다.

iii) 부속실－비상용 엘리베이터 사이의 문 간극은 무시한다.

iv) 복도로 유출된 공기는 연기 배출구를 통하여 외부로 유출되고 연기 배출구는 충분히 크며 그 부분의 통기 저항에 따른 압력차가 전체 압력 균형에 주는 영향은 작다.

b) 설계방법

부속실－계단실 사이 문 및 부속실－비상용 엘리베이터 사이 문의 간극을 무시하면, 부속실에의 급기량은 모두 부속실－복도 사이의 문을 통과한다. 이 때 평균 압력차 ΔP_{LC}는 부속실 문 폐쇄 시의 유효개구면적을 $aA_{LCclose}$, 부속실－복도 사이 압력제어 댐퍼의 유효개구면적을 aA_{LCdmp}라고 하면 아래 식으로 구할 수 있다.

$$\Delta P_{LC} = \frac{W_L^2}{2\rho_L(aA_{LCclose} + aA_{LCdmp})^2} \tag{2.5.81}$$

이 설계법의 평균 압력차는 비등온계의 질량 유량과 동일한 유량을 부여하는 등온계의 압력차이며 문에 가해지는 압력차를 단순 평균한 것은 아니지만, 이것을 근사적으로 동등하다고 간주하면 문을 개방하는데 필요한 힘 F[N]는 힌지 주변의 회전 모멘트의 균형을 고려하여(그림 2.5.13) 다음 식과 같이 쓸 수 있다.

$$\Delta P_{LC} A_{LC} \cdot \frac{B_{LC}}{2} + M_{DC} \le FB_{LC} \tag{2.5.82}$$

여기서 M_{DC}는 도어 클로저의 저항 모멘트이며 일반적으로는 40~50 [N·m] 정도의 값이다. 개방에 필요한 힘의 허용량 F는 100 [N]이 이용되는 경우가 많다.

위 식을 평균 압력차로 정리하면 부속실－복도 사이의 문을 개방할 수 있는 평균 압력차 ΔP_{LCdoor}의 범위가 명확해진다.

$$\Delta P_{LCdoor} \le \frac{2(FB_{LC} - M_{DC})}{A_{LC} B_{LC}} \tag{2.5.83}$$

부속실 문 폐쇄 시의 문의 개방 장애를 방지하기 위한 부속실－복도 사이에 설치되는

압력제어댐퍼의 유효개구면적 aA_{LCdmp}는,

$$aA_{LCdmp} \geq \frac{W_L}{\sqrt{2\rho_L \Delta P_{LCdoor}}} - aA_{LCclose} \tag{2.5.84}$$

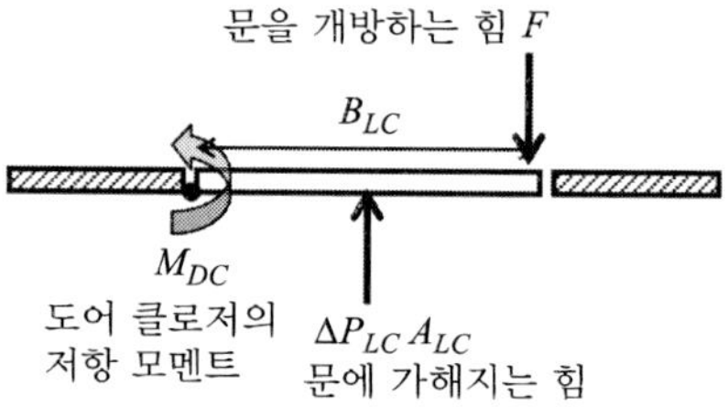

여기서, $\alpha A_{LCclose}$: 부속실 폐쇄 시의 유효개구면적
αA_{LCdmp} : 부속실－복도 사이의 압력제어댐퍼의 유효개구면적
F : 문을 개방하는데 필요한 힘(허용치 100 [N])
M_{DC} : 도어클로저의 저항모멘트(통상 40～50 [Nm])

그림 2.5.13 도어의 개방 장애 방지에 대한 개념

(4) 가압 방배연에 관한 고시 등

특별피난계단의 부속실이나 비상용 엘리베이터의 승강로비에 설치하는 가압 방배연 시스템은 구(舊) 일본건축기준법 제38조에 따라 장관 인정을 취득함으로써 많은 방재 계획이 이루어져 왔다. 그러나 2000년 일본건축 기준법 개정 시에 제38조가 폐지되었다. 부속실에서는 가압의 성능이 평가는 받지 못하지만 루트 B에 의한 설계도 가능하고 루트 C에 의한 평가도 받을 수 있다. 그러나 비상용 엘리베이터의 승강로비에서는 어떠한 경우에도 가압 방배연 시스템의 도입이 불가능하게 되었다.

이 상황을 개선하고자 2009년에 일본국토교통성 고시가 개정되었으며 그와 더불어 총무성령 및 소방청 고시도 같은 일자로 공포・시행되었다. 국토교통성이 규정하는 건축의 가압 방배연도 소방청에 의한 방배연과 기본적인 개념은 같지만 배연설비에 요구되는 성능 및 법적인 취급이 다르다는 점 등에서 상이한 점이 있다. 본 절에서는 이러한 상황을 개략적으로 설명한다.

또한 건축 기준법과 관련된 것으로는 문헌 14), 소방법과 관련된 것으로는 문헌 15)에 상세한 해설이 되어 있으므로 보다 상세한 내용에 대해서는 이들을 참조하기 바란다.

a) 시스템의 개요

특별피난계단의 부속실이나 비상용 엘리베이터의 승강로비에 송풍기로 외기를 공급하여 이들 실의 압력을 상승시켜 화재 시에 연기를 침입시키지 않는 시스템이라는 것은 본절 (1)~(3)까지에 기술한 내용과 같다. 그러나 차연조건 및 압력 제어를 위한 구체적인 대책 등이 시방적으로 상세하게 규정되어 있다(그림 2.5.14). 따라서 고시에 따른 설계로는 성능 설계로 인정받을 수는 없다.

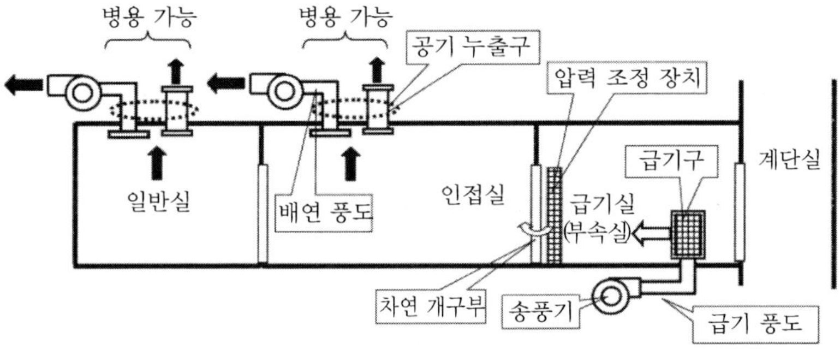

그림 2.5.14 시스템의 이미지

> **비상용 엘리베이터의 승강로비에 설치하는 외기를 향하여 열 수 있는 창 및 배연설비의 구조 방법을 정하는 건(건설성 고시 제1833호 최종 개정 2009년 국토교통성 고시 제1008호) (주요 항목)**
>
> 제2
> 4 승강로비를 가압하기 위한 송풍기를 설치한 배연설비
> 가. (급기구의 기준)
> 나. (공기 누출구의 구조)
> 다. (1) (차연 개구부에서 필요한 풍속)
> (2) (차연 개구부의 개방 장애 방지)
> 라. (전원, 배선, 전선의 기준)
> 마. (감시의 기준)
> 바. (기타)
> 특별피난계단의 부속실에 설치하는 외기를 향해 열 수 있는 창 및 배연설비의 구조 방법을 정하는 건(건설성 고시 제1728호 최종 개정 2009년 국토교통성 고시 제1007호)도 그 내용은 동일함

배연설비를 대신하여 이용할 수 있는 것으로 판단되는 방화 안전 성능을 갖는 소방의 용도로 제공되는 설비 등에 관한 성령(2009년 총무성령 제88호)

성령에서는 가압 방배연설비를 설치할 수 있는 용도와 필요한 구획 및 소화 설비, 필수 장치 등 기본적인 사항이 규정되어 있다.

가압 방배연설비의 설치 및 유지에 관한 기술기준(2009년 일본 소방청 고시 제16호)

가압 방배연설비를 설치하는 소화 활동 거점과 소화 활동 거점 이외의 실(일반실)의 배연설비에 대해서도 규정되어 있다. 그 항목은 아래와 같다.

제1 취지

제2 용어의 의의

제3 기술 기준

1. 배연구의 사양, 배연구를 설치하지 않아도 되는 실
2. 배연 풍도
3. 배연기, 급기기
4. 일반실의 배연 성능(자연배연, 기계배연)
5. 가압 방배연 장치를 설치하는 소화 활동 거점의 구체적 요건
6. 급기구
7. 급기 풍도
8. 급기기
9. 공기 누출구
10. 기동 장치

11～15. 전원 기타

b) 규정 내용

차연조건은 문을 어느 정도 열었을 때 그곳을 통과하는 풍속으로 규정되어 있으며, 그 값은 부속실이나 승강로비가 접하는 실의 조건에 따라 다르다. 즉, 부속실과 개구로 이어지는 실에서 화재를 상정하는 경우에는 엄밀한 차연조건이 요구된다. 한편 출화의 위험성은 없으나 화재실로 상정되는 실과 방화 구획된 복도 등이 이어지는 경우에는 차연조건이 완화된다. 구체적으로는 그림 2.5.15와 같이 부속실 등에 인접하는 실의 온도가 ① 800℃로 되는 화재실인 경우, ② 불연 구획된 복도 등에서 그 온도가 400℃인 경우,

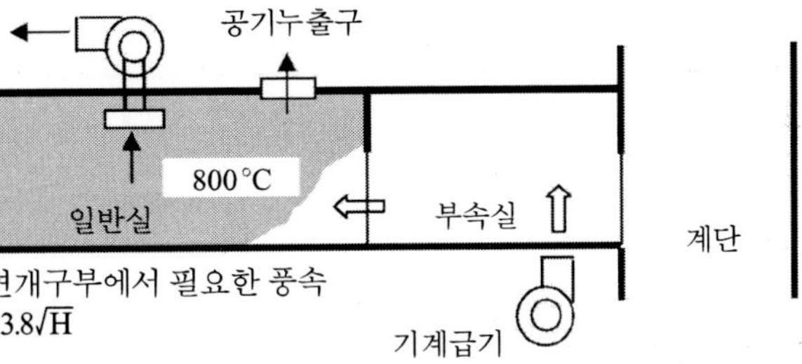

① 부속실이 화재실에 인접한 경우

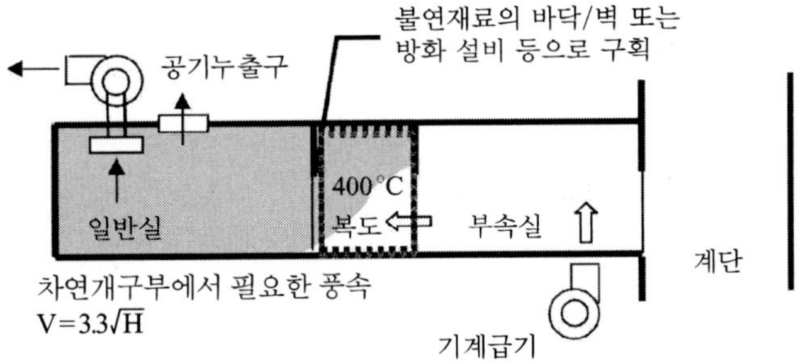

② 부속실이 불연 구획된 복도에 인접한 경우

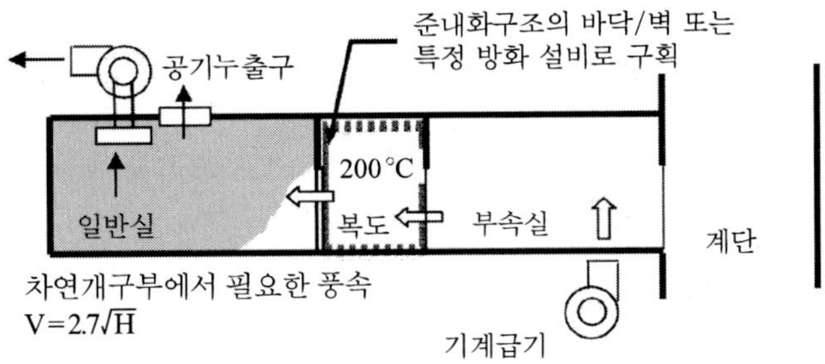

③ 부속실이 방화 구획된 복도에 인접한 경우

그림 2.5.15 부속실과 이어지는 실의 온도와 차연조건

③ 방화 구획된 복도 등이 200℃인 경우를 상정하고 그 조건 하에 소방 활동을 위해 문을 60 cm 개방한 경우에도 거기로부터 부속실 등으로 연기가 침입하지 않도록 풍속이 결정되어 있다.

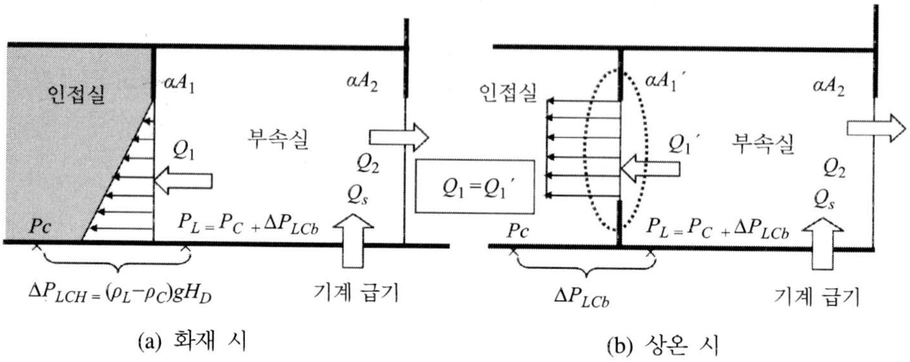

그림 2.5.16 화재 시와 상온 시의 압력 성상

여기서 소방대가 활동하기 위해 개방하는 폭은 60 cm라고 되어 있으나 현지에서의 성능 시험은 화재 시 온도가 아닌 상온에서 이루어진다. 여기서 800℃일 때 폭 60 cm 개방 시와 등가의 성상으로 환산한 결과 상온 시에는 40 cm 개방이라는 조건으로 되어 있다(그림 2.5.16).

다음으로 화재층의 압력이 과응으로 상승되지 않도록 압력 누출구를 설치할 필요가 있다. 부속실 등에 공급된 공기가 흐를 곳이 없게 되면 부속실 개구부에서 흐름이 나타나지 않고 차연이 되지 않으며 화재층 전체의 압력이 상승하여 연기를 다른 층으로 확산시키기 때문이다. 화재실 외벽에 창유리가 있으면 최성기화재 시에는 이들이 파손되고 그곳으로부터 공기가 유출되나, 유리창 위치나 그 시방 및 면적 등에 따라 성상이 다르므로 이러한 효과는 기대를 할 수 없기 때문에 확실하게 흐름을 확보할 수 있는 압력 누출구를 두도록 규정되어 있다. 또한 화재실에 설치한 기계배연설비에 의해 압력 누출구를 겸용시키는 것도 가능하며 과잉한 부압을 발생시킬 가능성도 있기 때문에 충분한 검토가 필요하다.

또한 부속실 등의 압력이 과잉으로 상승하면 문을 개방할 수 없게 되므로 이들을 방지하기 위해 부속실 등의 압력 조정 장치를 설치하는 것도 규정되어 있다.

그리고 대피는 화재가 크게 진전되기 전에 종료되는 경우가 많은데 소방대가 활동하는 시간대에는 화재가 진전되어 온도가 현저하게 상승되어 있는 상황도 있을 뿐만 아니라 소방대는 부속실 등에 체재하는 시간도 길어지기 때문에 소방청 고시에서는 부속실 등의 공기 온도나 문 및 벽의 부속실측 표면 온도의 허용치도 규정되어 있다.

c) 건축 고시와 소방 고시의 차이점 및 주의점

가압 방배연설비는 건축 기준법에서는 특별피난계단의 부속실이나 비상용 엘리베이터 승강로비의 배연설비 중 하나로 인식되고 있다.

한편, 소방법에서는 소화 활동 거점의 가압 방배연과 그 이외의 일반실의 배연설비를 합한 전체 시스템으로서 규정되어 있다. 또한 본래 소방법에서 배연이 필요하다고 인정되는 용도는 한정되어 있지만 고시를 적용할 수 있는 것은 판매 점포와 자주식 주차장뿐이며 스프링클러 등의 자동 소화 설비가 있는 층만 적용할 수 있다는 점에도 유의하여야 한다.

압력 조정 기구는 건축 고시에서는 정해진 압력 조정 장치를 설치하는 것이 좋지만 이 규정에 따라 설계해도 소방 고시에서 정하는 100 N 이하의 힘으로 열리지 않을 가능성도 있기 때문에 주의해야 한다.

d) 기타 주의점

압력 릴리프 기구를 기계배연에 병용시키는 시스템을 선택한 경우에는 충분한 검토가 필요하다. 화재실을 800℃로 상정하여 급기와 배기가 거의 동량이 되도록 정해져 있기 때문에 기계배연되는 연기가 800℃보다 낮은 온도인 경우 과잉 부압이 생기는 경우도 있게 되고, 이러한 상황으로 대피문이 열리지 않게 될 위험성이 있다. 실제로 이러한 사례가 많으므로 자연배연 타입의 압력 누출구를 두지 않는 경우에는 충분한 검토가 요망된다.

또한 차연 개구부의 유량계수를 단순 개구에서 일반적으로 이용되는 0.7로 설계하면 실제 유량계수는 그보다 크고 풍속이 부족하게 될 가능성도 있기 때문에 주의가 필요하다.

보다 상세한 설계 시 유의점 등에 대해서는 제3장, 문헌 14) 및 15) 등을 참고하여 설계할 필요가 있다.

e) 고시 활용을 위한 적용사례

(4)의 서두에서 설명한 바와 같이 비상용 엘리베이터 승강로비에 채택할 수 있는 가압 방배연은 현재 본 고시에 따르는 방법 외에는 없다. 특히 구(舊)건축 기준법 제38조에 따라 가압방연 시스템을 설치한 건물은 성능적으로는 문제가 없지만 법적으로는 부적합 상태이기 때문에 건물 개수 시에는 본 고시를 적용하여 당초 설계 시의 성능을 확보하고 그와 더불어 법적인 적합성을 확보하여 활용한다면 그 의의는 크다고 생각된다. 따라서

본 고시를 용이하게 활용할 수 있도록 기술적인 정비를 하는 것이나 활용 방법에 대한 연구가 필요하다. 이러한 관점에서 보고나 제안이 이루어지고 있으므로 이를 소개한다.

하나는 본 고시는 급기 풍량의 설계방법이 직접적으로 명시되어 있지 않기 때문에 실무적인 설계방법을 알기 쉽게 설명하도록 한 것이다. 더불어 본 고시에서는 가압 급기에 대응하는 공기 누출구를 설치할 필요가 있으나 이 설치에는 실무적인 제약도 있다는 것을 고려하여 제안된 것이다.

① 가압방연 고시의 급기량 계산 방법

고시의 제정 초기에 문헌[16)]이 보고되었다. 가압 급기량의 산정 방법은 기본적으로는 2.5.2(2) 필요 급기량의 산정 방법과 동일하나 차연조건으로서 고시에 제시되어 있는 풍속에서의 통과풍량을 기본으로 하여 필요한 급기량을 계산하는 방법이다. 또한 보다 실무적인 해설서[14), 15)]도 간행되었다.

② 공기누출구를 기계배연으로 대체하기 위한 적용사례

자연배연 타입의 공기 누출구를 외벽에 설치하는 것에는 제약이 있는 건물도 많고 특히 구(舊)건축 기준법 제38조를 적용하여 설계된 건물에서는 더욱 제약이 크다. 따라서 기계배연을 활용함으로써 자연배연 타입의 공기 누출구가 불필요하거나 작게 둘 수 있으면 본 고시의 적용 가능성은 매우 높다. 그러나 기계배연을 공기 누출구로서 이용하기 위해서는 배연 풍도를 건축 기준법 시행령 제126조의3 제1항 제7호에 따른 이른바 연돌 사양으로서 화재실이 고온이 되어도 배연이 계속 지속될 필요가 있다.

이러한 조건을 기존 건물에서도 비교적 경미한 개수를 통해 해결하기 위한 아이디어로 그림 2.5.17과 같이 화재실의 배연과 비화재 구획에서의 상온 공기를 혼합하여 배연을 하는 방법을 상정하고 기계배연을 장시간 계속하는 방안이 제안되고 있다.[17)]

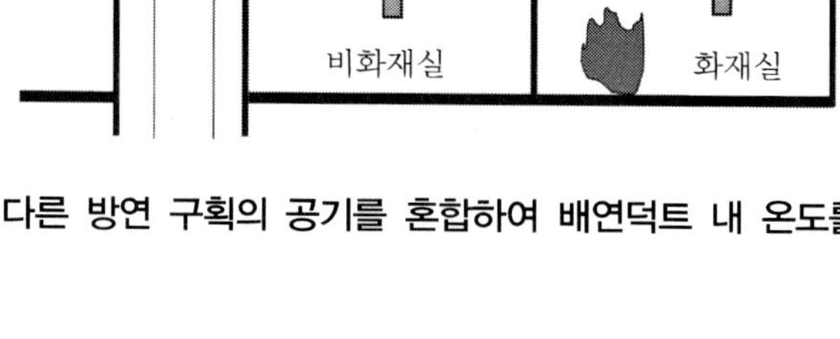

그림 2.5.17 다른 방연 구획의 공기를 혼합하여 배연덕트 내 온도를 낮추는 방법

그러나 d)에서 설명한 바와 같이 고온의 화재를 상정하여 설계한 가압 방배연 시스템의 경우, 화재 온도가 예상한 온도에 이르지 못하는 경우에는 차연 성능은 안전측이 성능이 발휘된다고 하여도, 공기 누출구의 기능을 담당하는 기계배연에 의하여 과잉적인 부압으로 되어 문의 개방 장애를 일으킬 가능성이 있다는 문제는 남아있다. 이 문제에 대해서도 더 많은 연구가 필요하다.

2.5.3 계단실 가압방연

(1) 계단실 가압방연방식의 개요

계단실 가압방연방식은 계단실에 급기를 실시함과 동시에 화재실이나 복도의 배연을 실시하여 계단실 내의 압력을 높이고 화재실로부터의 연기를 계단실로 침입시키지 않도록 하는 것을 목적으로 한다(그림 2.5.18).

계단실 가압방연방식은 피난 안전 상 가장 중요한 계단실을 연기로부터 지킬 수 있고 화재층뿐만 아니라 비화재층의 대피 안전성도 향상시킬 수 있는 우수한 특징이 있다. 많은 외국에서는 계단실 가압방연방식을 적극적으로 도입하고 있는 국가도 있으나, 일본에서는 극히 일부 건물에 채용되고 있고, 또한 가압 상황이 각 층의 문의 개폐 상황에 좌우된다는 등의 우려도 있다.

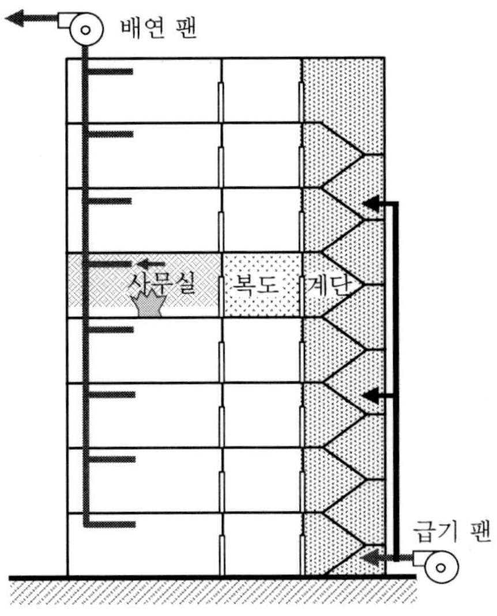

그림 2.5.18 계단실 가압방연방식의 개념도

(2) 필요 급기량의 산정 방법

계단실 가압방연방식을 설치한 모델 건물에 대하여 필요 급기량을 산정한 사례는 다음과 같다.

a) 모델 건물

계단실 가압방연방식을 설치할 건물로서 그림 2.5.19와 같은 기준층 평면으로 구성되는 사무실 빌딩을 설정하였다. 2개의 피난 계단이 있으며 각층은 거실, 복도, 계단실로 구성된다. 또한 이들 공간을 각각 R, C, S, 실외를 O 기호로 나타내었다(승강용 엘리베이터도 있으나 차연 성능이 있는 문으로 해당 플로어의 다른 부분과는 방화 구획되어 있다고 간주하여 본 항에서는 산정 대상 외로 하였다).

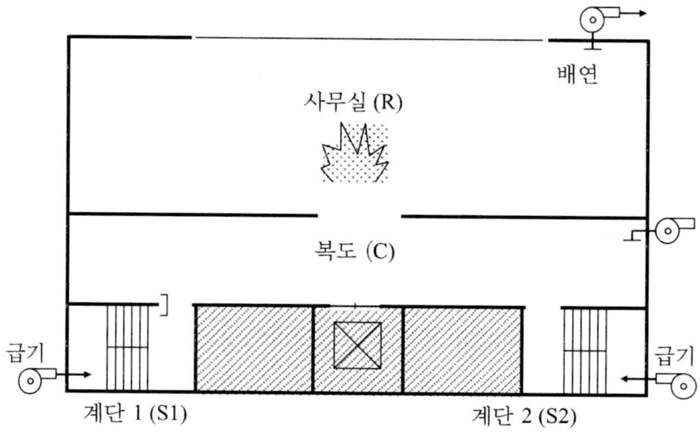

그림 2.5.19 계단실 가압방연방식의 모델 플랜

b) 피난 시나리오와 안전 목표의 설정

초기 화재와 최성기화재의 각 화재 상황에 따라 각종 시나리오와 안전 목표를 정리한다.

i) 초기 화재

- 화재 상황 : 화재 초기 단계
- 피난 상황 : 화재층의 대피자가 계단을 향하여 거실, 복도를 대피 중(화재층 대피)
- 문 등의 개폐 상황 : 화재실−복도 사이의 문 및 복도−계단실 사이의 문은 개방

- 안전 목표 : 화재층을 대피하는 동안 복도로 연기가 침입하지 않을 것
- 차연 목표 : 복도(C)－화재실(R) 사이에서 차연을 실시한다.

$$\Delta P_{CR}(z) > 0 \tag{2.5.85}$$

여기서, ΔP_{CR}은 복도－화재실 사이 개구부의 압력차, 그리고 z는 개구의 하단에서 상단까지의 임의의 높이이다.

- 가압 시스템 : 일반적인 공조 정지 후 화재실 배연 팬과 계단실 급기 팬을 기동

ii) 최성기화재

- 화재 상황 : 화재가 진전되어 화재실의 창문은 파손된다. 화재실 안은 고온이 되어 FD(방화댐퍼)가 폐쇄되고 화재실의 배연은 작동하지 않는다.
- 피난 상황 : 화재층의 층 대피가 완료되고 비화재층의 대피가 이루어진다. 소방대가 활동을 시작한다.
- 문 등의 개폐 상황 : 화재실－복도 사이의 문이 개방되고 더 나아가 만일 복도－계단 사이 문이 개방된 경우를 상정한다. 화재실 창은 파손되고 비화재층의 경우에는 최상층 또는 최하층 중 위험한 쪽이 되는 1개소가 개방된 상태를 상정한다.
- 안전 목표 : 전관 대피 및 소방대가 활동하는 사이에 부속실로 연기가 침입하지 않을 것
- 차연 목표 : 계단실(S)－복도(C) 사이의 차연을 실시한다.

$$\Delta P_{SC}(z) > 0 \tag{2.5.86}$$

여기서, ΔP_{SC}는 계단실－복도 사이 개구부에서의 압력차이다.

- 가압 시스템 : 계속해서 계단실 급기 팬이 작동

c) 차연조건의 계산 방법

초기 화재 시의 복도－화재실 사이에 대한 개구의 차연조건은 2.5.2(2) c) i)와 동일하게 산정한다.

최성기화재에서의 계단실－복도 사이 개구의 차연조건은 2.5.2(2) c) ii)와 동일하게 복도 온도를 산정한 후 계단실－복도 사이의 차연조건에 대응하는 평균 압력차와 유량을

다음 식을 이용하여 산출한다.

$$\Delta P_{SCstop} = \frac{4}{9}(\rho_S - \rho_C)\, g h_{SC} \tag{2.5.87}$$

$$m_{SCstop} = aA_{SC}\sqrt{2\rho_S\, \Delta P_{SCstop}} \tag{2.5.88}$$

d) 초기 화재 단계의 필요급기풍량 산정 방법

i) 차연조건의 설정

2.5.2 c) i)에 따라 차연조건을 설정한다.

ii) 압력과 유량의 기본적 관계의 정리

초기 화재 단계의 연기 제어에 의한 흐름 상황은 그림 2.5.20과 같다.

각 공간의 압력을 P [Pa], 압력차를 ΔP [Pa], 개구 유량을 m [kg/s] 및 흐름의 방향을 나타내는 화살표로 표현하였다. 첨자 R, C, S, O는 각각 사무실, 복도, 계단실, 실외를 나타낸다. P_R, P_C, P_S는 모두 외기 기준의 압력이다.

공간의 압력 관계와 질량 보존에 의한 유량 관계를 정리하면 다음과 같다. 차연조건으로서의 ΔCR_{stop}, m_{CRstop}은 전술한 바와 같고, 또한 기계배연량 UR는 설정치로 설정하기 때문에(식의 □) 이들 식을 순서대로 풀어나가면 급기량 W를 구할 수 있다.

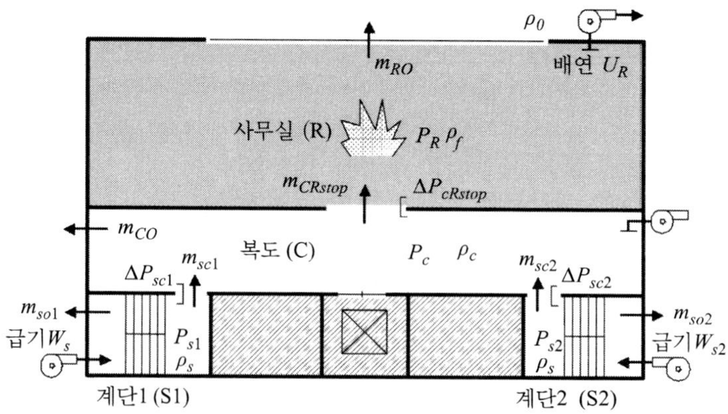

그림 2.5.20 초기 화재 단계의 연기 제어에 따른 흐름 상황

① 압력 관계

$$P_C = P_R + \boxed{\Delta P_{CRstop}} \quad (2.5.89)$$

$$P_{S1} = P_C + \Delta P_{SC1} \quad (2.5.90)$$

$$P_{S2} = P_C + \Delta P_{SC2} \quad (2.5.91)$$

② 유량 관계

$$\boxed{m_{CRstop}} = m_{RO} + \boxed{U_R} \quad \text{(화재실의 질량보존)} \quad (2.5.92)$$

$$m_{SC1} + m_{SC2} = \boxed{m_{CRstop}} + m_{CO} \quad \text{(복도의 질량보존)} \quad (2.5.93)$$

$$W_{S1} = m_{SC1} + m_{SO1} \quad \text{(계단실 1의 질량보존)} \quad (2.5.94)$$

$$W_{S2} = m_{SC2} + m_{SO2} \quad \text{(계단실 2의 질량보존)} \quad (2.5.95)$$

③ 평균 압력차와 개구 유량의 관계

$$m_{ij} = aA_{ij}\sqrt{2\rho_i \Delta P_{ij}} \quad (2.5.96)$$

iii) 필요 급기량의 산정

압력과 유량의 관계식에 따라 차연조건을 만족하는 계단실의 급기량은 다음 순서와 같이 산정한다.

① 화재실 압력의 산정

차연조건으로서의 m_{CRstop}은 이미 계산되었으므로 배연량 U_R이 주어지면 m_{RO}가 결정된다.

$$m_{RO} = \boxed{m_{CRstop}} - \boxed{U_R} \quad (2.5.97)$$

$$P_R(= \Delta P_{RO}) = \begin{cases} \dfrac{m_{RO}^2}{2\rho_R (aA_{RO})^2} & (m_{RO} \geq 0) \\ -\dfrac{m_{RO}^2}{2\rho_O (aA_{RO})^2} & (m_{RO} < 0) \end{cases} \quad (2.5.98)$$

② 복도 압력의 산정

$$P_C = P_R + \boxed{\Delta P_{CRstop}} \quad (2.5.99)$$

③ 복도에서 외기로의 누기량의 산정

$$m_{CO} = \begin{cases} aA_{CO}\sqrt{2\rho_C P_C} & (P_C \geq 0) \\ -aA_{CO}\sqrt{2\rho_C |P_C|} & (P_C < 0) \end{cases} \tag{2.5.100}$$

여기서 aA_{CO}는 복도－외기 사이 유효개구면적이라 한다.

④ 계단실－복도 사이 유량의 산정

다음 두 식을 만족하는 계단실－복도 사이 유량 m_{SC1}, m_{SC2}를 결정한다.

$$m_{SC1} + m_{SC2} = \boxed{m_{CRstop}} + m_{CO} \tag{2.5.101}$$

$$m_{SC1} > 0 \quad \text{및} \quad m_{SC2} > 0 \tag{2.5.102}$$

이 때 m_{SC1}과 m_{SC2}의 결정에는 자유도가 있기 때문에 이들 값은 계단실의 압력을 규정하는 것이 되므로 결과적으로 계단실 급기량 W_{S1}, W_{S2}에 영향을 준다는 점에 유의해야 한다(2개의 계단실이 동일한 조건이라면 개구 유량도 거의 동일하게 두는 것이 좋다).

⑤ 계단실－복도 사이 평균 압력차의 산정

2개의 계단실－복도 사이 압력차 ΔP_{SC1}, ΔP_{SC2}는 다음 식을 통해 각각 구할 수 있다.

$$\Delta P_{S1} = \frac{{m_{SC1}}^2}{2\rho_S (aA_{SC1})^2} \tag{2.5.103}$$

$$\Delta P_{S2} = \frac{{m_{SC2}}^2}{2\rho_S (aA_{SC2})^2} \tag{2.5.104}$$

⑥ 계단실 압력의 산정

$$P_{S1} = P_C + \Delta P_{SC1} \tag{2.5.105}$$

$$P_{S2} = P_C + \Delta P_{SC2} \tag{2.5.106}$$

⑦ 계단실에서 외기로의 누설량의 산정

계단실의 압력 P_{S1}, P_{S2}가 구해졌으므로 계단실에서 외기의 누설량 m_{SO1}, m_{SO2}는 다음 식을 이용하여 산정할 수 있다.

$$m_{SO1} = aA_{SO1}\sqrt{2\rho_S (P_{S1} + |\rho_S - \rho_O|\, gH_{CSO1})} \tag{2.5.107}$$

$$m_{SO2} = aA_{SO2}\sqrt{2\rho_S(P_{S2} + |\rho_S - \rho_O|\, gH_{CSO2})} \tag{2.5.108}$$

여기서 H_{CSO1}, H_{CSO2}는 해당 층의 계단실 개구와 계단실－외기의 개구부 사이 수직거리, aA_{SO1}, aA_{SO2}는 계단실－외기 사이 개구이다.

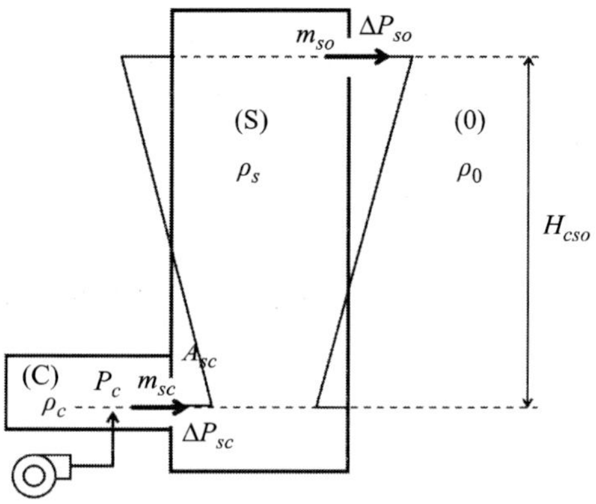

그림 2.5.21 계단실 주변의 압력과 유량

⑧ 계단실 급기량의 산정

계단실 급기량 W_{S1}, W_{S2}는 다음 식으로 구할 수 있다.

$$W_{S1} = m_{SC1} + m_{SO1} \tag{2.5.109}$$

$$W_{S2} = m_{SC2} + m_{SO2} \tag{2.5.110}$$

e) 최성기화재 단계 시 필요급기풍량의 산정 방법

i) 차연조건의 설정

2.5.2 c) ii)에 따라 차연조건을 설정한다.

ii) 압력과 유량의 기본적 관계의 정리

최성기화재 단계의 연기 제어에 의한 흐름 상황은 그림 2.5.22와 같다.

초기 화재 단계와 동일하게 공간의 압력 관계와 질량 보존에 의한 유량 관계를 다음과 같이 정리하였다.

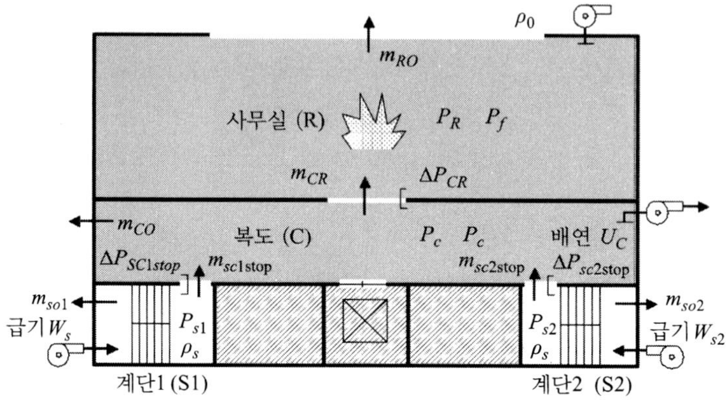

그림 2.5.22 최성기화재 단계에서의 연기 제어에 의한 흐름의 상황

① 압력 관계

$$P_C = P_R + \Delta P_{CR} \tag{2.5.111}$$

$$P_{S1} = P_C + \boxed{\Delta P_{SC1stop}} \tag{2.5.112}$$

$$P_{S2} = P_C + \boxed{\Delta P_{SC2stop}} \tag{2.5.113}$$

② 유량 관계

$$m_{CR} = m_{RO} \tag{2.5.114}$$

$$\boxed{m_{SC1stop}} + \boxed{m_{SC2stop}} = m_{CR} + m_{CO} + \boxed{U_C} \tag{2.5.115}$$

$$W_{S1} = \boxed{m_{SC1stop}} + m_{SO1} \tag{2.5.116}$$

$$W_{S2} = \boxed{m_{SC2stop}} + m_{SO2} \tag{2.5.117}$$

iii) 필요 급기량의 산정

압력과 유량의 관계식을 바탕으로 차연조건을 만족하는 부속실 및 엘리베이터 샤프트에 대한 급기량의 산정 순서는 다음과 같다.

① 복도 압력의 산정

$$m_{CR} + m_{CO} = \boxed{m_{SC1stop}} + \boxed{m_{PSC2stop}} - \boxed{U_C} \tag{2.5.118}$$

U_C 는 복도의 배연이며 화재실 문이 크게 개방되어 있어 복도 온도가 상승된 경우(280℃ 이상)에는 배연덕트의 댐퍼가 폐쇄되어 복도 배연이 정지되는 것으로 간주한다. 이때는 $U_C = 0$으로 한다.

$$P_C = \frac{(m_{CR} + m_{CO})^2}{2\rho_C(\Sigma aA_{CO})^2} \tag{2.5.119}$$

P_C를 산정한다. 또한 ΣaA_{CO}는 복도에서 외기로 이어지는 개구를 합성함으로써 구한 유효개구면적이며 aA_{CO}는 복도–외기 사이의 유효개구면적, aA_{CRO}는 복도–화재실–외기 사이의 직렬 합성 개구면적이며 각각 아래 식으로 계산할 수 있다.

$$\Sigma aA_{CO} = aA_{CO} + aA_{CRO} \tag{2.5.120}$$

$$\sqrt{\rho_C}\, aA_{CRO} = \frac{1}{\sqrt{\dfrac{1}{\rho_C(aA_{CR})^2} + \dfrac{1}{\rho_R(aA_{RO})^2}}} \tag{2.5.121}$$

② 계단실 압력과 누설량의 산정

$$P_{S1} = P_C + \boxed{\Delta P_{SC1stop}} \tag{2.5.122}$$

$$P_{S2} = P_C + \boxed{\Delta P_{SC2stop}} \tag{2.5.123}$$

③ 계단실에서 외기로의 누설량의 산정

계단실에서 외기로의 누설량 m_{SO}는 식 (2.2.46)과 (2.2.47)을 그대로 이용하여 구할 수 있다.

④ 계단실 급기량의 산정

계단실 급기량 W_{S1}, W_{S2}는 다음 식으로 구할 수 있다.

$$W_{S1} = m_{SC1stop} + m_{SO1} \tag{2.5.124}$$

$$W_{S2} = m_{SC2stop} + m_{SO2} \tag{2.5.125}$$

참고문헌

1) 国土交通省：建設省告示第 1441 号階避難安全検証法および告示第 1442 号全館避難安全検証法, 2000
2) 国土交通省住宅局建築指導課ほか：避難安全検証法の解説および計算例とその解説, 井上書院, 2001
3) 国土開発技術研究センター：建築物の総合防火設計法 第 3 巻, 日本建築センター, 1989
4) 日本建築学会：建築物の火災安全設計指針, 2002
5) 田中哮義：改訂版建築火災安全工学入門, 日本建築センター, 2002
6) 日本建築学会近畿支部防災計画部会：関数電卓による火災性状計算, 2001
7) 石野修, 田中哮義：アトリウム空間の自然排煙効果に関する研究, 日本建築学会構造系論文集, 第 451 号, pp. 137-144, 1993
8) 日本建築センター：新・建築防災計画指針, pp. 184-193, 1995
9) McCaffrey, B. J., Quintiere, J. G., and Harkleroad, M. F.: Estimating Room Temperatures and the Likelihood of Flashover Using Fire Test Data Correlations Fire Technology, Vol. 17, No. 2, pp. 98-119, 1981
10) 空気調和・衛生工学会：特殊な構造の排煙設備（押出排煙）設計マニュアル, 2005
11) 久次米真美子, 松下敬幸, 田中哮義：附室加圧煙制御システムにおける給気量の手計算方法, 日本建築学会構造系論文集, 第 531 号, pp. 1-8, 2000
12) 久次米真美子, 松下敬幸, 田中哮義：事務所ビルにおける附室加圧煙制御に対する扉の開口条件による影響, 日本建築学会構造系論文集, 第 540 号, pp. 1-7, 2001
13) 佐藤雅史, 田中哮義, 若松孝旺：火災室および廊下の温度の簡易予測式, 日本建築学会構造系論文集, 第 489 号, pp. 137-145, 1996
14) 加圧防排煙設計マニュアル編集委員会：加圧防排煙設計マニュアル, 日本建築センター, 2011
15) 大規模防火対象物の防火安全性のあり方検討会：加圧防排煙設備の設計・審査に係る運用ガイドライン, 日本消防設備安全センター, 2012
16) 森山博, 角谷三夫, 久次米真美子, 田中哮義：加圧防煙に関する改正告示（平成 21 年 9 月）の特別避難階段の付室への適用に関する検討, 日本建築学会技術報告集, 第 17 巻第 37 号, pp. 921-926, 2011
17) 小林陽一, 角谷三夫, 吉田俊之, 森山博, 田中哮義：加圧防煙に関する改正告示（平成 21 年 9 月）の特別避難階段の付室への適用に関する検討, 日本建築学会技術報告集, 第 18 巻第 39 号, pp. 589-594, 2012

a
b
c

제 3 장
연기제어설비

본 장에서는 제2장 연기제어설계의 방법에 따라 실재의 건물에서 사용되는 연기제어설비에 대하여 설명한다. 화재를 일정한 범위로 격리시키기 위한 방화구획, 수직샤프트로의 누설되는 연기를 억제하기 위한 차연성능이 있는 방화방연구획, 연기의 확산을 늦추어 배연효율을 높이기 위한 방연구획 등의 구획화와 더불어 피난에 지장이 없도록, 화재 시 발생된 연기를 배출시키는 자연배연설비, 기계배연설비, 피난 및 소화활동의 거점이 되는 부속실의 방배연설비, 부속실 등의 안전구획을 급기가압 함으로써 피난경로 내의 압력을 높여 연기 침입을 방지하고, 안전한 피난을 지원하는 가압방연설비에 대해 설명한다. 또한 이것들의 설비를 유효하게 활용하기 위하여 필요한 연기제어설비의 원격감시제어와 전원설비에 대해서도 서술한다.

3.1 방연구획과 방화구획

3.1.1 방연구획과 방화구획의 개념

화재 시에는 발생하는 화염과 연기가 확대되지 않도록 함으로써 피해를 최소한으로 억제하여야 한다. 이를 위해서 법령에서는, 공간의 용도나 규모, 안전 목표에 따라 방연구획과 방화구획 등에 대하여 규정하고 있다.

「방연구획」은 칸막이벽 또는 천장면으로부터 50 cm(고시 피난안전검증법에서는 30 cm) 이상 돌출시킨 방연경계벽 등과 같이 연기의 유동을 막기 위한 구획이다[그림 3.1.1(1)]. 방연경계벽은 기계배연이나 자연배연으로 연기를 배출할 때, 연기를 방연경계벽에 의해 구획 내에서 천장 근처로 모아 배연효과를 높이는 역할을 수행한다. 또한, 칸막이벽은 그 구획 내로 연기를 격리시켜 다른 부분으로 확산되는 것을 방지한다[그림 3.1.1(2)].

「방화구획」은 화염을 격리시킴으로써 연소확대를 막기 위한 구획이고, 내화구조 또는 준내화구조의 벽이나 바닥 등의 부재로 구성되고, 개구부는 화염을 일정시간 이상 차단하는 성능을 보유한 문 또는 셔터 등으로 구획하여야 한다. 방화구획은 화염을 격리시키는 역할을 하면서 연기의 흐름을 막는 역할도 기대할 수 있다.

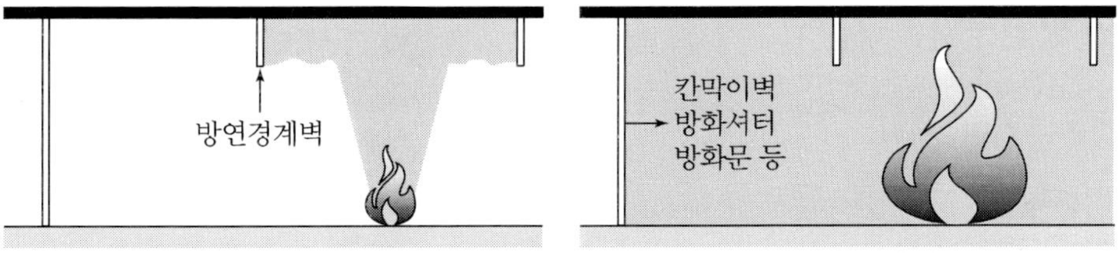

(1) 방연경계벽의 효과 (2) 칸막이벽 등의 효과

그림 3.1.1 구획화에 따른 방연

방화구획에서는 면적구획, 수직샤프트구획, 이종용도구획과 같은 종류로 나뉜다(3.1.3 참조). 그 중에서도 수직샤프트구획이나 이종용도구획에 대해서는 특히 상층부나 다른 용도부분으로 연기가 확산되지 않도록 방화구획의 성능과 더불어 차연이 있는 「방화방연구획」으로 하여야 한다. 차연성능을 확보한 방화구획은 방연구획과 성능이 다른 점에 주의하여야 한다.

방화구획, 차연성능을 확보한 방화구획 및 방연구획의 개념을 그림 3.1.2에 나타낸다. 화재초기에 있어서는 방연경계벽에 의해 천장 근처의 연기 확산을 방지하고, 화재성기 시에는 방화셔터나 방화문 등의 방화설비를 사용하여 실에 충만한 연기를 일정범위 내로 격리시키는 것을 목적으로 하고 있다.

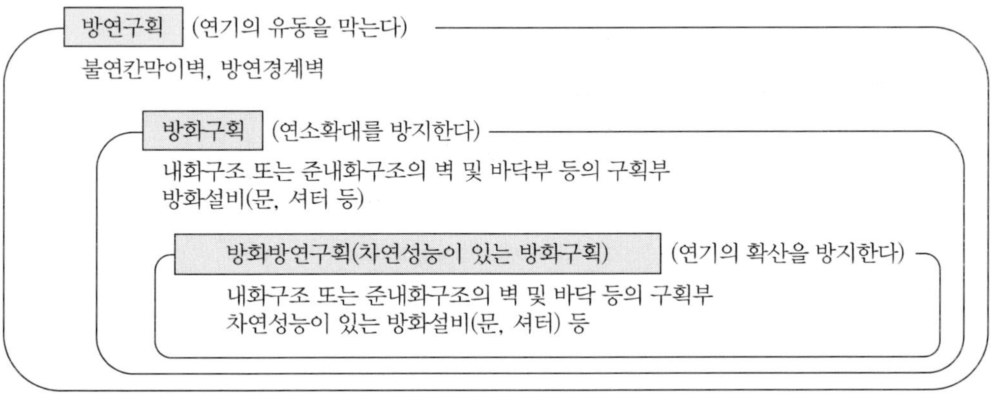

그림 3.1.2 방화구획과 방연구획의 개념

3.1.2 방연구획

(1) 방연구획의 계획

① 기계배연 또는 자연배연의 배연구를 방연구획별로 설치한다.

② 방연구획의 면적은 너무 크지 않도록 분할한다.

- 건축기준법시행령의 규정에서는 500 m^2 이내
- 성능설계에 따르는 경우, 건축기준법시행령의 방연구획면적의 규정을 초과한 설계도 가능하지만, 연기층과 공기층의 2층화의 한계를 고려하여야 한다. 또한 고시 피난안전검증법(루트B)의 규정에서는 최대 1500 m^2으로 규정하고 있다.

(2) 방연구획의 구성

방연구획을 형성하는 방연벽(불연칸막이벽, 방연경계벽)은 불연재료로 구성되거나 불연재료로 피복된 것으로 하여야 한다.

① 불연칸막이벽

방연구획을 형성하는 천장으로부터 바닥까지의 칸막이벽을 지칭한다.

② 방연경계벽

방연경계벽으로 방연구획을 형성하는 것으로, 고정식과 연기감지기 연동에 의한 가동식이 있다.

- 고정식 방연경계벽 : 천장으로부터 50 cm(고시 피난안전검증법에서는 30 cm, 천장챔버배연(그림 3.3.15 참조)의 경우 25 cm) 이상의 경계벽으로, 연기가 타구획으로 이동하지 못하도록 확대를 방지한다. 방연경계벽으로 유리를 사용하는 경우에는 비산방지 및 방화의 관점으로부터 선입유리 또는 망입유리를 사용하여야 한다.
- 연기감지기연동의 가동식 제연경계벽 : 연기감지기의 작동으로 가동하는 방연경계벽을 설치할 수 있다.

그림 3.1.3의 좌측의 그래프로부터 연기층의 두께가 증가하면 연기 하층 공기의 흡입이 적어짐으로써 유효배연량이 커지는 것을 알 수 있다. 예를 들어, 배연풍량 V_e가 500 m^3/min인 경우, 연기층 두께 30 cm에서는 유효배연풍량 V_s는 약 100 m^3/min(20%), 연

기층 두께 70 cm이 되면 V_s는 약 250 m^3/min(50%)까지 상승한다. 이러한 결과는 방연경계벽을 설치함으로써 연기가 구획된 범위에서 연기층이 두껍게 됨으로써 배연이 가능하다는 것을 나타내고 있다.

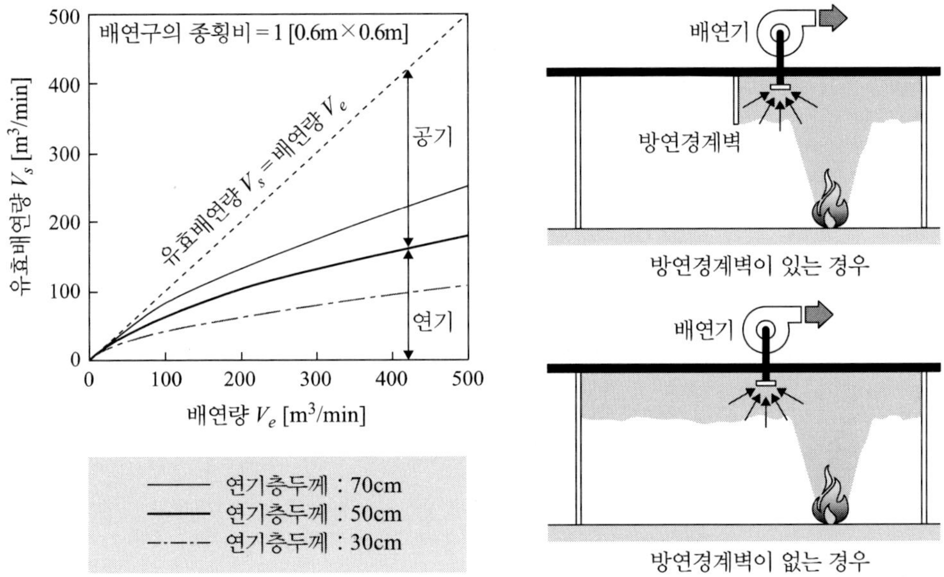

그림 3.1.3 연기층 두께에 따른 유효배연량의 변화 [1)]

(3) 방연구획의 형성과 제어

① 연기감지기와 연동하는 방연구획을 형성한다.

- 복도－거실 간의 칸막이로 환기용 개구를 만드는 경우[그림 3.1.4(a)], 아래의 1) 및 2)와 같이, 이 개구를 통하여 연기가 확산될 가능성이 있다. 피난층이 계단으로부터 외부로 통하는 복도 등은 화재 시에는 다수층의 피난자가 장시간에 걸쳐 통과하여야만 하기 때문에, 방연댐퍼를 설치하는 등의 배려를 하는 것이 바람직하다.

  1) 거실에서 출화 시, 거실의 기계배연이 기동하지 않는 상태에서는 환기용 개구를 통하여 연기가 복도로 새어나올 위험이 있다[그림 3.1.4(b)].

  2) 거실에서 출화 시, 거실의 기계배연이 기동하지 않는 상태에서, 복도의 기계배연이 기동하는 경우, 화재실의 연기가 복도로 유입되어 누출될 위험이 있다.

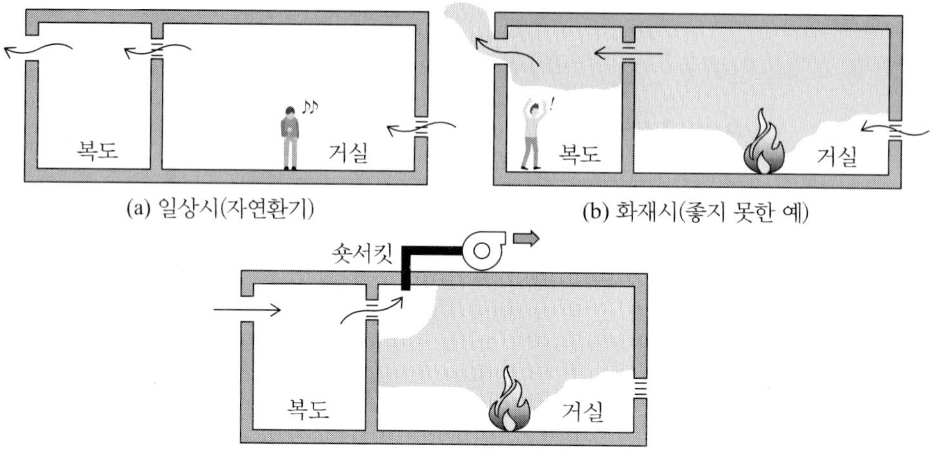

(a) 일상시(자연환기)

(b) 화재시(좋지 못한 예)

(c) 환기용개구를 배연구에 근접하게 설치한 경우(좋지 못한 예)

그림 3.1.4 환기용 개구를 설치한 경우의 주의점

- 기계배연의 배연구를 환기용개구에 근접하게 설치한 경우, 숏서킷이 발생하여 유효하게 기계배연이 기능하지 않을 위험이 있다[그림 3.1.4(c)]. 배연구와 환기용개구의 사이에 충분한 이격을 확보하거나 환기용개구에 방연댐퍼를 설치하는 등의 배려가 필요하다.

② 방연구획형성에 관계하는 배선은 내열배선으로 한다.

③ 공조팬의 연동정지

- 덕트계통에 연기감지기 연동방화댐퍼(SFD)가 있는 공조기, 환기팬은 자동화재탐지설비와 연동되어 정지한다.
- 가스계 소화설비설치실의 공조기, 환기팬은 자동화재탐지설비와 연동되어 정지한다.
- 중앙감시판에서 원격으로 조정되는 공조기와 환기팬은 자동화재탐지설비 수신기로부터의 정보를 중앙감시판을 통하여 받음으로써 연동되어 정지한다. 단, 컴퓨터실 등과 같은 공조정지의 영향이 중요한 장소는 연동되어 정지하지 않는 경우도 있다.
- 패키지 에어컨 실내기나 팬코일 유닛, 단상전원의 환기팬 등은 중앙감시판에서 조정되지 않는 경우도 많지만, 연기층이 산란될 가능성이 있으므로 집중 리모컨 등을 사용하여 자동화재탐지설비와 연동시켜 정지하는 것이 바람직하다.

④ 고시 피난안전검증법 적용시의 개구부의 차연성능

- 고시 피난안전검증법(루트 B)의 배연설계는 천장으로부터 바닥까지의 구획을 전제로 구성되어 있고, 화재실을 적절하게 구획하며, 인접실로 새어나가는 연기량을 제어하여 배연시키는 개념으로 설계된다.
- 고시 피난안전검증법은, 화재초기의 고온이 아닌 연기를 상정하고, 그 확산을 막는 것을 목적으로 하고 있으므로, 화재실과 인접실, 특히 피난경로가 되는 복도 사이의 구획을 불연재료로 구성하여야 하고 또한 그 외의 개구부를 방화설비로 하여야 한다.
- 화재실로부터 인접실로 누출되는 연기량은 설치된 방화설비의 기밀성능(차연성능)과 형상으로 평가되며, 인접실의 필요배연량이 산출되어야 한다.

(4) 공간별 계획

① 거실의 방연구획

화재 시의 연기를 배연설비를 사용하여 효율적으로 배출하거나 연기가 급속히 광범위하게 퍼지지 않도록 방연경계벽을 사용하여 방연구획을 실시하여야 한다.

천장재가 불연 또는 준불연재료 이외로 구성되어진 경우, 방연벽은 천장내(상층 슬라브 아래까지)에도 설치되어야 한다.

② 거실과 복도와의 방연구획

거실에서 화재가 발생한 경우, 복도가 피난경로가 되며, 이와 같은 복도를 제1차 안전구획이라고 한다. 복도에서 피난에 지장이 없도록 하는 것은 특히 중요하며, 거실과 복도의 구획은 방연경계벽이 아닌 불연재로 된 벽과 문으로 바닥부터 상층 슬라브의 아래까지 구획하여야 한다.

③ 화재의 위험성이 높은 실 및 피난 시 지장이 있는 실 등의 방연구획

불연재로 된 벽과 문으로 바닥부터 상층 슬라브 아래까지 구획하여야 한다.

④ 피난안전검증법의 구획

피난안전검증법으로는 재실자가 피난하고 있는 사이, 즉 초기화재를 주요 대상으로 하고 있다. 본 지침에서는 최성기화재를 대상으로 한 방화구획정도의 성능이 확보되지 않

는 구획에서도 연기 유동의 제한이 가능한 것으로 기술되고 있다. 구체적으로는 불연벽과 방화문의 시스템으로 구획된다면, 연기는 방화문의 틈을 통과한 양만을 고려하는 것으로 충분한 것으로 평가된다. 그러나 화재 시 피난 중에는 문은 개방될 가능성이 높으므로 연기의 확산을 막는 것이 불가능한 경우도 있을 수 있으므로 피난안전검증법에 따른 검증만으로 충분한 안전성이 확보된 것으로 판단하는 것은 주의가 필요하다.

3.1.3 방화구획

(1) 방화구획의 종류(그림 3.1.5)

① 면적구획(방화구획)

화재의 확대를 방지하기 위해 일정한 면적 이내마다 방화구획을 행한다.

- 건축기준법시행령 제112조 제1～3항의 규정은 다음과 같다.
  주요구조부를 내화구조로 한 건축물에서는 면적 1500 m^2 이내마다 방화구획을 행한다. 준내화 건축물에서는 용도, 방화지역의 종류, 규모, 층수 등에 의해 500 m^2, 1000 m^2, 1500 m^2 이내마다 방화구획을 한다. 더불어 스프링클러 설비 등의 자동소화설비를 설치한 경우는 구획한 면적을 상기면적의 2배까지 넓게 할 수 있다.

② 고층면적구획(방화구획)

건물의 고층부분에서는 화재확대에 의한 위험성이 높기 때문에, 상기보다 작은 면적으로 방화구획을 한다.

- 건축기준법시행령 제112조 제5～7항의 규정은 다음과 같다.
  건축물의 11층 이상으로서 내장마감재와 바탕재가 불연재료의 경우는 500 m^2 이내, 내장마감재와 바탕재가 준불연재료의 경우는 200 m^2 이내, 내장마감을 난연재료로 한 경우는 100 m^2 이내마다 방화구획을 한다. 더불어, 스프링클러 설비 등의 자동소화설비를 설치한 경우는 구획하는 면적을 상기면적의 2배까지 넓게 할 수 있다.

③ 층간구획(차연성능이 확보된 방화구획)

각 층 바닥은 상층으로의 화재확대 및 연기의 확산을 방지하기 위해, 차연성능이 확보된 방화구획으로 한다.

④ 수직샤프트구획(차연성능이 확보된 방화구획)

건물을 수직 방향으로 연결하는 공간은 건물전체로 연기가 확산되는 것을 방지하기 위하여 차연성능이 확보되는 방화구획으로 하여야 한다.

- 건축기준법시행령 제112조 제9항의 규정은 다음과 같다.
  엘리베이터나 에스컬레이터, 계단실 등 복수층에 걸친 수직연결공간은 차연성능을 확보하는 방화구획으로 실시하여 연기의 침입을 방지한다.

⑤ 이종용도구획(차연성능이 있는 방화구획)

용도가 상이하므로 화재위험성 · 재실자의 피난능력 · 관리체제 등이 다른 경우도 있기 때문에, 이러한 실 사이에서 연기 확산을 막기 위하여 용도마다 차연성능을 확보하는 방화구획으로 한다.

- 건축기준법시행령 제112조 13항의 규정은 다음과 같다.
  복합건물에서 다른 용도의 공간이 인접하고 있는 경우, 다른 공간의 화재를 인지하는 것이 늦고, 연기가 확산되면 피난에 어려움이 생길 가능성이 높다. 가연물이 많고 화재 시에 발연량이 많은 물품 판매점포나 실내주차장, 대규모 주방 등은 다른 부분으로 연기가 확산되지 않게 하도록 구획한다. 또한 불특정다수의 사람들이 모이는 극장, 홀, 전시회장은 주로 다른 곳으로부터 연기의 침입을 막는 것을 목적으로 차연성능을 확보하는 방화구획으로 하여야 한다.

(2) 방화구획, 차연성능을 확보하는 방화구획 및 방연구획의 구성

① 벽 · 바닥 등의 구획부재

- 면적구획, 수직샤프트구획, 이종용도구획을 형성하는 벽 · 바닥은 준내화구조로 한다.
- 고층면적구획을 형성하는 벽 · 바닥은 내화구조로 한다.

② 스팬드럴(방화구획)

외벽의 개구로부터 화염이 분출하는 경우, 수직방향(특히 상층)의 개구를 통하여 또는 수평방향의 개구를 통하여 연소가 확대될 위험이 있다. 이러한 연소확대를 막기 위해서 방화구획을 구성하는 바닥, 벽 및 방화설비가 접하는 외벽에는 다음에 나타내는 스팬드럴을 설치한다.

- 건축기준법시행령 제112조 10, 11항의 규정은 다음과 같다.
  방화구획을 구성하는 바닥, 벽 및 방화설비가 접하는 외벽은 해당 부분을 포함하여 90 cm 이상의 부분을 준내화(내화)구조로 하여야 한다. 또는 외벽으로부터 50 cm 이상의 부위에 대하여 준내화(내화)구조의 돌출한 처마, 바닥 및 돌출벽 등을 설치한다.

③ 개구부

- 상시폐쇄식 방화문
  면적이 3 m^2 이하의 방화문으로서 직접 손으로 열 수 있고, 또한 자동적으로 폐쇄될 것. 방화방연구획으로 설치한 방화문은 차연성능을 확보해야 한다.
- 상시개방식 방화문・방화셔터
  항상 사용하는 방화문 및 방화셔터는 연기감지기, 열감지기와의 연동, 또는 온도 퓨즈로 작동하여 폐쇄하는 것으로 한다. 더불어 셔터에는 끼임 방지장치가 필수이다.
  차연성능이 있는 방화구획으로 설치하는 상시개방식 방화문・방화셔터는 연기감지기와의 연동에 의해 폐쇄되고 또한 차연성능을 확보해야 한다.

④ 방화댐퍼(FD)

방화구획을 관통하는 공조덕트 등의 부분에는 온도 퓨즈로 작동시켜 폐쇄하는 방화댐퍼를 설치한다. 일반공조 및 환기계통용의 방화 댐퍼의 온도 퓨즈 작동온도는 72℃로 한다. 배연용방화댐퍼(HFD)의 온도 퓨즈 작동온도는 280℃로 한다.

⑤ 연기감지기 연동 방연댐퍼(SFD)

연기가 공조환기의 덕트를 통하여 건물 내의 다른 층이나 용도가 다른 부분으로 확산하는 것을 방지하기 위해, 공조환기 주덕트의 수직관통부나 이종용도 관통부에는 연기감지기와 연동하여 폐쇄하는 방연댐퍼를 설치한다.

(3) 방화구획의 형성과 제어

① 연기감지기, 열감지기 및 온도퓨즈와 연동하여 방화구획을 형성한다.

② 방화구획에 사용되는 배선은 내열배선으로 한다.

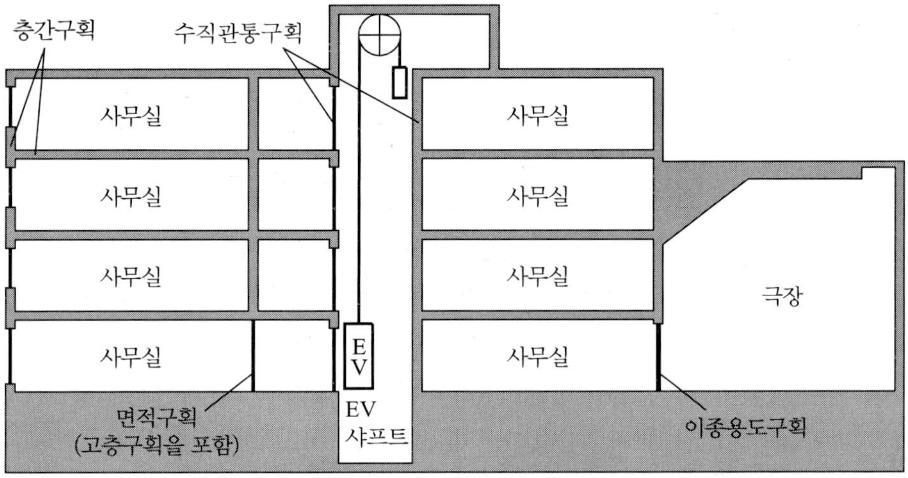

그림 3.1.5 방화구획의 종류

(4) 차연성능이 있는 방화구획의 형성과 제어

① 화재로부터 발생한 연기를 화재구획으로 폐쇄시키기 위하여 연기감지기와 연동하여 차연성능이 있는 방화구획을 형성한다.

② 화재 시 열로부터 작동이 방해받지 않도록 차연성능이 있는 방화구획에 사용되는 배선은 내열배선으로 한다.

③ 공조팬의 연동정지에 대해서는 3.1.2(3)③과 같다.

(5) 방연구획의 형성과 제어(그림 3.1.6)

공조・환기덕트를 통하여 연기의 전파를 막기 위해서 방화댐퍼(FD), 방연댐퍼(SD), 방화방연댐퍼(SFD)를 덕트에 적절한 장소에 설치하여야 한다.

방연구획을 형성하는 방화・방화댐퍼 설치의 방안을 아래에 나타내었고 동시에 그림 3.1.6에 구체적인 예를 나타낸다.

- 수직샤프트구획부를 관통하는 덕트에는 화재층의 상층으로의 연기 전파를 방지하기 위한 방연 댐퍼(SD)가 필요하다(그림 3.1.6 중의 ①).
- 공조・환기덕트의 취출구・흡입구가 있는 실 등에는 연기감지기를 설치하고 방연댐퍼(SD)를 작동시킬 필요가 있다. 취출구 등이 없기 때문에 연기감지기가 설치되어있지 않은 실을 덕트가 통과하는 경우(그림 3.1.6 중의 a, b)에는 그 실에서의 출화에

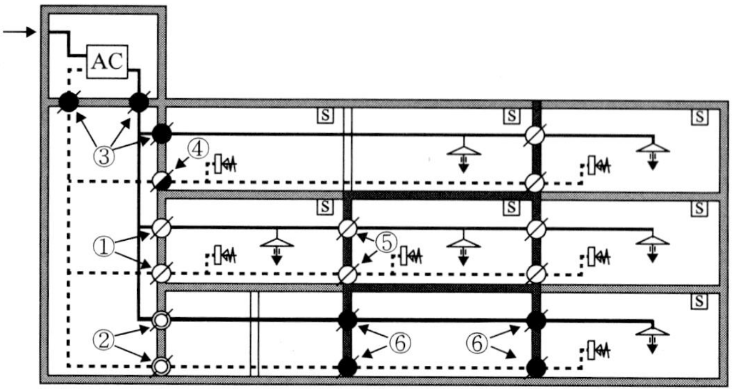

기호	설명
	SFD방화방연댐퍼
	SD방연댐퍼(연기감지기와 연동하여 폐쇄되는 댐퍼)
	FD방화댐퍼(연기감지기 또는 온도퓨즈와 연동하여 폐쇄되는 댐퍼)
	SD 또는 FD(공조기가 연기감지기 운전제어장치가 있는 경우는 FD 그 외는 SD)
S	연기감지기(열과 연기 복합감지기 포함)
AC	공조기
	내화구조 등의 방화구획(이종용도구획을 제외함)
	이종용도구획
	칸막이벽
	취출구
	출입구

그림 3.1.6 방화댐퍼의 설치 예[2)]

의해 덕트가 탈락하여 화염이 덕트내에 침입하는 것을 방지하기 위해 온도 퓨즈가 있는 방화방연댐퍼(SFD)가 필요하다(그림 3.1.6 중의 ②).

- 공조・환기 덕트의 최상부에 설치한 댐퍼는 공조기・팬이 연기감지기와 연동하여 정지하는 경우에는 비화재층으로의 연기가 확산될 가능성이 적기 때문에 방화댐퍼(FD)로 충분하다(그림 3.1.6 중의 ③).
- 수직샤프트구획부를 관통하는 덕트에는 방연댐퍼가 필요하지만, 공조기・팬이 연기감지기와 연동하여 정지하는 경우에는, 최상층의 거실 등이 화재인 경우, 최상층으로의 분기덕트를 통하여 비화재층으로 연기가 전파할 가능성이 적기 때문에 최상층의 분기덕트의 방화구획관통부는 방화댐퍼(FD)로 충분하다(그림 3.1.6 중의 ④).
- 사무소나 극장 등 용도가 다른 구획 간의 연기 전파를 막기 위해서 이종용도구획을 관통하고 있는 공조・환기덕트에는 방화방연댐퍼(SFD)를 설치한다(그림 3.1.6 중의 ⑤).

- 이종용도구획을 관통하는 공조・환기 덕트에도 다른 용도의 한쪽에만 취출구・흡입구가 설치되어 있는 경우에는 덕트를 통하여 연기가 확산될 가능성이 낮기 때문에 방화댐퍼(FD)로 충분하다(그림 3.1.6 중의 ⑥).

3.2 자연배연설비

자연배연은 2.4.1절에 기술된 바와 같이 연기와 외기와의 온도차를 이용한 연기의 배연방식이다. 본 장에서는 자연배연설비를 건물에 적용하는 경우의 시스템 구성과 설비에 대하여 설명한다.

3.2.1 시스템 구성

그림 3.2.1에 자연배연의 시스템 구성도를 나타낸다. 자연배연의 시스템에서는, 먼저 방연구획을 설정하고 여기에 배연구, 급기구 및 수동개방장치를 설치한다. 방연구획은 고정 칸막이벽이나 방연경계벽으로 구성된 것이 많지만, 가동식 방연경계벽 등이 사용되어지는 경우도 있으며 이때에는 연기감지기나 연동제어장치도 자연배연 시스템에 포함된다.

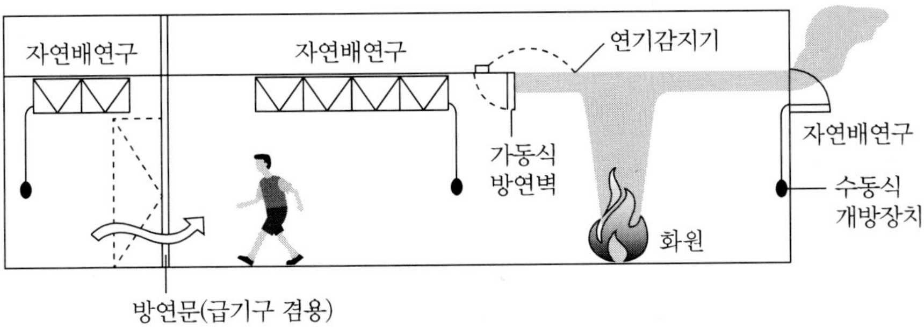

그림 3.2.1 자연배연 시스템 구성도

3.2.2 자연배연구

(1) 자연배연구의 형상

자연배연구는 출화실에서 발생한 연기나 다른 실로부터 침입된 연기를 원활하게 배출할 수 있는 형상이어야 한다. 배연구의 내측이나 외측으로 폐쇄 가능한 셔터가 설치된 경우는 배연구로서 인정될 수 없다(그림 3.2.2). 또한 블라인드도 연기 배출 시 방해가 되지 않도록 주의하여야 한다.

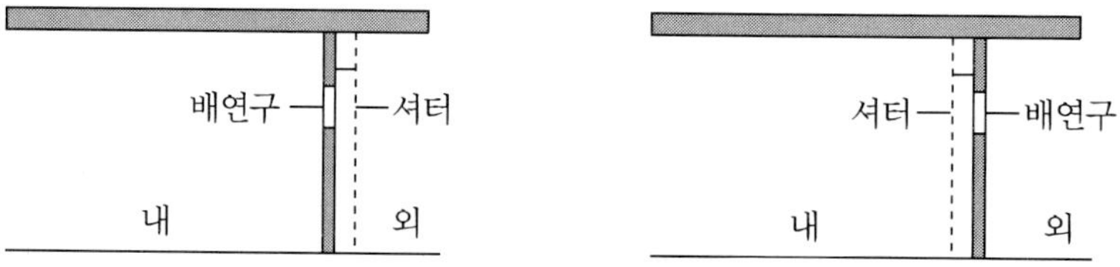

그림 3.2.2 배연구로 인정되지 않는 예[3)]

(2) 자연배연구의 설치장소

배연구의 설치위치는 천장(지붕) 또는 벽으로 하고, 되도록 높은 위치에 설치하는 것이 바람직하다. 또한 방연구획 내에 배연구로부터의 거리가 너무 먼 부분이 없도록 배연구를 가능한 한 균등하게 설치한다. 일본건축기준법시행령에서는 다음과 같이 규정되어 있다.

- 벽의 경우, 천장면으로부터 80 cm 이내로서 방연경계벽 하단보다 상부가 되도록 설치한다.
- 해당 방연구획 내의 어떤 위치로부터 하나의 배연구로부터 30 m 이내로 커버 가능하도록 배연구를 설치한다.

배연구가 인접한 건물 등에 근접하고 있는 경우는 그림 3.2.3에 따른다. 드라이 에어리어(dry area)의 경우도 이것에 준한다.

외기풍으로부터 직접적으로 영향을 받지 않도록 고층건물에서는 자연배연구를 보이드(광정)에 면하는 벽면에 설치하는 것도 고려할 수 있다. 단, 보이드의 면적에 대해서 깊이가 깊은 경우에는 연기가 배출되지 않고 체류하는 것도 있으므로 주의하여야 한다. 보이드에 개방된 복도가 면하고 있는 경우에는 보이드 하부에 급기를 위한 개구를 설치하여 배연효율을 높이기 위한 연구가 필요하다.

(3) 자연배연구의 구조

배연구를 구성하는 재질은 불연재료로 한다. 틀은 화재 시에도 탈락하지 않도록 구조체에 고정시킨다. 외기 풍압 등의 외적 힘이나, 완충기나 스프링 등의 가력기에 의한 내적인 힘에도 충분히 견딜 수 있는 구조로 하여야 한다.

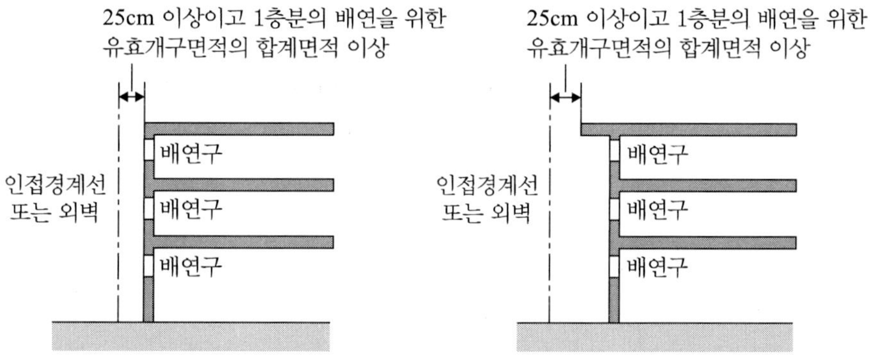

그림 3.2.3 인접한 건물 경계와 자연배연구의 관계 [3)]

(4) 자연배연구의 종류

자연배연구에는 쌍미닫이창, 회전창 등 통상의 창을 겸용하는 방법, 배연전용의 개구로서 천장 아래방향으로 내여닫이창, 외여닫이창, 들창 등을 설치하는 방법, 천장(지붕)면에 탑 라이트형 배연구를 설치하는 방법 등이 있다.

(5) 자연배연구의 필요면적

배연구의 유효면적이라는 것은, 천장 또는 벽의 상부로부터 규정의 범위 내에 있는 실개구면적을 말한다. 이 면적은 내측치수를 사용하고, 내부에 무엇인가 있는 경우는 겉보기면적을 제외한다. 쌍미닫이나 한쪽미닫이 형식의 것은 창을 연 경우의 실개구면적으로 한다. 단, 그림 3.2.4에 나타낸 것과 같은 내여닫이창, 외여닫이창, 들창 등의 횡축회전창의 경우는 창의 돌출 방향 또는 천장고에 의해서 배연효율이 다르고 유효개구로 인정되는 면적이 달라지기 때문에 주의할 필요가 있다.

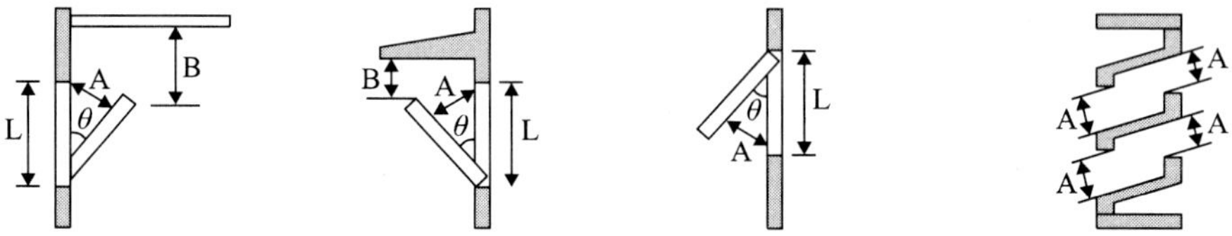

유효개구높이 A는 L sin θ 로 한다. 단, B가 L sin θ 이하의 경우는 B를 유효개구높이로 한다.

유효개구높이 A는 L sin θ 로 한다.

유효개구높이는 높이 A×슬리트 수로 한다.

(a) 내여닫이창 (b) 외여닫이창 (c) 돌출창 (d) 루버창

그림 3.2.4 자연배연구의 종류와 유효면적 [3)]

자연배연구의 필요면적은 건축기준법시행령에서는 다음과 같이 규정하고 있다.

- 시방규정(루트 A) : 자연배연구의 유효개구면적은 해당 방연구획 바닥면적의 1/50 이상으로 한다.
- 고시 피난안전검증법(루트 B) : 유효배연량의 산정방법(2000년 건설성고시 제1441호, 제1442호)에 따른다.

(6) 자연배연구의 작동 및 기능확인

자연배연구는 작동을 용이하게 행할 수 있도록 정기적으로 기능확인을 수행하여야 한다.

(7) 복도 배연구

긴 복도에서는 한쪽의 막다른 부분에만 배연구를 설치하지 않은 경우는 충분한 배연효율을 얻을 수 없으므로 복도가 연기로부터 위험하게 될 가능성이 크므로 복도의 양단에 배연구를 설치하여 효율적인 배연이 가능하도록 하여야 한다. 또한 직선형태가 아닌 구부러진 복도에 대해서도 복도의 막다른 부분에 배연구를 설치하는 등, 피난방향을 고려한 위치에 배연구를 설치하여야 한다.

(8) 자연배연구를 일상의 자연환기로 사용하는 경우의 주의점

자연배연구의 창을 사용하여 자연환기와 겸용하는 경우에는 다음에 대하여 주의하여야 한다.

- 창문이 횡축회전인 경우, 자연배연구로서 사용할 때와 자연환기구로서 사용할 때의 창의 개구면적이 다르게 되는 경우도 많으므로 작동방법을 알기 쉽게 명시하여, 단순하면서 힘들이지 않고 작동되어야 한다.
- 화재층보다 상층부에서 환기를 위해 개방되어 있으면 연기가 침입할 가능성이 있다.

3.2.3 급기 루트의 확보

자연배연구를 개방하여도 실내방향으로의 급기가 확보되지 않으면 충분한 자연배연이 행해지지 않는 경우가 있다. 자연배연설비를 설치하는 경우, 연기층을 흐트러트리지 않도록 실하부로부터의 급기 루트를 확보하여야 한다(그림 3.2.5). 배연구를 바닥면까지 개방시킬 수 있는 창문형식으로 하고 급기구를 배연구와 일체로 계획하는 것이 효과적이지만, 현실적으로는 피난시에 개방되는 피난문이 급기 루트가 되어 거실 피난 중의 배연효율의 향상과 연기층의 안정에 기여하게 된다. 거실피난 종료 후의 피난문이 폐쇄되어 급기 루트가 끊기면 배연구는 복도로의 누연방지를 위한 화재실로부터의 감압개구로서의 역할을 수행하게 된다.

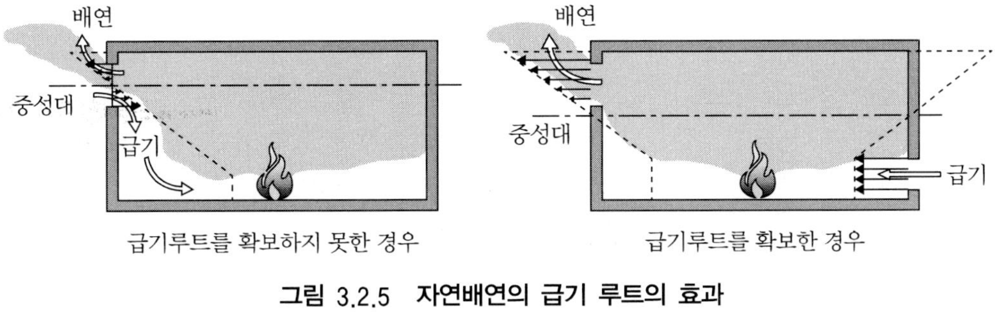

그림 3.2.5 자연배연의 급기 루트의 효과

3.2.4 개방장치

(1) 개방장치의 구조

단순한 구조이며 힘이 약한 사람이라도 용이하게 작동할 수 있는 것을 원칙으로 하며, 그 외 다음과 같은 주의가 필요하다.

- 수동으로 개방하는 경우, 단일동작으로 작동이 가능하여야 한다. 예를 들어, 레버 등을 당기는 동작이나 돌리는 동작, 핸들 등의 회전동작의 경우는 일회전 이내로 하는 등의 원터치 조작으로 개방할 수 있어야 한다. 환기 시의 작동이 배연 시 작동방법과 다른 경우는 폐쇄상태만이 아니라 환기상태에서 단일동작으로 개방시킬 수 있어야 한다.
- 배연구를 자연환기로서 사용하면 사용빈도가 높이지기 때문에 체인식 등의 내구성이 우수한 작동방식을 채택하여야 한다.
- 원격작동으로 개방하거나 연기감지기의 연동에 따라 배연구를 개방하는 경우는 중앙관리실에 표시하기 위한 단자가 필요하다.
- 전동모터에 의하여 개방하는 경우는 비상전원 및 내열성능이 있는 배선이 필요하다.

(2) 개방장치의 설치위치

자연배연구의 개방장치는 원칙적으로 거실 내에서 피난 시에 작동시키기 쉬운 장소에 설치한다. 복도에 설치하는 개방장치는 계단 가까운 곳이 바람직하다.

배연구의 수동개방장치의 설치위치는 건축기준법시행령에서 다음과 같이 규정하고 있다.

- 벽에 설치하는 경우, 바닥으로부터 80 cm~1.5 m의 높이로 한다.
- 천장에 설치하는 경우, 바닥으로부터 대략 1.8 m의 높이로 한다.
- 보기 쉬운 방법으로 그 사용방법을 표시한다.

더불어 동법령에서는 설치위치에 대하여 평면상 위치에 대한 규정은 없지만, 피난 시에 작동시키기 쉬운 장소에 설치하여야 한다. 급기구의 설치위치는 법령상 규정은 없으나 배연구와 연동되거나 용이하게 동시에 개방시킬 수 있는 구조로 하여야 한다.

3.2.5 설계 시 주의점

(1) 방연구획의 형성

자연배연을 유효하게 작동하도록 하기 위해서는 방연구획의 형성이 중요하다. 기능상 부득이하게 방화방연셔터나 방연댐퍼 등을 사용하여 방연구획을 형성하는 경우는 연기감지기 등에 의하여 자동적으로 폐쇄시킬 필요가 있다.

(2) 자연배연구획과 기계배연구획이 인접하는 경우

자연배연과 기계배연의 구획이 접하고 있는 경우는 방연경계벽이 아닌 천장으로부터 바닥까지의 구획이 필요하다. 방연경계벽에 의한 구획에서는, 기계배연이 작동한 경우, 자연배연구가 급기구가 될 가능성이 있으므로 자연배연이 역할을 다하지 못하고, 동시에 연기층을 산란시키기 때문이다. 또한 거실이 자연배연이고 복도가 기계배연인 경우, 문에는 자동폐쇄기구가 필요하다. 거실에서 출화된 때에는 문이 개방된 채로 복도의 기계배연이 작동한 경우 출화실의 연기가 복도로 유인되기 때문이다. 따라서 부득이하게 문 루버를 설치하는 경우는 문의 하부에 설치하여야 한다.

(3) 공조설비, 환기설비의 정지

공조설비나 환기설비는 연기층이 산란되지 않도록 연기감지기와 연동시키거나 또는 원격작동 등으로 의해 가능한 한 빨리 정지시키는 것이 바람직하다.

3.3 기계배연설비

2.4.2절에서 기계배연설비의 특징, 계획상의 주의점, 설계방법에 대해 설명하였으나 여기에서는 기계배연설비를 건물에 적용하는 경우의 시스템 구성 및 기계배연설비의 구체적인 설계방법에 대해 설명한다.

3.3.1 기계배연의 시스템 구성

(1) 시스템 구성

그림 3.3.1에 기계배연 시스템 구성도를 나타낸다. 기계배연 시스템은 배연팬, 배연덕트, 배연구, 개방장치 및 방화댐퍼 등으로 구성된다. 화재 시에 연기가 발생한 경우, 개방장치를 수동 또는 원격으로 작동시킴으로써 배연팬이 기동하고, 배연구가 연기를 흡인하여 외부로 배출한다. 연기층의 높이를 높게 유지하는 것과 아울러 화재실내를 부압으로 만들어 연기가 피난경로로 누출되는 것을 방지한다.

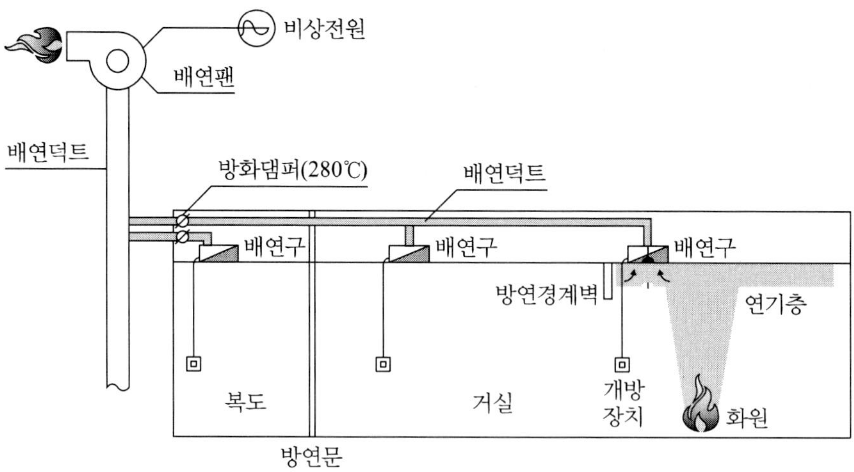

그림 3.3.1 기계배연 시스템 구성도

(2) 구획과 덕트 계통

기계배연을 유효하게 작동시키기 위해서는 방연구획을 적절하게 설정하여야 하고, 배연구 설치 · 덕트루트를 포함한 덕트계통과 배연팬의 구성을 합리적으로 행하는 것이 중요하다.

a) 안전구획과 덕트계통

화재발생시에 피난자의 안전을 확보하기 위해, 피난경로나 일반거실과는 별도로 안전구획으로서 방연구획을 하여야 한다. 안전도가 높은 구획일수록 장시간에 걸쳐 안정한 배연이 행해질 수 있도록 계획되어야 한다. 이를 위해 제1차 안전구획인 복도는 그림 3.3.2에 나타낸 것처럼 원칙적으로 수직덕트(주덕트)까지로 하고 수평덕트는 개별 계통화하여야 한다. 또한 특별피난계단의 부속실 등의 안전도가 더 높은 구역에 대해서는 배연팬을 포함하여 단독계통으로 하여야 한다.

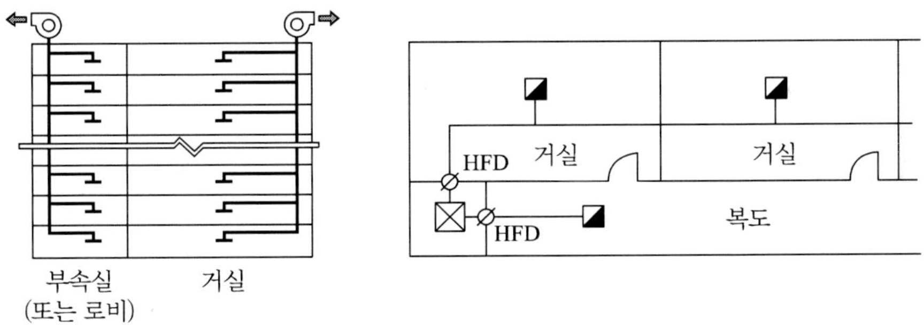

그림 3.3.2 배연덕트 별 계통화[3)]

b) 방연구획과 덕트 계통

사양규정(루트 A)에서는 방연구획은 500 m^2 이내로 하도록 정해져 있다. 500 m^{2}을 초과하는 경우는 방연경계벽 등을 설치하여 방연구획이 500 m^2 이하가 되도록 분할한다.

극장 · 영화관 · 공회당 · 집회장 등의 객석, 체육관, 공장 기타, 이와 유사한 용도를 제공하는 건축물의 부분으로, 천장 높이가 3 m 이상인 경우는, 1 m^3/(m^2 · min) 이상의 능력이 있고, 그 구획 부분에 단독계통의 배연설비를 설치하면 500 m^{2}이라는 방연구획의 면적제한을 완화할 수 있다.

배연팬 1계통 중에 방연구획의 면적이 크게 다른 것이 혼재하면, 안정된 배연성능을 얻을 수 없는 위험성이 있다. 큰 면적의 방연구획에 적합한 배연팬 용량이나 덕트 사이즈가 선정되기 때문에 작은 구획의 배연 시에 배연풍량 및 정압이 과대해지며, 문의 개폐장해나 누출양의 증가, 배연팬의 서징 등의 문제가 나타난다(그림 3.3.3). 작은 실이 많은 경우는 몇몇 실의 배연구를 동시개방으로 하는 것을 권장한다. 큰 실에 작은 실이 있는 경우, 칸막이 상부에 배연에 유효한 개구를 설치하여 큰 실의 배연구가 배연을 행하는 것도 가능하다.

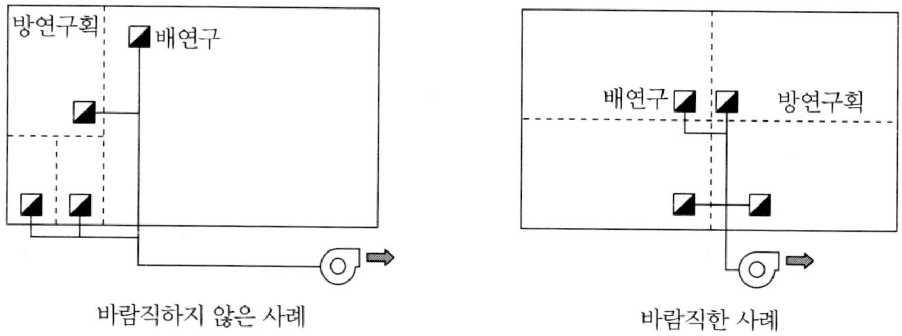

그림 3.3.3 방연구획의 크기 3)

칸막이의 변경이 많은 경우는 천장챔버 배연방식을 채택하는 것이 효과적이지만, 각 실에서 배연풍량이 균일하게 되도록 유의하여야 한다.

유의할 내용은 전술한 바와 같고 이제 작은 실에서 기계배연설비를 설치하는 것의 유효성을 성능적으로 검증한다.

화원으로부터 발생한 플륨유량은 식(2.2.2)로 나타낼 수 있고, 이 식을 이용하여 사양규정의 배연량이 연기층을 허용치로 유지가능한 것은 어느 정도의 화재 규모 Q [kW]인가를 계산한다.

$$Q=\left(\frac{m_p}{0.08}\right)^3 Z^{-5} \tag{3.3.1}$$

연기층 높이 Z=허용치(=1.8 m), 발생 플륨유량=배연량[연기온도 80℃, 공기밀도 1.0 kg/m^{3}으로 1.0 m^3/(m^2 · min)=0.017 m^3/(m^2 · s)]으로 하면, 시방규정의 배연량으로 연기층 높이를 허용치로 유지할 수 있는 화재규모는 그림 3.3.4에 나타낸 것과 같이 바닥면적 60 m²으로 103 kW(작은 쓰레기통이 타는 정도)이지만, 바닥면적 30 m²에서는 1/8인 13 kW 정도에 불과하다.

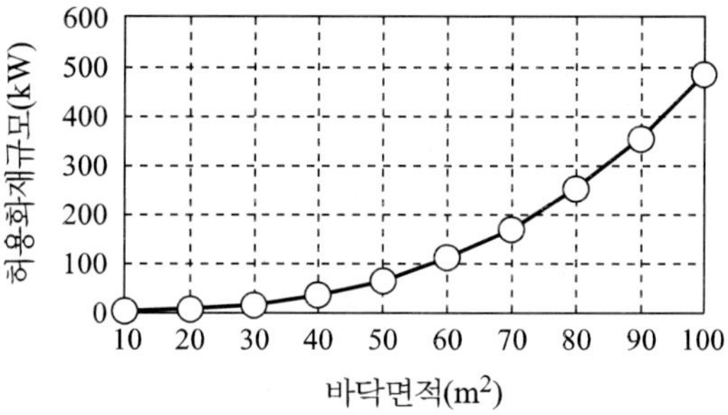

그림 3.3.4 사양규정의 배연량으로 연기층 높이를 허용치로 유지할 수 있는 화재 규모

(3) 배연팬의 위치와 배연덕트루트

연기는 온도가 높고, 부력에 의해 상승한다. 배연설비는 이 연기의 자연흐름을 이용하며, 배연이 부드럽게 행해질 수 있도록 덕트루트와 배연팬의 위치를 정하여야 한다. 배연덕트는 연기가 항상 덕트 내를 위쪽으로 흐르도록 설치하며, 배연팬은 덕트계통의 최상부에 설치하는 것을 원칙으로 한다. 배연덕트는, 수직덕트(샤프트)를 적절하게 배치하고 수평덕트는 최대한 짧게 하는 것이 바람직하다[그림 3.3.5(a)].

배연구보다 아래에는 배연팬을 설치하지 않고, 덕트도 하강부를 설치하지 않도록 한다[그림 3.3.5(b)]. 하나의 배연덕트계통에 접속하는 배연구의 수는 덕트의 누출량도 고려하고 덕트계 전체의 성능을 확인하여 정하여야 한다.

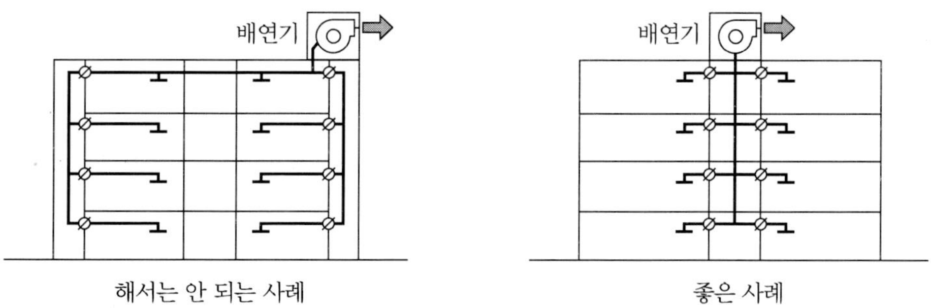

그림 3.3.5(a) 배연샤프트와 배연팬의 위치 [3]

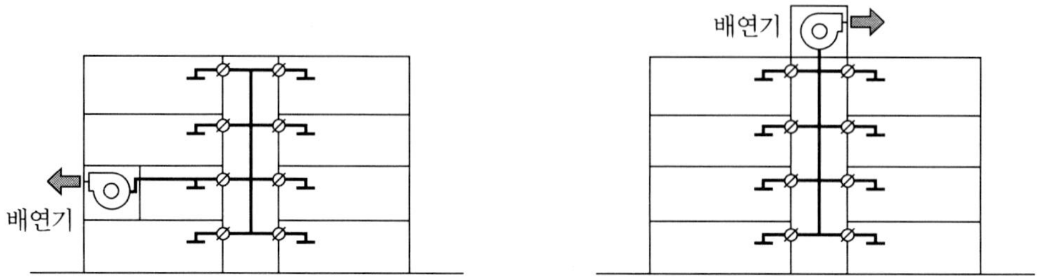

그림 3.3.5(b) 배연팬의 설치위치 [3)]

3.3.2 배연구

(1) 배연구의 형식

상시폐쇄형은 수동개방장치의 작동에 따라 개방되는 경우를 제외하면 항상 폐쇄된 상태로서 둘 이상의 방연구획을 한 대의 배연팬이 담당하는 경우에 적용하게 되며 다른 배연구가 폐쇄된 상태에서 개방시킨 배연구의 능력을 확보하기 위해 배연구는 상시 폐쇄된 상태로 누설이 없는 구조로 할 필요가 있다.

상시개방형은 하나의 방연구획만을 전용 배연팬으로 이용하는 경우에 적용할 수 있다.

(2) 배연구의 설치장소

a) 배연구의 설치높이(하단높이)

배연구는 배연구 하부의 연기층 두께가 클수록 배연효율이 높기 때문에(그림 3.1.3 참조), 가능한 한 위쪽에 설치한다. 설계상 높은 위치에 설치하는 것이 어려운 경우에도 건축기준법시행령 및 고시에 규정된 아래의 조건을 만족해야만 한다.

① 천장높이가 3 m 미만인 경우에는 천장면 또는 천장으로부터 80 cm 이내로 설치하고, 또한 방연경계벽으로 구획되는 경우는 방연경계벽의 하단보다 윗부분에 설치한다.

② 천장높이가 3 m 이상인 경우에는 바닥면으로부터의 높이가 2.1 m 이상이면서 또한 천장고의 1/2 이상의 부분에 설치한다.

b) 평면상의 배연구 위치

① 배연구는 방연구획의 각 부분으로부터 수평거리 30 m 이하로 커버 가능하도록 설치한다(그림 3.3.6).

② 동일한 방연구획에 복수의 배연구를 설치하는 경우는 동시에 개방시킬 수 있는 시스템으로 설치한다. 이 경우, 각 배연구의 배연풍량의 합계가 방연구획의 배연풍량이 되도록 설정한다.

③ 동일한 방연구획의 형상이 복잡한 경우나 L자형으로 긴 복도의 경우는 평면이 직사각형이 되도록 가상적으로 분할하고, 각각에 배연구를 설치하여 연동시키는 것이 바람직하다[그림 3.3.7(a), (b)].

④ 방연구획에 이동 가능한 칸막이가 있는 경우는 각각에 배연구를 설치하여 연동하는 것이 원칙이다[그림 3.3.7(c)].

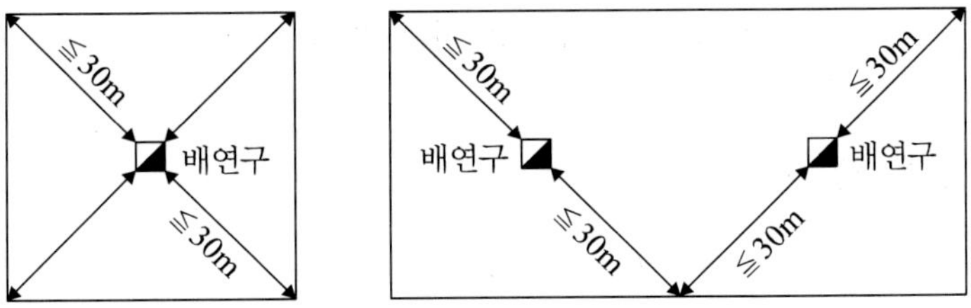

그림 3.3.6 배연구의 평면상의 위치 [3)]

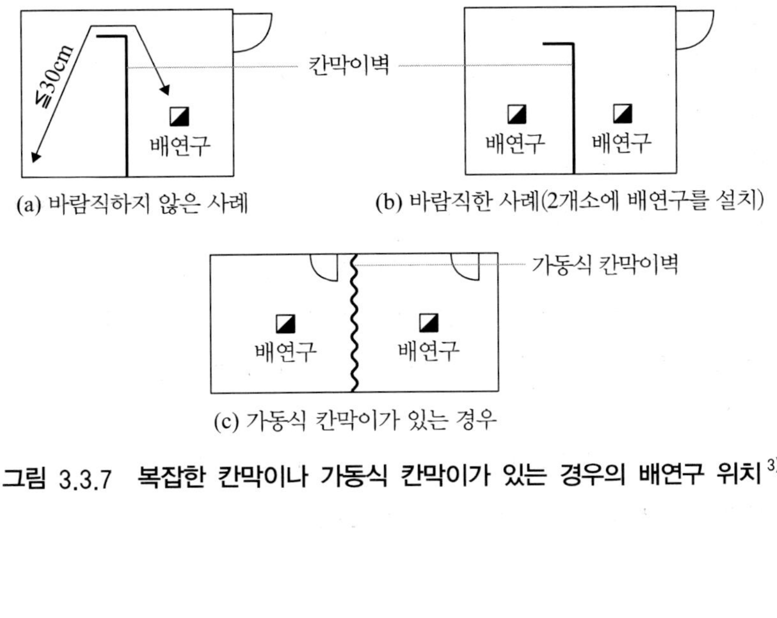

그림 3.3.7 복잡한 칸막이나 가동식 칸막이가 있는 경우의 배연구 위치 [3)]

⑤ 배연구의 위치는 피난방향과 연기의 흐름방향이 반대가 되도록 배치하여야만 한다. 복도에 배연구를 설치하는 경우는, 안전차수가 높은 구획인 부속실이나 계단으로 가능한 한 연기가 침투하지 못하도록 배치하여야 한다(그림 3.3.8). 또한 복도는 피난경로이기 때문에 부속실이나 계단 근처에 급기구를 설치하는 것과 함께 시방규정 이상의 배연량을 확보하여야 한다.

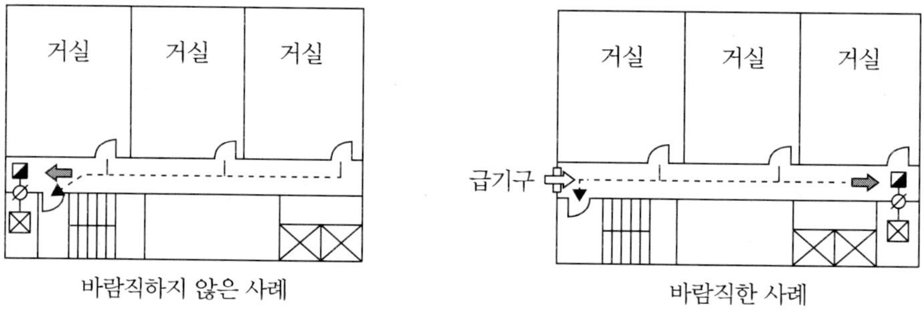

그림 3.3.8 피난방향과 배연구의 위치[3)]

(3) 배연구의 종류 및 형상

배연구의 종류로는 천장 또는 벽에 배연구를 설치하는 방식으로서 판넬형과 슬릿페이즈형이 있고, 천장면에 개구를 설치하여 천장 내에 배연구를 설치하는 방식으로서 댐퍼형이 있다(그림 3.3.9).

칸막이변경이 많은 사무실 등에서는 변경에 따른 배연덕트 공사가 불필요해지기 때문에, 천장면에서 균등한 배연이 가능한 천장챔버 방식이 유효하다. 천장챔버 배연방식을 채택하는 경우에는 천장 내에 배연구(댐퍼형)를 설치하여야 한다(천장챔버방식의 특징, 주의점, 계산방법에 대해서는 6.4.2절을 참조).

복도가 가늘고 긴 피난경로에서는, 배연구의 옆을 통하여 연기가 흘러가는 것을 막기 위해서 복도폭에 걸친 슬릿형 배연구가 바람직하다(그림 3.3.10). 단, 슬릿형 배연구를 설치하는 것은 다른 설비와의 관련으로 인하여 곤란한 경우도 많다. 이때에는 천장면에 복도 폭에 걸친 슬릿모양의 흡입개구를 만들고, 천장 내에 배연댐퍼를 설치하여 배연하는 방식이 유효하다.

또한 천장의 일부에 크리크 부분을 설치하여 방연간막이나 방연경계벽을 사용하여 연기의 흐름을 막는 배연방법도 유효하다(그림 3.3.11).

형식	특 징
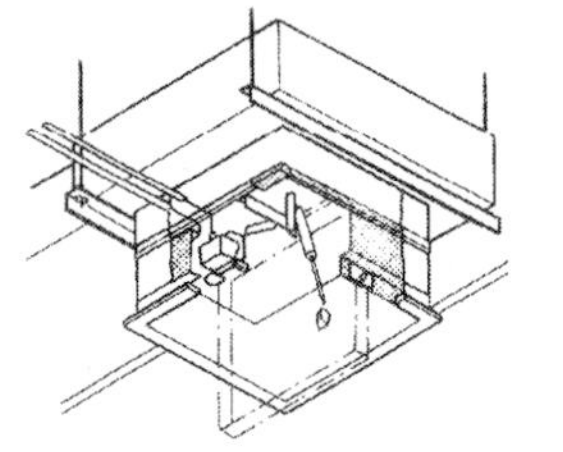	① 파넬형 단익댐퍼(파넬)에 댐퍼개방용의 제어기를 설치한 것으로, 직접 천장면 및 벽면에 설치하여 건축마감면과 동일한 면으로 처리된다(날개 자체에 건축마감재를 처리하여 건축의장을 고려한 경우도 있다).
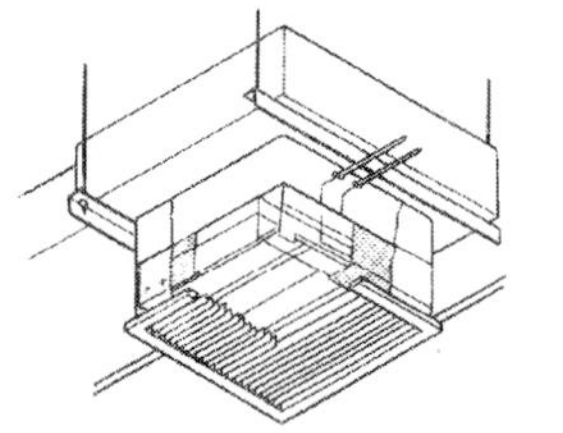	② 슬릿페이즈형 배연댐퍼형식으로 슬리트형페이즈와 일체형으로 설치한 것으로, 댐퍼보다 폭은 적고 슬리트사이로 들어가 원래의 형태로 된다. 이러한 형식은 천장면 및 벽면 등에 직접 설치하나 천장면 및 벽면보다 주덕트까지의 거리가 최저 30 cm 정도 필요하므로 마감에 주의하여야 한다.
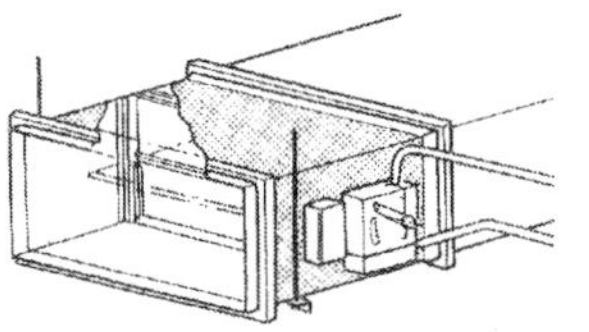	③ 댐퍼형 댐퍼의 측면에 댐퍼의 개방 및 본래의 상태로 처리될 수 있도록 제어기를 설치한 것으로, 이러한 형식은 흡입구와 분리하여 덕트의 도중에 설치한 것이다. 천장 내부에 여유가 없는 경우, 방연구획 내를 천장챔버방식으로 하는 경우와 방연구획 내부가 많은 실로 구분된 경우에 적용된다. 보수점검용으로서 천장점검구가 필요하다.

그림 3.3.9 배연구의 종류 [3]

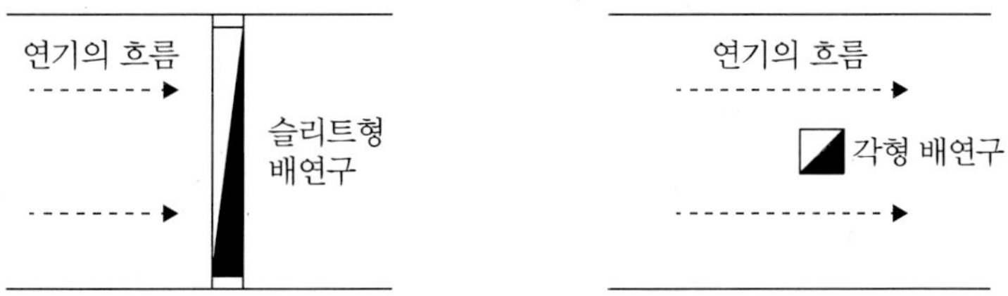

그림 3.3.10 복도의 배연구 [3]

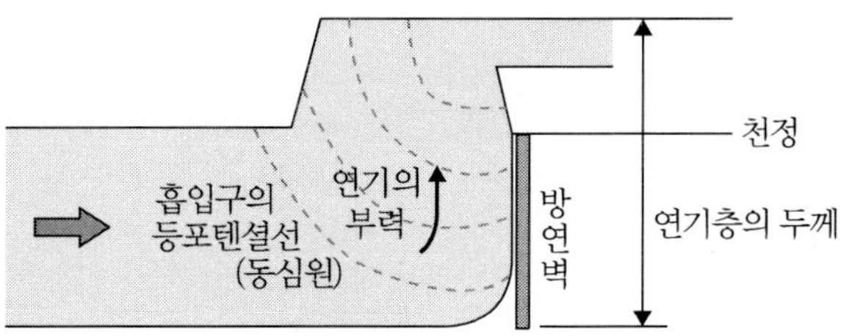

그림 3.3.11 천장면에 크리크를 설치하는 배연구 [3]

(4) 배연구의 구조, 시공

배연구는 케이싱, 가동날개 또는 가동판넬, 수동개방장치 등으로 이루어지며, 개방과 동시에 배연팬을 기동시키는 연동기구로 구성된다. 케이싱 및 가동날개 또는 가동판넬은 두께 1.5 mm 이상의 강판재로 한다. 배연구 폐쇄시의 기밀성을 확보하기 위한 기밀재는 경년변화에 의한 교착 상태가 발생하지 않아야 한다. 더불어 배연 시의 열에 의하여 점착되어 개방의 지장이 될 위험이 있는 것은 사용하지 않는다. 배연구는 화재 시에 개방되어지면 고온의 연기를 계속적으로 흡인하여야 하므로 내열성능으로서 280℃ 정도의 연기에 대해서도 완전히 개방성능을 유지하는 내열성이 필요하다. 또한 다음의 기능이 필요하다.

- 수동으로 용이하게 개방가능한 개방장치를 갖추고 있음.
- 배연 시에 발생하는 기류에 의하여 폐쇄되지 않아야 함.
- 폐쇄상태에서는 기밀성이 높고 더불어 누설량이 명확히 되어있는 배연구
- 배연팬 운전 중에도 확실하게 개방되어야 하고, 또한 개방한 때의 충격으로 다른 것을 파손시키거나 흡입풍에 의해 진동이 발생하지 않는 구조
- 시운전 혹은 검사 후의 본래의 상태로 되돌리기 용이한 구조
- 전기식에 의한 배연구의 제어기, 배선 및 개방장치는 각각의 설치개소에 알맞은 내열성능을 고려할 필요가 있음. 또한 제어기 및 수동개방장치는 전선관이나 외부로부터의 배선이 용이하게 접속 가능한 구조로 할 것
- 배연구는 배연덕트와 기밀하게 되도록 접속하여야 하고, 둘 이상의 방연구획을 한 대의 배연팬으로 배연하는 기계배연설비의 경우는 폐쇄 중의 배연구로부터의 누출양이 개방한 배연구의 배연풍량에 영향을 주기 때문에 배연구와 배연덕트는 주의하여 접속할 필요가 있음.
- 댐퍼형 배연구의 경우, 천장점검구를 작동부가 용이하게 점검할 수 있는 위치에 설치하여야 함.

3.3.3 배연구 개방장치

배연구의 개방은 수동개방장치에 의한 작동을 원칙으로 한다. 단, 높이 31 m를 넘는

건축물과 각 점포의 바닥면적의 합계가 1000 m^2를 넘는 지하가에 설치하는 배연구는 중앙관리실로부터 원격조작으로도 개방될 수 있도록 하여야 한다.

배연구의 설치는 화재실로부터의 거리 및 화재층의 다른 부분으로부터의 피난 시나리오를 충분하게 고려하여 계획할 필요가 있다. 화재 시에는 배연구의 계획적 수동개방은 곤란하다는 것을 전제로 하고, 배연을 필요로 하는 실에서의 배연량이 저하되지 않도록 하여야 하며, 또한 연기가 피난안전상 바람직하지 않은 공간으로 유인되는 것이 없도록 계획한다. 통상 피난경로에 따라 배연이 필요하다고 생각되어지는 장소와 시간이 변화해 가지만, 배연구의 작동은 피난경로에 따라 중요도가 높은 안전구획에 대한 경로상에 행하는 것이 바람직하다.

거실 배연구의 수동개방장치의 설치위치는 피난문 부근으로 하고, 피난문이 2개소 있는 경우는 양방향에 설치하는 것이 바람직하다.

수동개방장치의 설치를 할 때의 주의점은 다음과 같다.

- 수동개방장치는 출입구의 부근으로 인식하기 쉽도록 하여야 하고, 또한 작동하기 쉬운 장소로 하며 그 표지 및 작동방법을 명시한다.
- 수동개방장치는 바닥면으로부터 80 cm～1.5 m의 높이에 설치한다.
- 수동개방장치의 작동은 단일동작으로, 또한 한 손으로 용이하게 가능한 것으로 하고, 시운전·검사 후의 복귀도 간단하게 가능하도록 설치한다.
- 복수의 실을 동시에 배연하는 경우는 원칙적으로 각각의 실에 수동개방장치를 설치한다.

3.3.4 배연덕트

(1) 배연덕트의 재질

배연덕트는 배연작동 중에 변형과 탈락 등이 발생하지 않도록 견고한 것으로 하여야 하고, 또한 유독가스·유해물질 등이 발생하지 않는 불연재료로 제작한다.

a) 덕트 본체

재질의 예로서는 다음과 같은 것이 있다.

- 아연철판 : JIS G3302에 따른 2종 및 3종의 절곡 가공용에 준하는 것
- 강판 : JIS G3101(일반구조용 압연강재)에 준하는 것
- 그 외 : 아연철판·강판 이외의 재료를 배연덕트에 사용하는 경우, 그것들과 동등 이상으로 간주되는 재료를 사용하여야 한다. 예를 들면, 콘크리트 제품이나 콘크리트블록 제품의 배연덕트·스모크타워 샤프트는 기밀성이 높은 가공이 어렵고, 또한 경년변화에 의한 수축이나 크랙이 많으므로 기밀성의 유지가 불가능한 경우가 많기 때문에 원칙적으로 사용하면 안 된다.

b) 덕트 부속재

- 강재 : JIS G3101의 2종 이상에 준하는 것으로 하고, 그 형상·치수 등은 JIS G3191, JIS G3192 및 JIS G3193에 준하는 것
- 리벳 : JIS B1213(냉간성형 리벳)에 따른 동리벳 또는 강리벳
- 볼트 및 너트 : JIS B1180(육각볼트) 및 JIS B1181(육각너트)에 준한다.
- 플랜지접속용 가스켓 : 석면을 포함하지 않고, 접속부로부터의 누출을 막는 기능과 내구성, 내열성, 불연성을 확보할 것

(2) 배연덕트의 제작·설치

- 배연구의 누출과 마찬가지로 배연덕트의 누출도 성능에 영향을 미치기 때문에 앵글 플랜지공법에 따라 덕트 접속을 행하는 경우는 플랜지 접속부의 절판되는 네 모퉁이부와 리벳부는 실링되어야 한다. 배연덕트는 앵글 플랜지공법으로 하는 방법이 바람직하나, 코너볼트공법에 따르는 경우는 플랜지 및 가스켓 부분의 고온 시에 대한 접속강도, 내열성 및 내구성에 주의하여 시공하여야 한다.
- 배연덕트를 시공하는 때에는 배연개시 시 급격한 온도상승 또는 진동 등에 의해 덕트의 변형파손, 탈락 등이 발생하지 않도록 충분한 보강이 필요하다.
- 덕트가 수직덕트 공간의 벽을 관통하는 곳은 덕트공간이 연기의 확산경로가 되지 않도록 크랙 및 구멍부분을 실링하여야 한다. 원칙적으로 덕트공간의 바닥은 각층에서 차단해 두는 것이 바람직하다. 이것들의 관통부의 구멍메움처리는 의외로 손이 많이 가기 때문에 실관슬리브에 의해 시공하는 방법도 있다(그림 3.3.12).

- 배연덕트의 판 두께 및 그 외 사항은 표 3.3.1에 따른다.
- 수평배연덕트의 설치는 봉강설치로 하고, 그 설치간격은 플랜지 공법으로는 3,640 mm 이하로 한다. 12 m 이내의 형강 흔들림방지공사를 행한다.
- 덕트의 내진지지에 대하여는 일본건축센터 「건축설비내진설계・시공지침 2005년판」[5]의 내진 S클라스에 대응하도록 한다.
- 배연덕트는 목조 등의 가연물보다 15 cm 이상 거리를 두어 시공하고, 전선 및 전선관 등에 접촉하지 않도록 한다[상기 격리가 불가능한 경우에는 3.3.4(4)를 참조].
- 배연덕트와 배연팬의 접속은 플랜지 접합으로 한다.
- 배연덕트가 열팽창에 의해 변형・탈락・파손되는 것을 막기 위해, 신축이음을 적당한 장소에 설치한다. 캔버스이음을 이용할 때는 캔버스를 불연재료로 하여야 하고, 캔버스부분으로부터 누출되지 않도록 확실하게 설치한다. 또한 캔버스 자체는 일반적으로 약간의 누출이 있기 때문에, 그 부분을 미리 누출계산 시 고려할 필요가 있다.

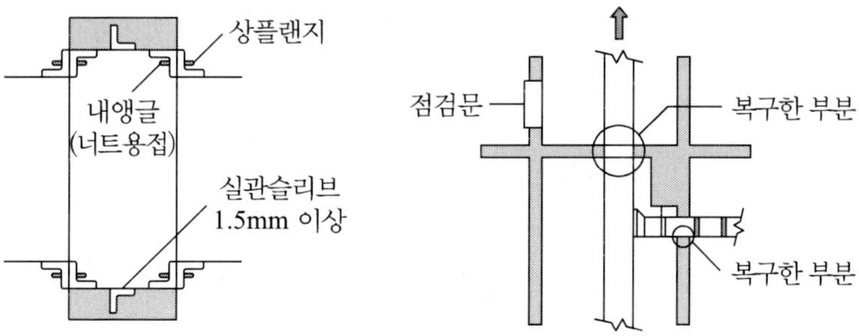

그림 3.3.12 배연덕트의 시공요령[3]

표 3.3.1 배연덕트 시방(단위 : mm)

장방형 덕트의 긴변	원형덕트의 직경		판두께
	직관	이음	
450 이하	450 이하	–	0.8
450 초과 1200 이하	450 초과 700 이하	450 이하	1.0
1200 초과 2200 이하	700을 초과하는 것	450을 초과하는 것	1.2

(「JIS A 4009 공기조화 및 환기설비용 철판덕트의 구성부재」에 따름)

(3) 배연덕트의 방화댐퍼

배연덕트계는 화재에 대하여 충분히 버틸 수 있는 것이라면 그 기능상 덕트 내에 폐쇄장치를 설치하는 것은 바람직하지 않다.

구체적인 대책은 다음과 같다.

- 수평덕트의 방화구획 관통개소는 최대한 줄인다.
- 수직덕트(주덕트)에는 원칙적으로 방화댐퍼를 설치하지 않는다. 배연팬에 접속되는 메인 덕트의 수직샤프트구획관통부 및 배연팬 출입측의 배연출구부분에도 방화댐퍼는 설치하지 않는다[그림 3.3.13 및 그림 3.3.17(b), (c)].

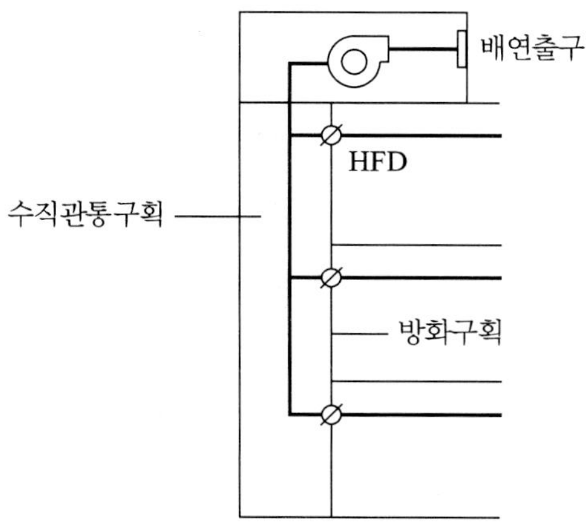

그림 3.3.13 수직관통구획에 설치하는 방화댐퍼 [3)]

그러나 다음과 같은 상황 시에는 차단방법이 필요하다.

- 화재실 또는 화재층의 배연온도가 높아진 경우, 그 부분의 배연기능을 어느 시기에 정지시키고, 밀폐방연으로 이행하는 것과 다른 부분의 배연기능을 확보한다.
- 배연설비가 기능을 다한 후, 배연덕트를 통한 다른 부분으로 연소확대를 방지한다.

배연덕트 내에 설치하는 방화댐퍼의 구체적인 성능은 다음과 같다.

- 덕트 내의 공기온도 상승에 따라서 확실하게 작동하여야 하고, 퓨즈의 용해온도는 280℃로 한다.
- 개방시에 공기흐름의 저항이 적고, 점검이 용이한 구조로 하여야 하고, 케이싱 및 날

개는 1.5 mm 이상의 강판으로 제작한다.

- 댐퍼축은 봉강으로 하고, 축베어링부는 작동이 원활하고 쉽게 탈락하지 않는 구조로 한다.

방화댐퍼는 다음에 주의하여 시공한다(그림 3.3.14).

- 방화구획의 벽에 직접 설치할 때는 골조의 철근 등에 용접 등을 하여 견고하게 설치한다.
- 방화구획이 벽으로부터 떨어진 장소에 설치할 때에는 방화댐퍼 전용의 설치금속물 등으로 골조에 견고하게 4점지지하고, 배연덕트의 탈락이나 천장의 탈락에 의해 쉽게 떨어지지 않도록 시공한다. 또한, 방화벽으로부터 방화댐퍼까지 공간의 배연덕트는 1.5 mm 이상의 강판으로 제작하고, 암면 25 mm 이상의 단열조치를 행하여 열에 의해 쉽게 파손되지 않는 구조로 한다.
- 방화댐퍼에는 천장 및 벽 등 한 변의 길이 45 cm(벽 등의 수직면에 설치한 경우에도 45 cm) 이상의 보수·점검이 용이하게 행할 수 있는 점검구 또는 날개의 개폐 및 작동상태를 확인할 수 있는 검사구를 설치한다.
- 퓨즈의 방향이 정확하게 바람의 흐름에 마주하고 있는지의 여부와 케이싱의 외부로부터 점검할 수 있도록 표시가 되어 있어야 하고, 또한 퓨즈의 용해온도는 280℃로 하며, 일반 환기계통의 용해온도 72℃와는 구별되어야 한다. 참고 예로서「온도퓨즈 280°」와 같은 스티커를 작동부의 검사구 뚜껑에 붙인다.

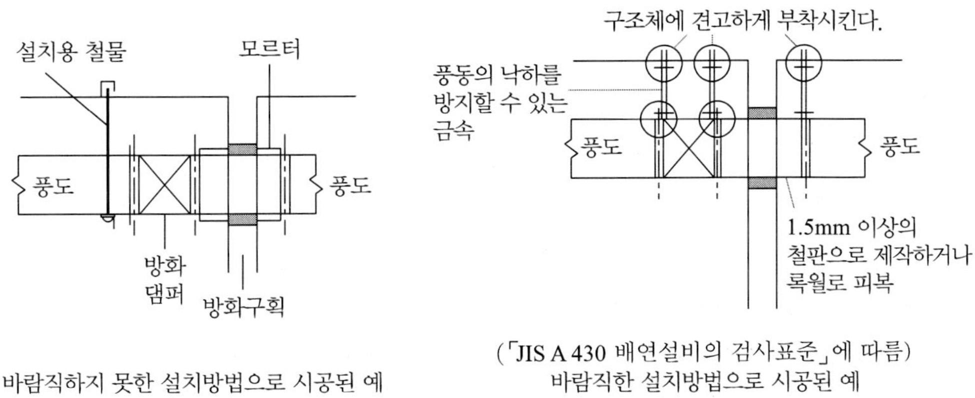

바람직하지 못한 설치방법으로 시공된 예

(「JIS A 430 배연설비의 검사표준」에 따름)
바람직한 설치방법으로 시공된 예

그림 3.3.14 배연방화댐퍼의 시공요령 [3)]

(4) 배연덕트의 단열

배연덕트 내에는 고온의 연기가 흐르기 때문에, 자체의 불연성과 그 범위에 대한 단열성을 고려하여야 한다.

a) 배연덕트의 단열조치

작은 실의 뒤편, 천장뒤편과 바닥밑면 등의 은폐부분에 설치하는 배연턱트에는 단열조치를 실시한다. 단, 천장챔버방식의 경우, 배연구(댐퍼형)보다 말단에 있는 배연덕트는 단열조치를 생략할 수 있다.

상기 이외의 장소라도 재질, 케이블, 냉매배관 등의 가연재료와 15 cm 이상의 이격거리 확보가 불가능한 경우는 단열조치를 행한다.

b) 단열조치의 시방

구획된 전용덕트 공간 내에 설치된 배연 주덕트는 화재에 의한 열의 영향을 받기 어렵고, 또한 고온의 덕트로부터 복사열에 의한 연소확대 위험도 작기 때문에 전용 덕트공간 내에 주 덕트의 단열은 불필요하다(그림 3.3.15). 각층의 주 덕트 분기부(HFD) 이후 수평덕트는 단열이 필요하지만, 천장챔버방식의 경우 천장 내가 화재실과 같기 때문에 배연댐퍼(SMD) 앞에 있는 연장덕트는 단열이 필요 없다[그림 3.3.15(c)].

단열조치의 시방은 다음과 같다.

- 록월(JIS A9504) 25 mm 이상
- 글라스월(JIS A9504) 25 mm 이상, 밀도 24 kg/m^3 이상

c) 내화 시방 덕트

원칙적으로 배연덕트도 환기덕트와 같이 방화구획을 관통하는 경우, 관통부에 근접하여 방화댐퍼를 설치하여야 하나(그림 3.3.16), 주 덕트는 기능상, 방화댐퍼를 설치하는 것이 불가능하기 때문에 대체조치로서 내화 시방 덕트로 한다.

배연 주 덕트는 콘크리트 등으로 구획된 덕트 공간 내에 설치하는 것으로, 화재의 열로부터 방호되어야 한다. 배연 주 덕트가 덕트 공간 이외의 장소, 예를 들면 특정층의 천장 내부를 관통하는 경우도 천장을 2종 슬라브로 하고 주덕트의 관통 공간을

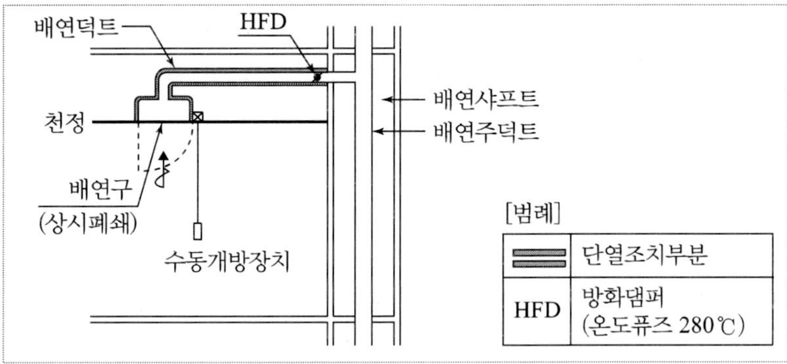

(a) 배연구방식

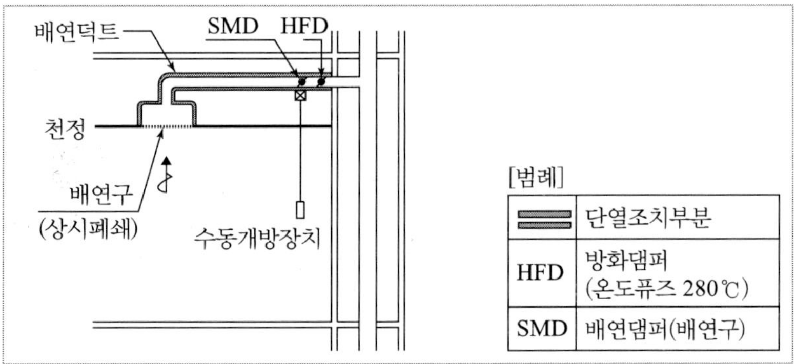

(b) 배연댐퍼방식

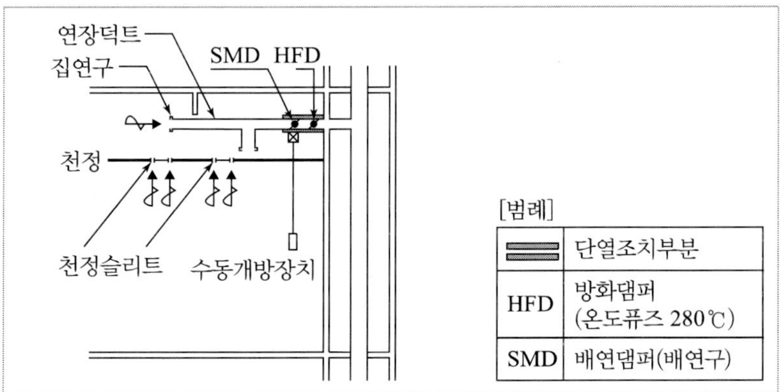

(c) 천정챔버방식

그림 3.3.15 배연덕트의 단열조치 [2)]

구획하는 것이 바람직하지만(그림 3.3.17(f)), 어쩔 수 없는 경우에는 주덕트를 내화 시방 덕트로 하고 골조로부터의 지지를 확실하게 하는 등 덕트 및 피복이 탈락하지 않도록 한다[그림 3.3.17(e)].

내화 시방 덕트는 이전부터 다음의 구조에 따른다.

① 1.5mm 이상의 철판덕트에 암면 25mm 이상 피복된 것
② 1.5mm 이상의 철판덕트에 주요구조부의 내화피복재로서 국토교통장관의 인정을 받은 것으로 피복된 것

내화 시방 덕트는 전용의 기계실 이외에 배연팬을 설치하는 경우의 기계실내 배연 주덕트나 각층에 제1차 안전구획과 거실 혹은 주방 등 수평 배연덕트의 계통분류를 행하는 경우로, 배연덕트공간 간 입구가 좁고, 덕트 공간으로부터 덕트를 분기하는 것이 불가능한 경우의 방화댐퍼까지의 배연 주 덕트 분기부분 등에 사용한다.

또한, 소방법에 의거하여 가압방배연고시[3.5.5.(5)참조]에서는 배연덕트에 댐퍼를 설치할 수 없다. 그림 3.3.16에 나타낸 것처럼 HFD도 설치할 수 없다. 이 경우, 배연덕트에는 280℃를 넘는 연기도 이동하기 때문에 덕트로부터의 연소확대 방지기능을 높게 할 필요가 있다. 그 대책으로서, 이전에는 일반적으로 24 kg/m^{3}의 록월이 사용되어 왔지만, 최근의 연구[6),7)]에 의해 록월의 두께를 25 mm로 하는 경우는 120 kg/m^3 이상을 요구하고, 50 mm로 하는 경우는 80 kg/m^3 이상의 것을 권장한다.

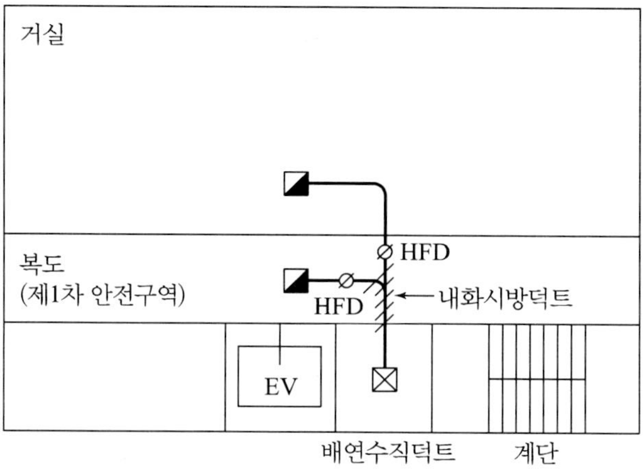

그림 3.3.16 내화사양 덕트의 사용 예

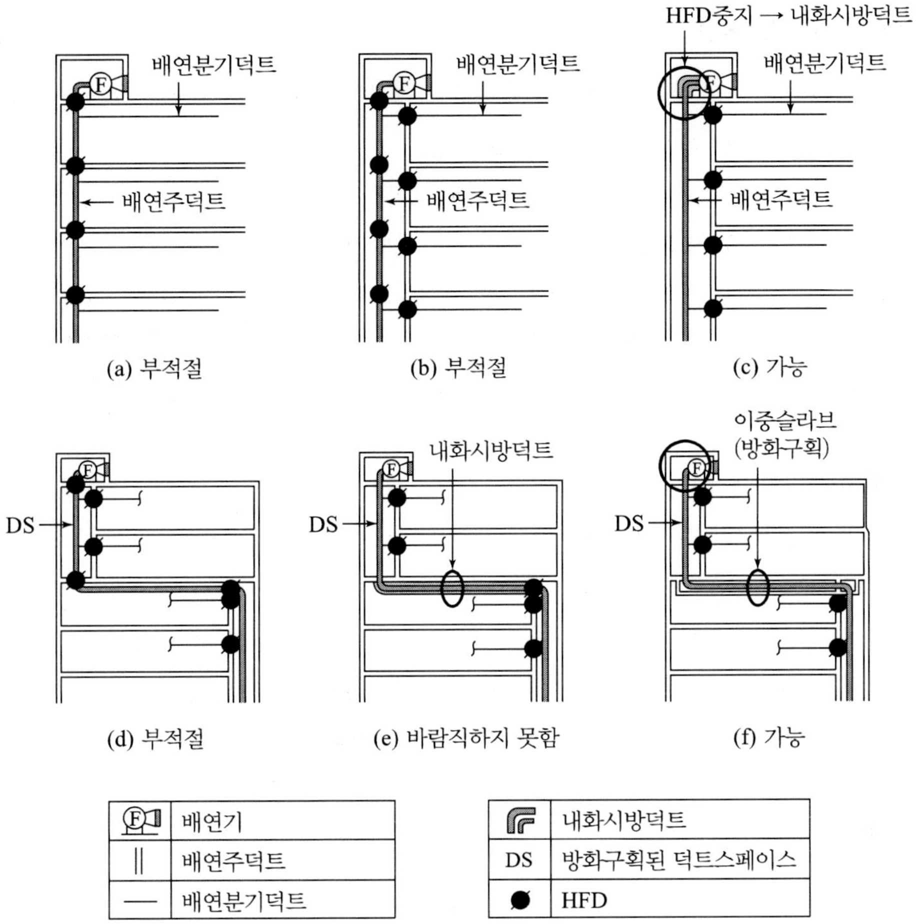

그림 3.3.17 배연덕트의 방화구획관통 예 [2)]

3.3.5 배연팬

(1) 형식

배연팬의 용량 및 시방은 법령 및 배연덕트계의 설정에 따라 결정된다. 배연팬의 기종은 다익형, 리미트로드형, 터보형, 축류형 등의 일반적인 송풍기로서 좋으나 기종의 선정 시에는 배연덕트계의 운전조건과 송풍기특성을 고려하여 적절한 것을 선택한다(선정방법에 대해서는 3.3.7을 참조).

(2) 선정 시 주의사항

- 부력이나 배연구의 개방조건의 영향으로 배연덕트계의 저항이 예상 이하라고 하더라도 오버로드하지 않는 것
- 배연구의 개방조건에 따라 배연덕트계의 저항이 바뀌어도 서징이 나타나지 않는 것
- 배연팬의 용량은 최대구획의 필요배연량의 2배가 되지만, 배연설비에서는 두 개 층에서 동시작동 되는 것을 상정하지 않기 때문에, 각층의 배연구획면적의 합계가 500 m^2 이하의 소규모 건물에서는 배연팬의 운전에 의해 규정풍량 2배의 배연이 행해지게 됨으로써 실내가 피난문의 개방장해가 나타날 수 있는 과대한 부압이 될 것으로 예상된다. 피난문의 개폐장해를 방지하기 위해서 해당층에 압력리크댐퍼를 설치하고, 배연팬의 회전수 제어나 벤 제어, 혹은 배연 주 덕트의 흡입측에 「과잉 부압방지를 위한 급기댐퍼」를 설치하는 것 등도 검토한다(그림 3.3.18).
- 배연 주 덕트의 흡입측에 「과잉 부압방지를 위한 급기댐퍼」를 설치하면, 급기댐퍼로부터 흡입되는 외기가 화재실로부터 흡입되는 고온공기를 희석시킨다. 그 때문에 화재가 확대되어 화재실의 연기 온도가 배연기의 흡입한계온도를 넘은 경우에도 배연기가 흡입하는 공기의 온도를 저하시키게 되어 배연기를 보다 오래 가동시킬 수 있다.

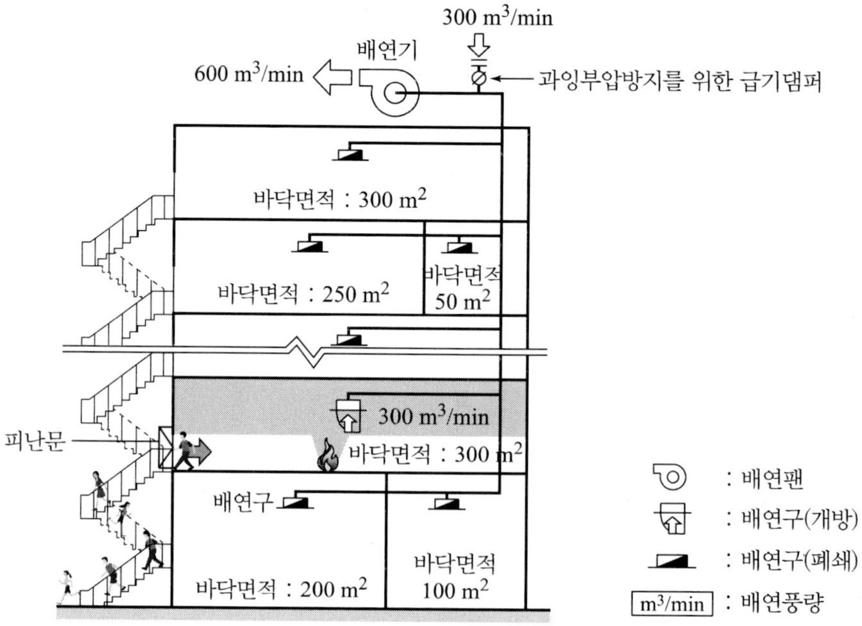

그림 3.3.18 소규모 건물의 피난문의 개폐장해 방지대책(급기댐퍼 설치 예)

(3) 배연팬의 구동부

배연팬은 전동기로 구동하는 것을 원칙으로 하고, 동시에 예비전원을 설치하지 않으면 안 된다. 구동부로서 인정되는 것은 다음과 같다.

- 전동기(상용전원+비상용전원)
- 전동기(상용전원)+전용엔진

전동기가 없는 엔진구동만의 배연팬은 인정되지 않는다. 예비전원은 축전지, 자가용발전장치, 그 외 이것들과 유사한 것으로 상용전원이 끊어진 경우에 자동적으로 변환되는 것으로 하여야 한다.

배연팬의 예비전원의 용량산출은 두 대 이상의 배연팬이 설치되어 있는 경우, 원칙적으로 동시시동, 동시사용이 가능한 용량으로 한다. 단, 건축계획과 배연설비의 조닝(zoning)에 따라 배연팬이 동시에 사용되지 않는다면, 동시사용 배연설비의 조합은 가장 큰 용량으로 채택할 수 있다.

(4) 배연팬의 구조 · 성능

a) 구조

- 배연팬의 구조는 JIS B8331(멀티블레이드 송풍기) 또는 JIS M7612(축류형 전동기내장부 선풍기)에 적합한 것으로 하고, 배연팬 본체의 주요 부재인 케이싱 및 임펠러의 재료는 JIS G3141(냉간압연강판 및 강대)의 SPCC, SPCD 등으로 한다. 즉, 주축은 JIS G4151의 S30C 이상을 사용한다.
- 배연팬에 부속하는 구동장치의 원동기는 전동기를 원칙으로 한다. 즉, 예비전원이 없는 경우 내연기관(가솔린엔진 또는 디젤엔진)을 복합시킨 것으로 하고, 전동기 또는 내연기관은 JIS에 적합한 것을 사용한다.

b) 성능

i) 일반성능

- JIS B8330(송풍기의 풍량시험법)에 기초한 시험에 따라 수행된 팬의 풍량 · 압력 · 전동기 출력 등의 일반성능이 배연팬의 표시성능을 만족하는 것으로 한다. 또

한, 팬은 서징 포인트가 없는 것이 바람직하다.

ii) **내열성능**

- 흡입온도가 280℃에 달하는 사이 운전에 이상이 없고, 더 나아가 흡입온도 280℃의 상태에서도 30분 이상 이상이 없는 운전이 가능하여야 한다.
- 흡입온도가 280℃부터 580℃에 달하는 사이 운전에 이상이 없고, 더 나아가 흡입온도 580℃의 상태에서도 30분 이상 현저한 손상 없이 운전이 가능하여야 한다.
- 내열성능을 확인하는 내열시험에서 사용하는 온도곡선은 JIS A1304(건축구조부분의 내화시험방법)에서 규정하는 내화온도곡선으로 한다.

(5) 배연팬의 고정

배연팬은 화재 시에 그 성능을 충분하게 발휘할 수 있도록 다음 사항에 주의하여 고정하여야 한다.

a) 설치위치

- 고정위치는 그 배연계통의 최상부 배연구보다 높고, 또한 토출측 덕트가 가장 가까워질 수 있는 위치에 설치하는 것을 원칙으로 한다. 단, 한 층만의 배연인 경우 또는 배연계통의 최상층에 설치하는 경우로 배연상 지장이 없는 것에 대해서는 이 제한에 따르지 않는다.
- 배연팬을 옥외에 설치하는 경우는 원칙적으로 연소 확대 위험이 있는 부분을 제외하고, 또한 지역에 따라서는 염해나 적설을 고려한 시방으로 한다.
- 배연팬을 옥내에 설치하는 경우는 다른 부분과 내화구획된 실에 설치한다.
- 보수점검이 쉽도록 배려한 위치에 설치한다.

b) 기초

- 불연성재료를 사용한 기초에 견고하게 고정한다.
- 천장에 고정하여 설치하는 형태는 지진, 그 외 충격에 의해 탈락 등이 발생하지 않도록 건축구조부에 고정한 형강제 가대에 설치한다.

- 정기점검에 의한 운전 시 진동소음방지를 위해서 방진장치를 사용하는 것이 바람직하다.

c) 기타

- 배연팬의 주위는 약 600 mm 정도 이상의 유지관리공간이 있어야 한다.
- 덕트중량이 직접배연팬에 걸리지 않도록 적당한 지지구를 사용한다.
- 지진의 경우를 고려하여 고정한다. 일본건축센터 「건축설비내진설계・시공지침 2005년판」[5)]의 내진 S클래스로 한다.
- 흡입 및 토출측 덕트의 배연팬에 가까운 부분에는 점검구를 설치한다.
- 배연팬에는 흡입측 토출측 및 플렉서블 커플링(비석면 내열사양)을 설치하는 것이 바람직하다.

3.3.6 연기 배출구

(1) 구조

연기 배출구는 두께 1.5 mm 이상의 철판 또는 그것과 동등 이상의 내열성능을 확보하는 재료로 제작한다.

(2) 연기배출구의 설치

- 연기배출구는 건물의 입지조건(특히 풍향, 풍속, 주변의 건물 및 도로의 상황 등)을 고려하여 배연이 피난 혹은 소방활동에 방해되지 않는 장소에 설치한다.
- 공조환기설비의 공기흡입구나 창문 등으로부터 연기가 다시 건물 내로 침입하지 않도록 가능한 한 격리시킨다.
- 연기배출구는 인접하는 건물을 고려하여 연소확대를 일으키지 않는 장소에 설치한다. 부득이하게 연소의 위험이 있는 부분에 설치하는 경우에는 인접하는 건물에 연소확대가 발생하지 않도록 방화벽의 설치나 수직배출방식으로 하는 등 방화조치를 실시한다.
- 연기배출구를 외벽에 설치하는 경우에는 빗물 등의 침입이 없도록 충분히 주의하여

야 하고, 배연 시에 쉽게 탈락하지 않도록 설치한다.

- 일반적으로는 토출풍속(유효개구면적의 경우)을 10 m/s 이하로 하는 것이 바람직하다.
- 원칙적으로는 단독출구로 하여야 하나, 연기배출구를 다른 용도의 배기구 등과 겸용하는 경우 챔버 등에는 칸막이판을 삽입한다.
- 배연팬의 토출측 덕트는 연기배출구까지 접속한다.

3.3.7 설계수칙

배연덕트계는 둘 이상의 방연구획을 한 대의 배연팬으로 실시되는 경우, 배연구의 개방조건에 따라 필요로 되는 배연풍량이 상이한 것에 주의하여야 한다. 예를 들면, 최대로 인접하는 두 방화구획을 동시개방하여 배연하는 경우와 동 계통의 비교적 작은 한 방연구획의 배연구만을 개방하여 배연하는 경우, 후자가 과대풍량 또는 과대부압이 될 가능성이 있다.

하나의 방화구획만 개방을 전제로 한 배연덕트계의 경우에도 배연구가 배연팬에 가까운지 혹은 멀게 설치되었는지, 또는 방연 구획의 면적, 즉 규정의 배연풍량의 대소 등 상이한 조건이 있으므로, 동일한 배연팬으로 이러한 조건을 만족시키는 것은 매우 어렵다.

배연덕트계의 설계에 있어서는 이러한 점들을 고려하여 행하여야 한다.

이하, 시방규정(루트 A)의 경우, 기계배연설비의 설계수순에 대해서 서술한다.

(1) 방연구획의 설정

① 이종용도구획, 안전구획 등을 고려한 방연구획을 설정한다.

② 단일용도의 경우는 각 구획면적의 균일화를 고려한다.

③ 작은 구획인 것은 동시에 기동시켜 다른 구획의 크기와 밸런스를 고려한다.

(2) 방연구획의 배연풍량의 산정

배연풍량에 대한 규정은 거실 등에 관하여 다음과 같다.

① 방연구획의 배연풍량

- 방연구획의 바닥면적 × 1 $m^3/(m^2 \cdot min)$ 이상

② 배연팬의 풍량

- 하나의 방연구획만을 대상으로 하는 경우 120 m^3/min 이상이고, 또한 방연구획의 바닥면적 × 1 m^3/(min · m^2) 이상
- 둘 이상의 방연구획을 대상으로 하는 경우 120 m^3/min 이상이고, 또한 최대방연구획의 바닥면적 × 2 m^3/(min · m^2) 이상
- 천장 높이 3 m 이상으로 500 m^2을 넘는 방연구획을 포함하고, 내장마감이 불연재료 또는 준불연재료의 경우, 500 m^3/min 이상이며 방연구획의 바닥면적의 합계 × 1 m^3/(m^2 · min) 이상

(3) 배연덕트계통의 설정

(3.3.1(2)절을 참조할 것)

(4) 배연구의 개방조건의 설정

- 상하층의 배연구를 동시에 개방하지 않는다.
- 동일층에서의 피난계획에 따라 배연구의 동시개방조건을 설정한다.
- 일반적으로는 인접하는 2곳의 방연구획이 동시개방 가능성이 있다는 것으로 판단한다.
- 둘 이상의 방연구획을 대상으로 하는 배연팬의 풍량은 최대구획의 필요풍량의 2배로 선정하기 때문에, 3곳 이상의 방연구획을 동시개방한 경우에는 목적으로 하는 배연효과를 기대할 수 없다.

(5) 배연덕트 풍량의 산정(그림 3.3.19)

a) 각층의 수평덕트

- 동시개방이 필요 없는 경우는 분기덕트의 풍량은 각 방연구획의 풍량으로 하고, 둘 이상의 방연구획을 담당하는 덕트는 그 중에서 최대 방연구획의 배연풍량을 그 덕트의 풍량으로 한다.
- 동시개방이 필요한 경우는 분기덕트의 풍량은 각 방연구획의 풍향으로 하고, 둘 이상의 방연구획을 담당하는 덕트는 동시개방되는 방연구획의 합계풍량을 그 덕트 풍량

으로 한다. 보통은 인접하는 두 방연구획을 고려하면 좋기 때문에, 동시개방되는 두 구획의 복합 중에서 합계풍량이 최대가 되는 값으로 한다.

b) 수직덕트(주 덕트)

수직덕트는 가장 먼 층으로부터 순차적으로 비교하고, 각 층마다 배연풍량 중 큰 것을 풍량으로 한다.

배연덕트의 풍량결정요령

[예1]의 1층에서는 인접하는 두 구획의 최대풍량은 400+300 = 700, 2층에서는 400+500 = 900, 3층에서는 500+500 = 1,000으로 수직덕트(메인덕트)를 선정한다. 1층부터 2층이 700, 2층에서 3층은 900 > 700이기 때문에 900, 3층부터 팬은 1,000 > 900이기 때문에 1,000으로 한다. 팬 용량은 최대구획의 두 배이기 때문에 500 × 2 = 1,000이 된다.

[예2]에서는 1층, 2층 모두 인접 두 구획의 풍량은 500+300 = 800이기 때문에 덕트는 800으로 선정한다. 팬 용량은 최대구획의 두 배이기 때문에 500 × 2 = 1,000이 된다.

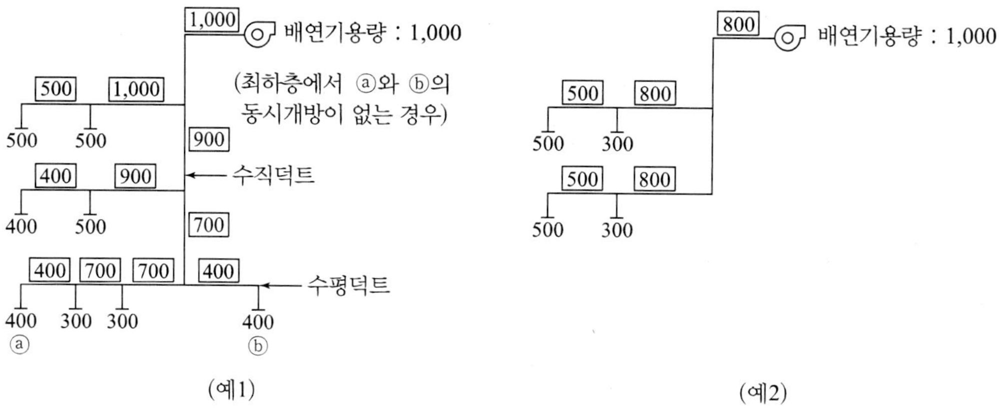

그림 3.3.19 배연덕트의 풍량산정예(단위 : m^3/min)[3)]

(6) 배연덕트의 사이즈 선정

- 배연덕트의 사이즈 : 흡입풍속 10 m/s 이하가 되도록 배연구 치수를 선정한다.
- 덕트사이즈의 선정 : 덕트 내 풍속 15 m/s 이하를 목표로 선정한다. 최대 20 m/s 이하로 한다. 15 m/s를 넘는 경우는 덕트계 전체에 마찰손실이 너무 크지 않은지를 확인한다(특히 곡선부 · 합류부의 국부저항).
- 배연구의 개방위치 : 배연풍량의 밸런스를 좋게 하기 위해서 다음의 사항을 고려한다. 배연팬에 가까운 층의 분기 덕트는 덕트사이즈를 작게하거나 분기부에 풍량조정 댐퍼를 설치하여, 각 배연구까지의 저항을 맞춘다. 수직덕트(주 덕트)는 압력손실이 커지지 않도록 휘어지는 부분이 적어지도록 배연덕트루트를 확보한다.

(7) 배연덕트의 정압계산과 배연팬의 선정

배연덕트는 공조환기덕트와 달리 전술한 바와 같이 배연구의 개방조건에 따라 덕트 내의 풍량이 다르기 때문에, 배연팬 용량을 결정하는 데에는 배연구의 개방조건마다 정압계산을 행하고, 가장 큰 배연팬이 필요로 하는 배연조건을 구하여야 한다.

또한 배연덕트 내 압력은 대기압에 비해서 상당히 낮은 경우가 많기 때문에, 운전중 누설량을 계산하여 배연팬용량을 결정하여야 한다.

a) 정압계산

배연구의 개방조건은 다양한 장소에서의 화재발생을 상정하여 행하여야 하며, 배연팬 용량을 결정하는 경우에는 다음의 조건으로 정압계산을 행하면 대부분의 경우에는 충분하다.

- 압력손실이 최대가 될 것으로 예상되는 가장 먼 덕트계통
  이 계통의 배연풍량이 적은 경우는 다음으로 먼 계통도 행한다.
- 배연풍량이 최대가 되는 계통
  이들의 정압계산결과(계통마다의 풍량과 정압)과 배연팬의 성능곡선의 관계로부터 가장 큰 배연팬을 채택한다.

b) 누설량의 계산

배연덕트계는, 배연구 본체, 단관 돌출부, 덕트의 이음매와 접속부(플랜지부)로부터의 누설량을 고려하여야 한다.

유출량을 고려한 계산방법으로서 다음과 같은 정밀법과 개략법으로 나눌 수 있다.

① 정밀법 : 말단의 덕트로부터 순차적으로 각 점의 정압과 구간마다의 누설량(유입량)을 계산하고, 순차적으로 덕트 풍량에 유출량을 가산하여 정압계산을 행하는 방법

② 개략법 : 정압계산은 누설을 고려하지 않는 풍량으로 행하고, 구해진 각 점의 정압으로부터 구간마다의 누설량을 계산하여 합계 누설량으로 풍량과 정압을 보정하는 방법

덕트계의 각 부위로부터의 누설량 데이터는 문헌 등에 보고 되어있지만, 공법・제작정밀도 등에 영향을 받기 때문에 주의가 필요하다. 참고 데이터로서 그림 3.3.20에 일례를 나타낸다.

c) 배연팬의 선정

배연팬의 선정은 압력손실이 최대가 되는 계통, 풍량이 최대가 되는 계통 모두를 만족하는 팬을 선정한다. 다음은 배연팬의 선정요령을 나타낸 것이다.

배연팬의 선정요령

그림 3.3.21에 있어서 A계통은 압력손실이 최대가 되는 덕트계통, B계통은 최대배연풍량(배연팬의 법정풍량)의 덕트계통으로 한다.

① A, B 각 계통의 배연풍량을 구한다.

② A, B 각 계통의 압력손실계산을 행하고, 필요정압 P_A, P_B를 구한다.

③ 배연팬의 성능곡선으로부터 (Q_A, P_A), (Q_B, P_B)를 통하는 특성곡선 K_A, K_B를 각각 구한다.

④ A, B 각 계통의 성능곡선 K_A, K_B 중 큰 것(K_A)의 특성에 적합한 배연 팬을 선택한다.

⑤ 선정한 배연팬으로 법정풍량 $Q(Q=Q_B)$를 만족하는 정압 P를 성능곡선 K_A 상에서 구하고, 배연팬시방을 풍량 $Q(Q=Q_B)$, 정압 P로 결정한다.

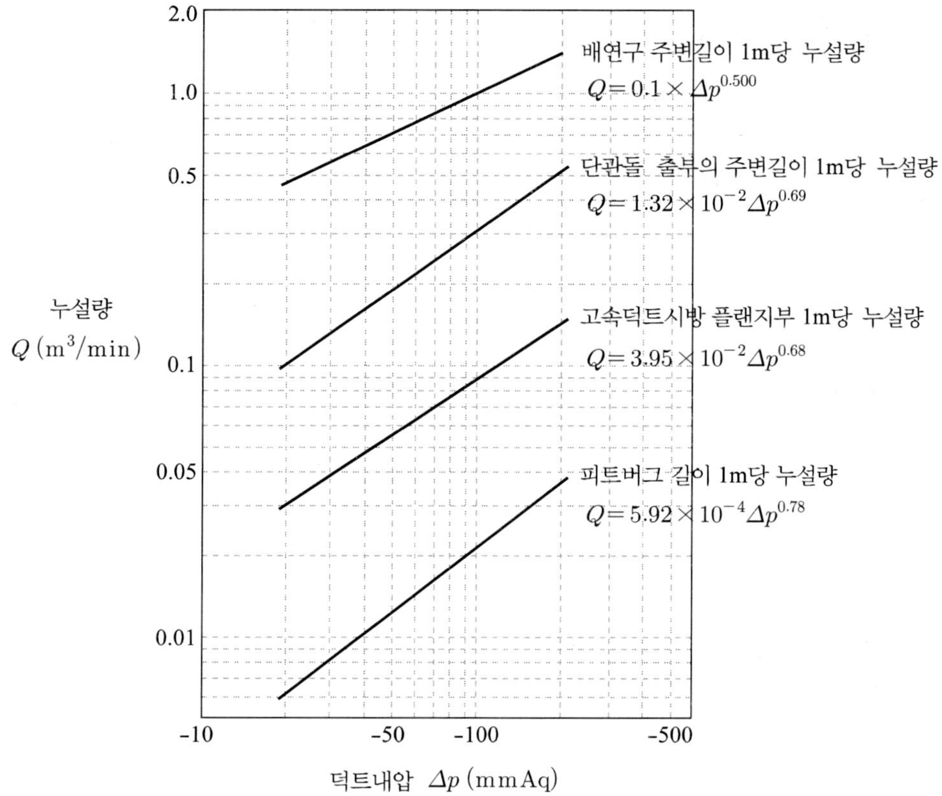

(일본건축설비안전센터 : 건축물의 수직샤프트의 누연시험방법 등의 연구, 1975년 3월 및 배연구 제조사 데이터에 의함)

그림 3.3.20 배연덕트 누설량의 예

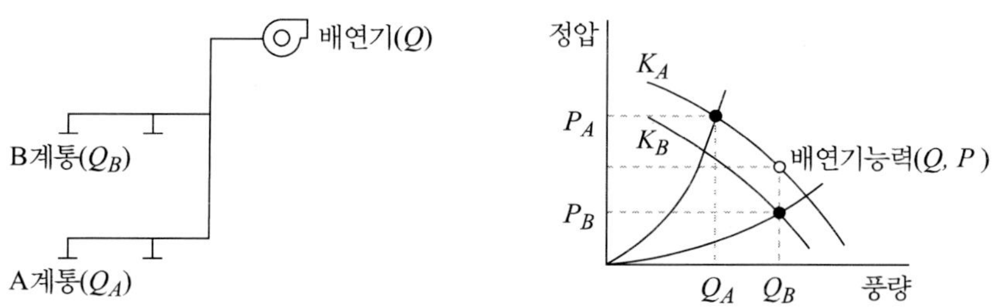

그림 3.3.21 배연팬의 선정요령[3)]

(8) 문 개방력과 급기구

기계배연설비의 구조규정인 건축기준법 시행령 제126조의3 제1항 제9호에는 배연량의 규정은 있지만 급기경로의 규정은 없다. 그렇지만 공기를 흡인하기 위해서는 해당실내로의 급기가 필요하다. 일반적으로는 흡인 기계배연에 따라 급기경로로서 1) 개방된 피난문과 2) 건물구조체의 간극이 상정된다.

한편, 기계배연설비의 목적은 1) 거실피난 중에 연기층을 피난에 지장이 없는 높이로 유지하는 것 2) 층 피난 중에 화재실로부터 피난경로로의 누연을 방지하는 것 등 2가지이다. 상정된 기계배연설비의 목적과 급기경로를 정리하면 다음과 같다.

① 거실피난 중의 연기 층 높이를 유지하기 위한 급기경로 : 개방된 피난문
② 층피난 중(화재실 피난종료 후) 급기경로 : 건축구조체의 간극

상기 ①의 상태에서 규정 배연풍량을 확보하고 있는 경우 ② 상태의 배연풍량 혹은 실내외 차압의 상태를 상정하면, 문 폐쇄 시에 아래의 어느 하나의 현상 혹은 양쪽 모두의 현상이 발생하게 된다.

- 배연풍량이 감소하고 규정치를 만족하지 않음
- 실내외차압이 과대해지고 문의 개방장해가 발생함

대응책으로서는 a) 피난문 폐쇄 시 혹은 배연 기동 시에 자동개방하는 급기구를 설치함, b) 배연 주덕트에 피압구 등을 설치하여 문 폐쇄 시에 문개방장해가 발생하지 않도록 배연풍량을 변화시킴 c) 실내외 차압이 높은 상태에서도 인력으로 개방가능한 구조의 문을 설치하는 등을 생각할 수 있으며 아래는 이러한 구체적인 방안에 대해서 기술한 것이다.

a) 건물외벽에 급기구를 설치하는 방안

기계배연구 설치층에 급기구를 설치한다(그림 3.3.22).

- 장점 : 문개방장해를 방지할 수 있다.
  문패쇄 시에도 배연풍량이 크게 저하하지 않는다.
- 단점 : 배연구 설치층 전체에 큰 급기구가 필요하게 된다.

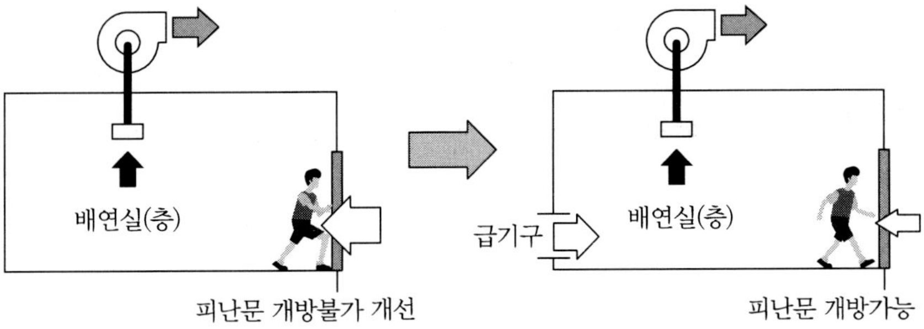

그림 3.3.22 건물외벽에 급기구를 설치하는 방안에 따른 개선책

b) 배연 주풍도에 피압구를 설치하는 방안

기계배연 주풍도(흡입부)에 과대한 차압이 생기는 경우에 자동개방하는「과잉부압방지를 위한 급기댐퍼」를 설치한다(그림 3.3.23). 과잉부압방지를 위한 급기댐퍼구조 이미지를 그림 3.3.24에 나타낸다.

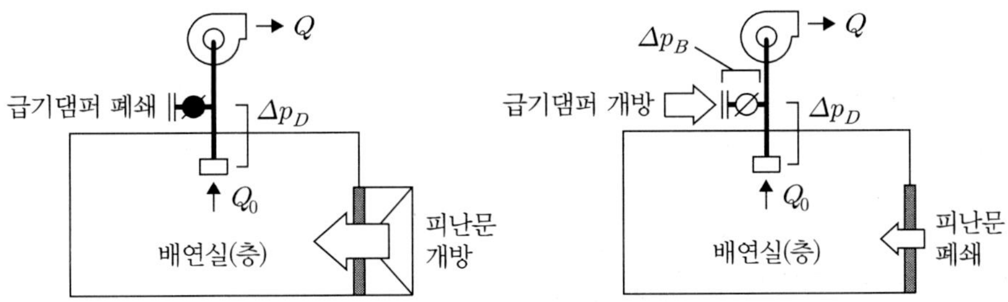

그림 3.3.23 배연주풍도에 "과잉부압방지를 위한 급기댐퍼"를 설치에 의한 개선책

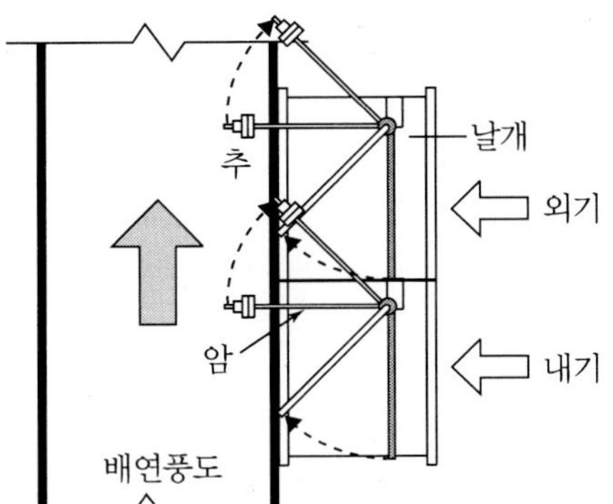

그림 3.3.24 배연주풍도에 설치한 급기댐퍼의 구조 이미지도

c) 실내외 차압이 높은 상태에서도 인력으로 개방가능한 구조의 문

개발단계이지만, 문에 패닉 바나 레버 핸들의 조작과 연동하여 압력차를 해소하는 방법과 접문 방식, 작은 문 등을 설치하여 문 전후 차압을 해소하는 등의 방법이 연구되고 있다.

3.3.8 피난안전검증법에 따라 기계배연을 계산하는 경우의 특징

피난안전검증법에 의한 연기제어설계에 따라서 시방규정(루트A)로 정하고 있는 방연구획면적, 배연구의 높이, 배연기의 능력에 관한 규정을 별도로 결정할 수 있게 되었다. 고시에 의한 피난안전검증법의 경우, 기계배연방방식에 의한 유효배연량은 연기층의 유효개구부(배연구)의 아래 부분의 두께와 배연기의 배연능력에 따라서 크게 변화됨으로써 다음의 식에 따라 산정한다.

$$E = \min\left(\sum e\right) = \min\left(\sum \min\{w, 3.9(Hc - 1.8)w^{2/3}\}\right) \tag{3.3.1}$$

여기서, E : 해당면적의 배연량[m^3/min]

e : 하나의 유효개구부(배연구)로부터의 배연량[m^3/min]

Hc : 해당방연구획에 설치된 각 유효개구부 중심의 기준점으로부터의 평균 높이[m]

w : 해당면적에 설치된 각 유효개구부(해당 유효개구부의 개방에 따라 개방된 해당 방연구획 내에 있는 유효개구부 중, 해당 유효개구부로부터의 거리가 30 m 이내의 것에 한정한다)의 배연기에 의한 공기를 배출시킬 수 있는 능력[m^3/min]

각 층의 수평 배연덕트의 풍량은 동시개방이 필요 없는 경우, 담당하는 방연구획 중 최대 방연구획의 풍량으로 한다. 수직덕트의 풍량은 가장 먼 층으로부터 순차적으로 비교하고, 각 층마다의 배연풍량 중 풍량이 큰 것으로 한다.

천장챔버 배연방식을 채택하는 경우, 천장챔버 내의 축연효과를 기대할 수 있으므로 축연상의 천장면을 상층 슬라브 하면, 배연의 유효개구부의 상단 높이를 배연덕트개구부의 상단으로 간주할 수 있다. 단, 천장챔버 방연구획 내의 천장까지의 칸막이에 의해 구획되는 작은 실이 있는 경우, 천장에서는 일체의 천장챔버이라 하여도, 전체를 축연대상으로서 생각하기에는 연기 확산상태가 미지의 부분이 많기 때문에, 작은 실의 투영면적분만을 축연대상으로 한다.

즉, 고시 피난안전검증법에서 기계배연설비를 채택하는 경우는 급기구의 설치가 의무화되어 있다. 급기구는 배연의 효율을 높게 하기 위한 것이고, 또한 피난문이 외여닫이인 경우는 문의 개폐장해를 일으키는 압력저하를 제거하기 위해 필요하다. 단, 급기구가 너무 크면 실내가 감압되지 않고, 연기의 유출방지 측면에서는 불리한 면도 있다. 급기구는 연기층이 내려와도 연기를 유출시키지 않도록, 또한 연기층이 산란되지 않도록 가능한 한 낮은 위치(1.8 m 이하)에 설치한다.

3.4 압출 배연설비

2000년 건설성 고시 제1437호로 정해진 특수한 구조의 배연설비를 압출배연이라고 칭하고 있으며, 여기서는 그 설계법에 대해서 설명한다.

3.4.1 압출 배연설비의 특징

압출배연의 이점으로서는 다음과 같은 점을 들 수 있다.

① 기계배연과 같이 온도상승에 따른 기능이 정지되는 사례가 없으므로, 화재 시 장시간에 걸쳐 배연기능을 유지할 수 있다.
② 화재발생의 위험이 적은 실에 급기하는 경우는 구획내의 압력이 높아짐으로써 연기의 침입이 어렵다.
③ 화재발생의 위험이 적은 실에 압출배연을 채택한 경우에는 화재실에서 발생한 연기가 해당 구획 내에 침입한 경우에도 배연구가 있기 때문에 빠르게 배연된다.

따라서, 출화의 위험이 있는 거실 등에 급기를 행하는 설계는 구획 내의 압력이 높아짐에 따라 연기를 비화재실 특히 피난경로나 화재상층으로 누연시킬 위험이 발생하기 때문에, 법령으로 금지되어 있지 않아도 채택해서는 안 된다. 같은 이유로 해당구획 내에 엘리베이터 샤프트나 통층구조 등의 종방향샤프트를 설치하는 경우에도 건축기준법 시행령 제112조 제14항 제2호에 지정되어 있는 「차연성능이 있는 방화설비」로 구획할 필요가 있다.[8)]

3.4.2 압출 배연설비의 원리

압출배연은 「급기팬으로 배압을 가한 자연배연」이다. 즉, 자연배연구로부터의 연기배출량 V_e는 배연구위치에서 외기와의 압력차 ΔP_e와 배연구자체의 유효면적 αA_e에 의해 결정된다. 예를 들면, 배연구면적이 같다면 연기의 부력에 의한 압력차와 더불어 송풍기에 의해 해당실에 급기하여 실내압력을 높이는(외기와의 압력차 ΔP_e가 커짐) 것으로, 자연배연 시보다도 많은 연기를 배출시킬 수 있다(연기배출량 V_e가 증가). 한편, 자연배연과 마찬가지로 배출량을 확보하는 것이 목적이라면, 압출배연의 배연구 면적은 자연배연 시보다도 작게 할 수 있다(그림 3.4.1). 연기배출량은 다음의 식으로 계산할 수 있다.

$$\text{연기배출량}\ \ V_e = \alpha\, A_e \sqrt{2\Delta P_e / \rho s} \tag{3.4.1}$$

연기배출량 V_e [m^3/s]는 압력차 ΔP_e [Pa]과 배연구면적 αA_e [m^2], 공기밀도 ρs [kg/m^3]와의 조합에 의해 정해지기 때문에, 필요한 연기배출량을 확보하기 위해서는 압력차나 배연구면적 중 어느 하나의 값을 설정하면 다른 한쪽의 값도 정해진다.

압출배연의 최대 특징은 고시에서 장치용량의 상한치와 하한치의 양쪽이 정해져 있다는 것이다. 기존의 배연설비는 배연구의 시방이 시행령에서 하한치(자연배연구로서 해당 바닥면적의 1/50 이상, 기계배연으로서 1 m^{2}당 1m^3/분 이상)만 정해져 있는 것에 대하여, 압출배연은 ① 배연구의 크기, ② 배연구부분에서의 배연풍량, 양방에 대한 상하한치(① 해당실면적의 1/550 이상 1/60 이하, ② 해당실면적 × 1 m^3/min 이상이고 개구면적 × 550 m^3/min 이하)가 정해져있다[8)].

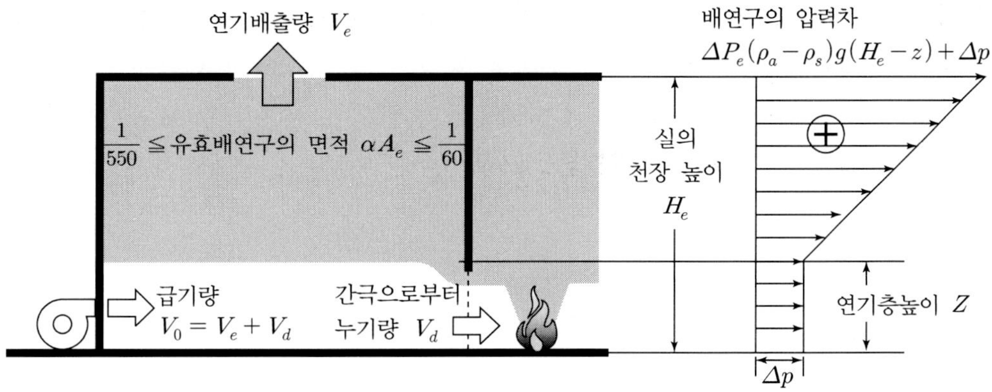

<기호>

V_e	: 연기배출량[m^3/초]	Z	: 연기층의 높이[m]
σA_e	: 유효배연구의 면적[m^2]	ρ_a	: 공기밀도[kg/m^3]
ρ_s	: 연기층밀도[kg/m^3]	ΔP_e	: 배연구의 압력차[Pa]
H_e	: 실의 천장높이[m]	g	: 중력가속도[m/s^2]

그림 3.4.1 압출배연 시 기류의 흐름과 압력차분포 [8)]

3.4.3 압출 배연설비의 설계법

(1) 배연구의 설계(창, 덕트 등)

압출배연의 배연구에는 연기배출 성능뿐만 아니라 차압조정성능이 필요하고, 배연구의 크기는 유량계수 α를 가미한 유효개구면적 αA_e로 평가할 필요가 있다.

고시에는「배연구가 직접 외기에 접할 것」으로 되어있지만, 배연구와 외기를 풍도에 접속하는 경우도 운용상 인정되고 있다. 단, 이 경우는 배연기능상 ① 화재의 진전에 따라 댐퍼가 폐쇄되고 배연루트가 폐쇄되는 것과 더불어 ② 배연구로부터 연기 배출구까지의 풍도 내 저항이 원인으로 배연량이 감소하는 것이 우려된다. 평면계획상 배연구 외측면이 건물 외부가 되지 않는 경우 ①의 대책으로서는 배연구로부터 연기 배출구까지를 댐퍼가 없는 전용의 내화구조의 풍도, 골조샤프트, 드라이공간 등으로 결속시키는 것을 고려하여야 한다. 그 경우, 연기배출구는 연기의 재흡입이나 인근건물로부터의 연소확대 위험이 적은 부분주2)에 설치하는 것이 원칙이다. ②의 대책으로서는 배연풍도 내의 마찰

주2)「연소확대의 위험이 적은 부분」: 건축기준법 제2조 제6호(연소확대의 위험이 있는 부분) 이외의

저항과 풍도의 출입구간에 발생하는 국부저항을 고려하여 배연구의 유효개구면적 αA_e 를 산출함으로써 정확한 배연구면적을 산출할 수 있다. 또한, 외부에 면하는 연기배출구는 실내에 접하는 배연구보다 상부에 설치할 필요가 있으며, 배연구로부터 연기배출구에 이르는 배연덕트는 연기의 부력이 플러스효과를 발생시키도록 순구배로 하는 것이 바람직하다.

(2) 각부의 누기량 상정

압출배연은 급기가압하여 실시하는 것으로 규정풍량(해당구획면적 × 1 m^3/min)을 배연구로부터 압출하는 배연시스템이기 때문에 급기풍량은 규정의 배연풍량에 실내 각 부분으로부터의 누기량을 가산한 풍량이 된다. 각 부분으로부터의 누기량은 실내외 압력차와 틈새량으로 계산할 수 있다. 건축골조의 틈새량에 대해서는 측정사례가 적고 신뢰성이 높은 데이터도 부족하다. 틈새량은 건물구조체(철골조, 철골철근콘크리트조, 철근콘크리트조 등)나 시공정도에 의해서도 큰 차이가 발생하는 것으로 생각되어지기 때문에, 향후의 측정이나 연구보고가 필요한 실정이지만, 설계시점에 있어서는 표 3.4.1의 값을 이용할 수 있다. 혹은 문헌 4)에도 기재되어있는 「바닥면적당 평균틈새면적 0.002 (m^2/m^2)」[9] 를 채택하고, 그 값에 각 문의 상태에 따라 틈새량을 가산하는 것도 고려할 수 있다. 어느 쪽이든 준공 시 성능검증 시에 틈새량을 측정하고 확인하는 것이 중요하다.

배연구에 풍도를 사용한 경우의 유효개구면적 αA 를 구하는 방법은 원칙적으로 공조덕트 등의 저항계산과 같다.

표 3.4.1 각 부위의 유량계수[9]

부위	단위면적당의 유효틈새량(m^2/m^2)
개방시의 문	0.6～0.7
폐쇄시의 문	0.004～0.007
엘리베이터 문	0.008～0.014
외벽	0.00008～0.0016

[주] 위 표의 유량계수는 부위전후 차압과 유량으로 산출되는 유효개구면적 αA [m^2]을 부위의 수직면적 A' [m^2]으로 나눈 $\alpha A/A'$ 로 구한 실측값

부분

(3) 급기량의 산정

연기배출량은 배연구면적과 실내외 압력차에 따라 결정된다. 골조나 개구부 등의 틈으로부터 새는 누기량도 틈새면적과 실내외 압력차에 따라 결정된다. 이 연기배출량과 누기량의 합계가 급기량이 된다. 압출배연 방법에서는 급기량은 배연량과 동등이상으로 중요하다. 왜냐하면, 승강로비나 부속실과 같은 본격적인 소방대의 활동거점에는 기준풍량의 1 $m^3/(min \cdot m^2)$로는 반드시 충분한 배연효과를 기대하기 어렵기 때문이다. 급기량을 충분히 확보함으로써 차연성능이나 연기의 희석효과를 높일 필요가 있다. 적어도 1969년 건설성고시 제1728호 제2호1 또는 1970년 건설성고시 제1833호 제2(1)과 동등 이상의 희석효과를 유지할 수 있어야 한다. 또한 풍량에 관해서는 동경소방청의 통지[10),11)] 도 참고하여야 한다.

(4) 건축계획적 대응

a) 구획의 기밀성

다른 배연방식의 방연구획이 천장면으로부터 50 cm 정도의 방연경계벽으로 구획을 할 수 있으나 압출배연에서는 칸막이벽이 필요하다. 이것은 압출배연이 구획 내의 압력을 상승시킴으로써 연기를 압출하는 것을 목적으로 하고 있기 때문이다. 따라서 압출배연의 방연구획에는 어느 정도의 기밀성이 요구된다. 또한 압출배연을 기계배연이나 자연배연 등과 병용하는 경우, 그것들의 구획(이종 배연구획)간에 설치하는 개구부(문 등)에는 「차연성능을 갖는 방화설비」(건축기준법 시행령 제112조 제14항 제2호)를 설치하여야 한다.

b) 문의 구조

안전구획은 피난경로로 되기 때문에 화재실측의 문은 안전구획으로부터 볼 때 안쪽으로 열리는 것이 대부분이다. 한편, 안전구획의 계단측 문은 안전구획으로부터 볼 때 밖으로 열리게 된다. 압출배연이 작동하면 안으로 열리는 문은 문이 폐쇄하는 방향으로 작동되어 기밀성이 향상되기 때문에 문제가 없지만, 밖으로 열리는 문은 문이 개방하는 방향으로 작동하기 때문에 기밀성이 저하되어 수 cm 정도의 틈이 발생하는 경우도 있다. 안전구획측으로부터 볼 때 밖으로 열리는 문에 대해서는 걸쇠 등 문 폐쇄 시의 고정장치를 설치하는 것이 바람직하다.

c) 문의 개폐장해

고시에는 문의 개방력에 대한 규정은 없지만, 최소 배연구면적은 문의 개방력이 100 N 정도 이하가 되도록 정하고 있다. 그렇기 때문에 압출 배연 단실에서는 문의 개방장해 등과 같은 압력장해가 발생할 가능성은 적다. 그렇지만, 통상의 기계배연의 거실과 압출배연의 안전구획이 문을 통해서 직접 인접하게 되면, 기계배연의 흡인력에 의한 감압과 압출배연의 급기에 의한 가압이 더해지게 되어 문개방에 지장을 초래할 가능성이 있다. 따라서, 동일 플로어 내의 압출배연과 기계배연의 양방을 채택하는 경우에는 주의가 필요하다.

d) 외부로의 연기배출구의 설치위치

자연배연과 마찬가지로 배연출구가 외부바람의 영향을 받기 쉽고, 외부 풍향이나 풍속에 의해서는 배연량의 감소나 실내압력의 상승이 우려된다. 연기 배출구의 위치나 형상을 계획하기 위해서는, 계획장소의 주 풍향이나 풍속 분포 등을 고려하여 결정하여야 한다.

(5) 기타 유의사항

a) 외기취입구

① 연기의 재흡입을 방지하기 위해 원칙적으로 건물의 저층계에 설치할 것
② 배연구나 급배기구로부터 충분한 거리를 확보할 것
③ 인접건물로부터의 연소확대나 연기흡입을 방지하기 위해서, 원칙적으로 인근건물로부터의 연소확대 위험이 작은 부분에 설치를 하는 것이 바람직함.

b) 급기팬

① 건물의 정확한 틈새량의 예측이 곤란하기 때문에 급기팬 용량은 여유 있게 선정하고, 인버터 등의 풍량조정장치를 설치하는 것이 바람직함.
② 급기팬은 건물의 화재영향을 받기 어려운 곳에 설치하는 것이 바람직함.
③ 전원의 시공기준 등은 원칙적으로 배연설비에 준할 것

c) 급기덕트 및 급기구

① 급기덕트 및 급기구는 불연재료로 함

연기의 흡입을 방지하기 위해서 덕트내가 부압이 되는 외기취입구~급기팬간의 덕트는 화재의 위험이 없는 장소에 설치하거나, 화염에 의한 탈락이 없는 내화덕트로 시공하여야 한다. 여기서 내화덕트라는 것은 종래로부터 아래의 구조에 따른다.

1) 1.5 mm 이상의 철판 덕트에 록월 25mm 이상으로 피복된 것
2) 1.5 mm 이상의 철판 덕트에 주요구조부의 내화피복재로서 국토교통장관의 인정을 받은 것으로 피복된 것

② 급기구는 비화재층으로의 누기를 최소한으로 막기 위해서 기밀성이 높은 댐퍼방식 등을 채택하는 것이 바람직하다.

③ 급기구의 위치는 연기층을 산란시키지 않도록 바닥면 가까이에 설치하여야 하고 또한 분출풍속도 약 5 m/s 이하로 함으로써 동압을 억제하여, 방 전체가 균등한 정압이 되도록 주의하여야 한다.

d) 작동・제어성능

① 급기구나 배연구의 개방상태를 눈으로 확인이 불가능한 경우에는 배연작동기에 표시램프가 설치된 것을 선택한다.

② 배연작동에 따라 해당구획을 형성하기 위한 차연문 등은 연동하여 폐쇄시킨다.

③ 압출배연은 흡인기계배연(제3종배연)과 다르게, 조기에 작동시켜도 안전구획방향으로 화재실내의 연기를 인입시킬 위험성이 적기 때문에, 누름버튼을 사용하거나 작동이 보다 확실한 연기감지기 등과 연동하여 작동시키는 것이 바람직하다.

④ 2000년 건설성고시 제1437호 제2호(복수실)로 설계・시공하는 경우, 급기실이 되는 부속실 등의 「배연구와 문 등의 개구부」는 아래의 이유로 연동제어 되도록 한다.

1) 급기실의 배연창이 폐쇄상태인체로 복도측 문이 폐쇄된 경우, 급기실내압이 상승함으로써 복도문이 열리지 않게 될 위험이 있다(그림 3.4.2).

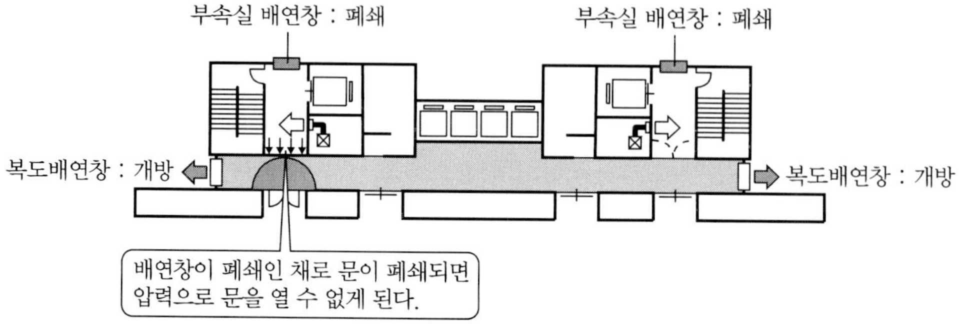

그림 3.4.2 급기실이 복수이며 급기실의 배연창이 패쇄상태인 채로 복도측문이 개방된 경우[8)]

2) 급기실이 복수인 경우, 복도측 문이 개방상태인 채로 배연창이 개방되면, 다른 급기실로부터의 압력에 의해 복도의 연기가 급기실에 압입될 위험이 있다(그림 3.4.3). 이 해결법으로서는 배연창과 문의 연동을 취하는 것과 더불어 복도의 배연창을 부속실 배연창과 비교하여 충분히 크게 하는 것도 고려할 수 있다.

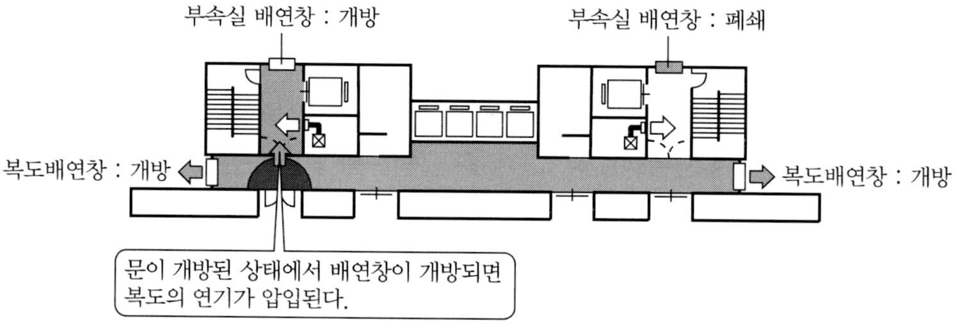

그림 3.4.3 급기실이 복수이며 급기실의 복도측문이 개방상태인채로 배연창이 폐쇄된 경우[8)]

e) 시운전 조정

① 배연구위치에서 통과풍속을 측정하고, 배연풍량을 확인한다.

② 압력계로 인접실 사이 문의 개방력을 측정하고, 문의 개방장해가 발생하지 않는 것을 확인한다.

3.5 부속실 등의 배연설비

3.5.1 부속실 등의 배연설비의 목적과 종류

고층건축물에서 계단실은 화재 시에 중요한 피난경로가 되지만, 수직샤프트공간이기 때문에 상층부로 연기전파경로로 이용될 위험성이 있다. 또한, 비상용 엘리베이터도 소화활동이나 구조활동을 신속하게 행하기 위한 중요한 설비이지만, 반면 수직 샤프트로서 연기가 침입하기 쉽다.

건축기준법에서는 이러한 위험성을 고려하여 일정조건에 해당하는 건물에 대하여 방화상 및 피난상에 특별한 조치를 강구한 피난계단 또는 특별피난계단, 비상용 엘리베이터를 설치하는 것을 의무화 하고 있다. 이 중, 특별피난계단과 비상용 엘리베이터에는 불과 연기의 침입을 막기 위하여 각각 부속실이나 발코니 또는 승강로비를 설치하고, 이것을 통해 출입하도록 정하고 있다.

특별피난계단의 부속실이나 비상용 엘리베이터의 승강로비는 수직샤프트로의 연기 침입방지만이 아니라, 피난이나 소방활동상의 안전확보에서도 상당히 중요한 구획이다. 특히 초고층건축물에서는, 전관피난시간이 길고, 부속실에서 일시 대기하는 것도 상정된다. 또한, 비상용 엘리베이터의 승강로비는 소화활동의 거점기능이 확보될 필요가 있으며, 또한 특별피난계단의 층계 참이나 부속실도 화재 시에는 소방활동상에 중요한 공간이기 때문에 장시간에 걸친 연기침입이 방지되어야만 한다. 따라서 부속실이나 승강로비에는 침입한 연기의 배출을 목적으로 외기로 향해 열리는 창문이나 배연설비를 설치하여야 한다.

특별피난계단의 구조는 다음 3종류로 나뉜다(그림 3.5.1).

① 실내와 계단실이 옥외에 개방된 발코니로 연결되어있는 것
② 실내와 계단실이 외기로 열리는 창문을 가진 부속실과 연결되어있는 것
③ 실내와 계단실이 배연설비가 설치된 부속실에 연결되어있는 것

이 세 방식 중 ②의 외기를 향해 열리는 창문을 이용하는 것을 일반적으로 「자연배연」 방식이라고 부르고 있다. 또한 ③의 배연설비로서는 기계배연에 의한 것, 가압방배연에 의한 것 및 압출배연에 의한 것과 더불어 「스모크타워」에 의한 것이 있으므로 건축물의

용도에 따른 건축설계에 맞추어 가장 적합한 배연방식을 선정하여야 한다.

이 방식들은 비상용 엘리베이터 승강로비에도 같이 적용된다.

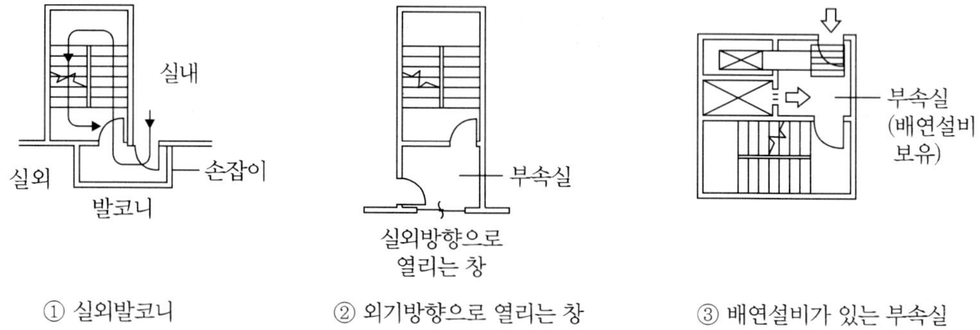

그림 3.5.1 특별피난계단의 구조 [3)]

3.5.2 각 배연설비의 개요

(1) 배연의 방안

특별피난계단의 부속실 및 비상용 엘리베이터 승강로비에 설치하는 자연배연방식, 기계배연방식, 스모크타워 방식 및 가압 방배연방식의 4가지 방식에 대해서 설명한다. 여기에서 압출배연방식에 대해서는 3.4절을 참조한다.

a) 자연배연방식(그림 3.5.2)

외기를 향해서 열리는 창문을 통해 부속실로 들어간 연기를 실외로 배출하는 방식이다. 기계를 사용하지 않기 때문에 작동이 확실하다. 건축설계 시 위주부에 계단이 배치된 경우에 주로 이용된다.

그러나 외부바람의 영향을 받기 쉽고, 배연효과가 불안정해질 가능성도 있으므로 주의하여야 한다. 일반적으로 부속실이 건물의 풍상측(바람이 불어오는 쪽)에 있으면 외부풍에 의해 정압이 걸리고, 부속실 전체가 복도와 화재실에 대해서 압력이 높게 유지되어 연기가 침입하기 어렵다. 반대로 풍하측(바람이 불어나가는 쪽)이 되는 경우는 부압이 걸려 연기는 배출하기 쉬운 반면, 부속실로 연기가 빨려 들어오게 될 수도 있다.

그림 3.5.2 부속실 등의 배연(자연배연)

b) 기계배연방식(그림 3.5.3)

부속실의 천장부근에서 기계력으로 배연하고, 부속실 내의 하부에 급기구를 설치하여 외기를 자연공급함으로써 안정한 배연효과와 연기층의 하강방지를 도모하는 방식이다.

이 방식은 외부풍이나 건물내외 온도차의 영향이 적고, 안정한 성능을 얻을 수 있다. 단, 급기 없이 강제적으로 배연을 행하면, 부속실의 압력저하를 초래하여 오히려 연기를 인입시킬 수 있으므로 배연과 연동하여 급기구를 개방할 필요가 있다.

그림 3.5.3 부속실 등의 배연(기계배연)

c) 스모크타워 방식(그림 3.5.4)

스모크타워를 사용하고, 연기의 온도차에 의한 부력을 이용하여 배연을 행하는 방식이다. 법령에서는 「스모크타워방식」이라는 용어를 사용하지 않지만, 여기서는 온도차에 의해 연돌효과를 이용한 배연방식을 「스모크타워방식」이라고 칭한다. 이 방식은 기계류를 사용하지 않기 때문에 연기 온도가 높아진 경우에도 배연을 계속할 수 있으며, 유지관리도 비교적 용이하다. 그러나 급배기 풍도간의 압력 밸런스에 주의하지 않으면 배연이 유효하게 이루어지지 않을 수도 있으므로 주의하여야 한다. 또한 냉방 시 고층빌딩에서는 내외 온도차에 따른 하강기류가 발생하기 때문에 화재초기에 연기가 하강기류를 타고 하층부로 확대될 수 있으므로 주의하여야 한다. 다른 배연방식과 비교하면 배연풍도나 급기풍도의 단면적이 커지기 때문에, 실제 채택된 사례는 매우 적다.

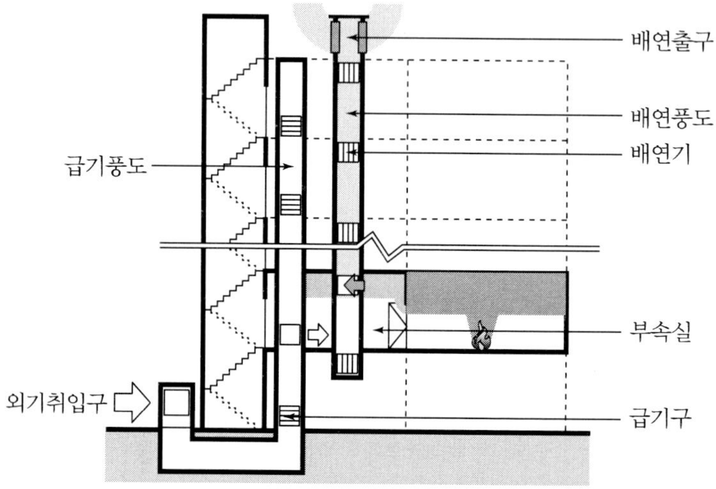

그림 3.5.4 부속실 등의 배연(스모크타워)

d) 가압 방배연방식(그림 3.5.5)

가압 방배연방식은 특별피난계단 부속실이나 비상용 엘리베이터 승강로비 등을 급기가압하여 피난 및 소방활동에 중요한 공간에 대한 연기 침입을 방지하는 것이다.

이 방식은 부속실 등에 외기를 공급하는 연기제어방식이기 때문에, 기계배연방식과 같이 화재규모가 확대되어도 기능이 정지되지는 않으나 엘리베이터 샤프트 등 다른 구획으로 연기를 밀어 넣는 경우도 있을 수 있으므로 주의가 필요하다.

그림 3.5.5 부속실 등의 배연(가압방배연)

(2) 급기의 방안

기계배연방식과 스모크타워 방식의 경우, 화재의 규모가 확대된 경우에도 안전이 확보되어야 하므로 일반 거실의 배연설비와 달리, 실내에 자연 급기구의 설치를 의무화하고 있다. 이것은 다음과 같은 자연급기의 효과를 기대하고 있다.

- 부속실이 부압이 되어 연기를 복도로부터 인입되는 것을 방지한다.
- 부속실의 하부에 신선한 공기층이 형성됨으로써 급기에 의해 소정의 배연풍량이 얻어지고, 연기층의 하강을 방지한다.
- 부속실 내에 침입한 연기의 가스농도 및 온도를 낮춘다.

더불어, 법령에서 규정하고 있는 자연급기의 목적은 기계력 또는 스모크타워로 배연하는 것으로 부속실 내부가 현저하게 부압으로 되는 것을 방지하기 위해서 공기를 보충하는 것이다.

특별피난계단의 부속실에 적용 가능한 법령으로 규정된 급기방식으로서는 다음의 두 방식이 있다.

a) 하부 외기 취입방식

급기풍도를 이용하여 각 층으로 외기를 공급하는 방식[그림 3.5.6(a)]

b) 각층 외기 취입방식

각 층 부속실에 외기취입용 창을 설치하는 방식[그림 3.5.6(b)]

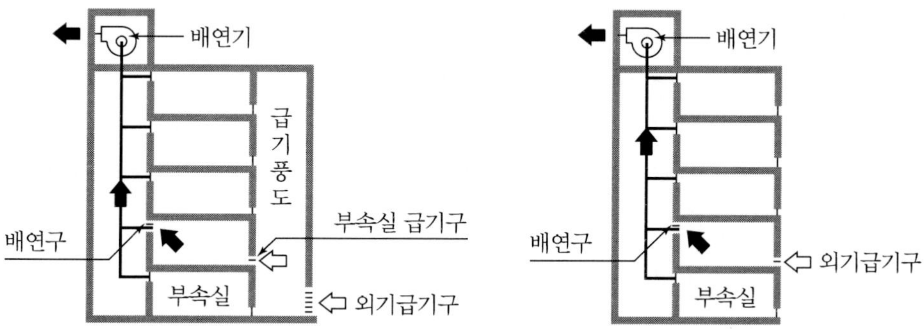

(a) 하부외기 취입방식 (b) 각층 외기 취입방식

그림 3.5.6 외기취입방식의 예[3)]

(3) 급기풍도의 설계 시 주의사항

급기방식으로서 급기풍도를 이용하는 경우의 주의사항을 나타낸다.

a) 급기풍도

급기풍도는 급기를 위한 전용풍도로서, 풍도 내에 배연덕트나 다른 배관류를 설치해서는 안 된다. 또한 자연급기방식을 위해 급기풍도는 가능한 한 저항을 적게 하는 것이 바람직하다. 그렇기 때문에 현저하게 편평한 풍도는 피하면서 횡방향 연결을 적게 하여야 한다. 또한 풍도의 저항분을 배연팬 정압으로 간주하고, 배연팬의 성능을 결정하여야 한다.

또한 해당 건물이 판매점포이며 동시에 부속실 등이 소방활동거점이 되는 경우, 소방법상 급기풍도에 급기팬의 설치가 요구되는 경우가 있으나 건축기준법과 부조화가 되는 부분이 있기 때문에 주의가 필요하다. 또한 동경소방청에서는 이것에 관한 통지[10),11)]를 제시하고 있다.

b) 외기취입구

급기풍도에 급기되는 공기에는 건물로부터 배출되는 연기가 혼입되는 것은 절대로 피하여야 한다. 따라서 급기풍도의 외기취입구는 건물의 하부에 설치하는 것이 바람직하다.

외기취입구는 원칙적으로 상시개방 해두어야만 한다. 단, 한랭지 등과 같이 연돌효과가 크고, 외기취입구로부터 다량의 외기가 흡입된 결과, 풍절음(바람을 가르는 소리)이 발생하는 등의 이차적인 피해가 발생하여 댐퍼를 설치하는 경우, 댐퍼는 배연팬과 연동됨으로써 배연팬의 작동에 의한 부압에 대해서 유효하게 작동하도록 하여야 한다.

c) 부속실 급기구의 개폐상태

부속실의 급기구가 상시개방되어 있으면 건물에서 발생하는 상하압력차에 의해, 특히 겨울철에는 부속실을 통하여 항상 급기풍도에 연돌효과가 발생되어, 연기가 급기구에 흡입됨으로써 상층부의 부속실로 이동될 위험성이 있다.

또한, 화재가 진행되고 연기층이 확대되면, 배연으로 처리되지 못하는 경우에도 같은 위험성이 있다. 법령에서는 급기구의 폐쇄상태에 대해서는 규정하고 있지 않지만, 급기구는 상시폐쇄로 하고 폐쇄 시에는 기밀성이 높은 것으로 하여야 하며, 배연 시에만 배연구와 연동시킨 개방장치를 설치한다.

d) 정부(頂部) 외기취입방식의 문제점

정부(頂部)로부터의 외기취입방식은 화재실 창문으로부터 분출한 연기가 침입할 가능성이 있기 때문에 바람직하지 않다(그림 3.5.7). 기계배연을 행하는 경우에도 배연팬능력에 대하여 영향을 미치기 때문에 외기 취입구는 가능한 한 낮은 위치에 설치되어야 한다[그림 3.5.6(a)].

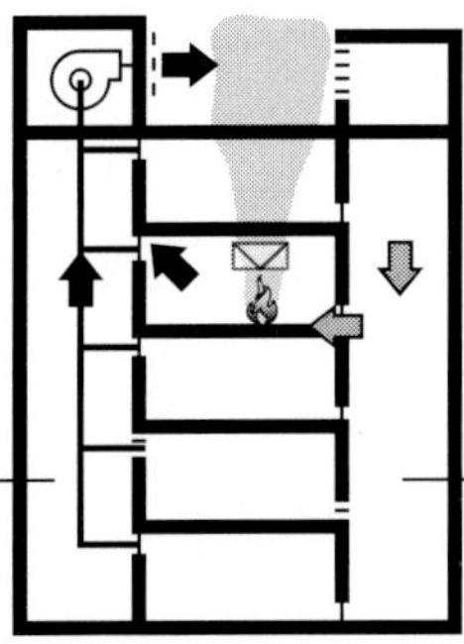

그림 3.5.7 외기취입방식으로서 바람직하지 않은 예 [3)]

(4) 설계 시 주의사항

부속실 등의 연기제어에 관한 설계 시 주의사항은 다음과 같다.

a) 계단, 비상용 엘리베이터와 복도

계단의 배치는 피난의 측면으로부터 일상동선과 연계시켜 사용에 익숙해진 위치가 바람직하고, 일상사용에 편리하기 때문에 계단실의 문은 상시개방되어 있는 사례도 많다. 계단실의 문은 상시폐쇄가 방재를 위한 원칙이지만, 일상사용을 고려한 경우에는 연기감지기와 연동시켜 자동적으로 폐쇄되어야 한다. 이것은 계단실로 연기가 인입되지 않도록 하는 기본적인 방법이다. 또한 화재를 감지하면 전관의 계단실의 문을 자동적으로 폐쇄시켜 화재층의 문으로부터 빠져나오는 연기를 다른 층으로 유입시키지 않는 방법(자동화재 탐지기 연동 또는 단독 감지기연동)도 있다.

b) 다른 설비와의 관련

부속실은 피난이나 방화・구조활동의 거점이 되는 매우 중요한 공간이다. 그렇기 때문에 방재용 설비 이외의 설비가 부속실 내를 가로지르는 듯한 설비계획을 행하면 안 된다. 불가피한 경우 일반 공조용덕트 등이 부속실 내부에 설치되는 경우에는 이중슬라브로 하고, 통과하는 부분과 부속실을 칸막이나 또는 내화피복을 행하여 화재실의 화염이 부속실 내부에 영향을 미치지 않도록 설계되어야 한다.

또한 부속실 내에는 부속실에 필요한 설비 이외에 점검구를 설치하면 안 된다.

c) 부속실 문의 개방장해

복도배연의 급기경로를 충분히 확보하지 않고, 부속실에 인접한 복도의 배연을 행하는 경우, 복도－부속실 간의 문 개방이 곤란한 경우가 발생한다. 이러한 경우에는 문 하부에 소방호스 관통용의 작은 문을 설치하거나 또는 문의 개방장치로서 패닉바와 같은 힘을 주기 쉬운 장치를 이용하면 문의 개방이 용이하다.

d) 배연덕트, 급기풍도와 방화구획

배연덕트가 설치되어 있는 수직 샤프트의 방화구획에서는, 배연덕트에 설치하는 방화댐퍼는 수평덕트 분기부에 설치하고, 수직덕트에는 설치하면 안 된다(그림 3.3.17 참조).

또한 배연팬을 전용이 아닌 기계실에 설치하는 경우는 설치층의 바닥 또는 샤프트의 벽을 관통한 이후 부분의 배연덕트는 내화시방으로 함으로써 덕트의 가열에 따른 다른 쪽으로 연소확대를 막아야 하며, 배연팬이 전용실이나 실외에 설치되는 경우에는 내화피복은 불필요하다. 급기풍도의 경우, 부속실로의 급기구가 상시폐쇄로 된 경우, 급기구에 화재시 폐쇄하는 방화댐퍼를 설치할 필요는 없으며, 소방법에서도 급기덕트에 방화댐퍼를 설치하는 것은 금지되어 있다.

3.5.3 자연배연방식의 설계

여기에서 서술하는 자연배연을 위한 배연구는 건축기준법에서는 「외기로 열 수 있는 창」으로 규정되어 있다.

(1) 설치기준(법령으로 규정된 사항)

배연설비로 간주되는 부속실 또는 비상용 엘리베이터 승강로비의 외기로 열 수 있는 창의 기준을 표 3.5.1에 나타낸다.

표 3.5.1 부속실 또는 승강로비에 설치하는 외기로 열 수 있는 창의 기준 [3)]
(1969년 건설성고시 제 1728호)

	특별피난계단의 부속실	비상용엘리베이터의 승강로비	부속실겸용로비
창의 면적(유효개구)	$2\,m^2$ 이상	$2\,m^2$ 이상	$3\,m^2$ 이상
설치 높이	천장 또는 벽의 상부, 천장 높이의 1/2 이상의 높이		
배연구의 수동개방장치	벽면의 바닥면으로 0.8 m 이상 1.5 m 이하에 설치한다. 사용방법을 나타내는 표식를 설치한다.		
재 료	연기에 접하는 부분은 불연재로 한다.		

3.5.4 기계배연방식의 설계

(1) 설치기준(법령으로 규정된 것)

특별피난계단의 부속실 및 비상용 엘리베이터 승강로비의 기계배연방식의 설치기준을 표 3.5.2에 나타낸다.

(2) 각 부분 설계

a) 재질

배연구, 배연덕트, 급기구, 급기풍도, 그 외 연기에 접하는 배연설비의 부분은 불연재료로 제작되어야 한다.

콘크리트제나 콘크리트블록제의 배연덕트・스모크타워 샤프트는 기밀성이 높은 시공은 어렵고, 더 나아가 경년변화에 수축이나 크랙도 많으므로 기밀성의 보유가 불가능한 경우가 많기 때문에 원칙적으로 사용해서는 안 된다.

표 3.5.2 기계배연설비의 설치기준 3)
(1969년 건설성고시 제 1728호, 1970년 건설성고시 1833호)

	특별피난계단의 부속실	비상용엘리베이터의 승강로비	부속실겸용로비
급기구의 개구면적	1 m^2 이상	1 m^2 이상	1.5 m^2 이상
급기구풍도의 단면적	2 m^2 이상	2 m^2 이상	3 m^2 이상
배연기	4 m^3/s 이상	4 m^3/s 이상	6 m^3/s 이상
배연풍도 배연구(m^2)	규정되어 있지 않음		
재 질	배연구, 배연풍도, 급기구, 급기풍도, 그 외 연기에 접하는 배연설비의 부분은 불연재료로 제작한다.		
배연구의 수동개방장치	손으로 조작하는 부분은 벽면의 바닥으로부터 0.8 m 이상 1.5 m 이하에 설치한다. 사용방법을 나타내는 표식을 설치한다. 천장에 매달아 설치하는 경우 1.8 m의 높이로 한다.		
배연구의 높이	천장 또는 벽의 상부(천장 높이의 1/2 이상의 부분)하단의 높이를 기준으로 한다.		
급기구의 높이	바닥 또는 벽의 하부(천장높이의 1/2 이하의 부분) 상단의 높이를 기준으로 한다.		

[주] 배연기는 예비전원을 필요로 한다.

b) 배연구, 급기구와 개방장치(그림 3.5.8)

배연구의 설치높이는 천장 또는 벽의 상부로 천장높이 1/2 이상의 부분에 가능한 한 높은 위치에 설치한다. 배연구의 개방장치는 바닥으로부터 0.8～1.5 m의 사이에 설치한다. 또한, 급기구는 천장높이의 1/2 이하에 가능한 한 낮은 부분에 설치한다. 또한 배연구, 급기구 모두 부속실 방향으로 열리는 형식은 피난에 지장이 없도록 주의하여야 한다.

배연구의 흡입풍속은 10 m/s 정도 이하로 한다. 배연구에 요구되는 풍량은 4 m^3/s 또는 6 m^3/s이다(표 3.5.2). 배연풍량은 덕트 압력손실의 영향을 받기 때문에 배연팬에 가까운 층에서는 팬의 능력이 과대해지는 경우가 있다. 따라서 상층으로는 댐퍼 등에 풍량조절을 행하여 오버로드를 방지할 수 있는 저항을 주는 것이 바람직하다. 또한 배연구는 복도로부터 부속실 안까지 연기가 유인되지 않도록 복도－부속실 간의 문 상부에 설치하는 것이 바람직하다.

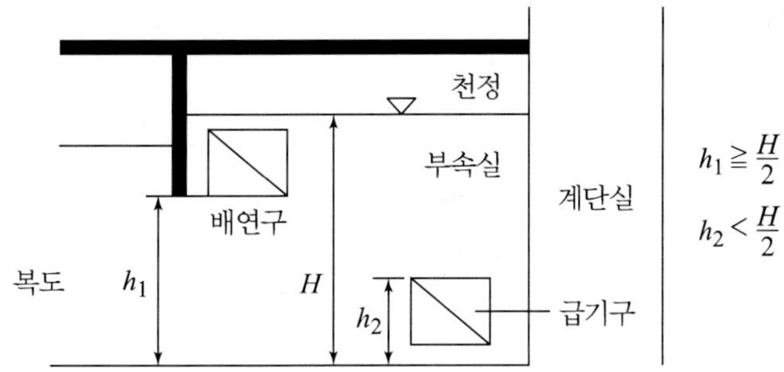

그림 3.5.8 배연구와 급기구의 위치[3)]

c) 배연덕트

배연덕트 내 풍속은 15 m/s 이하를 목표로 압력손실의 관점으로부터 최대 20 m/s 이하로 한다.

d) 급기덕트

급기풍도는 직접외기를 받아들이는 개구를 하부에 설치하기 때문에 직접외기로 통하여야 한다.

e) 배연팬

- 내열도 : 중요한 피난경로이기 때문에 배연팬은 장기간 운전이 가능하여야 한다.
- 성능 : 배연팬 성능은 다음의 세 가지에 유의하여야 한다.
  ① 온도상승에 의한 배연팬의 축동력(덕트 내 압력)의 감소
  ② 연기의 온도상승에 따른 배연덕트 내의 연돌효과
  ③ 하층과 상층의 저항변화에 따른 영향
- 거실의 배연계통과는 동일 배연계통으로 하지 않는다.
- 동일층에 복수의 부속실, 승강로비가 있는 경우, 부속실 및 승강로비마다 단독으로 배연팬을 설치하여야 한다. 다른 부속실 승강로비의 배연팬과 공용하는 것은 배연능력의 저하로 이어지기 때문에 주의하여야 한다.
- 배연팬의 능력은 배연덕트나 배연구로부터의 누입량을 고려한 후, 어느 배연구라도 법령으로 정해진 배연량이 확보되도록 선정한다.

- 배연팬의 설치위치는 가장 높은 배연구의 위치보다 높게 하여야 한다. 적어도 가장 높은 위치의 배연구와 동일층 이상으로 하여야 한다.

(3) 배연설비 가동시의 문 개폐

- 복도－부속실간의 문, 부속실의 계단실 문 모두 피난이 행해질 때에는 열리지만, 피난이 완료된 후에는 폐쇄된다.
- 화재층 이외의 다른 층의 계단실 문은 가능한 한 폐쇄상태를 유지한다. 특히 최상층이나 옥상의 문이 열리면 계단실 그 자체가 연돌효과에 의해 배연덕트의 역할을 하여 연기를 인입시킬 위험성이 있기 때문에, 폐쇄상태가 유지되도록 유의하여야 한다. 계단실 그 자체의 연돌효과를 감소시켜 연기가 인입되지 않도록 하기 위해서는 1층(피난층)이나 옥상층 등으로의 출구에 반드시 부속실을 설치하여, 문이 동시에 열리는 시간을 단축하도록 유의한다.

3.5.5 가압 방배연방식의 설계

피난경로 등 방호해야만 하는 공간을 급기가압함으로써 실내 압력을 높이고 연기의 침입을 방지하는 것이 목적이다. 재실자의 피난 중 안전성의 확보는 물론, 최성기화재시의 소화활동에 이용하는 소방활동거점을 화재로부터 방호하는 시스템으로서도 효과적이다.

아래에 가압 방배연방식의 방안이나 설계상의 주의사항에 대하여 기술한다.

본 내용은 일반적인 기술적해설이며, 고시에서 정해져 있는 가압 방배연설비의 내용에 대해서는 문헌 12) 및 문헌 13)을 참고하길 바란다. 또한 비상용 엘리베이터 승강로비는 현재 단계에서는 루트 C 설계가 불가하기 때문에, 비상용 엘리베이터 승강로비에 가압 방배연설비를 채택하는 데에는 고시의 규정에 따를 필요가 있다.

(1) 가압 방배연설비의 구조

가압방연시스템은 가압 급기팬, 가압 급기덕트, 외기취입구, 급기구, 수동개방장치, 압력조정장치, 배연팬, 배연덕트, 배연구 및 공기누출구 등으로 구성된다(그림 3.5.9). 이 설비들의 설치위치와 구조를 다음에 설명한다.

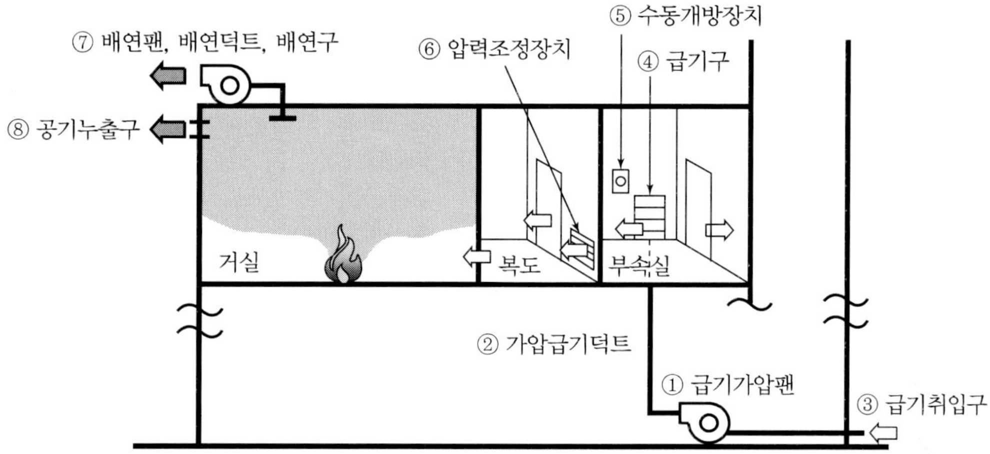

그림 3.5.9 가압 방배연설비 구성도

a) 가압 급기팬

- 화재시나리오의 각 단계에서 방호대상구획의 역할에 따른 차연조건을 설정하고, 방호구획 내로 연기 침입방지에 필요한 급기량을 산정한다. 차연위치는, 예를 들면 화재초기에는 거실－복도간, 화재성기에는 복도－부속실간으로 하며 그 최대값들에 따라 급기량을 결정한다. 또한, 압력손실을 계산한 후, 적절한 가압 급기팬을 선정한다.
- 화재영향이 없는 구획된 기계실 등에 설치한다.
- 전원은 비상용발전기로부터 공급하고 배선은 내열전선으로 한다.

b) 가압 급기덕트

- 급기덕트는 원칙적으로 저압시방덕트로 한다. 단, 압력이 500 Pa을 넘는 부분은 고압시방덕트로 한다. 덕트치수는 정압법에 따라 결정한다.
- 화재영향이 없는 구획된 샤프트 등에 설치한다.

c) 외기취입구

• 화재에 의해 연기 등의 영향을 받지 않는 위치에 설치한다. 출구층으로부터 분출하는 연기를 빨아들이지 않도록 가능한 한 건물의 하부에 설치한다.

d) 급기구

- 급기구는 급기실 내부가 균등하게 가압되도록, 분출공기가 확산하기 쉬운 취출구를 선정하는 것과 아울러 취출 시 풍속이 약 5 m/s 이하가 되도록 선정한다.
- 수동개방장치, 연기감지기와 연동하는 자동개방장치 또는 원격조작방식에 의해 개방할 수 있는 것으로 하고, 더불어 화재 시에는 해당부분 이외는 폐쇄상태를 유지할 수 있는 구조로 한다.
- 가압하는 실이 되도록 균등하게 가압하고, 또한 피난문 등의 폐쇄에 영향을 미치지 않는 위치에 설치한다.

e) 수동개방장치

- 벽에 설치하는 경우는 바닥으로부터 높이 0.8~1.5 m의 높이로 한다.
- 알기 쉬운 방법으로 그 사용방법을 표시한다.

f) 압력조정장치

- 방호구획에 대한 가압급기에 따른 과잉압력으로 문의 개방장해가 발생하지 않도록 하기 위한 장치로서 루버나 압력조정댐퍼 등을 설치한다.
- 복도의 연기층이 산란되지 않도록 실내 하부에 설치한다.
- 압력조정장치의 유효면적은 문 개방력이 성인여성이라도 개방가능한 정도의 100 N 이하가 되도록 확보한다.

g) 배연팬, 배연덕트, 배연구

- 방호구획에 대한 차연을 확실하게 하기 위해 화재실이나 연기에 노출된 복도에 배연을 설치하는 것으로 이러한 구획의 압력을 낮추는 것이 바람직하다.
- 화재성기에 있어서도 방호구획의 차연을 확보하는 데에는 고압의 연기를 인입하여도 정지하지 않는 팬으로 하거나 또는 연기가 고온이 된 경우에는 바이패스덕트에 의해 압력을 낮출 수 있는 장치를 설치하여야 한다.
- 이러한 설비들은 ⑧의 공기누출구로서 대체 가능하다.

h) 공기누출구

- 방호구획의 차연을 확실하게 하기 위해, 화재실이나 연기에 노출된 복도에 대하여 외기를 향해 압력누출구를 설치함으로써 이러한 구획들의 압력을 낮춘다.
- 공기누출구는 ⑦의 설비시스템으로서 대체 가능하다.

(2) 설계의 주의점

a) 가압 급기팬의 작동 타이밍

가압 급기팬을 작동시키기 전에는 급기구(그림 3.5.9 중 ④), 배연팬과 배연구(동 ⑦), 공기누출구(동 ⑧)의 개방과 작동이 확보되도록 한다. 예를 들면 이러한 개방과 작동에 연동하여 가압급기 팬이 작동되도록 한다.

b) 가압하지 않는 안전구획으로의 연기침입 방지

부속실가압방배연 방식의 건물에는 부속실 계단을 병설하는 것은 피해야만 한다. 부득이하게 부속실이 없는 계단을 채택하는 경우는 복도의 압력상승에 의해 연기가 계단실에 침입하는 것을 방지하기 위하여 복도에 기계배연을 설치하는 등의 대책을 고려하여야 한다.

c) 화재실로의 급기제한

부속실로의 가압급기가 최성기화재 시 대량으로 화재실로 유입되지 않도록 급기량을 조정하거나, 복도에 공기누출구나 기계배연을 설치하여 복도압력이 과도하게 높아지지 않도록 한다.

d) 차연에 필요한 차압확보와 문 개방력의 확인

차연을 실현시키기 위해서는 실간 압력차는 클수록 유리하다. 그러나 문 전후의 압력차가 너무 크면 피난자가 해당 구획에 들어갈 때에 문을 열 수 없게 될 위험이 있다. 따라서 가압 방배연설비의 설계에 대해서는 차연에 필요한 압력이 확보가능할 것과 문의 개방력이 과대해지지 않게 두 조건을 만족하도록 하여야 한다. 단, 설계 시에는 상정할 수 없는 틈이나 편류의 영향 등도 크기 때문에 이 양 조건이 확보되어 있는 것을 현지시험으로 확인하여야 한다.

(3) 국토교통성 고시에 따른 가압 방배연방식의 개요

상세한 자료는 문헌 12)에 나타내었다. 2009년 9월에 국토교통성의 고시에 추가된 가압 방배연설비는 피난안전의 확보, 또는 소방활동을 지원하기 위해 부속실이나 비상용 엘리베이터 승강로비의 연기 침입을 방지하기 위한 것이다. 가압 방배연방식은 급기된 공기가 연기로 오염된 실에 유입함으로써 그 실의 압력이 높아지고 주변의 실에 연기를 확산시킬 위험이 있으므로 이것을 억제할 필요가 있기 때문에 급기된 공기를 외부에 배출시키기 위한 공기누출구를 설치할 필요가 있다. 이 고시에서는 공기누출구에 「기계방식」과 「자연방식」이 있고, 단독사용과 두 가지 방식을 채택하는 것도 가능하다.

a) 문 통과풍량의 설정

가압 방배연방식은 소방활동을 위해서 부속실 문이 개방된 경우에도 부속실－인접실 간의 차압을 일정 압력 이상으로 유지시킬 필요가 있다. 고시에서는 부속실 등에 대한 차연성능을 달성하기 위한 지표로서, 부속실 등으로의 급기풍량이 아닌 차연개구부에 대한 배출풍속을 산정하고 있다. 부속실과 인접하는 실의 용도 및 인접실과 일반실과의 구획성능에 대해서 인접실의 공기온도를 세 가지로 상정하였다(그림 3.5.10). 차연개구부에서 차연에 필요한 문 개방부분의 필요배출풍량 V [m/s]를 문 개방 높이 H [m]에 따라 아래와 같이 정하고 있다. 또한, 차연개구부의 문은 개방폭을 40 cm로 정하고 있다.

- 인접실이 방화구획인 경우 : $V = 2.7 \times \sqrt{H}$
- 인접실이 불연구획인 경우 : $V = 3.3 \times \sqrt{H}$ (3.5.1)
- 일반실에 직접 면하고 있는 경우 : $V = 3.8 \times \sqrt{H}$

(4) 국토교통성고시에 따른 가압 방배연방식의 설계상 유의점

고시의 공기누출구에 관한 규정은 공기누출구 설치실의 공기온도가 800℃가 전제이기 때문에 검사 시의 상온상태에서는 공기통로나 실내압력이 고시에서 상정하고 있는 상태와는 다를 가능성이 있다. 또한 화재 시에도 상온으로부터 화재 성기에 이르는 사이, 공기밀도차의 변화에 따라 압력이나 공기통로가 크게 변화할 가능성도 있기 때문에 주의하여야 한다.

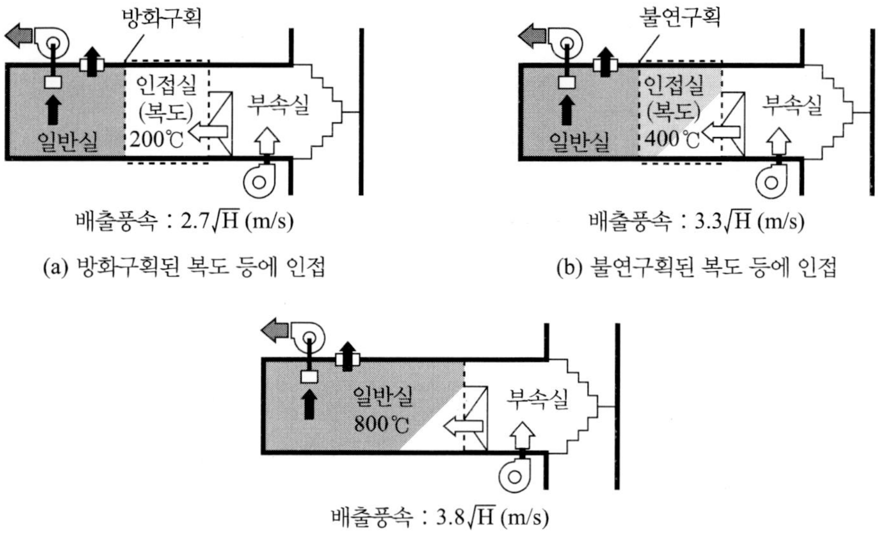

(a) 방화구획된 복도 등에 인접

(b) 불연구획된 복도 등에 인접

(c) 일반실에 인접

그림 3.5.10 인접실 조건과 개구부 배출풍속

(5) 소방법의 성능규정에 의한 가압방배연설계

a) 소방고시(소방루트 B)

소방루트 B는 소방활동거점을 가압 방배연설비로 하고자 하는 경우나, 일반실의 방연구획면적을 확대하고자 하는 경우 등에 적용된다. 2009년 총무성령 제88호 및 2010년 소방청고시 제16호에 필요사항과 기술기준이 규정되어 있다. 상세한 것은 문헌 13)을 참조한다.

소방의 가압 방배연설비는 지층 또는 무창의 1000 m^2 이상의 판매점포층에 적용할 수 있으며, 자동소화설비 등의 설치를 전제로 하고 있다. 부속실 또는 계단전실을 소화활동거점으로 하고, 여기에 가압급기함으로써 연기로부터 방호하고 있다. 또한 가압 방배연설비를 적용한 경우에는 여러 실의 소방배연을 저감할 수 있다. 한편, 소방활동거점의 벽이나 문의 차연성능 등에 대한 독자적인 기준이 있다. 구획의 급기량이나 배연량, 벽이나 문의 차연성능 등에 대해서는 고시 제15호에 규정된 계산법을 사용한다. 주요사항은 다음과 같다.

- 소화활동거점은 바닥면적 10 m^2 이상으로 하고, 수평거리 50 m 이내 마다 설치
- 소화활동거점의 벽은 내화구조로 하고, 또한 인접실 간의 벽에는 차열성이 필요

- 소화활동거점과 인접실간의 개구부(차연개구부)에는 차열성이 필요
- 차연개구부를 40 cm 개방한 상태에서 가압급기하여, 일정이상의 배출풍속이 필요
- 소화활동거점 이외의 실에 일정이상의 공기누출구 또는 기계배연이 필요
- 상기의 기계배연덕트에는 자동폐쇄식 방화댐퍼를 설치할 수 없다(방화구획을 관통하는 덕트를 내화덕트로 하는 등 주의하여야 한다).

구체적인 계산방법은 제6장을 참조한다.

b) 공학적 방법으로 장관인정을 받는 특수 소방용 설비 등(소방루트 C)

소방법령에서 상정하고 있지 않는 특수한 기술에 따른 소방방재시스템, 고도의 소방방재시스템 등에 대해서는 소방법 제17조제3항에 기초한 총무장관의 인정을 취득하여 설계할 수 있으며, 이 제도를 사용한 설계루트를 소방루트 C라고 칭한다.

소방루트 C는 소방법 전반에 대한 제도로 소방배연에 대해서도 적용할 수 있다. 소방루트 B보다도 유연한 대응이 가능하여 지금까지 많은 건물에 대해서 가압방배연이 설계되고 있다.

3.6 계단실 가압방연설비

피난계단은 건물에서 복수층에 걸친 피난경로임과 동시에, 일단 연기의 침입이 허용된 경우에는 건물 전체에 대한 연기 확산이 초래되기 때문에, 화재안전을 위한 상당히 중요한 수직샤프트공간이다. 그러므로 계단실을 가압함으로써 연기침입을 방지함으로써 피난경로를 확보하는 방재시스템은 매우 합리적인 기술이다.

3.6.1 가압방연설비의 구조

계단실 가압방연설비의 구성(그림 3.6.1)은 3.5.5의 가압 방배연방식과 같은 가압 급기

팬, 가압 급기덕트, 급기 취입구, 급기구, 압력조정장치 및 공기누출구 등으로 구성된다. 이러한 설비들의 설치위치나 구성은 다음과 같다.

① 가압 급기팬

- 3.5.5절과 동일

② 급기구와 가압 급기덕트

- 계단실의 수직방향으로는 계단실 본체에 의한 공기저항이 있고, 계단실 한 층당 수평투영면적에 대한 유량계수는 0.11~0.18이라는 보고가 있다[14),15)]. 계단실 내부를 가능한 한 균등하게 가압시키기 위해서는 급기구를 10층 정도에 1개소 이상 설치하여야 한다.
- 기타 사항은 3.5.5와 동일

③ 외기취입구

- 3.5.5절과 동일

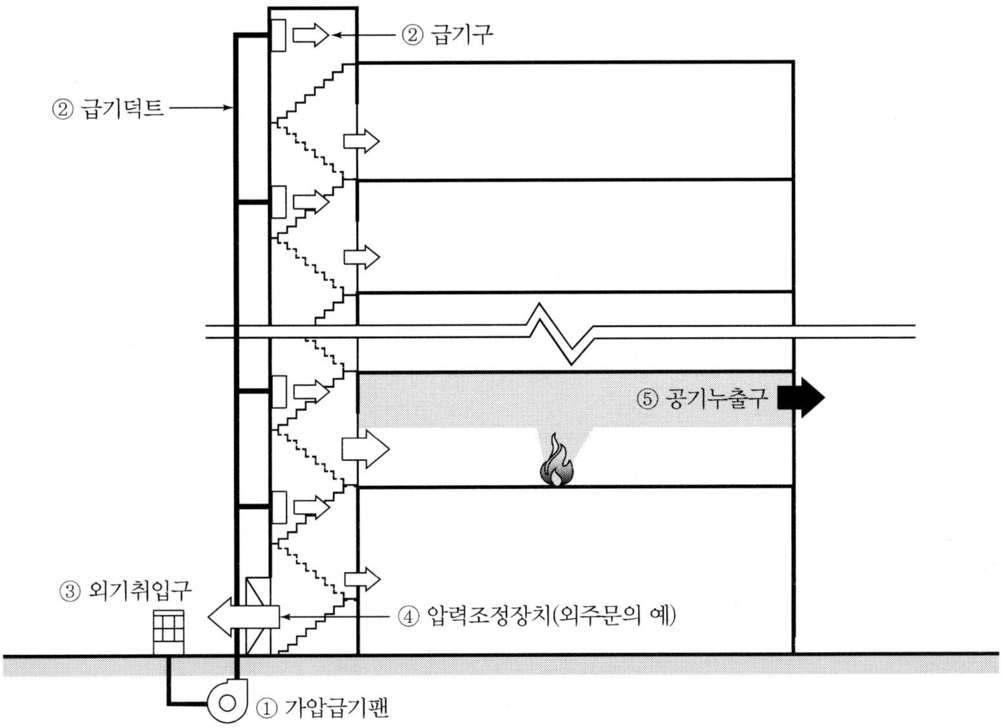

그림 3.6.1 계단실 가압방배연 구성도

④ 압력조정장치

- 계단실에 대한 가압급기의 과잉압력으로 문 개방장해가 발생하지 않도록 하기 위한 장치로서, 계단실과 외기의 사이에 루버나 압력조정댐퍼 등을 설치한다. 또한, 문헌 16)에는 Canadian system으로서, 계단 1층의 외부문을 자동개방시키는 것으로 계단 내부의 압력 과잉상승방지를 위한 계단가압 시스템의 예가 소개되어 있다. 일본에서도 선정된 사례가 있다.
- 압력조정장치의 유효면적은 계단 문의 개방력이 100 N 정도 이하가 되도록 한다.

⑤ 공기누출구, 배연팬, 배연덕트, 배연구

- 3.5.5절과 동일

3.6.2 설계 시의 주의점

① 충분한 급기량의 확보

계단실을 가압하는 경우, 개방된 계단 문의 수가 늘어나면 계단실의 압력이 급격하게 저하되기 때문에, 급기량을 설정하는 경우에 동시에 개방되는 계단문 수를 여유 있게 상정하는 것이 중요하다. 그림 3.6.2에 지하 2층, 지상 11층 건물에서의 개방문수에 따른 계단실 압력의 변화를 측정한 예를 나타낸다.

② 가압 급기팬의 작동 타이밍

가압 급기팬을 작동시키기 전에는 가압조정장치(그림 3.6.1 ④), 공기누출구(동 ⑤)의 개방, 기동이 확보되도록 한다. 예를 들면, 이러한 개방 및 기동에 연동시켜 가압급기 팬을 작동하도록 한다.

③ 가압되지 않는 안전구획으로의 연기 침입방지

가압되지 않는 계단실이나 엘리베이터 샤프트 등의 수직샤프트공간이 있기 때문에 가압에 따른 복도의 압력상승에 따라 연기가 이러한 수직샤프트공간에 인입될 위험성이 있다. 복도 등에 기계배연을 설치하는 등의 대책을 고려하여야 한다.

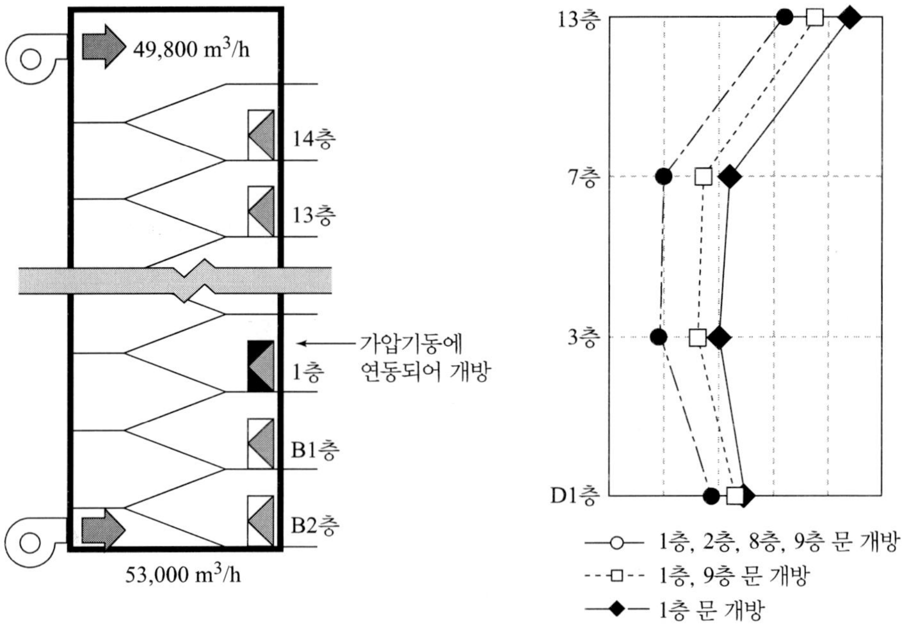

그림 3.6.2 계단실 가압차압측정도 [15)]

④ 화재실로의 급기제한

계단실로의 가압급기가 최성기화재시 대량으로 화재실로 유입되지 않도록 급기량을 조정하거나, 복도 등에 압력조정구나 기계배연을 설치하여 복도압력이 과도하게 높아지지 않도록 한다.

⑤ 차연에 필요한 차압확보와 문 개방력의 확인

차연의 관점에서는 연기보다 방호하고자 하는 공간의 압력은 높을수록 유리하다. 그러나 방호하는 공간의 압력이 너무 높으면 피난자가 해당구획에 들어갈 때 문을 열 수 없게 될 위험성이 있다. 따라서 계단실 가압방연의 설계 시에는 차연에 필요한 압력이 확보될 것과 문의 개방력이 너무 커지지 않게 하는 두 가지 조건을 만족하도록 하여야 한다. 또한 시공단계에 있어서는 확보된 이 두 가지 조건에 대하여 현지시험을 통하여 확인하여야 한다.

3.7 공조겸용 배연설비

공조겸용 배연설비라는 것은 공조・환기설비에 이용되는 덕트나 팬을 배연설비로서 사용하는 시스템이다. 본래는 비상시에만 사용하는 설비를 상시사용하는 것으로, 공간의 축소와 시스템의 신뢰성이 향상 되는 등의 장점이 있으나 그 반면 시스템 구성이 복잡해지는 사례도 있으므로 주의하여야 한다. 전환댐퍼의 내구성을 확인하는 것과 더불어 댐퍼 오작동 시의 안전대책을 검토하는 등 설계상 유의하여야 하는 과제도 많다. 또한, 작동 순서에 맞추어 댐퍼 고장 시에도 크게 손상되지 않는 시스템으로 하여야 한다.

3.7.1 공조겸용 배연설비의 실적

이전의 공조겸용배연시스템은 배연구의 상시폐쇄 상태유지를 정한 건축기준법 시행령 제126조의3 제1항 제6호에 위반되는 것으로서, 구 건축기준법 제38조에 기초하여 장관 인정을 취득하여 계획된 것이 많다. 그림 3.7.1은 1986～1999년까지의 14년간 (재)일본 건축센터에서 기술적 평가(이하 [평정]이라고 함)를 받은 건수를 나타내고 있다.

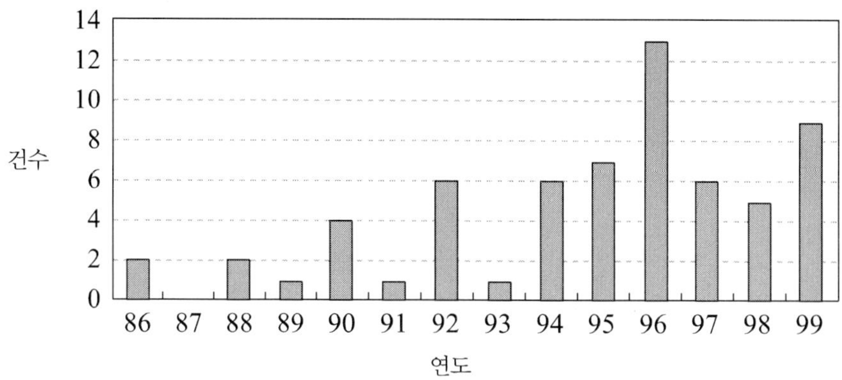

그림 3.7.1 공조겸용배연시스템 평정 건수

3.7.2 공조겸용 배연설비의 분류

공조겸용 배연설비를 분류하면 표 3.7.1에 나타낸 바와 같이 세 가지로 나뉜다.

A방식은 수평분기 덕트만 겸용하는 것으로, 사무소 빌딩의 기준층에 많은 패턴이다. 배연풍량이 고시 피난안전검증법 등에 따라 법정풍량의 절반정도가 되는 것이 전제인 겸용시스템이다. B방식은 중앙환기시스템, 특히 외기처리 조화기의 배기측이나 화장실배기의 수직덕트가 배연수직덕트로 이용되는 경우가 많다. C방식은 풍량이 많이 요구되는 영화관·극장 등이나 주차장의 환기·공조시스템이 배연설비로 겸용되는 경우가 많다.

표 3.7.1 공조겸용 배연설비의 분류 [17)]

방식	개념도	특 징
A. 분기덕트만 겸용	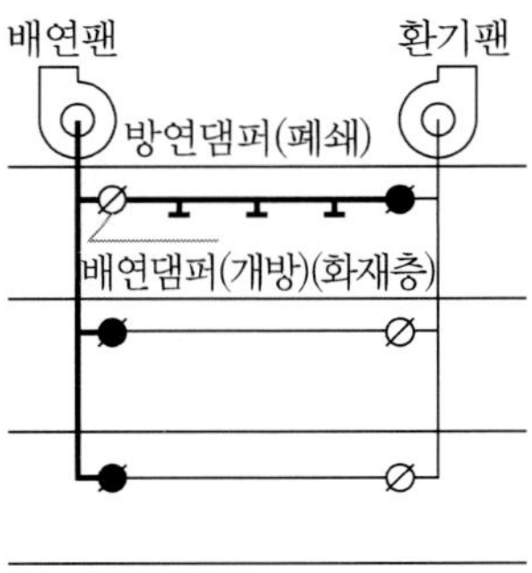	• 사무소빌딩의 기준층에 많음. • 배연풍량이 기준법으로 요구되는 풍량의 절반정도로 되는 것이 전제임. • 제어는 화재층의 댐퍼의 개폐만이며, 비교적 단순함. • 팬이 단독이기 때문에 배연팬의 신뢰성이라는 점에서는 단독시스템과 같음.
B. 팬과 주덕트를 겸용	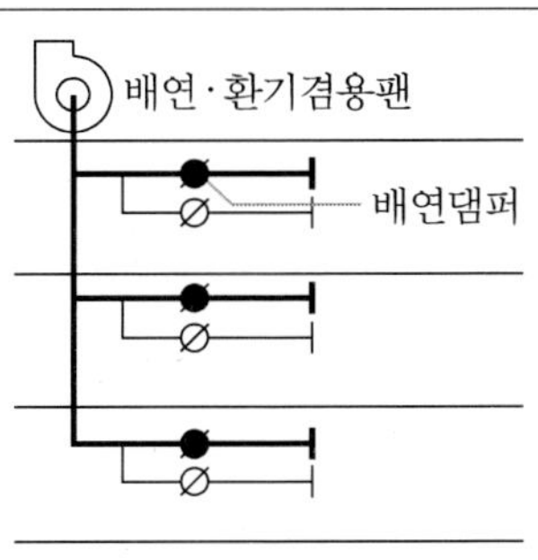	• 사무소빌딩의 기준층에 많음. • 배연팬은 화장실의 환기팬 등과 겸용된 경우가 많음. • 전체 층의 방연댐퍼 폐쇄가 필요하며, 복잡한 시스템이 되기 쉬움. • 배연팬을 항상 사용하고 있기 때문에 작동의 신뢰성향상을 기대할 수 있음.
C. 팬과 덕트 전체를 겸용	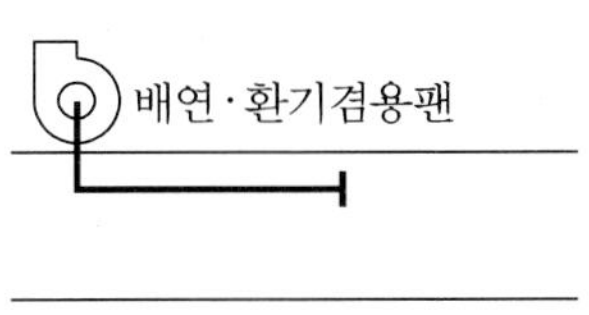	• 영화관, 극장이나 소규모의 주차장 등, 하나의 방연구획만의 용도가 많음. • 배연팬은 그 실의 환기팬 등과 겸용된 경우가 많음. • 댐퍼전환 등이 없으므로 간단한 시스템임. • 배연팬을 상시사용하고 있기 때문에 작동의 신뢰성 향상을 기대할 수 있음.

3.7.3 공조겸용 배연설비에 대한 법령

(1) 법적인 취급

구 건축기준법 38조는 새로운 기술이, 기존의 법이 사양적으로 요구하고 있는 것과 동등 이상의 안전성을 확보하고 있는 경우에는 이것을 장관이 인정하는 것이었다(이하 구38조 특인이라고 칭함). 이 구38조특인에서는 그 적용범위가 단독체 규정전체를 대상으로 하고 있었기 때문에, 모든 저촉사항에 대응하여 일괄처리할 수 있었다. 따라서 공조겸용 배연설비도 시행령 제126조의3 제1항 제6호에 저촉하는 것으로서 처리가 이루어졌다.

그러나 구38조 특인이 사라진 현재는 요구되는 성능과 그 수준이 나타나있다. 즉, 성능규정화된 조문에만 한정하여 평가가 가능하다. 배연설비에 관해서는 건축기준법 시행령 제126조의3에 대해 배연설비의 구조사양이 규정되어있지만, 배연설비 자체의 성능규정화는 이루어져 있지 않다. 따라서, 배연설비 대신 공조겸용 배연설비를 도입하는 것은 불가능하다.

장관인정에 따른 피난안전검증(루트 C)을 행하는 경우, 배연설비의 설치와 구조의 규정을 제외할 수 있으므로 구조규정에 따르지 않는 기술을 적용할수 있게 되었으며, 이것이 유일하게 남겨진 공조겸용 배연설비를 도입할 수 있는 방법이 되었다. 고시 피난안전검증법(루트 B)에 의한 경우는 배연구의 구조에 관한 규정처리는 행정에 따라 상이할 수도 있다.

(2) 건축확인에 따른 취급

배연설비의 성능규정화가 이루어지지 않는 현재는, 공조겸용 배연설비를 계획할 수 있도록 하기 위해서는, 건축확인 시 건축기준법시행령 제126조의3에서 규정하는 구조의 배연설비와 동등한 것으로서 규정할 필요가 있다. 따라서, 본 지침의 공조겸용 배연설비는 배연구의 구조(건축기준법시행령 제126조의3 제1항 제6호) 이외의 규정에 대해서는 모두 적합한 것을 전제로 한다. 단, 건축기준법시행령 제129조의2 또는 제129조의2의2에 대해 배연설비의 유효성이 확인되어진 경우는 그러지 아니한다.

또한, 해석 시 상당히 문제가 되어온 배연구의 구조 및 덕트의 구획관통부에 설치하는 방화댐퍼의 방안은 다음 항 3.7.4에 나타낸다.

3.7.4 공조겸용 배연설비의 요점

(1) 배연구 · 전환댐퍼의 구조

건축기준법시행령 제126조의3 제1항 제6호는 배연구가 상시폐쇄상태를 유지하도록 요구하고 있으며, 구38조 특인에서도 이것을 저촉조문으로서 신청했던 사례가 많다. 그러나, 이 규정의 본래 요건은 배연구가 상시개방되는 경우에 우려되는 다음의 오류 발생을 방지하는 것이다.

① 화재 시 덕트를 통하여 연기 확산을 조장할 가능성이 높은 것
② 출화구획에 필요한 배연풍량을 만족하지 않을 가능성이 높은 것

이와 같은 조건이라면 배연구나 덕트가 공조계와 겸용되어도 전환댐퍼의 제어를 적절하게 행하면 덕트를 통한 연기 확산을 방지할 수 있을 것으로 판단된다. 단, 하나의 공조기가 복수층을 부담하는 경우에는, 층간을 관통하는 덕트가 필요하기 때문에, 전환 댐퍼의 제어에는 주의가 필요하다.

또한, 공조모드 시에 전환댐퍼는 폐쇄상태가 되고, 일반적으로는 화재모드로 이행하지 않는 한 폐쇄상태가 유지됨으로써 통상의 배연구와 같은 신뢰성이 있다. 단, 겸용설비의 경우에는 댐퍼의 전환이 정상적으로 행해지지 않으면, 연기확산의 위험성은 이전의 배연설비보다도 높아지므로 댐퍼의 작동신뢰성을 향상시킬 수 있는 방법이 필요하다. 예를 들면 일상의 공조운전 시에는 공조모드로 가동하고 있지만, 공조정지 시에는 배연모드로 전환되어 정지하는 것도 하나의 방안일 것이다. 따라서 최저 1일 1회 댐퍼의 전환동작을 행하여, 작동신뢰성을 높여야 한다.

(2) 덕트 · 방화댐퍼의 구조

겸용 배연덕트의 구조는 배연덕트의 시방을 만족시켜야 한다. 구체적으로는 건축기준법시행령 제126조의3 제1항 제2호에 불연재료의 규정 외에도 각종 시방서의 규정이 있다.

방화댐퍼에 대해서는 령 제112조 제16항 및 1973년 건설성고시 제2565호에 준하여 케이싱 및 날개는 1.5 mm 이상의 철판으로 제조되어야 한다. 또한 퓨즈 용해온도는, 환기전용 덕트는 72℃, 배연전용 및 환기 · 배연겸용 덕트는 280℃로 하여야 하므로 주의가 필요하다.

3.8 연기제어설비의 원격 감시 제어

3.8.1 중앙관리실 · 방재센터 설치 기준

화재 시 피난을 안전하게 하기 위해서는, 건물 전체의 상황을 파악한 후 연기 제어를 실시하여야 한다. 그러므로 중앙 관리실 · 방재 센터에서 연기제어설비의 원격 감시 · 제어 기능이 필요하다. 또한 건축기준법에서는 중앙 관리실, 소방법에서는 방재 센터라 불리는데, 본서에서는 엄밀한 구분은 하지 않았다

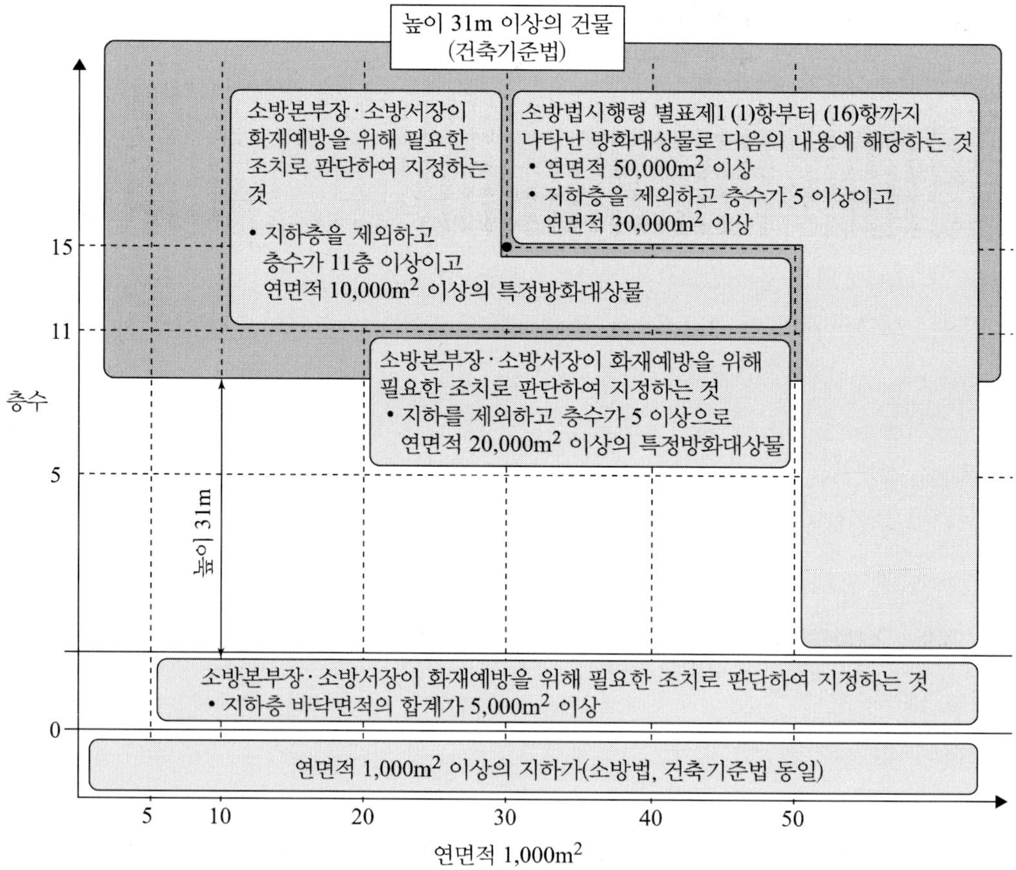

그림 3.8.1 방재센터의 설치 기준

건축기준법에서는, 높이 31 m를 넘는 비상용 엘리베이터 설치가 필요한 건축물과 각 구조의 바닥면적의 합이 1000 m^2을 넘는 지하상가에 설치하는 기계환기설비, 중앙관리방식의 공기조화설비의 제어, 작동을 감시할 건축물(건축기준법 시행령 제20조의2 제1항 제2호)에 기계환기설비, 중앙 관리 방식의 공기조화설비, 배연설비, 비상용 엘리베이터 등의 제어, 작동을 감시하기 위한 중앙관리실을 설치하여야 하는 것으로 규정하고 있고, 이것을 소방법에서 방재 센터라고 표현하고 있다. 또한 소방법에서는 소방법 시행 규칙 제12조 제1항 제8호에 종합 처리반의 설치 기준을 제시하고 있으며, 종합 처리반은 방재 센터(건축기준법으로는 중앙 관리실로 명기됨)에 설치해야 한다.

이러한 내용을 종합한 방재 센터의 설치 기준은 그림 3.8.1과 같다.

3.8.2 원격 감시 · 제어 시스템의 개요

그림 3.8.2에 연기제어설비의 원격 감시 · 제어 시스템의 개요를 나타냈다. 자동화재경보 설비에서 화재를 감지했을 경우, 중앙 관리실에 표시되어야 함은 물론 방화방연구획의 형성과 더불어 연기층이 교반되지 않도록 공기 조절기 · 팬 등이 정지되어야 한다. 중앙 관리실에서는 비상 방송 등에 따른 피난 유도와 함께 배연설비를 원격 제어로서 가동시켜야 한다.

3.8.3 제어 방식

(1) 수동 처리

현장에서 전기적, 기계적으로 작동되는 장치를 사람이 작동시키는 경우 「수동 작동 방식」이라고 한다. 배연설비 근처에는 수동개방장치를 설치하여야 하고, 누름 버튼으로 배연구를 개방하는 수동개방장치 등이 이에 해당한다.

(2) 원격 제어

배연설비 등을 중앙 관리실 등의 떨어진 곳에서 제어하는 방식을 「원격 제어 방식」이

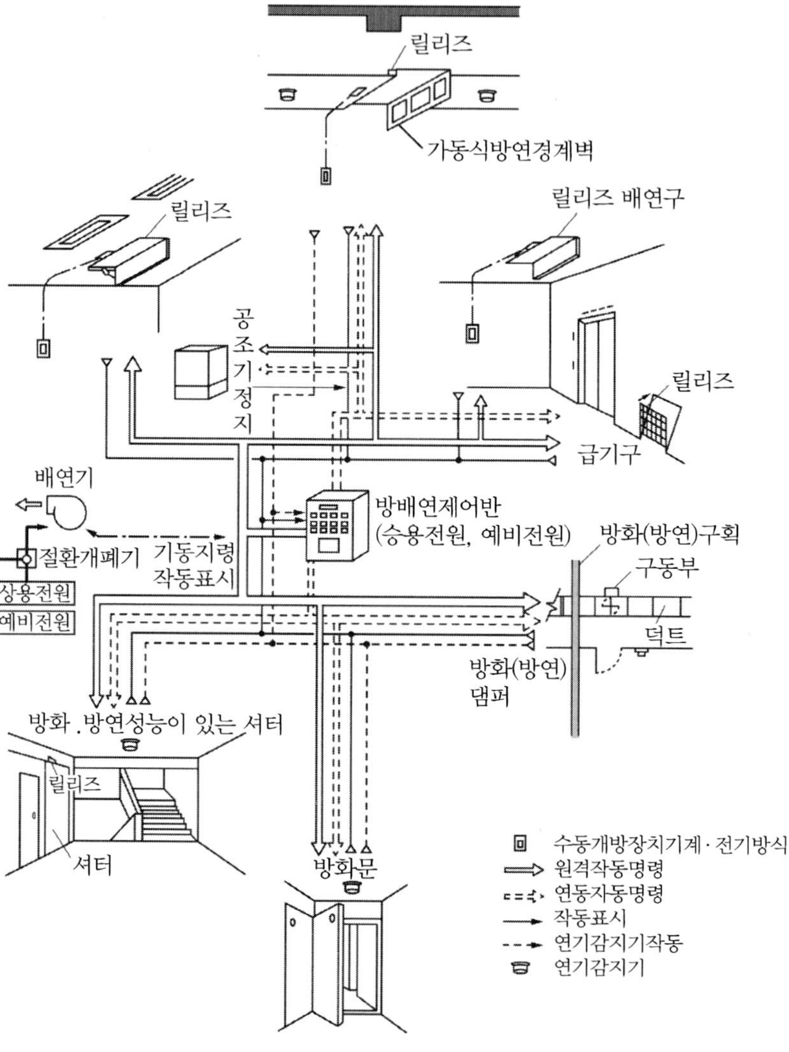

그림 3.8.2 연기제어설비의 원격감시제어시스템 [3)]

라고 한다. 건축기준법의 경우, 중앙 관리실이 필요한 건물에 대해서는, 중앙 관리실에서 배연설비의 제어 및 작동상태를 감시하는 것으로 규정하고 있으나, 이 경우는 상황을 눈으로 확인할 수 없으므로, 작동 확인과 오작동 방지를 위하여 원격 감시할 중앙 관리실에 작동 상태를 확인할 수 있는 램프표시가 준비되어야 한다.

또한 원격 제어의 경우, 관리자가 배연설비와 관련된 방연 구획을 정확히 이해할 수 있도록, 자동 화재탐지설비의 경계 구역은 안전 구역과 방연 구획에 일치시켜야 한다. 또,

비상전화를 이용하여 통보할 때, 정확하게 화재 발생 부분이 전달될 수 있도록 구획의 명칭, 기호를 기입한 지도판 등을 비상 전화 근처에 설치하여야 한다.

(3) 연동 제어

배연구, 가동식 방연경계벽 등을 감지기의 신호에 따라 자동적으로 작동시키거나 그 신호를 받고 다른 설비를 작동시키는 것을 「연동 제어」라고 한다.

연동제어는 수동 처리, 원격 제어의 어느 방식에도 사용될 수 있다.

연동제어는 일반적으로 연기감지기와 제어장치로 구성되어 있는 것이 대부분이지만, 신호는 반드시 연기감지기 뿐만 아니라, 다른 배연설비기기와 연동시키는 경우도 있다

3.8.4 각 기기의 제어 방식

(1) 배연구

a) 수동 처리

1의 배연구에는 1 이상의 수동개방장치(수동 처리)를 설치하는 것을 원칙으로 한다. 수동 처리방식은 자연배연, 기계배연의 구별 없이 모두 필요하다. 또, 동일 방연 구역 내에 복수의 배연구를 마련하고, 각 배연구의 배연풍량 합계가 그 방연구획 전체의 배연량이 될 경우 복수의 배연구를 동시에 개방한다.

천장챔버방식과 같이 천장 내부에 배연구가 설치되어 직접적으로 개방의 확인을 할 수 없을 때는 수동개방장치 작동 확인을 위한 램프 등을 설치하여야 한다.

또한, 특별 피난 계단의 부속실 및 비상 엘리베이터 승강로비의 배연설비의 경우에는 배연구 외에 급기구가 필요하다. 이 급기구는 상시 폐쇄를 원칙으로 하고 있으므로 배연구와 연동시켜 개방시켜야 한다.

b) 원격 제어

원격 제어는 중앙 관리실이 있는 경우에는 반드시 필요하고 제어 및 표시는 원칙적으로 배연구 마다 실시하여야 하며 방연 구획을 1단위로 행하여도 무방하다.

c) 연동 제어

배연구에는 연기감지기와 연동되는 자동개방장치를 설치할 수 있다. 예를 들면, 노인요양원 등처럼 재실자에 의한 배연구의 조작을 기대할 수 없는 경우에는, 채택을 검토할 필요가 있다. 단, 이 제어 방식에서는 연기의 흐름에 의해서 조기에 배연구가 차례로 열리는 등 부적절한 작동이 발생할 가능성도 있으므로, 연기감지기가 비 화재보를 낼 가능성이 있는 흡연실이나 주방과의 연동은 주의가 필요하다

(2) 배연 팬

배연 팬은 1의 배연구의 개방에 따라 자동적으로 작동해야 한다. 다만, 특별피난계단의 부속실 및 비상 엘리베이터 승강로비의 배연은 배기구 및 급기구의 양방의 개방에 따라서 작동하는 방식으로 한다.

또 중앙 관리실이 있는 경우에는 원격 제어 및 작동 상태의 감시가 가능한 것으로 하여야 한다.

(3) 가동식 방연경계벽

수동 처리 및 연동 제어는 배기방식이나 중앙 관리실의 유무에 관계없이 설치해야 한다. 연동 제어의 경우, 경계벽으로부터 연기감지기까지의 거리는 10 m 이내이고 경계벽의 양쪽에 설치하여야 한다.

이 조건이 만족되면, 방연경계벽에 관련된 전용의 연기감지기를 설치하지 않고, 자동화재 탐지 설비의 연기감지기에서 신호를 받고 작동하는 겸용 시스템으로도 가능하다. 또, 긴 가동식 방연경계벽 경우에는, 방연 구획선을 따라 5 m 이내마다 연기감지기를 설치하여 연기 검출이 유효하게 이루어지도록 하여야 한다. 중앙 관리실이 있는 경우에는 더 나아가 원격 제어 및 작동 상태의 감시를 하여야 한다.

(4) 방화문 및 방화셔터

자동 폐쇄되는 구조의 방화문 및 방화셔터에는 열 또는 연기감지기, 연동 제어기, 자동폐쇄 장치 및 예비 전원을 갖추어야 한다. 또한 셔터에는 하강 시 끼임 방지 장치가 필수이지만, 집기 등으로 인하여 폐쇄를 저해하지 않도록 고려하여야 한다.

연기감지기 또는 열 감지기가 고시에서 정한 규정에 적합한 경우에는 자동 화재 탐지 설비에서 신호를 받아 방화문을 작동시킬 수 있다. 이는 다음 사항의 방화 방연 댐퍼의 경우도 동일하다.

연동 제어에 대해서는 수시로 제어에 대한 확인이 이루어져야 하며, 이는 필요에 따라 연동 제어기가 제대로 작동하는 상태인지 여부를 쉽게 확인하기 위한 것으로 연동제어기의 배전바 또는 그 근처에 램프 표시(주로 전원 표시)를 설치하는 등의 조치를 강구하여야 한다. 또한 방재 감시를 위하여 중앙관리실에 작동표시가 필요한 경우도 있다.

(5) 방화 방연 댐퍼

방화 방연 댐퍼의 연동 제어에 대해서는 방화문 및 방화셔터와 마찬가지로, 방화 방연 댐퍼는 천장 등 은폐된 장소에 설치되는 사례가 많으므로 작동 표시에 대한 보안 점검의 용이하도록 주의하여야 하며 또한 방재 감시를 위하여 중앙 관리실에 작동표시가 필요한 경우가 있다.

(6) 기계환기설비 및 공기조화설비

연기가 교반되지 않도록 배연설비의 작동과 연동되어 기계환기설비 및 공기조화설비를 정지시키는 것이 원칙이다.

3.8.5 제어 장치 및 제어반

(1) 설치 장소

배연구, 가동식 방연경계벽 등은 화재 초기에 제어되어야 하고 일단 작동되면 제어 장치에 관계없이 작동 상태를 유지하여야 한다.

이에 대한 배연 팬의 제어 장치 또는 제어판은, 배연을 하는 동안은 정상적으로 작동되어야 하고, 전원이 끊어지면 배연 팬의 기능이 정지된다. 그러므로 설치 장소는 화재 발생의 위험성이 적은 장소 또는 화재에 의한 열의 영향이 적은 장소(기계실, 전기실, 전용의 배선 샤프트 등)를 선택해야 한다.

표 3.8.1 배전반 등의 선정(건축기준법)

설치장소		배전반 등의 종류
실	내화구획 실[1]	일반형
	상기 이외의 방	2종 내열형
거실		1종 내열형
옥외 옥상	연소의 위험성이 있는 장소	1종 내열형
	상기 이외의 장소	2종 내열형
복도	일반	1종 내열형(2종 내열형[2])
	개방	2종 내열형
계단	일반	1종 내열형(2종 내열형[3])
	피난, 특별피난(부속실을 포함)	설정불가
비상용 엘리베이터 승강로비		설정불가

[주] 1) 화기를 사용하는 설비가 설치되어 있는 실은 내열형으로 한다.
2) 불연성 재료로 구획된 복도
3) 옥외 계단

표 3.8.2 배전반 등의 선정(소방법)

설치장소		배전반 등의 종료
불연재료로 구획된 기계실 등	전기실[1]	일반형
	기계실[2]	2종 내열형
파이프 샤프트		2종 내열형
거실		1종 내열형
옥외 또는 옥상		2종 내열형
복도	일반복도	1종 내열형
	개방복도[3]	2종 내열형
계단	일반계단	2종 내열형
	피난계단・특별피난계단[4] 및 부속실	

[주] 1) 불연 전용실 이외의 장소는 2종 내열형을 사용할 것
2) 화기를 사용하는 기계실은 일종 내열형을 사용할 것. 펌프전용실은 일반형을 사용하는 것이 바람직함.
3) 건축기준법 제2조 제6호의 규정에 의해 연소의 우려가 있는 장소 및 불연성 재료로 만든 외벽의 옥상(또는 지붕)으로 개구부에서 수평거리 3 m(개구부에 방화문을 설치한 경우 1 m) 미만의 부분은 1종 내열형을 이용할 것
4) 설치할 수 있는 배전반 등의 종류는 비상용 콘센트만으로 함.

또 배연덕트로부터의 복사열 영향 등도 고려해야 하며, 부득이 거실 등 화재실이 되기 쉬운 장소에 설치할 때에는, 특히 내열성을 강화한 구조로 시공되어야 한다.

(2) 구조와 구성 기기

배연구, 가동방연경계벽 등의 제어 장치는 화재 시 열의 영향을 받아도 확실히 작동되기 위해서는 설치 장소에 따라 단열 성능이 요구된다.

배연 팬의 제어반은 전술한 바와 같이 기계실 전기실, 전용의 배선 샤프트 등에서는 화재의 발생과 연소 확대의 위험성이 적어서 일반제품으로도 무방하나, 거실 등 화재실이 되기 쉬운 장소 및 대피 경로가 되는 곳 등에 설치되는 것은 내열성을 특히 강화한 것이 필요하므로 관계 법령(표 3.8.1 및 표 3.8.2)에 따라 설치한다.

3.8.6 중앙 감시 장치(방재회로도)

(1) 중앙 감시의 내용

a) P형(Proprietary-type)

감지기나 발신기의 전기적인 접점이 폐쇄되고 전류가 흘러 화재 신호를 수신하는 시스템이다. 규모와 기능에 따라 P형 1급과 P형 2급이 있다. 수신기의 패널에 회선(경계 구역)의 수만 표시하는 창(지구표시)이 나열되고 램프(지구 등)가 점등함으로써, 화재 발생 장소(경계 구역)를 특정한다. 수신기~감지기, 발신기 사이의 배선은 회선 수(건물의 규모)에 따라서 수가 증가한다.

b) R형(Record-type)

감지기나 발신기에 고유 번호(주소)를 설정하고, 전송 신호(통신)에 의해 화재 신호를 수신하는 시스템이다. 경계 구역이 늘어도 일정한 배선본 수로서 대응할 수 있고, 고유번호(주소)로 화재 발생 장소를 정확하게 파악할 수 있으므로, 대규모 건물에 적합하다. 수신기의 패널에는 지구창만이 아닌 액정 등의 표시 장치가 설치되어 문자 정보로 화재 발생 장소 등이 표시되는 것이 일반적이며, P형과는 달리 프린터 기능이 지원된다.

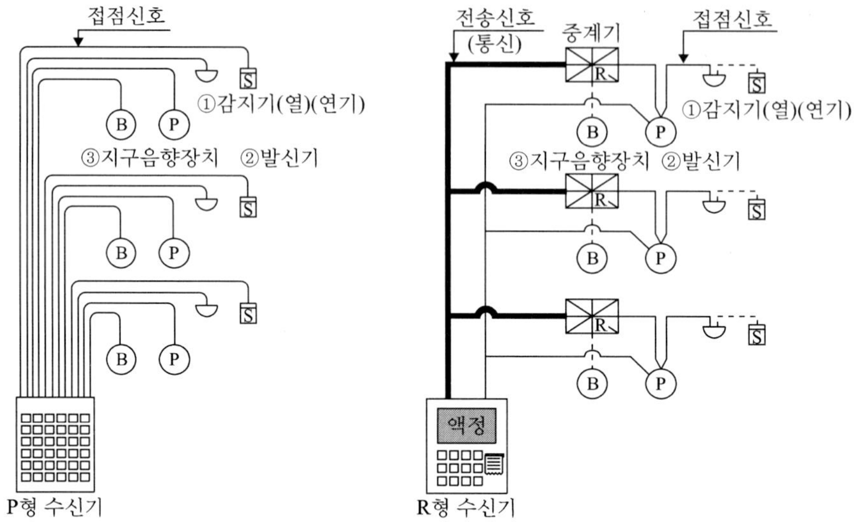

(1) P형 방재회로도의 이미지 (2) R형 방재회로도의 이미지

그림 3.8.3 방재회로도 P형 및 R형

c) 종합 조작반

종합 조작반은 기본은 R형 방재회로도이지만, 「복수의 소방용 설비 등에 관련된 감시, 조작 등에 따라 방화 대상물 전체에서 화재의 발생, 화재의 확산 상황 등을 파악할 수 있는 기능을 비롯한 종합적 관리 기능을 확보할 것」의 규정에 따라 고도의 기능을 가진 소방 설비의 감시, 조작 등을 실시하는 방재 표시 장치, 수신기 등에 구축된다. 종합 조작반의 이미지는 그림 3.8.4와 같다.

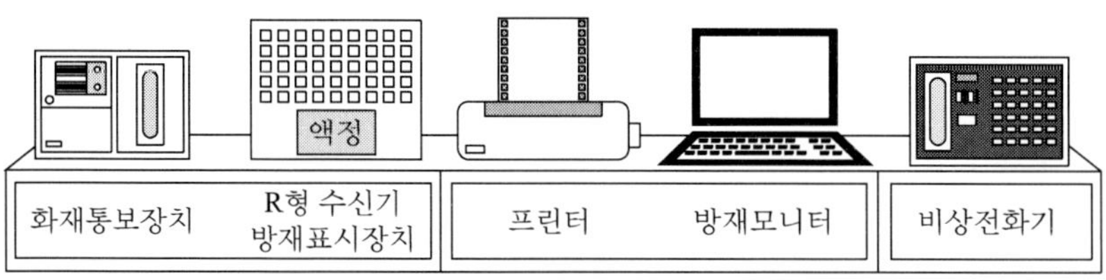

그림 3.8.4 종합 방재 제어반의 이미지

d) 중앙 감시의 대상이 되는 주요 장치

중앙 감시의 대상이 되는 주요 장치는 건축물의 규모・용도 등에 따라 다르지만 일반적으로 다음과 같다.

- 배연구의 원격 제어 및 개방 표시
- 배연팬의 배연구와의 연동 시동과 원격 제어 및 운전 표시
- 가동식 방연경계벽 · 방화문 · 방화셔터 · 방연 댐퍼(방화 방연 댐퍼)의 연기감지기
- 연동 폐쇄 및 표시
- 관련 공조 설비의 원격 제어 및 운전 표시
- 배연팬 · 배연풍도의 계통 표시
- 화재 발생 장소, 배연구 · 방화문 등의 작동 표시(창식, 평면지도식 · 단면지도식 · 디스플레이방식 등)

기타 일반 방재 설비에 관해서는 다음과 같은 장치가 있다.

- 자동화재탐지 설비의 수신기(반)
- 소방 기관으로의 통보 설비
- 비상 방송 설비의 조작부 및 증폭기
- 가스 누출 화재 경보 설비의 수신기
- 스프링클러 설비의 시동 표시
- 불활성 가스 소화, 포 소화 등의 소화 설비의 시동 표시
- 옥내 소화전 시동 표시
- 비상용 엘리베이터의 작동 장치 및 작동 상태 감시 장치
- 비상용 엘리베이터와 연락 전화
- 무선통신보조 설비의 접속 단자
- 자가발전설비의 시동 표시
- 비상전화장치
- 연결송수관 등의 송수구 설치 장소와의 통화

(2) 중앙 감시 방식

(2.1) 중앙 관리실이 있는 경우

a) 중앙 감시 장소

중앙 관리실의 설치 장소는, 관리자가 상시 근무하는 장소로서 피난층 또는 그 직상층 혹

은 직하 층에 설치하는 것으로 규정되어 있으며, 기타 다음 사항에 유의하여야 한다.

- 내화구조의 벽, 바닥(통로 등도 포함)로 구획한다.
- 출입이 안전하고 신속하게 할 수 있는 동선을 확보한다.
- 직접 외부로 나올 수 있는 통로로 연결된다.
- 전용의 급배기(공조)설비를 설치한다.
- 기계배연의 경우, 메인 덕트까지의 가로방향연결 닥트는 다른 실과 별도의 계통으로 한다.

b) 제어 · 감시의 대상

- 거실의 자연배연

  거실에서 자연배연은 배연구(창)에 의해서 이루어진다. 주된 목적이 창으로 사용되는 경우는 원격 제어 · 감시를 필요로 하지 않는다. 그러나 배연을 주된 목적으로 설치한 아트리움 등 높은 부분의 창에서 직접 손으로 개방이 곤란한 경우는 그 창문에 대한 원격 제어 · 감시가 필요하다.

  제어 · 감시가 필요한 경우의 제어 단위는 1개의 배연구마다 단독으로 원격 제어를 해도 좋지만, 방연 구획 단위로 묶어, 복수의 배연구를 동시에 개방하는 것이 기능과 컨트롤 측면에서 효과적인 경우도 있다. 또한 감시 기능은 제어의 단위로 시행한다.

- 거실의 기계배연

  배연설비의 제어 및 감시 대상의 경우, 제어는 배연 팬의 시동 · 정지, 배연구 개방 및 가동식 방연경계벽, 방화문 · 방화 댐퍼(방연 댐퍼를 포함) 등 관련 설비에 대한 화재감지기와 연동된 폐쇄를 대상으로 하고, 감시는 배연 팬의 시동 · 정지 표시, 배연구 개방 표시 및 가동식 방연경계벽 · 방화문 · 방화 댐퍼 등의 폐쇄 표시를 대상으로 한다.

  중앙 관리실에서 제어와 감시가 꼭 필요한 것은, 배연팬 · 배연구 · 가동식 방연경계벽이지만 방화문 · 방화 댐퍼 등 관련 설비에 대해서도 제어 · 감시를 실시할 수 있도록 해야 한다. 제어 · 감시의 단위로서 배연팬은 1개 단위로 배연구, 가동식 방연경계벽은 원칙적으로 방연 구획 단위로 한다.

- 특별피난계단의 부속실 및 비상 엘리베이터 승강로비의 배연
  배연구, 급기구는 기계배연의 경우, 제어 · 감시의 대상이 된다. 배연팬은 배연구 · 급기구 양쪽의 개방에 따른 시동 방식으로, 기타 관련 설비의 제어 · 감시의 대상은 거실의 기계배연과 동일하다. 자연배연의 경우 작동상태를 감시할 수 있는 것과 아울러 제어도 가능하여야 한다.

c) 배연 스케줄

배연설비는 복수의 기기 장치가 복합적으로 구성되어 있으며, 각각의 기기를 정확하게 작동시키기 위해서는 작동 순서를 고려한 배연 스케줄을 작성하여 충분히 기능을 발휘할 수 있도록 해야 한다. 화재가 발생한 경우의 배연 스케줄에서 특히 중요한 것은 우선 방화구획 및 방연 구획을 형성한 후 배연을 하는 것이다 따라서, 화재 시에는 화재실(층)의 방화문, 방화셔터, 방연 댐퍼의 폐쇄, 가동식 방연경계벽의 작동 및 화재 층의 공조기를 정지시킨 후, 배연구의 개방에 따른 배연 팬을 작동시켜 배연을 하는 스케줄로 해야 한다.

- 거실의 기계배연 스케줄
  거실의 기계배연에 대한 기본 스케줄은 그림 3.8.5에 나타내었다. 방화문, 방화셔터, 방화 · 방연 댐퍼, 가동식 방연경계벽 등은 화재 감지기와 연동하여 작동하고, 배연팬들은 배연구와 연동하여 시동된다. 중앙 관리실에서 원격 제어는, 위의 연동 제어의 보조 수단으로서의 배연구, 배연팬, 가동식 방연경계벽은 꼭 필요하지만, 기타 방연 댐퍼 · 방화문 등 관련 설비에 대해서도 원격 제어하는 방법으로 해야 한다. 또한 운용상, 중앙 관리실에 배연 팬의 정지 버튼을 설치하는 경우는, 관리 책임자가 인정한 경우에 한해서 조작할 수 있도록 누름 버튼을 다른 색으로 하고 아크릴 커버의 장착 등과 같은 배려가 필요하다.

d) 방재 설비의 원격 연동 제어

- 기계환기설비 및 공기조화설비의 정지 방법
  화재 시의 기계환기설비 및 공기조화설비의 정지 방법은 화재층의 화재 감지기의 감지 신호, 배연구 작동 신호 등이 적어도 화재층의 공기 조절기 · 급배기팬(하나의 거실 기타 건축물 부분에만 관련된 것 제외)을 정지시키는 것을 원칙으로 한다. 환기

·공조 방식이 층별 개별 방식의 경우 화재 시 공조기·급배기팬의 정지가 비교적 용이하지만, 중앙 집중 방식의 경우는, 방화 방연 댐퍼에 의하여 화재 층의 공조 및 급배기를 정지시키는 것이다. 그러나 방화 방연 댐퍼의 공조, 급 배기의 정지가 덕트에 영향을 미치는 경우, 예를 들어 덕트의 메인에 방화 방연 댐퍼가 설치된 경우는 전체의 공조기·급배기팬을 정지시키는 것이 바람직하다.

- 특별피난계단의 부속실 및 비상용엘리베이터 승강로비의 배연스케줄
  기본적으로는 그림 3.8.5의 거시기계배연스케줄과 동일하나 특별피난계단의 보속실 비상용엘리베이터 승강로비의 배연은 배연구 외에 급기구가 설치됨으로써 이것들은 수동적 개방장치에 의하여 동시에 개방되어 연동됨으로써 배연팬이 운전된다. 표시는 1개소정리하거나 기기별로 표시하여도 좋다.

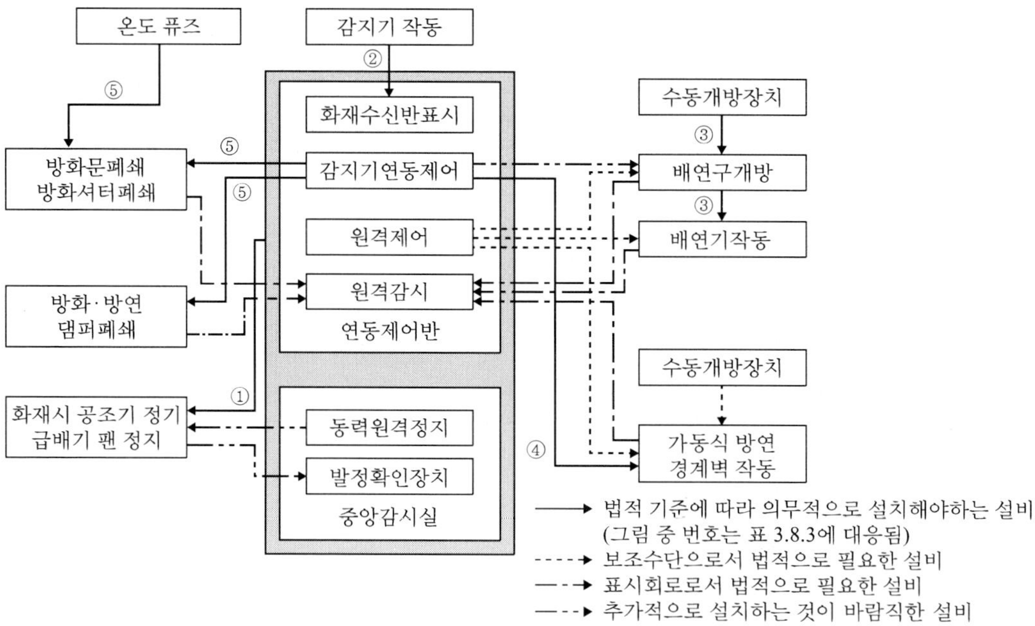

그림 3.8.5 중앙 관리실이 있는 경우 거실의 기계배연 시스템 [3)]

(2.2) 중앙관리실이 없는 경우

a) 중앙감시의 경우

법적으로 중앙관리실의 설치의무가 없는 건물에서도 관리와 방범의 목적으로 배연설비

의 제어반 및 방범설비의 감시반 등을 수위실 등의 상시인이 있는 장소에 설치하는 것이 바람직하다. 이 감시반에는 자동화재탐지설비의 수신기 및 공조기구, 위생기구, 전기기구류의 제어 및 감시반을 집중시키는 사례가 많다.

b) 제어 및 감시의 대상

자연배연의 원격제어 및 감시는 특별피난계단의 부속실 및 비상용엘리베이터 로비 등을 제외하면 원칙적으로 필요하지 않다. 또한 배연팬은 배연구의 개방에 연동시켜 작동시킬 필요가 있다.

c) 거실기계배연 스케줄

기본적으로는 그림 3.8.5와 동일하나 원격컨트롤에서 몇 가지가 생략되어 있다. 배연구는 수동개방장치에 의하여 개방되고, 배연팬은 배연구에 연동되어 작동된다. 가동식 방연경계벽, 방화문, 방화방연댐퍼 등은 원격제어를 필요로 하지 않으나 작동표시는 상시인이 있는 수위실에 설치하여야 한다. 방화방연댐퍼 등의 표시방법으로는 몇 개 댐퍼의 작동신호를 패럴하게 나타내는 것과 시리즈로 하여 나타내는 방법의 2가지가 있다. 시리즈 표시는 방연댐퍼의 전체에 대한 정상적인 작동상태를 하나의 램프로 확인할 수가 있고 가격도 매우 경제적이나, 작동하지 않는 댐퍼의 작동위치가 어디인 지 알 수가 없고 하나의 댐퍼가 작동되지 않는 것으로 나타나도 화재탐지설비는 「확인신호의 대기상태」로 되어 다른 댐퍼의 작동상황이 늦어질 위험이 있다. 한편 패럴표시방식은 모든 댐퍼의 상태를 확인할 수 있는데 비하여 가격은 고가이고 시인성도 낮아질 위험성이 있다. 시리즈 표시와 패럴 표시를 겸용하여 행하는 것도 고려되어야 한다.

배연팬의 정지와 배연구의 복구에 대하여는 현장의 배연팬 제어반의 자동·수동 전환스위치를 작동시켜 배연팬을 정지시킨 후 배연구를 복구한다.

화재 시 기계환기설비 및 공기조화설비의 정지방법은 중앙관리실이 있는 경우와 동일하다.

(3) 배연설비 및 관련설비의 제어와 감시

기계배연 및 관련설비의 제어와 감시의 기준을 정리하여 표 3.8.3에 나타낸다.

표 3.8.3 배연설비 및 관련 설비의 제어와 감시 3)

설비항목 \ 내용			중앙관리실의 유무 / 배연방식	중앙 감지실이 있는 경우 자연 배연	중앙 감지실이 있는 경우 기계 배연	중앙 감지실이 없는 경우 자연 배연	중앙 감지실이 없는 경우 기계 배연	관계법령
배연설비	배연구	원격	제어	▲※	○	–	▲	③령 126조의3 제1항 11호
			감시	▲※	○	–	▲	
		연동	화재 감지기 연동	–	▲	–	▲	–
	배연기	원격	제어	/	○	/	▲	③령 126조의3 제1항 11호
			감시	/	○	/	△	
		연동	배연구와 연동	/	○	/	○	③령 126조의3 제1항 9호
	이동식 방연수레벽	원격	제어	◎		△		④건축주사회의의 내규
			감시	◎		△		
		연동	화재 감지기 연동	◎		◎		
관련설비	기계환기설비	원격	제어	○		–		①령 20조의 2
			감시	○		–		
		연동	화재감지기 또는 배연구와 연동	△		△		–
	중안관리방식의 공기조화설비	원격	제어	○		–		①령 20조의 2
			감시	○		–		
		연동	화재감지기 또는 배연구와 연동	△		△		–
	화재감지기 연동 방화 댐퍼	원격	제어	△		–		–
			감시	△		△		–
		연동	화재 감지기 연동	○		○		⑤건고 2563호
	화재감지기 연동 방화호・셔터	원격	제어	△		–		–
			감시	△		△		–
		연동	화재 감지기 연동	○		○		⑤건고 2563호
기타	감지기	표시	감시	○		○		②수신기에 관한 기술상의 규격 장관령(1981.6.20)

[범례] ○ : 법적으로 설비할 필요가 있는 것
◎ : 법의 조문에는 없지만 건축주사회의의 내규
△ : 추가적으로 설치하는 것을 권장함.
▲ : 특정한 건물에 한하여 설치할 필요가 있는 지 검토가 필요한 것
※ : 아트리움 등 높은 부분의 창이 쉽게 개폐가 어려울 경우
표 중 공백 부분은 임의의 판단에 따를 것

3.9 연기제어설비의 전원 설비

3.9.1 전원의 종류

전원의 종류에는 상용 전원과 정전 시에 공급되는 예비 전원이 있다.

예비 전원에는 건축기준법에 따른 방화 피난 설비에 정전시 전원을 공급하는 것으로 방화 시스템의 요소기술이다. 예비 전원은 다른 방재 설비와 소방 설비에서도 공용하고 있는 경우(예를 들면, 소방법에서는 비상 전원과 공용)도 있지만, 여기에서는 배연설비에 관한 것을 대상으로 한다.

(1) 상용 전원

배연설비에 항상 전원을 공급하는 것을 말한다. 즉, 법령으로 상용 전원이란 전력 회사 등에 의한 공급을 받는 전원을 말한다.

(2) 예비 전원

예비 전원은 건축기준법에 의한 방재피난 설비에 정전시 전원을 공급하는 것으로 방재 시스템의 요소기술이다. 그 종류는 표 3.9.1과 같이 구분되고 정전 시에는 자동 시동, 자동 전환, 수동정지를 원칙으로 한다.

배연설비에 공급하는 예비 전원에는, 자동충전장치 또는 한시적충전장치가 있고 축전지에 충전하지 않고 30분간 계속 배연설비를 작동시킬 수 있는 용량 이상의 것(개방형 축전지에서는 감액경보장치를 설치한 것에 한한다), 또는 자가발전 장치와 기타 이와 유사한 것으로 규정되고 있다. 전원을 필요로 하는 설비에는, 상용 전원이 끊긴 경우에 자

표 3.9.1 예비전원의 종류와 사용시간 [3)]

방재피난설비의 종류		예비전원의 종류	사용시간
배연설비	건축기준법 시행령 제126조의2 특별피난계단의 부속실 지하상가의 각 구조에 접하는 지하도 비상용엘리베이터의 승강로비	축전지, 자가용 발전장치, 이와 비슷한 것	30분 이상

동적으로 전환되어 접속되는 예비 전원이 필요하다, 설비의 기능이 전원의 고장에 좌우되지 않는다는 콘셉트는 배연설비, 비상용 조명과도 같다. 따라서 배연설비 예비 전원에 관한 형식, 구조, 특성, 용량 산출법, 설비 등에 대해서는, 원칙적으로 「방재 설비에 관한 지침」(일본 전설 공업 협회[18])에 준하는 것으로 한다. 또한 정전의 검출장소(불량전압 계전기가 장착된 위치)는 정전 시 예비 전원에 자동 전환이 가능한 상용 전원부에 설치한다. 또한 일상의 유지 관리는 매우 중요하므로, 담당자를 선임하여 책임 하에 실시하는 체제를 만들어야 한다.

a) 축전지 설비

축전지 설비는 주로 배연구, 가동식방연경계벽 등의 제어용 전원으로 사용되고 배연팬의 운전에 사용되고 있는 예는 적다. 형식, 구조의 선정, 용량 산출 방법, 설치 장소 등의 조건이 정비되면 비상 조명과 기타의 방재 설비의 전원과 공용할 수 있다.

b) 자가발전장치

자가발전장치는 배연설비 예비 전원으로 일반적으로 사용되고, 배연설비 외의 방재 설비와 공용하여 설치할 경우와 배연설비 전용으로 설치하는 경우의 2가지가 있다.

자가발전장치는 시동으로부터 전환까지는 자동제어로 하되, 정지는 수동으로 하여도 무방하다.

- 발전기 용량 산출

  하나의 건축물에 2 이상을 대상으로 한 배연 팬이 설치된 경우, 원칙적으로 동시에 시동되어 동시에 사용할 수 있는 용량이 필요하다(2개 이상의 배연 팬 등이 동시에 시동될 경우, 순차적으로 5초 이내에 전력을 공급할 수 있는 장치를 마련한 경우는 동시 시작으로 간주함). 또한 대규모 건축물 및 건축 구조상 혹은 배연설비의 계통에서 동시에 사용되지 않는 배연 팬에 대해서는, 용량 산출 시 발전기 용량이 큰 계통 중 하나의 부하 용량을 채택하는 것이 허용된다. 용량 산출의 구체적인 계산 방법으로는 「방재 설비에 관한 지침」[18]이 준하는 것으로 한다.

- 설치 장소

  예비 전원 장치는 그 용도상 가장 화재로부터 안전한 장소로 하여야 하고, 내진도 고려하여 설치되어야 한다. 비교적 대용량의 것은 방화, 방수, 환기, 연료 등이 검토된 전용실에 두어야 하고, 소용량의 것은 충분히 검토되지 않고 안이하게 설치되는 사례가 있으므로 주의하여야 한다. 배연팬과 배연덕트로부터 열전도, 복사열을 받지 않는 것은 물론 특히 연료는 방화를 위하여 안전하게 구획되어야 하고, 화염과 먼지 등의 영향을 받지 않도록 하는 등 예비 전원 장치의 설치 장소와 선정에 대하여 고려하여야 한다.

3.9.2 배선

배연설비에 이용하는 배선은 내열 성능이 요구된다. 구체적인 배선에 대한 단열 성능 및 회로의 내열규제는 「방재 설비에 관한 지침」[18)]에 준하여 실시한다. 이하, 이 지침에 따라 내열 배선의 선정 방법 및 배선 설계에 대해서 설명한다.

(1) 배선 설계 절차

배선 설계 절차를 그림 3.9.1에 나타낸다. 배선 설계를 실시하려면 특히 배선회로의 내열규제 구분, 내열 전선의 등급, 내열배선의 선정 방법, 분기 회로의 구성, 전선의 규격 및 허용 전류, 허용 전압 강하 및 내열 보호 재료를 사용한 경우의 전류감소계수, 피 화재

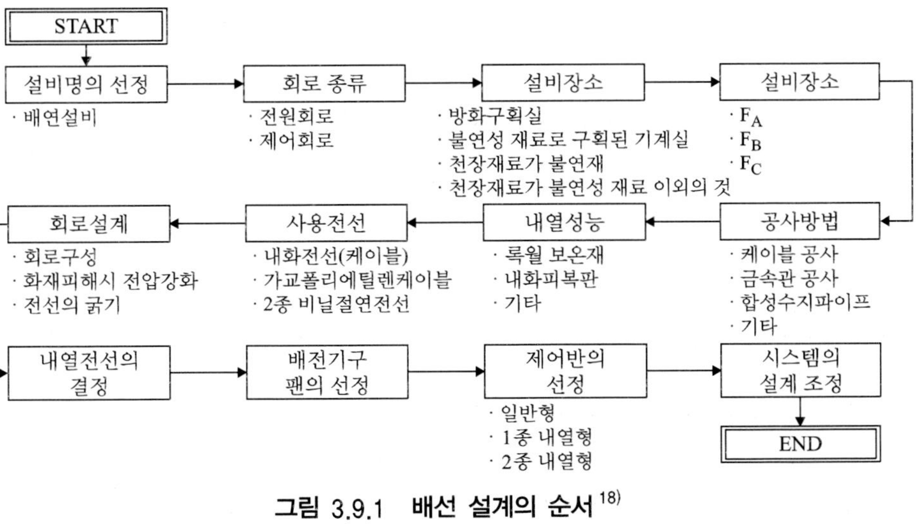

그림 3.9.1 배선 설계의 순서[18)]

시의 전압 강하 등에 대해서 이해하는 것이 중요하다.

(2) 배선회로의 내열규제 구분

전기 배선회로의 내열규제 구분은 그림 3.9.2와 같다.

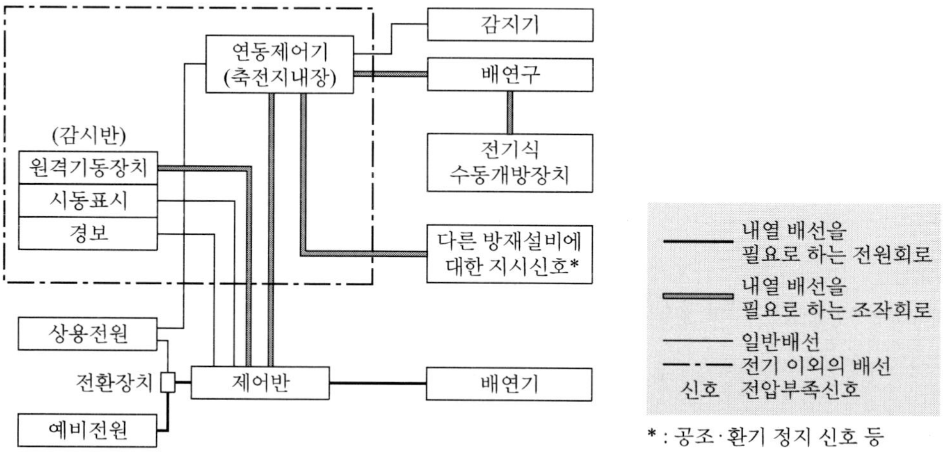

그림 3.9.2 배연설비 전기배선 회로의 내열규제 부분[18]

(3) 내열 배선의 등급

내열 배선은 그 내열 성능에서 내열 A 배선(F_A), 내열 B종 배선(F_B), 내열 C종 배선(F_C)으로 분류되고, 그 종류는 사용하는 전선의 종류, 공사의 종별, 전선의 보호 및 지지 재료 등의 복합에 따라 결정한다.

F_A란, 110℃ 30분 단열 성능을 갖는 배선을 말한다.

F_B란, 280℃ 30분 단열 성능을 갖는 배선을 말한다.

F_C란, 840℃ 30분 단열 성능을 갖는 배선을 말한다.

(4) 내열 배선의 선정

내열 배선의 선정은 표 3.9.2, 표 3.9.3과 같이 배연설비 등의 배연회로 종류별(전원 · 처리)과 배선을 시설하는 장소에 따라 결정된다. 예를 들면, 표 3.9.2에 의한 배선이 F_C의 단열 성능이 필요로 한 경우, 표 3.9.3에서 금속관 공사에 따라 시공하는 경우에는 전선은 가교 폴리에틸렌 절연 전선을 사용하여, 콘크리트 내 20 mm의 깊이에 매설하거나 또는 록월 보온 통 25 mm 이상으로 감은 것 등을 사용하여야 한다. 또한 내화케이블을 이용한 경우에는, 천장 안에 그대로 배선하여도 좋다.

(5) 반(보드) 종류의 선정

배연설비의 배전반, 수동개방장치, 주변 제어반, 연동 제어반 등은 배선과 동등한 단열성능이 요구되고, 특히 배전반 등에는 용도, 설치장소, 설치방법에 따라 표 3.9.1 및 표 3.9.2에 따라 나타낸다. 또 반의 구조에 대해서는 매입식, 노출식이 있고 또 전용형과 공용형이 있다.

이상이 내열 배선의 선정을 위한 개요이고, 상세한 배선 설계를 실시하려면 전술한 바와 같이 「방재 설비에 관한 지침」[18]을 참조한다.

표 3.9.2 내열 배선의 선정 [18]

<table>
<tr><th>기본법규</th><th>설비명칭</th><th>적용장소 / 회선종별</th><th>우측란에 기재된 이외의 장소</th><th>불연성 재료로 구획된 기계실</th><th>내화구획실</th></tr>
<tr><td rowspan="4">건축 기준법</td><td rowspan="2">방화호, 댐퍼</td><td>전원</td><td>F_C 주2)</td><td colspan="2" rowspan="8">F_A 주1)</td></tr>
<tr><td>작동</td><td>F_B 주3)</td></tr>
<tr><td rowspan="2">배연설비</td><td>전원</td><td>F_C</td></tr>
<tr><td>작동</td><td>F_B</td></tr>
<tr><td rowspan="4">소방법</td><td rowspan="2">자동화재경보설비</td><td>전원</td><td>F_C</td></tr>
<tr><td>작동</td><td>F_B</td></tr>
<tr><td rowspan="2">배연설비</td><td>전원</td><td>F_C</td></tr>
<tr><td>작동</td><td>F_B</td></tr>
</table>

주1) 내열성능이 있는 전기 샤프트에 매설하는 소방용설비의 배선은 F_B 또는 F_C로 하고 다른 배선과는 15 cm 이상 이격시키거나 또는 격벽을 설치한다.
주2) 천장 바탕재, 천장 마감재 등이 불연재료로 만들어진 천장 뒤 공간(에어쳄버로 사용하여 천장면에 개구 또는 슬릿 등이 있는 경우는 제외)에 부설하는 경우 F_B로 해도 좋다.
주3) 천장 바탕재, 천장 마감재 등이 불연재료로 만들어진 천장 뒤 공간(에어쳄버로 사용하여 천장면에 개구 또는 슬릿 등이 있는 경우는 제외)에 부설하는 경우 F_A로 해도 좋다.
F_A : 110℃ 30분의 내열성능을 확보한 배선
F_B : 280℃ 30분의 내열성능을 확보한 배선
F_C : 840℃ 30분의 내열성능을 확보한 배선

표 3.9.3 내열피복의 종류

		무처리	내열구조의 주요 구조부에 20 mm 이상 매설된 관로	내열보호재를 이용한 공법			
				주1) 내화 피복판 또는 내화 피복재로 피복된 것 또는 라스철망을 두른 모르타르 20 mm 이상을 도포한 것	규산칼슘 보온관(25 mm 이상)에 불연 크로스를 감은 것	록월 보온관(25 mm 이 상) 을 감은 것	록월 펠트 또는 록월 보온판 처리(40 mm 이상)
		케이블락, 새틀차단, 금속파이프, 이종금속제 가요성 관로, 합성 수지제 가요성 파이프, CD관	금속관, 합성수지 파이프, 2종 금속제 가요성 관료, 합성 수지제 가요성 파이프, CD관	금속관, 금속 덕트	금속관	금속관	케이블 피트 (내화구조의 바닥에 설치된 것)
케이블 공사	내화 케이블(내화전선)	F_C 주4)	F_C	-	-	-	F_C 주2)
	MI 케이블	F_C	-	-	-	-	
	내열전선	F_B 주6)	F_C	F_C	F_C	F_C	F_C
	가교폴리에틸렌케이블	F_B 주5)					
	내화광화이바케이블	F_B 주6)					
금속관 공사 가요성 관로 공사 금속 덕트 공사 합성수지 파이프 공사	내열성가교폴리에틸렌절연체 규소고무절연전선 불소수지절연전선 클로로술폰화 폴리에틸렌 전연전선	F_B 주5)	F_C	F_C	F_C	F_C	-
	2종 비닐절연전선	F_A 주5)	F_C	F_C	F_B	F_B	-
버스덕트공사	내화 버스덕트	F_C	×	-	-	-	-
	버스덕트	F_B	×	F_C 주3)	-	-	-

주 1) 국토교통장관 인정한 공법에 따름.
2) 록월을 사용한 내열 처리는 불필요함.
3) 내화 피복판으로 피복시킨 것
4) 금속관 및 금속덕트에 넣은 내화전선은 전선관용 내화전선(문헌 18참조)으로 한다.
5) 금속관 및 금속덕트에 한한다. 단, 전동기 등의 기기에 접속하는 짧은 부분은 표 안의 전선을 이용해서 2종 가요성 관로 공사로 할 수 있다.
6) 소방용 설비의 배선에 사용되는 경우에는 내화성능을 확보한 전기배선 샤프트에 다른 배선과 15cm이상 격리하여 설치하는 경우 이외에는 격벽을 설치한다.

비고) × : 시공불능, － : 사용하지 않음.

참고문헌

1) 仁井大策，原田和典ほか：高効率・長時間継続を意図した排煙風量設定法，日本建築学会大会学術講演梗概集，A-2，pp. 71-74，2003
2) 日本建築設備・昇降機センター：建築設備設計・施工上の運用指針 2003 年版，2003
3) 日本建築センター：新・排煙設備技術指針 1987 年版，1987
4) 国土交通省住宅局建築指導課ほか：避難安全検証法の解説および計算例とその解説，井上書院，2001
5) 日本建築センター：建築設備耐震設計・施工指針 2005 年版，p. 57，2005. 05
6) 山名俊男：排煙風道の断熱性能に関する検討，日本建築学会大会学術講演梗概集，防火，pp. 131-132，2012
7) 山名俊男：排煙風道の断熱性能に関する検討 その 2，日本建築学会大会学術講演梗概集，防火，pp. 279-280，2013
8) 空気調和・衛生工学会：特殊な構造の排煙設備（押出排煙）設計マニュアル，2005
9) 国土開発技術研究センター：建築物の総合防火設計法 第 1 巻，日本建築センター，1989
10) 東京消防庁：消防法施行令 28 条および火災予防条例第 45 条の 2 に基づく排煙設備に係る技術上の基準の特例等について（通知），24 予予第 606 号，平成 24 年 9 月 12 日
11) 東京消防庁予防部予防課:消防排煙に係る特例基準の策定について,月刊フェスク,pp. 38-42,日本消防設備安全センター，2013. 1
12) 日本建築センター：加圧防排煙設計マニュアル，2011. 3
13) 日本消防設備安全センター:加圧防排煙設備の設計・審査に係る運用ガイドライン，2012. 12
14) 中濱慎司，笠原勲，森川泰成：階段加圧防煙システムの研究システムの概要と性能検証試験 日本建築学会大会学術講演梗概集，A-2 分冊，pp79-82，2003
15) 森山修治：加圧時の給気風量と建物隙間性能について その 4，日本建築学会大会学術講演梗概集，A-2 分冊，pp75-78，2003
16) ASHRAE, Society of Fire Protection Engineers :Design of Smoke Management Systems, 1992
17) 空気調和・衛生工学会：空調兼用排煙設備計画ガイドライン SHASE-G 1003-2011, 2013
18) 日本電設工業会：防災設備に関する指針—電源と配線および非常用の照明装置 2004 年版，2005

a
b
c

제 4 장

공간별 · 용도별 연기제어설계

건축물은 용도에 따라 재실자의 피난 특성과 공간의 특징이 상이하므로 효율적인 연기제어를 위해서는 이러한 사항을 충분히 고려하여 연기제어설계가 실시되어야 한다.

용도가 같다면 건물의 사용 조건과 공간 형태는 상당히 공통된 특징이 나타나지만, 설계는 건물마다 다르므로, 합리적인 연기제어설계 방식도 건물마다 구체적으로 검토되어야 한다. 그러나 모든 조건을 망라하는 것은 불가능하므로, 여기에서는 건물의 용도에 따라 나타나는 일반적인 재실자의 특징·공간 형태를 정리하여 이들을 염두에 둔 연기제어설계에 대한 요점을 기술한다. 주의해야 할 점은, 이들 특성과 형태는 어디까지나 평균적이고 상대적인 것으로, 예를 들어 사무실 용도의 재실자는 대피 능력이 높다고 하더라도 피난 행동에 불편한 재실자가 전혀 존재하지 않는 것을 의미하는 것은 아니므로 구체적인 사례에 따라 배려해야 할 사항이 많은 것을 이해하여야 한다.

4.1 공간별 연기제어설계

건축물 중에는 거실, 복도, 계단 등, 여러 가지 용도 또는 형태 공간이 존재하지만, 용도와 형태는 독립적이 아닌 공간의 용도에 따라 그 공간의 형태가 결정된다. 건물 내의 공간 속에서 가장 다양한 것은 거실이지만, 그 용도가 다양하므로 공간 형태도 다양하다. 한편, 계단이나 복도 등은 형태의 차이가 상대적으로 적다. 이러한 공간에 대한 합리적인 연기제어방식은 공간적 조건뿐만 아니라 용도의 재실자와 수납된 가연물의 특징에도 의존하지만, 여기에서는 우선 공간 형태에 따른 연기제어방안에 대해서 기술한다.

4.1.1 일반 거실

거실로 분류되는 용도는 매우 많고 형태도 다양하다. 예를 들면 극장 등도 거실이나, 여기에서는 통상적인 평평한 공간 형상을 일반 거실이라고 칭한다.

(1) 공간의 특징

일반 거실의 천장 높이는 면적이 넓어질수록 높아지는 경향이 있지만 대부분은 용도에 관계없이 2.5～3.0 m 정도이다. 한편, 면적은 용도에 따라 차이가 있고 또한 동일 용도에서도 차이가 크다.

대부분의 거실은 외기에 면하는 창이 있지만 판매시설과 음식점 등에서는 창문이 없는 경우도 있다. 저층 · 중층 건물의 창이나 발코니에 설치된 창은 미닫이 창 등 개방이 가능한 것도 있으나, 고층 건물의 경우에는 개방이 불가능한 붙박이창이 많다.

(2) 연기 제어의 개념

거실 피난을 위한 연기 제어는 화재 직후 몇 분 정도의 짧은 기간이 대상이지만, 이 사이는 연기층의 온도가 낮고, 안전 피난을 위한 허용연기층높이(1.8 m 정도)도 고려하면, 연기층의 두께는 0.7～1.2 m 정도 이하이어야 한다. 또 거실 배연은 거실의 피난 안전뿐만 아니라, 초기 소방 활동의 안전이나 복도 및 인접 방연 구역으로 연기의 전파를 지연시키는 역할도 있다. 설계 시에 고려해야 할 항목은 다음과 같다.

a) 연기제어방식

- 비교적 큰 공간에서는, 화재 발생에서 피난 종료까지 시간이 걸리기 때문에, 이에 대응한 연기 제어가 필요하지만, 작은 공간에서는 화재감지나 피난이 단시간에 행하여진다.
- 연기층의 온도가 낮고 두께도 얇으므로, 연기층의 온도와 두께에 의존하는 압력 차를 구동력으로 하는 자연배연의 경우에는 높은 성능을 기대할 수 없기 때문에 일정량을 강제로 배기하는 기계배연 쪽이 효과적이다(그림 4.1.1).
- 기계배연으로 하는 경우, 두께가 얇은 연기층에서 1개의 배연구에서 큰 배연량을 설정하면 하층부의 공기도 흡입됨으로써 배연 효율이 저하되므로, 배연량이 일정하다면 되도록 많은 배연구로 분산시키는 것이 효과적이다. 이와 같은 이유로 고려하면 천장챔버방식의 배연도 바람직한 방식으로 판단된다(그림 4.1.1, 그림 6.4.2).

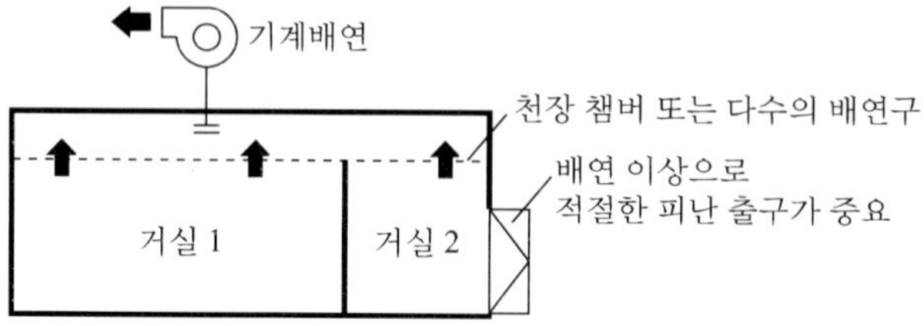

그림 4.1.1 거실 연기제어방식 사례

b) 피난 경로에 대한 연기 유출 방지

일반적으로 거실의 배연은 출화된 거실에서 피난을 위해 연기의 하강을 지연시키는 것뿐만 아니라, 거실 배연에는 화재실의 연기를 한정시키고 피난 경로로 연기의 확산을 막는다는 목적도 있다. 또한 화재 초기의 연기층 하강 속도는 화원의 크기에 의존하고 공간 면적에 대해서는 오히려 반비례하여 완화되나, 건축기준법에서는 자연배연구의 면적 또는 기계배연량은 공간 면적에 비례한 값이 규정되어 있어 거실 배연은 출화실의 피난뿐만 아니라 피난 경로에 대한 연기 확산 방지를 목적으로 하고 있는 것을 알 수 있다.

c) 칸막이, 용도 등의 변경에 대한 배려

임대 빌딩 등은 용도 및 구역이 변경될 수 있는 것을 전제로 하여 연기 제어 계획을 검토하여야 한다.

d) 피난 출구의 확보

자연배연 또는 기계배연 어느 방식에서도 거실 피난의 단계에서 작동되어야 하나, 그 효과적인 측면에서는 항상 불확실성이 있다. 페일 세이프의 관점에서 출화실에서 피난 안전은 적절한 피난 출구가 준비됨으로써 확보하여야 한다(그림 4.1.1).

e) 소방 활동에 대한 배려

대규모 점포와 지하 주차장처럼 면적이 큰 공간에서는 소방대에 따른 피난자 수색과 구조 및 소화 등을 위해 소방대 진입을 용이하게 할 수 있는 대책이 필요하다. 또한, 연기의 확대 범위를 한정시키는 압력 제어(배연, 차연)를 고려해야 한다.

f) 셔터의 폐쇄 장애

평면적으로 큰 공간의 경우, 구획 형성으로 철제 셔터와 스크린 셔터 등이 이용되지만, 셔터 하부에 가구 등이 설치되어 있는 경우 셔터의 하부에 장애가 발생하는 것도 고려하여야 하므로 유리 스크린 등의 병설이 바람직하다.

g) 연기유동특성에 대한 고려

대형공간에 대한 화재 시의 연기 거동은, 공간 단부에서 연기가 벽면에 충돌하여 빠른 단계에서는 바닥 근처로 하강한다. 특히 공간 내의 작은 거실 등이 있는 경우는 피난 개시 시간의 지연도 나타날 수 있으므로 주의가 필요하다.

4.1.2 복도

복도는 출화실의 피난자뿐만 아니라 비출화실의 피난자를 위한 피난경로이고, 또한 소화활동에도 사용되는 공간이므로 연기제어의 중요성은 거실배연에 비교하여 한층 중요하다는 점에 유의하여야 한다.

(1) 공간의 특징

일반적으로는 천장이 낮은 공간이고, 천장 뒷면이 덕트 및 파이프의 공간으로서 이용되는 경우는 거실보다 더욱 낮다.

한편, 개방성에 관하여는 건물용도에 따라 상이하다. 공동주택의 복도는 공용통로와 유사한 기능을 하고, 외기에 크게 개방된 것이 많다. 호텔 등 소규모 거실이 많은 건물에서 복도는 길고 경향이 있고, 외기에 면한 개구는 설치하기 어렵다. 한편, 대규모 사무용 빌딩 등 대부분이 거실인 것은 그림 4.1.2에 나타낸 바와 같이, 복도는 작고 또한 층의 중앙에 배치되는 사례가 많다. 이 경우 또한 외기에 면한 개구부를 설치하기 어렵다. 그리고 지하공간에서는 외부로부터 신선한 공기의 유입이 어려우므로 특히 주의하여야 한다.

(2) 연기제어의 개념

복도의 중요성과 공간의 특성을 고려하면 연기제어는 다음과 같은 사항을 고려하여 설계되어야 한다.

a) 연기제어의 방식

- 중복도 등 외기로 열리는 큰 개구를 설치할 수 없는 복도에서는 적극적으로 기계배연을 검토한다(그림 4.1.2). 천장이 낮기 때문에 연기층 두께가 얇은 상태를 유지하여야 하나 연기층 두께가 얇으면 자연배연의 효과는 낮게 된다. 어쩔 수 없이 자연배연을 하는 경우는 복도의 양단에 배연구를 설치하는 등 효과를 높이도록 하여야 한다.
- 공동주택의 외기개방복도는 통상적인 개구를 설치할 수 있으므로 자연배연도 유효하다. 그 경우 개구의 크기는 피난에 지장을 주지 않고, 더 나아가 복도로 유출된 연기에 의한 연기층을 계단에서 연기의 침입을 방지할 수 있는 높이로 유지할 수 있도록 정한다.

b) 배연량의 설정

- 배연량은 화재실로부터 복도에 침입하는 연기를 배출할 수 있도록 설정하여야 한다. 건축기준법에서는 배연량 및 배연구 면적은 해당공간에 대한 복도의 면적을 기준으로 규정되어 있으나 복도에 유입하는 연기의 양은 출화실과 복도간의 개구면적 및 개구의 시방의 영향을 크게 받는다.
- 사무실 공간을 되도록 크게 사용하기 위하여 대부분의 사무실 등에 대한 복도는 작아지는 경향이 있다. 복도의 면적이 작으면 축연 공간이 작아질 뿐만 아니라, 전술한 바와 같이 건축기준법대로의 배연설비만으로는 배연량이 적게 된다. 복도에서의 배연 부하를 줄이기 위해서 거실 배연의 복도로의 유출 방지 기능과 함께 복도의 안전을 확보하도록 계획하여야 한다.

c) 배연구의 분산 · 복수 설치

- 많은 소규모 거실에 대한 복도 등과 같이 긴 복도의 경우에도 배연구는 가급적 수를 늘려 복도에 균등하게 배치하는 것이 좋다.

- 1개만의 자연배연구에 의한 배연은 일반적으로 권장하지 않지만, 불가피한 경우에 계단실 방향에서 기계 급기를 복합시킨 배연으로 하면 배연 효과를 기대할 수 있다. 이 방식의 경우, 신선한 공기 흐름의 반대방향으로 가면 계단실에 도달할 수 있으므로 연기와 반대로 간다는 피난자 심리와도 부합한다.

d) 덕트 계통의 독립화

- 출화로 상정되는 거실과 피난상 중요한 복도는 수직덕트까지 배연의 덕트 계통을 분할하는 것이 바람직하다. 거실이 고온이 됨으로써 댐퍼가 작동하여 거실 배연이 정지하여도 복도의 배연은 계속적으로 작동할 수 있기 때문이다.

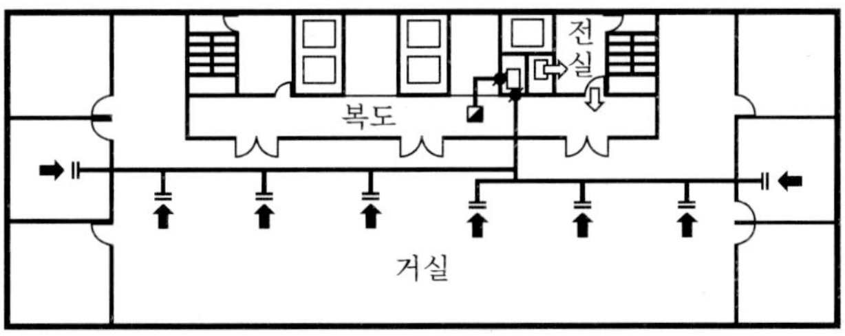

거실의 배연온도가 상승하여 댐퍼가 작동하여도 복도 배연은 정지하지 않음

그림 4.1.2 복도 연기제어방식의 예(거실과 복도는 기계배연 · 전실은 압출배연)

4.1.3 계단부속실 · 비상 엘리베이터 승강로비

특별피난계단의 부속실이나 비상용 엘리베이터 승강장은 출화 층의 피난이나 소방 활동의 거점이 되는 공간이지만, 동시에 수직샤프트 공간인 계단실과 엘리베이터로 연기의 침입을 저지하는 것도 중요한 역할이다. 현재 일본 법규의 경우 부속실이나 비상용 엘리베이터 승강로비는 방화 구획되어야 하고, 자연배연 및 기계배연으로 하도록 규정되고 있다. 또한 특별피난계단은 1900년대 초 미국 건축 법규에서 규정된 Smoke Proof Tower를 모델로 하고 있다.

이것은 항상 외기에 개방된 복도나 발코니, 혹은 바닥에서 천장까지 큰 외기에 면한 개구부가 있는 부속실에 일단 나온 후에 방화벽으로 구획된 계단실로 들어가는 것이었다. 일본의 경우에는 이러한 시방의 특별피난계단이 계획되는 것은 매우 적었고 공동 주택

등에서 외기에 개방된 복도를 거쳐 계단실로 들어가는 형식이 대부분이었다.

(1) 공간의 특징

계단부속실은 계단실과 더불어 출화층의 피난자 전원을 수용할 수 있는 면적을 확보하여야 하는 것이 기본이나, 일반적으로는 작은 공간으로 구성된다. 법규의 시방기준에서는 외기에 면한 자연배연구를 설치하거나 기계배연설비를 설치한 후 배연에 따른 압력저하를 피하기 위한 급기구를 마련하여야 하는 것으로 규정되어 있다. 건축물의 계획이 편코어형이거나 양단코어형태의 건물인 경우, 계단부속실을 외주부 가까이에 배치하기 위하여 자연배연구를 설치하는 것이 대부분이다. 한편, 대규모 건물에서는 계단실이 플랜 내부에 배치되는 경우가 많으므로 기계배연에 따르는 경우가 많다.

법규가 규정된 부속실 및 비상용 엘리베이터 승강로비는 대부분 복도와 항상 폐쇄된 방화문으로 구획되어 있는 작은 실로 구성되고 있다. 그러나 일반적으로는 복도로 사용되어 화재 시에만 방화문으로 구획되는 부속실인 사례도 적지 않다. 일상의 통행 빈도가 높은 상시폐쇄문은 부식 등에 의하여 항상 개방되어 화재 시에는 폐쇄할 수 없는 위험한 상태로 되기 쉽기 때문에 화재 시에만 항상 폐쇄시킬 수 있는 방화문이 매우 유용하다.

(2) 연기 제어의 개념

전관의 피난 안전은 부속실의 연기 제어와 밀접한 관련이 있으므로 매우 중요하다. 그러므로 고층 건물의 연기 제어의 포인트는 부속실의 연기제어에 두어야 한다.

a) 전관 피난 · 소방활동을 위한 연기제어

- 부속실은, 피난이나 소방 활동을 위하여 문을 개폐하여도 연기가 계단실에 침입하지 않도록 보호하고 계단실을 통해서 연기를 상층부로 전파되지 못하도록 하는 공간이다. 전관 피난이나 소방 활동 시기에 상정해야 하는 화재는 초기 화재가 아니라 최성기 화재이다. 따라서 부속실의 연기 제어를 배연으로 하는 경우는, 계단실로 연기 침입을 방지할 수 있는 성능으로 하여야 한다[그림 4.1.3(a)].
- 특별피난계단의 부속실과 비상용 엘리베이터 승강로비는 겸용으로 하는 것이 바람직하다. 소방대는 복도가 연기로 오염된 경우의 위험을 고려하여 우선 출화층의 한 층

아래의 승강로비까지 엘리베이터로 도착하여 거기서부터 계단실로 출화층까지 올라간다. 계단부속실과 비상용 엘리베이터의 승강로비가 별도로 있게 되면 승강로비는 연기로 오염될 가능성이 있는 복도를 통과하게 됨으로써 화재층의 소화설비는 사용할 수 없게 되는 것도 고려하여야 한다. 화재상황이 악화된 경우에는 승강로비로부터 후퇴하는 경우도 동일한 상황이다. 결과적으로 화재층의 비상용 엘리베이터 승강로비는 소방 활동의 거점으로 사용할 수 없게 된다.

b) 배연구 면적 · 배연량의 설정

- 건축기준법에서는 자연배연의 배연구 크기 또는 기계배연의 배연 풍량이 규정되어 있지만, 부속실 문과 계단실 문의 치수, 개폐 시나리오, 복도 등에서 상정되는 연기 성상을 고려하여 계획하는 것이 바람직하다[그림 4.1.3(a)].

c) 급기 경로의 확보

- 부속실의 기계배연에서 부속실이 감압되면 복도로부터 연기가 인입되므로 부속실 바닥면에 가까운 낮은 위치로부터 급기를 확보하고 과도한 감압이 발생되지 않도록 계획한다[그림 4.1.3(a)].

d) 가압 방연

- 부속실을 기계적으로 급기 가압하여 부속실 문 부분에서 차연하면 계단실로의 연기 침입을 방지할 수 있다. 이 경우의 필요 급기량도 부속실 문과 계단실 문의 치수, 개폐 시나리오, 복도 등에서 상정하는 연기 성상을 고려하여 계획한다[그림 4.1.3(b)].
- 부속실을 가압하는 경우의 압력 차(부속실과 복도 사이)는 복도와의 차연에 필요한 압력 이상인 것은 물론이지만, 피난자가 부속실 문을 개방할 수 있는 압력 차 이하이어야 한다[그림 4.1.3(b)]. 부속실 문이 닫힌 경우에 과다한 압력 차가 예상되는 경우는, 복도와 계단실 사이에 적절한 치수의 압력 조정 장치를 마련하거나 손잡이나 패닉바를 설치함으로써 부속실의 공기가 신속하게 빠지도록 문에 대한 조치가 필요하다.

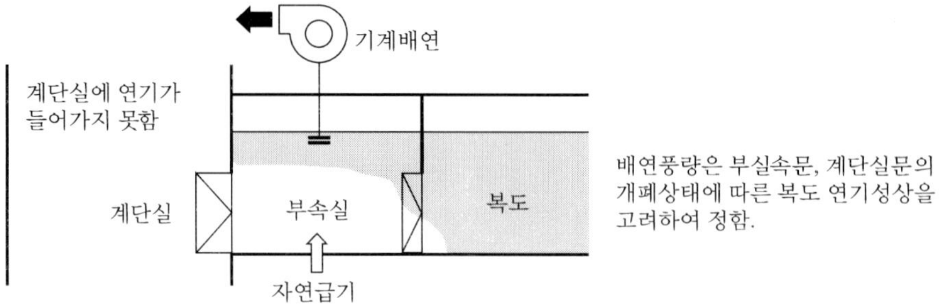

(a) 기계배연

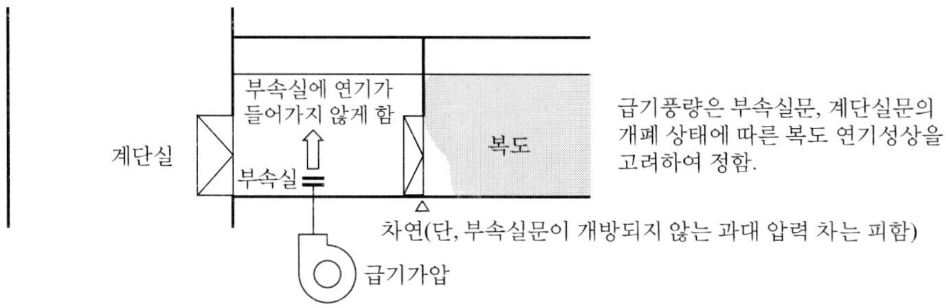

(b) 급기가압

그림 4.1.3 부속실의 연기제어방식 사례

e) 급기 취입구 위치

기계배연 및 급기 가압 중 어느 경우에도 급기를 위한 취입구는, 화재가 발생한 구역에서 창문을 깨고 실외로 분출된 연기를 인입시키지 않은 위치에 계획하여야 한다. 어느 층에서 화재가 발생해도, 실외에 분출된 연기를 인입시키지 않도록 하기 위해서는 지상층 부근에 급기를 위한 취입구를 설치하는 것이 좋다.

4.1.4 고층 건물의 계단

계단은 상하 이동을 위한 공간이지만 고층 건물일수록 이동은 엘리베이터를 이용하므로 계단은 법규에 허용된 최소한으로 시공되는 경향이다. 그러나 화재 시에는 그 계단실로 일제히 피난자가 몰리게 된다. 고층 건축물의 경우, 전관피난에 1시간 이상 소요되는 건축물도 많고, 또한 계단실은 소방 활동 시 중요한 역할을 수행하는 공간이다.

(1) 공간의 특징

계단실은 상하 이동을 위한 시설이지만, 실내 계단은 수직샤프트 공간의 일종이고 대책이 마련되지 못한 경우는 굴뚝 효과와 더불어 연기 전파의 경로가 된다. 한편, 실외 계단은 굴뚝 효과가 발생하지는 않으나 배치에 따라 옥외로 분출된 화염에 노출될 가능성이 있으므로 주의하여야 한다.

(2) 연기 제어의 개념

전관의 피난 안전 성능은 계단실에 의존하고 있으므로, 효율적인 연기 제어가 실시되어야 하며, 계단실의 안전이 확보되면 고층 건물 화재 시 대형 사고는 거의 피할 수 있다.

계단실에 대한 연기 제어의 주요 방법으로서 부속실을 설치하는 방법(그림 4.1.3)과, 계단실에 급기가압하는 방법을 들 수 있다(그림 4.1.4). 또 페일 세이프의 개념으로부터 만약 계단실에 연기가 침입하여도 배제할 수 있는 시스템도 필요하게 된다.

일본에서는 부속실을 설치하는 방법이 많지만, 미국과 캐나다 등에서는 고층 건물의 연기제어방식으로 계단가압방식이 주류이다. 여기에서는 계단가압방식에 대해서 서술한다.

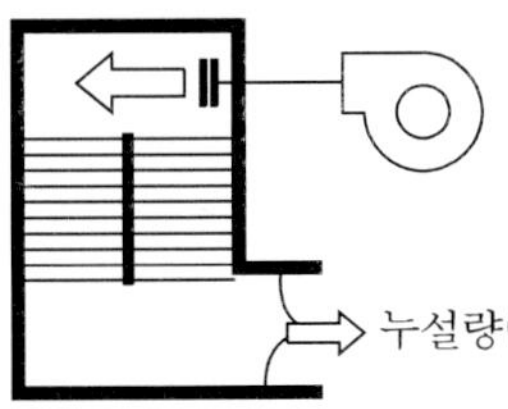

그림 4.1.4 계단실의 연기제어방식의 예(계단가압)

a) 계단가압방식의 장점

- 계단가압방식은 어느 층에서 화재가 발생하여도 동일하게 대응할 수 있으므로 시스템이 복잡하지 않고, 확실한 방법이다. 신선한 공기 공급은 계단실 내의 피난자를 연기로부터 보호할 뿐만 아니라, 심리적인 안정감을 제공해줄 수 있다.
- 일본에서 계단 가압이 그다지 보급되지 않은 것은, 건축기준법에서 계단실에 배연이 요구되지 않는 것이 주요 이유이다. 또 피난 시 각 층의 문이 개방됨으로써 계단 가압을 위한 필요 급기량이 증가될 것으로 생각하기 쉽다. 그러나 계단실의 문은 직접

외기로 열리는 것이 아니라 내부 문 또는 외주 개구부 등이 있음으로써 부속실 가압에 비교하면 필요 풍량은 어느 정도 증가할 수 있으나 외기까지의 합성 저항을 기대할 수 있다. 또 통상의 배연과 비교하고 수직덕트와 수평덕트를 줄일 수 있어서 유효율(대실면적/연면적) 비의 향상과 설비비용 절감도 도모할 수 있다.

b) 계단실의 높이 방향에 대한 분할

- 고층건축물에서 계단가압방식을 채택하는 경우, 압력차의 관계로부터 소정의 높이별로 계단실의 분할이 필요한 경우도 있다. 피난동선상 계단실은 피난층까지 직통계단이 바람직하나 이와 같은 경우는 분할층의 기능과 안전성, 분할에 따른 피난 시의 체류 등에 대한 검토가 필요하게 된다. 또한 계단을 분할시킬 경우, 계단의 직통성을 잃게 될 가능성이 있고, 계획 시에는 관리를 위한 면밀한 협의가 필요하다.

4.1.5 엘리베이터 샤프트

엘리베이터는 일반적으로 상하 이동을 위한 주요 동선이다. 엘리베이터 샤프트는 엘리베이터 승강로이며, 단일 엘리베이터로부터 복수의 엘리베이터를 포함시키는 엘리베이터 뱅크로 계획되는 경우도 많다.

(1) 공간의 특징

엘리베이터 샤프트도 수직샤프트공간의 일종으로 연돌효과도 동반되므로 연기 전파 방지에 대한 배려가 필요하다.

- 엘리베이터는 각 층에서 복도 또는 엘리베이터 로비로 연결되나 초고층 건축물에서는 엘리베이터 뱅크별로 서비스하는 층을 할당시키는 경우도 많다.
- 최근에는 차연성이 확보된 엘리베이터 문이 보급되고 있다. 그러나 종래 엘리베이터의 대부분의 문은 내화성은 있으나 샤프트와의 틈으로 인하여 차연성이 부족한 것도 많았다.
- 화재 시에는 엘리베이터를 사용하지 않는 것이 원칙이다. 그러나 고령자 및 장애인시설 등의 화재 시에는 피난용도로 사용하는 것을 전제로 검토되고 있다.

(2) 연기 제어의 개념

비상용 엘리베이터는 소방 활동 시에 이용하지만, 일반 엘리베이터는 화재 시에는 사용하지 않으므로, 엘리베이터 샤프트는 위층으로 연기전파경로가 되는 것을 방지할 수 있어야 한다. 화재층에서 샤프트로 연기를 침투시키지 않는 방법으로 이용되는 방법은 다음과 같이 분류할 수 있다.

a) 엘리베이터 샤프트의 기밀성을 확보하는 방법

① 엘리베이터 문 자체를 차연문으로 하는 방법[그림 4.1.5(a)]
② 엘리베이터 승강로비의 문과 복합적으로 차연을 확보하는 방법[그림 4.1.5(b)]

b) 샤프트에 급기가압하는 방법[그림 4.1.5(c)]

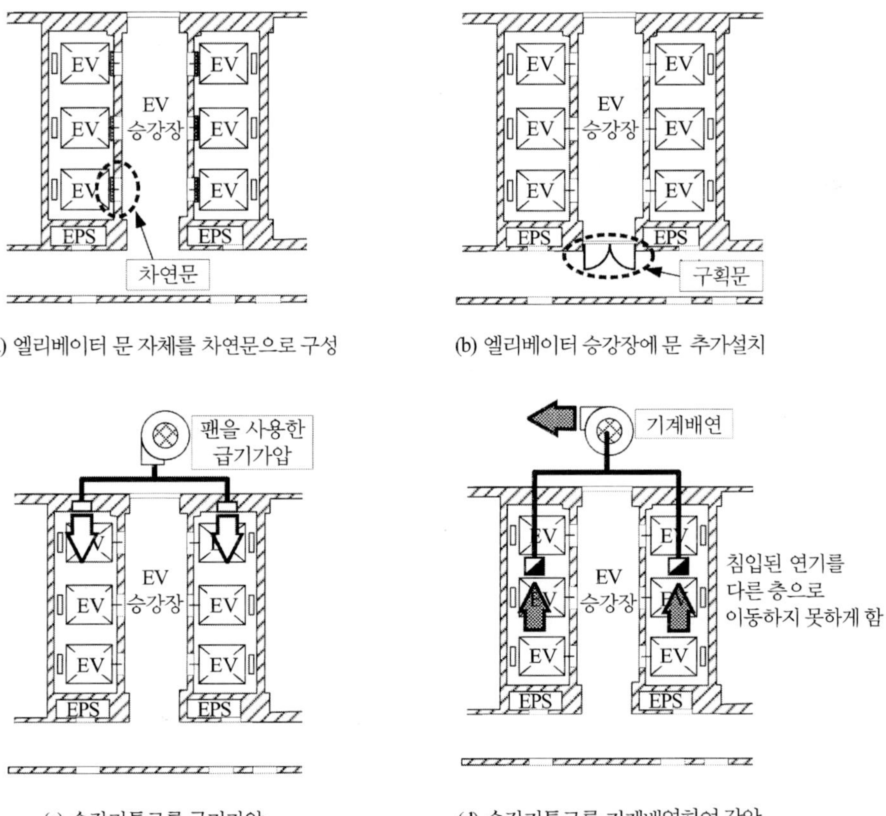

그림 4.1.5 승강기 통로의 연기제어방식 사례

통상적으로 엘리베이터 샤프트는 수직샤프트로 구획되어 있으나 실제로는 문 주변 및 벽 주변에 상당한 양의 틈새가 존재한다. b)의 급기가압의 경우, 특히 구조체가 건식공법으로 축조된 경우에는 틈새를 막는 대책을 실시하지 않는 한 설계대로 가압하는 것은 곤란한 경우가 많다.

또한 별도의 해결방법으로서 침입한 연기를 상층으로 유출시키는 방법도 고려할 수 있다. 예를 들면, 실시한 사례는 아직 보고되지 않고 있으나 엘리베이터 샤프트를 기계배연시켜서 감압하는 방법[그림 4.1.5(d)]을 들 수 있다. 단, 이 방법은 엘리베이터의 이용자가 없다는 것을 확인하여야 하고, 또한 배연이 정지되면 각 층에서 연기가 확산될 위험성이 높기 때문에 충분한 검토가 요망된다.

4.1.6 아트리움 · 관통공간

아트리움은 상품 판매 점포, 사무실 빌딩 등에 설치되는 사례가 많으나 그 외에도 여러 가지 용도 건축물에 설치되어 있다. 아랫부분은 현관 로비 등 가연물이 적은 통로 공간의 경우와 전시, 점포, 행사 공간 등 가연물이 존재하는 경우가 있다.

(1) 공간의 특징

- 아트리움은 건물 내의 여러 층에 설치됨으로써 복수의 층의 거실과 접하는 점이 단순한 대공간과의 차이이다.
- 각 층에서 거실과의 경계는 붙박이창과 평상시에는 개방하고 수시로 폐쇄시킬 수 있는 방화문이나 셔터로 구성되며, 또한 구획이 없이 개방된 경우로 나눌 수 있고 고정벽 같은 경계로 항상 구획되지 않은 부분이 많은 것이 특징이다.
- 관통된 공간과 각 층 거실과 경계에서 관통된 공간 쪽으로 개방적인 통로가 설치된 경우도 적지 않다.
- 채광을 위하여 천장재 및 벽체에서 유리 등 화재 시 가열로 파손될 가능성이 높은 부재가 이용되는 경우도 많다
- 백화점 등 판매 점포의 아트리움은 셔터를 폐쇄하여 구획시키는 경우가 많다. 또한 층의 중앙 부근에 설치되어 외기에 면한 지붕과 벽면이 없는 것도 적지 않다.

(2) 연기 제어의 개념

연기가 위쪽으로 확산되기 쉽고 아트리움과 개방공간의 주위에는 다수의 재실자가 있기 때문에 아트리움과 관통공간에는 연기 제어에 특히 주의하여야 한다.

a) 자연배연의 활용

① 연기층 높이의 제어

- 일반적으로 천장이 높으므로 공간 상부에 두꺼운 연기층이 형성된다. 그림 4.1.6(a)에 나타낸 바와 같이 어느 높이까지 주변 공간과 구획화된 경우는 자연배연이 유효한 경우가 많다. 또한 배연량을 늘리기 위해서는 단순히 자연배연구의 면적을 크게 하는 것만으로는 불충분하고 공간 하부에 급기구를 확보하여야 한다(그림 2.4.1～2.4.3 참조)
- 전혀 구획이 없는 상태에서 위층에서 거실과 접하고 있을 때는 연기 침입 방지는 어렵겠지만, 아트리움 상부에 큰 연기 체류공간을 확보하여 연기층을 거실이 있는 층까지 하강시키지 않는 방법도 있다.

② 차압 제어

- 공간 상부의 배연구가 급기구에 비교하여 클수록 공간 내부가 부압이 되므로 (5.2.5 참조) 이것을 이용하여 상부층으로의 연기전파 방지를 도모하는 방법도 있다.

③ 연기층 온도의 제어

- 배연량이 크면 그만큼 연기층의 온도는 낮게 된다. 천장 재료나 구획이 유리 등인 경우에는 연기층 높이뿐만 아니라, 이들의 열에 의한 파손 방지를 위한 온도 억제도 고려하여야 한다.

b) 고려하여야 할 주요사항

① 연기가 체류하기 쉽고 빠지기 어려운 공간 형상

- 아트리움의 형상에도 주의가 필요하다. 비교적 큰 바닥면적으로 저부가 원형이거나 정사각형인 경우는 문제가 적지만 바닥면적이 작은 경우는 화재 초기에 연기가 충만하게 되므로 주의가 필요하다.

- 바닥 면적이 크더라도 높이 방향에 대해서 좁고 긴 장방형 공간에서 자연배연 방식을 채용하고 있는 경우, 배연구, 급기구 및 화원의 위치 관계로 인하여 아트리움 내부의 연기의 흐름이 복잡하게 되고, 반드시 아트리움의 상부부터 차례로 축연, 배연이 이루어지지 않는 경우도 있으므로 주의가 필요하다. 더 나아가 화재 플륨의 확대가 공간의 주변 벽으로 제약되는 경우, 이층 존모델(5.4.3 참조)의 적용은 어려워진다.

② 통상시의 고온 공기층의 영향

- 여름 등에는 일사의 영향으로 높은 천장의 상부에 고온의 공기 층이 형성되는 곳도 많다. 화재 초기의 연기는 온도가 낮은 경우도 있고 연기가 상승되지 못하고 고온 공기층 아래에 축적될 가능성도 있으므로 주의를 요한다.

③ 상정 화재

- 아트리움 저층부의 출화 이외에 각 층에서 거실 화재의 연기가 아트리움 내부로 유입되는 것도 고려할 필요가 있다.
- 또한 아트리움 공간과 비교적 유사하지만 천장이 없는 보이드 공간이 있다. 이 경우, 꼭대기 부분이 외기에 개방되어 외부 기온의 영향을 받기 쉽다. 바닥 면적에 대해서 공간 높이가 높은 경우에는, 보이드 내부로 화재 시 연기가 역류할 우려가 있으므로 주의가 필요하다. 보이드의 면적을 크게 하거나 급기구를 설치하여 배연을 촉진시키는 배려가 필요하다(4.2.5 참조).

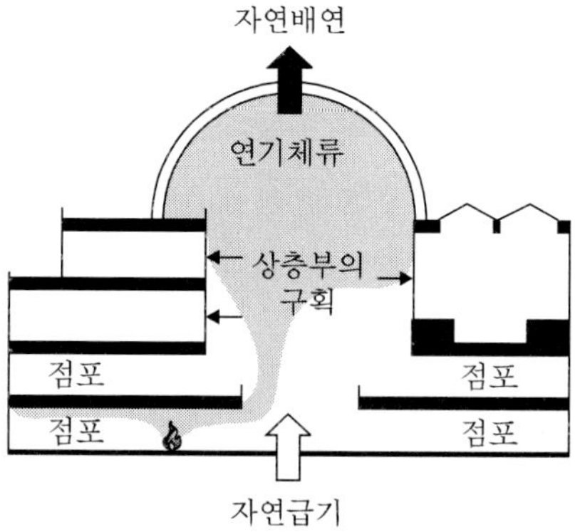

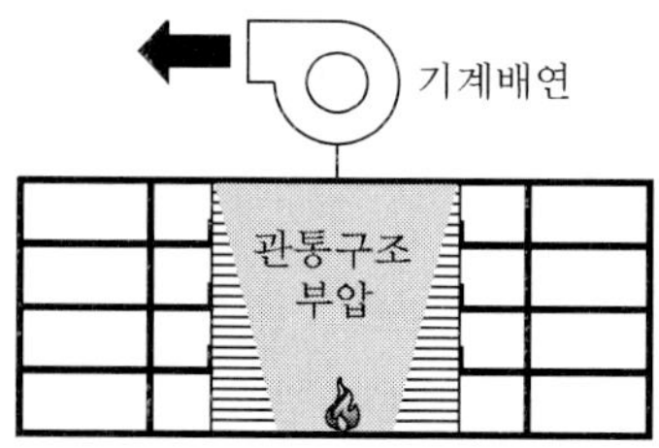

그림 4.1.6 아트리움·관통구조의 연기제어방식 사례

4.1.7 대공간

본 장에서는 야구장이나 테니스 코트 등 다수의 객석이 있고 지붕을 설치한 스포츠 시설이나 전시장과 공항 터미널 등과 같이, 면적뿐만 아니라 천장도 매우 높고 둘러싸인 용적이 거대한 공간을 대상으로 한다.

(1) 공간의 특징

- 면적과 천장 높이도 매우 크고, 거대한 공간으로 구성된 것이 최대의 특징이다.
- 스포츠 돔과 전시장 등은 기본적으로 다목적 시설이고 주 용도 외에도 각종 행사, 집회 등에 빈번히 사용된다.
- 사용 내용에 따라 수용되는 재실자 수와 수납 가연물량에 큰 차이가 있다.
- 기존에는 옥외 스포츠 시설은 화재 위험을 상정하지 않았으므로 지붕이 설치되었어도 실내 집회 시설 등에 비교하여 수용 인원당의 피난 경로 수 및 피난 용량은 매우 작다.
- 지붕은 고정된 것도 있지만, 사용 목적에 따라 개폐되는 것도 있다.

(2) 연기 제어의 개념

a) 화원의 상정

- 다양한 용도를 상정하고 화원 설정을 행하여야 한다. 예를 들어, 주 용도 이외로 사용하는 경우는 그 용도별의 가연물 설정에 근거한 연기 제어가 필요하다. 예를 들면, 스포츠 시설을 콘서트와 전시장으로 이용하는 경우, 스포츠 경기를 개최한 경우보다 가연물이 많아진다.

b) 풍량을 고려한 연기제어

- 대부분의 경우, 화재규모에 대하여 상대적으로 공간용적이 크므로 연기층의 하강은 매우 완만하다. 따라서 공간높이가 있는 대공간의 경우, 피난시간과의 비교하여 연기층 하강시간에는 충분한 여유가 있다.

- 공간이 크기 때문에 소방대는 공간 내에 진입하여 소화를 행하여야 한다. 따라서 소방활동공간도 확보하도록 배연을 고려하여야 한다.
- 천장이 높기 때문에 천장 등에 자연배연구, 하부에 급기구를 설치하면 효과적인 배연을 기대할 수 있다.

c) 기타

- 열로 인하여 파괴될 가능성이 있는 천장부재가 사용되고 있는 경우는 연기층의 온도상승을 억제하는 것도 고려하여 배연계획을 행한다(그림 4.1.7).
- 지붕이 개폐식인 경우, 개방 시 외기풍의 영향에 대해서도 검토를 행하여야 한다.

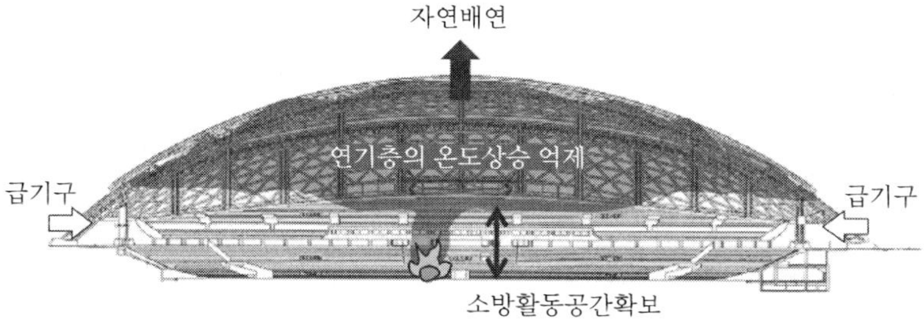

그림 4.1.7 대공간(돔 구장) 연기제어방식사례

4.1.8 지하공간

지하공간은 도로 및 역 광장 등 공공 공간의 아래 건설되는 지하가, 지하철역사 터널 등이 대표적이나, 일반건물의 지하층 및 전선 등이 매설된 공동구 등 다양하다. 지하가의 대부분은 지하 1층으로 비교적 낮고 지상으로의 출구도 많이 설치되어 있으나, 지하철 역사 및 건물의 지하층 등은 매우 깊은 것도 있다. 또한 거실이 없으므로 피난상은 문제가 되지 않더라도 출화 시 소방 활동에 많은 과제가 잔존하고 있으므로 주의하여야 한다.

(1) 공간의 특징

- 공간이 지하에 매설되어 있으므로 화재가 발생한 경우는 지상으로부터 감지하는 것

이 늦고 화재상황에 대한 파악이 매우 어렵다.

- 지하가 등의 비교적 낮은 지하공간의 경우에도 외기와의 연결은 지표면으로의 일부의 출구로 한정되는 사례가 많다.
- 주통로에 접하는 시설의 통로는 안쪽일수록 좁게 되어 미로상태가 되는 경우도 있으므로 비상 시에 들어온 루트 이외의 방법으로 지상출구에 도달하는 것은 매우 어렵다.
- 다층에 걸친 지하공간에서는 계단 및 엘리베이터를 통하는 방법 이외에는 지상으로 통하기 어렵고 지상의 건물과 비교하여 화재의 연기가 옥외로의 배출은 매우 어렵다.
- 평면적으로 큰 경우도 많다.
- 출구 위치가 지상의 토지이용에 따라 제약되기 때문에 계단배치에 규칙성이 없다.
- 건물지하부가 연결된 경우도 있다. 이와 같은 경우, 각각의 건물범위별로 방화관리 및 설비제어가 실시되는 경우가 많다.

(2) 연기제어의 개념

지하공간은 화재 시의 상황파악이 곤란하므로 피난만이 아닌 소방대에 의한 검색과 구조활동을 고려하여 연기제어를 행하여야 한다.

a) 연기의 흐름방향과 피난구조의 방향

- 화재 시 피난하는 인간의 흐름과 연기의 이동방향이 일치하므로 특히 배연계획이 중요하다. 급기경로를 피난 및 소방대 진입의 경로와 겸하는 방안도 고려하여야 한다.

b) 급기 · 배연경로의 계획

- 지하공간의 급기와 외기에 대한 배기는 한정됨으로써 복잡한 지하공간의 경우는 구획화와 명확한 급기 및 배기의 루트선정이 필요하다.
- 자연배연 또는 기계배연의 어떠한 경우에도 충분하게 계획된 급기를 동반하지 않으면 유효하게 배연되지 못하므로 특히 급기 경로의 확보에 유의하여야 한다.
- 지상에서의 급기구 위치는 연기배출위치와 이격되어야 하고, 배출된 연기가 급기구로부터 인입되지 않도록 하는 것이 중요하다. 배연이 계획대로 행하여지지 않는 경

우, 지상으로의 출구가 연돌효과에 의하여 대량의 연기배출구로 되어 피난하는 인간에게 영향을 미칠 가능성이 있기 때문이다. 출입구에서는 천장 높이 및 배연구의 설치에도 주의하여야 한다.

c) 깊이에 따른 연기 제어

- 지하가 등의 낮은 지하공간에서는 천장이 높은 지하광장이 있는 경우 등 형태에 따라서는 자연배연이 효과적인 경우가 있다. 배연으로 연기의 확대범위가 한정되면 많은 지상으로의 계단이 급기경로로 기능할 수 있다(그림 4.1.8).
- 깊은 지하공간에서는 배연은 기계배연으로 하고 배연샤프트를 통하여 연기를 지상으로 배출한다. 배연샤프트는 배연기 정지 후에도 스모크타워로서 기능하도록 계획하는 것도 고려할 수 있다(그림 4.1.8).

d) 기타

- 지하철과 연결되어 있는 경우는 열차주행에 따른 열차풍으로 위험성이 증대되지 않도록 배려할 필요가 있다. 또한 빌딩과 연결되어 있는 경우는 완충대 등을 설치하여 상호 화재에 의한 영향이 없도록 할 필요가 있다.
- 한랭지에서는 동계의 연돌효과에 의한 누설방지로서 지상으로의 출입문을 이중으로 하는 경우가 많다. 화재 시의 급기나 배연루트로서 이러한 출입구를 이용하는 경우 문을 이중으로 하고 있는 것의 영향에 대한 배려가 필요하다.

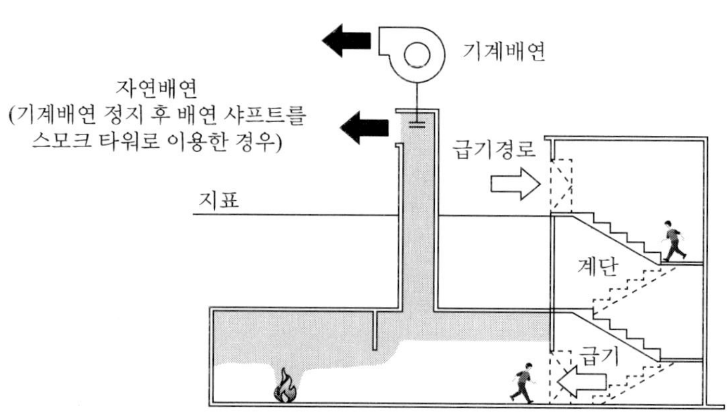

그림 4.1.8 지하공간의 연기제어방식 사례

4.2 용도별 연기제어설계

4.2.1 업무시설

업무시설은 주로 기업 및 관공서 등에 대한 다양한 정보작성이나 처리를 책상에서 행하기 위한 사무실 및 회의실 용도로 구성된다. 업종은 달라도 사무처리의 내용은 유사하기 때문에 자사건물이거나 임대건물이라 하더라도 거의 동일한 형태이다. 또한 그 재실자는 20~60세 정도의 사무직원이 일반적이다.

(1) 재실자 · 사용형태의 특징

재실자 및 사용형태로서 화재안전에 관련하는 특징으로서는 다음의 것을 들 수 있다.

- 대부분의 피난능력은 높다.
- 사용자는 특정된 다수인으로 구성되고 공간의 인지도가 높다.
- 관공서 및 은행 등의 창구업무를 갖는 용도에서는 불특정다수가 이용하는 공간도 있다.
- 자료 및 컴퓨터 등 가연물이 많다.

(2) 공간의 특징

a) 중고층 건축물이 많다.

- 중고층 건축에서 화재안전을 위한 유의사항으로서 화재를 감지하기 어려운 비화재층이 많은 점과 더불어 연기전파에 큰 영향을 미치는 계단이나 엘리베이터 샤프트 등 수직 샤프트공간이 많은 층을 관통하는 것을 들 수 있다.

b) 평면구성

비용에 대한 효율을 매우 중시하는 건물이므로 일반적으로는 공용공간은 최소화되고 있다.

- 복도 : 일상통행에 필요한 저도로 최소화 된 것이 많으나 화재 시에는 중요한 피난경

로와 체류공간이 된다.

- 계단 : 건축기준법에서 정하여진 보행거리, 중복거리 등 한계치로 설계되는 사례가 많고, 따라서 바닥면적이 대규모로 될수록 피난시의 계단의 부담인수가 증가하는 경향이 있다.
- 천장높이 : 최근에는 천장을 높게 하는 경향이 있으나 사무실 용도의 천장높이는 축연 및 피난에 유리한 높이로 설계되지 않기 때문에 복도의 천장높이는 낮은 경향이 있다.

c) 전용부 내의 칸막이

- 임대건물에서는 임대인이 계속 바뀌어 그때마다 칸막이 공사가 발생한다.
- 일반적으로는 규모가 큰 사무실이 많으나 임원실 및 회의실 등을 칸막이로 독립한 거실로서 배치하는 경우가 많다. 이 때문에 실내의 레이아웃이 복잡하게 되는 사례도 많다.

기타 대규모 업무시설에서는 개방감의 확보, 채광, 환기 등의 면으로부터 업무환경의 향상과 커뮤니케이션의 유발을 목적으로 아트리움이나 개방공간으로 계획되는 사례도 많다.

(3) 연기제어의 중요사항

계단이나 복도는 주요한 피난경로이나 사무소건축에서는 이러한 것들은 수적으로나 양적으로 적어질 수밖에 없다. 그렇기 때문에 공간의 연기제어는 피난안전을 위하여 매우 중요하다.

계단은 건물전체의 재실자가 사용하는 피난경로이고 어떠한 층에서 출화된 경우라도 사용될 수 있다. 복도는 화재층 전체의 피난안전에 영향을 미치고 다른 층에서 출화된 경우에도 사용된다. 따라서 가장 중요한 중점사항은 계단에 있다. 다음으로 전실 및 부속실을 제2차 안전 구역, 복도를 제1차 안전 구역으로 계획한다.

또한 공간단위별로 단순한 배연이나 가압 등의 계획을 행하는 것이 아니라 거실로부터 복도 및 계단 등의 안전구획별로 피난통행이나 대기 중에 연기에 노출되지 않도록 하는 계획으로 하여야 한다.

a) 계단으로의 연기침입방지

계단실로 연기를 침입시키지 않는 설계는 주로 계단가압, 부속실배연, 부속실 가압에 의한 방법을 들 수 있다(그림 4.2.1.1). 어떠한 경우라도 전관피난시간 및 소방활동을 고려하면 상정하여야 할 출화실의 상태는 최최성기화재이다. 계단 부속실이 있는 경우, 부속실에 연기제어가 설치되는 사례가 많다. 여기에서는 부속실을 이용한 연기제어에 관하여 서술한다.

① 부속실의 기계배연

- 부속실의 연기제어를 기계배연으로 행하는 경우는 급기경로를 충분히 확보하지 않으면 배연에 의하여 부속실이 감압되기 때문에 연기를 인입시키는 결과로 된다[그림 4.2.1.1(b)].

② 부속실의 가압방연

- 부속실 가압에 의한 경우는 부속실과 복도간에 차연한다[그림 4.2.1,1(c)]. 부속실에 연기가 인입되면 부속실은 가압되어 있기 때문에 계단실에 연기를 압출하는 결과로 될 수도 있다.

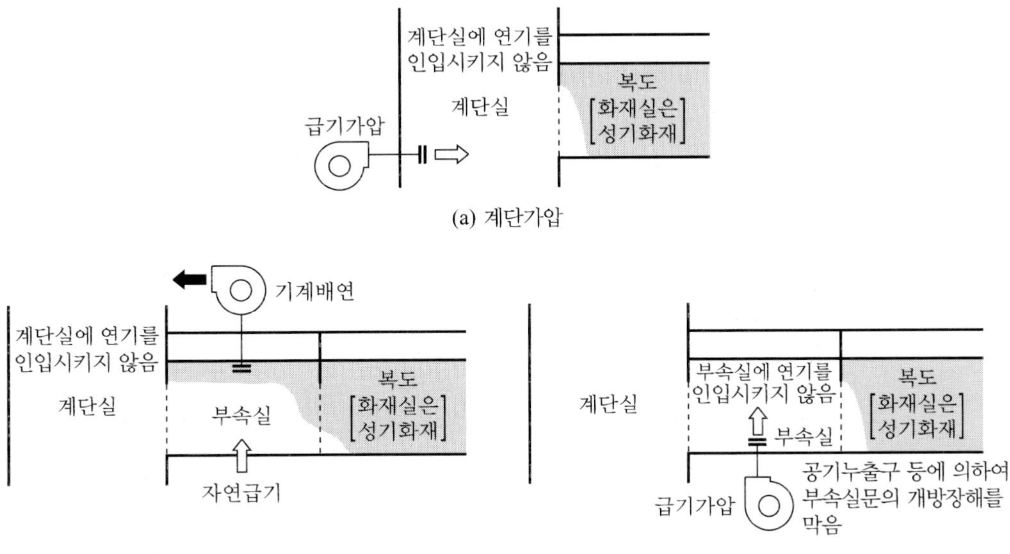

(a) 계단가압

(b) 부속실의 기계배연

(c) 부속실의 급기가압

그림 4.2.1.1 사무소 건축의 연기제어방식의 예(계단실 · 부속실)

- 차연에 필요한 부속실로의 급기량은 부속실 주변의 개구 및 틈새 등 관계되는 개구조건, 복도온도 등을 적절하게 설정한다. 복도의 온도는 복도의 규모가 클수록 또한 화재실로부터 복도로의 연기유출량이 적을수록 낮게 된다. 화재실과 복도간의 구획이 내화시방으로 되어있다면 화재실로부터의 연기유입이 문개구 만으로 한정되므로 복도의 온도를 낮게 상정할 수 있다.
- 부속실 가압은 소방대의 배후로부터 신선한 공기를 보내는 효과도 있으므로 소방활동의 안전성에도 유효하다.
- 부속실문의 개방장해방지[그림 4.2.1.1(c)]에는 압력조정장치의 설치가 일반적이다. 패닉바 등의 작동으로 공기도출구가 열리게 되는 등의 문구조도 고려하여야 한다.

b) 공용부의 연기제어

- 복도의 배연으로 층피난중의 안전확보를 도모할 수 있다. 복도에서의 필요배연량은 복도의 면적만이 아닌 화재실과 복도간의 문개구로부터 유출량에 따라 결정한다[그림 4.2.1.2(a)].
- 복도 등에 면한 엘리베이터 샤프트는 상층부로 연기전파방지를 위한 연기침입방지대책이 필요하다. 부속실 가압 등에 따라 복도가 가압되는 경우는 특히 주의가 필요하다. 대책으로서는 엘리베이터문에 차연성능이 확보된 것을 사용하는 것이 일반적이다. 기타 엘리베이터 샤프트를 가압하는 사례도 있다[그림 4.2.1.2(b)].

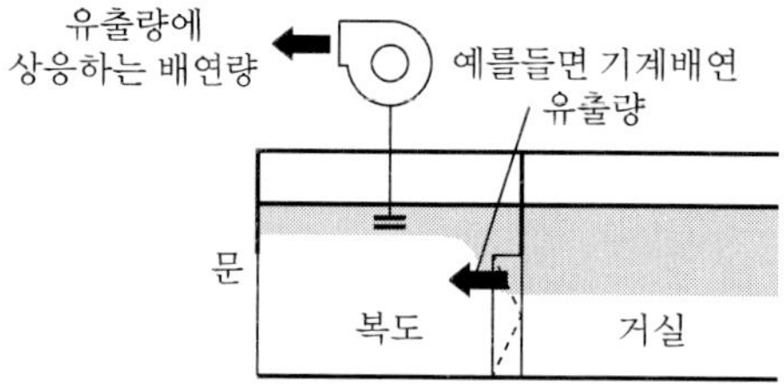

(a) 복도의 기계배연

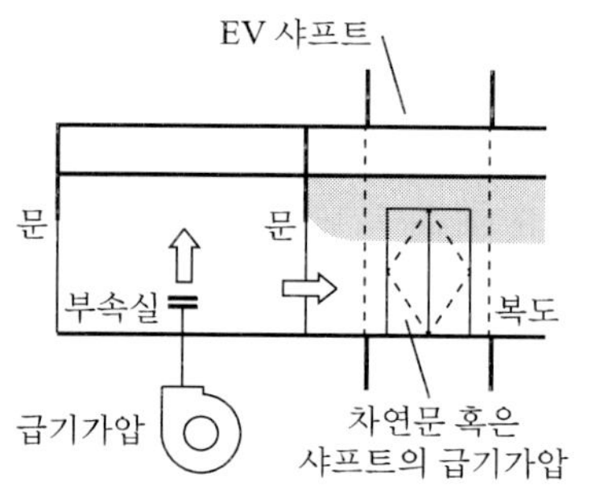

(b) 복도의 급기가압과 엘리베이터 샤프트

그림 4.2.1.2 사무소건축의 연기제어방식의 일례(복도)

c) 전용부의 배연

오피스나 업무용도의 사무소 빌딩에서 가연물이 많은 공간은 전용부이므로 적절한 배연이 중요하다.

① 화재실의 감압효과

- 화재실에서 기계배연은 화재실의 피난안전만이 아닌 화재실을 감압함으로서 공용복도로의 누연을 방지하고 지연시키는 수단으로서 효과도 있다[그림 4.2.1.3(a)].

② 창유리의 파손

- 창유리가 파손되어 큰 개구가 형성되면 기계배연으로는 화재실을 감압할 수 없게 되고 화재실 배연에 따른 복도로의 누연방지효과도 없어진다. 그러나 부속실 측으로부터 복도로의 급기와 화재실 배연을 복합하여 복도와 화재실간에서 차연하는 방식으로 설계되면 창유리가 파손된 경우에도 차연효과를 기대할 수 있다. 이것은 창유리의 파손이 화재실에 대한 공기도출구의 역할을 하기 때문이다[그림 4.2.1.3(b)].

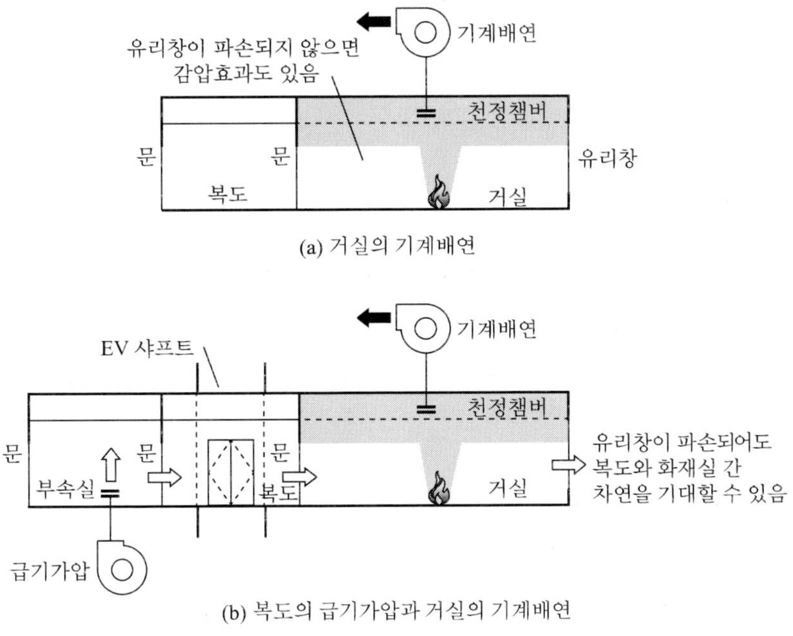

그림 4.2.1.3 사무소건축의 연기제어방식의 예(거실)

③ **천장챔버의 배연**

- 사무실의 기계배연에서는 천장챔버방식이 스폿형 배연구 방식보다 배연효과가 좋고, 임대 빌딩의 경우는 칸막이 변경 등에도 대응가능한 방식이다(그림 4.2.1.3). 그러나 보 등에서 천장이면의 감압효과가 방해되지 않도록 보 하부와 천장면사이의 간극을 충분하게 확보하거나 큰 보까지 덕트를 가로방향으로 연결하는 등 배려가 필요하다.

d) 기타

① **더블스킨**

- 최근 에너지절약이나 집무공간의 쾌적성보다 외주부에 더블스킨구조를 채택하는 건물이 증가되고 있으며, 복수층 개방공간의 캐비티구조의 경우, 화재층과 상부층에서 유리의 파손이 발생하면 상층부로 연기의 확산이 발생하기 때문에 주의가 필요하다.

② **배연덕트로부터의 연소확대방지**

- 주변의 가연물에 연소확대되지 않도록 배연덕트는 단열시킴과 더불어 방화구획 관통부는 틈새가 없도록 복구시켜야 한다.

4.2.2 호텔 및 여관

호텔이나 여관의 기본적 기능은 불특정다수의 여행자를 숙박시키는 것으로 비즈니스호텔, 시티호텔, 관광여관 등 종류는 다양하고, 종류에 따라 특징도 상이하다. 결혼식, 각종 집회, 파티 등 다양한 이용형태에 대응하는 기능을 정비한 호텔 등도 적지 않다.

(1) 재실자 · 사용형태의 특징

- 불특정다수가 이용하기 때문에 재실자의 공간인지도는 낮다.
- 취침상태로 사용하기 때문에 화재감지 및 피난개시가 지연된다.
- 비즈니스호텔에서는 이용자의 대부분이 성인이다. 고령자가 포함되기는 하여도 기본적인 피난능력은 대체적으로 높다. 그러나 숙박용도이기 때문에 음주 등을 한 사례

가 많으므로 일시적인 능력저하의 상태에 있는 가능성도 무시할 수 없다.

- 시티호텔 관광여관 등에서는 장년자보다 신체능력이 떨어지는 고령자가 다수 이용하고 있는 경우도 있고 간병인을 동반한 재난약자가 존재하는 경우도 있다.

(2) 공간의 형태

호텔의 대부분은 중고층 건물이고 계단 등 수직동선을 위한 수직관통 공간이 있다.

a) 평면의 구성

- 객실층은 작은 객실이 복도를 따라 양측으로 배치되는 세장형 레이아웃이 많다.
- 계단배치는 최대보행거리와 중복거리로 결정되나 부담인원수는 비교적 적으므로 계단이 피난용량적으로 문제가 되는 사례는 적다. 한편 규모가 클수록 복도는 길게 되고 피난계단까지의 보행거리가 크게 되는 경향이 있다.
- 객실층에서는 막다른 복도로 되는 경우도 있다.
- 시티호텔 등에서는 결혼식과 기타의 집회 용도의 공간을 갖고 있는 사례가 많고, 계단 등에 대한 피난경로의 용량이 주용도인 객실부분만을 고려하고 있으면 집회시의 수용인원에 대하여는 현저하게 적게 될 수도 있다.

b) 연소특성

- 객실 내의 가연물량은 비교적 적으나 객실은 작고 가연물은 연소되기 쉬우므로 단시간에 플래시오버에 이를 가능성도 있다. 그러나 화재실 외로 연소확대를 방지할 수 있으면 화재지속시간은 짧아진다.

(3) 연기제어의 중점

- 호텔에 한정되지 않고 고층건축물과 공통되는 것은 계단실을 확보하는 것이 연기제어의 제1의 중점사항이다.
- 취침상태를 위한 사용이기 때문에 피난개시가 늦어지고, 불특정인원이기 때문에 공간의 인지도가 낮은 것을 고려하면 복도의 연기제어는 장기간의 안전확보가 가능하도록 하여야 하고, 또한 소방대에 의한 검색이나 구조의 지원을 위하여도 중요하다.

a) 복도의 배연

- 용도의 성격상 복도는 비교적 크다. 또한 통상 각 객실의 복도에 대한 출입구는 1개소만 있다. 더 나아가 각 객실의 대부분은 자동 폐쇄되도록 되어 있다. 따라서 각 객실의 연소확대가 방지되는 한 복도로의 연기누설량은 많지 않고, 복도의 배연은 문에 어떤 물체가 끼는 등의 폐쇄장애에 따른 개구로부터의 연기침입을 고려한 배연량으로 충분할 것이다(그림 4.2.2).
- 복도는 긴 반면 천장은 높지 않으므로 자연배연은 효과적이지 못한 경우가 많고 기계배연이 적합하다(그림 4.2.2).
- 복도의 배연방법의 하나로서 계단실로부터의 급기와 복도의 배연구(높은 위치)를 복합한 압출배연과 같은 방법도 고려된다. 이 경우, 복도가 가압됨으로서 단순하게 자연배연구를 설치하는 경우보다 배연의 효율이 향상된다. 단 대상부분과 기타의 부분과를 방화구획 등으로 처리하는 등 배려가 필요하다.

b) 계단의 시방

- 주용도의 호텔 이외에 집합용도로 공간을 갖는 계획에서는 화재시의 피난계단용량이 부족하게 됨으로서 피난행동에 혼란이 나타날 우려가 있다. 이와 같은 경우에는 피난계단을 증설하여야 하고 또는 진입하기 위하여 사용하는 계단을 피난계단으로 사용할 수 있도록 연기로부터 보호하는 등의 대책을 강구하여야 한다.

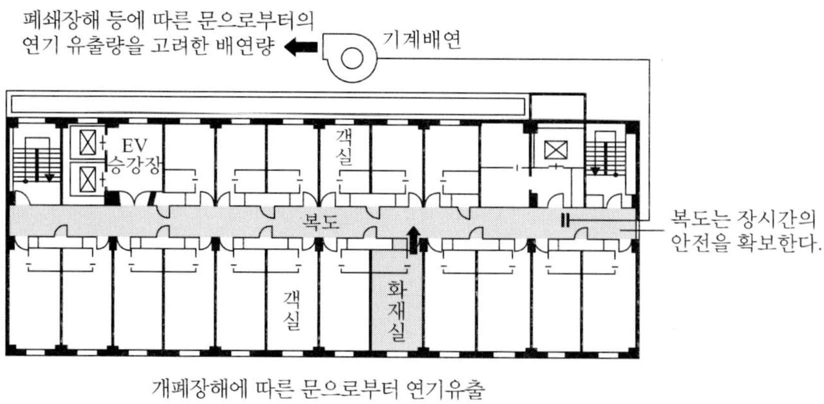

그림 4.2.2 호텔의 연기제어방식의 예(객실 층) (플랜은 문헌 2)에서 인용)

4.2.3 백화점 및 대규모점포

백화점이나 대규모점포는 불특정다수의 손님을 유치하여 다종다양한 상품을 판매하는 시설이다. 상품자체가 가연물인 경우도 많고 또한 손님의 구매력을 높이기 위하여 상품에 시선이 가도록 많은 배려를 하였고 여러 장식을 하였기 때문에 유도등이나 피난출구를 인식하기 어렵다. 화재안전을 위해서는 세심한 주의가 필요한 용도 중의 하나라고 할 수 있다.

(1) 재실자 · 사용형태의 특징

- 불특정다수의 재실자이므로 공간인식도는 낮다. 또한 피난능력이 낮은 고령자 및 어린아이 등을 포함한 다양한 재실자가 존재한다.
- 판매장소의 여러 장식으로 피난경로의 인지도가 저하된다.
- 계절적으로 실시된 바겐세일 시 재실자 밀도는 높다.
- 다종다양한 상품을 불특정다수의 손님 앞에 진열하기 때문에 도둑방지를 고려한 레이아웃으로 한다. 따라서 도주경로가 될 수 있는 피난경로에 고객이 용이하게 접근할 수 있도록 하는 계획은 채택되지 않는 경향이 있다.
- 이용자의 상하층부로의 경로는 엘리베이터 및 에스컬레이터를 주로 사용하고 계단은 거의 이용되지 않는다. 따라서 피난경로로서 계단의 인지도는 매우 낮다.

(2) 공간의 특징

a) 평면구성

- 판매공간은 손님들의 눈을 끌기위하여 현란하게 장식한 공간이다. 한편 피난계단의 대부분은 손님들이 들어오지 않는 안쪽의 백야드에 배치되기 때문에 쇼핑하고 있는 상태에서는 피난계단을 인식하기 어렵다.
- 평면중앙부에 대형면적의 판매공간과 주변에 백야드가 설치되는 경우가 많다.
- 판매공간의 중심부근에는 다수의 수시폐쇄 할 수 있는 셔터로 구획된 에스컬레이터 또는 개방공간이 설치된 사례가 많다. 또한 이것들에 근접하여 판매장소가 설치되었기 때문에 화재 시에 상품이 셔터 폐쇄장애의 원인이 되고 방화방연구획의 형성에

실패할 가능성이 있다.

b) 상품의 진열형태

- 상품에 직사광선이 들어오는 것을 막고 조명효과를 노리기 때문에 외주부에는 창이 적고 또한 있어도 진열을 위하여 가리는 경우가 많다.
- 층에 따라 상품이 다르고 연소되기 쉬운 물품도 적지않다. 또한 상품의 진열도 자주 교체한다.

c) 피난동선

- 피난계단이 많은 것 같아도 대부분은 주변부 백야드의 중심부 또는 주변에 위치하고 있고, 또한 복도에 접하지 않는 부분은 옥외계단으로 배치되는 경우도 많다. 더 나아가 피난계단으로 가기 위한 경로도 상품진열이나 장식품으로 인하여 발견하기 어려운 경우가 많다.
- 피난경로를 발견하기 어려운 부분도 많으므로 계단은 외벽부 주위로 균등하게 가깝게 배치하고 점포 내 통로를 어떠한 방향으로 피난하여도 반드시 하나의 피난계단에 도달할 수 있도록 배치하여야 한다.
- 피난경로가 용이하게 발견되지 않는 경우, 공간을 숙지하지 못한 피난자는 타인을 따라 피난하는 경향이 강하므로 계단이 적절하게 사용되지 못할 가능성이 크다. 음식점포의 내부를 통과하는 피난경로는 논외로 한다.

d) 셔터의 설치

- 대규모의 판매공간에서는 방화셔터를 사용한 면적구획이 많이 사용되기 때문에 화재시에 방화셔터가 폐쇄되면 공간의 상태가 크게 변하여 피난 시 혼란을 야기할 가능성이 있다.
- 셔터의 사용에 따른 방화구획에 따라 수평피난이 계획되는 사례가 많다. 셔터가 돌연 폐쇄된 경우, 쪽문의 존재를 일반적으로는 알기 어렵다. 과도하게 수평피난에 의지하는 것보다는 충분한 피난경로를 확보한 계획으로 하여야 한다.

(3) 연기제어의 중점

백화점이나 대규모 점포의 대부분은 층수가 높은 건물이므로 계단을 연기로부터 보호하는 것은 매우 중요하다(그림 4.2.3.1). 또한 계단을 소방대의 활동거점으로서 역할을 이해하고 연기제어계획에 유의할 필요가 있다.

a) 배연의 방식

- 대규모점포는 바닥면적이 넓고 천장이 높지 않고, 외벽에 개구도 적다, 점포부분에 대한 자연배연은 거의 불가능하고 기계배연방식이 사용된다(그림 4.2.3.1).
- 1973년의 다이요 백화점의 화재에서 나타난 바와 같이 점포화재 시에는 화재층과 비화재층에도 대피하지 못한 피난자가 다수 발생할 위험이 있다. 소방대의 검색이나 구조의 지원을 위하여 배연은 가능한 한 장시간 기능하도록 한다(그림 4.2.3.1).
- 어느 정도 큰 규모가 되면 소방활동거점의 설치가 요구됨으로써 가압 방배연 방식을 포함한 존 전체의 배연계획의 검토가 요망된다.
- 대규모 점포는 개구가 적고, 바닥면적이 크므로 화재실의 화재온도는 심하게 높지 않을 것으로 판단된다. 만일 화원주변에 배연계통이 정지하여도 동일한 공간의 다른 부분 에서 배연이 계속된다면 효과적이다. 또한 배연기 자체는 600℃ 정도에 견딜 수 있으므로 내화덕트의 사용이나 상층부 연소방지조치를 계획한 후 배연을 계속시킬 수 있는 계획도 가능하다.

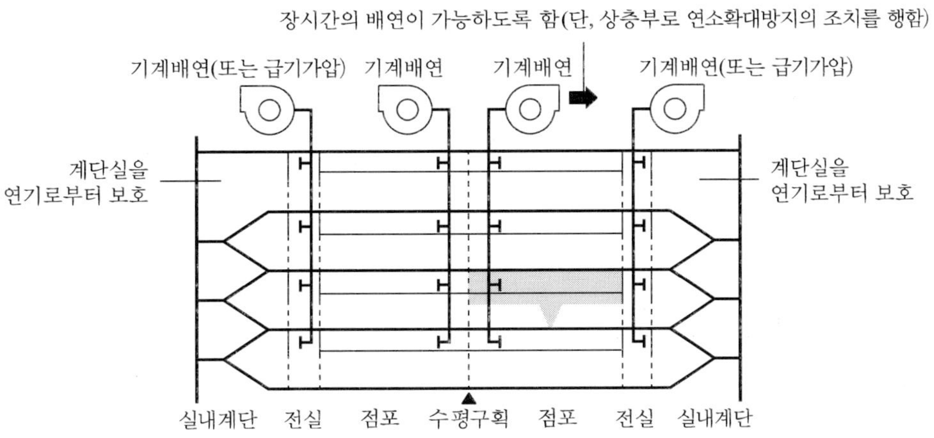

그림 4.2.3.1 백화점 및 대규모점포의 연기제어방식의 예

b) 개방공간부, 에스컬레이터 주변부의 연기대책

- 수직샤프트구획을 구성하는 방화구획은 수직샤프트내의 감지기의 작동에 따라 구획 전체가 형성되도록 하는 것이 바람직하다.
- 에스컬레이터의 양쪽에 상품을 진열하는 경우도 많다. 이것들이 셔터의 폐쇄장해를 일으키지 않도록 하는 배려가 필요하다. 가능하면 셔터에 유리를 병설하는 것도 바람직하고 방화설비의 유리로 방화구획을 형성하는 것이 좋다.
- 개방공간이나 에스컬레이터 주변은 다수의 셔터 등의 방화설비에 의하여 수직샤프트 구획이 되는 경우가 많다. 그러나 화재발생의 초기단계에서 방화설비가 작동하는 전 단계에서는 온도나 농도가 그리 높지 않아도 연기가 확산되기 쉽다. 또한 다수의 방화설비로 수직샤프트구획을 형성할수록 일부의 방화설비가 작동되지 않아 구획이 완결되지 못할 확률은 매우 높다. 더 나아가 셔터나 방화설비에 상품이나 집기류가 끼어버림으로써 구획이 완결되지 못하고 연기확산의 피해도 심각하게 될 수 있다. 방화설비가 확실하게 작동하도록 또한 각종 물건이 방치되어 폐쇄장애를 일으키지 않도록 유지관리를 하여야 한다. 이러한 사안을 고려하면 일부의 방화설비의 부작동을 고려한 설계로 하는 것이 바람직하다. 구체적으로는 다음과 같은 방법이 있을 수 있다.

① 셔터에 유리스크린 등을 병설시켜 화재초기의 연기확산을 방지한다(그림 4.2.3.2).
② 셔터에 손잡이 등을 병설시켜 상품의 방치로 인한 폐쇄장해가 발행하기 어렵게 한다(그림 4.2.3.3).

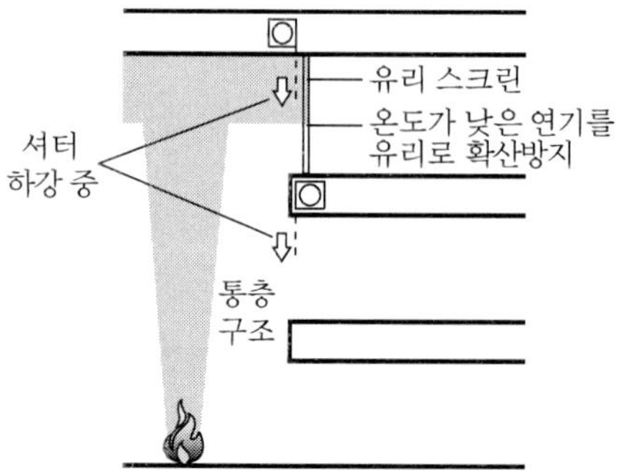

그림 4.2.3.2 유리스크린 등에 의한 화재 초기 연기의 확산방지사례

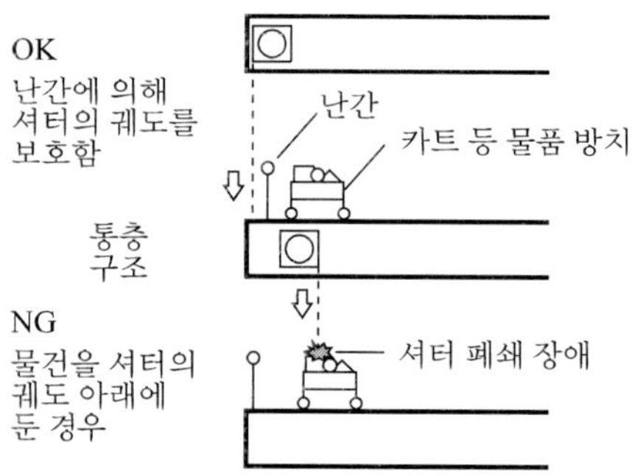

그림 4.2.3.3 손잡이 등에 의한 셔터의 폐쇄장해 방지사례

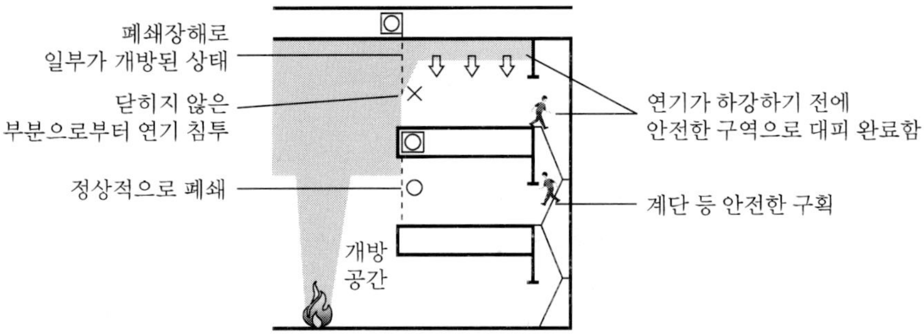

그림 4.2.3.4 일부 셔터의 폐쇄장해를 고려한 연기에 노출되지 않고 피난가능한 계획의 일례

③ 일부의 셔터가 폐쇄장애를 일으킴으로써 연기가 누출하는 상황을 고려한 경우에도 연기에 폭로되지 않고 피난완료할 수 있는 계획으로 한다(그림 4.2.3.4).

- 또한 개방공간에서 배연을 함으로써 개방공간 내로 축연 · 유입된 연기를 하강 · 확산시키지 않도록 하는 방안도 있다. 개방공간의 풍량의 크기를 고려하면 기계배연보다도 자연배연이 유효한 경우가 많다. 배연구와 급기구를 충분히 설치함으로써 연기층을 어느 높이로 제한시키는 설계도 가능하다.

4.2.4 극장 및 영화관

극장 및 영화관은 불특정 다수의 재실자가 상당히 높은 밀도로 수용되는 건물이다. 이 용도에서는 미국 시카고의 이로코우 극장 화재 및 일본의 호태이쟈 화재 등 과거의 화재에서 대규모의 희생자를 내고 있다. 그 원인은 연기자체의 위험이라기보다는 연기의 위험에 빠트리게 된 패닉현상이었다. 이러한 용도에서는 각지의 조례 등에서는 비교적 큰 피난경로를 요구하고 있으나 그것보다도 다수의 피난자가 초조하게 피난하는 것도 충분하게 고려하여야 한다.

(1) 재실자 사용형태의 특징

a) 재실자

- 불특정다수의 재실자이기 때문에 공간인지도는 낮다. 특히 좌석부분으로의 진입경로

이외의 피난 경로는 거의 알 수 없다.

- 공연 중에는 좌석부분은 어둡고, 재실자밀도는 매우 높다.
- 부분적으로 휠체어를 사용하는 사람도 있으나 일반적으로는 피난능력은 대체적으로 높다.

b) 사용형태

- 극장에서는 출화의 가능성은 주로 무대나 조명기구 등에 있다고 판단된다. 특히 무대에서는 대형도구와 소형도구와 장식하는 천막 및 조명등과 같은 가연물이나 열원도 많다.
- 영화관에서는 과거에는 필름이 화원인 화재가 많았으나 필름이 불연화된 이후 화재가 격감하였다. 또한 현재는 점차적으로 전자매체 등으로 바뀌어가고 있으므로 영사실에서의 출화가능성은 낮아지고 있다

(2) 공간의 특징

a) 평면구성

- 객석부의 천장은 일반적으로 높다. 대규모 극장 및 영화관에서는 바닥에 기울기가 있고, 또한 2~3층으로 구성된 곳도 있다.
- 극장에서는 객석이나 무대와 같은 주용도의 공간과 그 주변에 분장실, 창고등 많은 부대공간이 배치된다.
- 극장의 출구 및 객석의 주변에는 로비 등의 공간이 배치된다. 여기는 아트리움 등의 개방공간으로 되는 사례도 있다.
- 복수의 극장 또는 영화관(시네마 콤플렉스)이 있는 경우에는 로비 등이 공용되는 경우도 있다.

b) 피난동선

- 연기의 위험도 있지만 연기에 놀란 관객의 패닉이 오히려 큰 사고의 원인이 된다. 사람의 심리적인 패닉을 확실하게 방지하는 것은 매우 어려우므로 심리적인 패닉에 빠진 경우를 고려하여 큰 사고에 이르지 않도록 피난경로의 설계가 이루어져야 한다.

- 최근의 경향으로서 영화관은 시네마콤플렉스가 대규모로 증가하고 있고, 입장 시의 혼란은 상영시간을 늦추는 방법으로 조정할 수 있으나 화재 시의 피난은 일제히 발생한다는 것을 고려하여야 한다.

(3) 연기제어의 중점

- 객석으로 연기가 유입되면 화재상황을 파악할 수 없는 것이 공포심을 유발시켜 객석이 패닉을 일으킬 위험이 있다. 무대뒷면, 영사실 등 객석으로부터 보이지 않는 부분에서의 연기는 적극적으로 객석에 유입시키지 않도록 한다(그림 4.2.4).
- 극장의 무대 등에는 대형도구 등의 가연물과 조명 등의 열원이 많으므로 상부에는 유효한 배연수단을 설치하여야 한다(그림 4.2.4).
- 극장, 영화관이라는 용도상 차음성능이 요구가 높은 곳이 많으므로 자연배연은 계획되기 어렵고 기계배연을 설치하는 곳이 많다. 또한 마찬가지로 차음성능의 요구로부터 기밀성이 높은 공간으로 되어 출입구도 차음문으로 된다. 이 때문에 기계배연을 채용한 경우에는 급기경로가 적으므로 실내가 과도하게 부압으로 됨으로써 피난문이 개방되지 못할 위험성이 있다. 배연용의 급기경로를 설치하는 등 피난문의 개방장해가 없도록 고려하여야 한다.

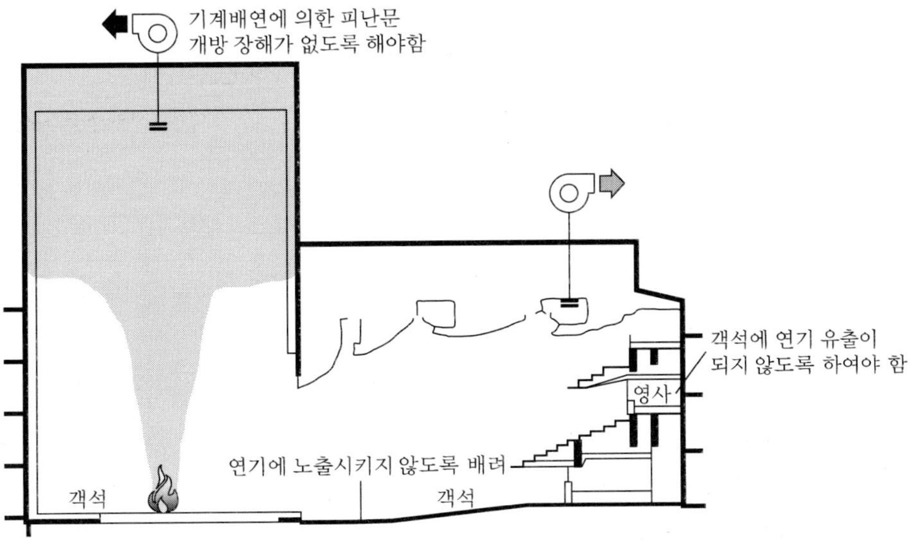

그림 4.2.4 극장 · 대공간의 연기제어방식의 예(플랜은 문헌 3)에서 일부 인용

- 객석이 높은 위치, 특히 2층과 3층의 객석에서는 피난완료 이전에 연기에 노출될 가능성이 높으므로 배연과 더불어 피난동선을 짧게 하거나 피난문 폭을 충분하게 설치하여 단시간에 피할 수 있도록 하는 것이 중요하다.

4.2.5 공동주택

공동주택이란 복수의 세대가 집합되어 1동으로 되어 있는 건축물이다. 규모가 크더라도 거주단위가 이어져있을 뿐 기능이나 구성이 복잡하지는 않다. 세대별로 경계벽으로 세밀하게 구획되어 있으므로 화재는 확대되기 어렵고 화재확대의 범위는 세대규모 내에서 이루어지는 것이 일반적이다. 그러나 발코니 경유의 상층부연소로 인하여 인접된 세대로 확대되는 경우도 있다. 재실자도 장시간의 거주자이므로 공간인지도가 높은 반면 세대별로 불을 사용하므로 세대당 화재리스크는 높다.

(1) 재실자 사용형태의 특징

- 기본적으로 특정의 재실자가 장기간 체제하는 용도이므로 공간인지도는 높다.
- 건강한 사람과 더불어 고령자, 영유아, 장애자, 환자 등 여러 타입의 재실자가 상정되고 피난능력도 다양하다.
- 취침하는 공간이므로 피난개시가 늦어지는 것도 고려하여야 한다.
- 가연물이나 출화원의 밀도는 일반적으로 높다.

(2) 공간의 형태

a) 평면계획

- 가족용 세대형과 독신자용의 원룸형식이 있다.
- 가족용 세대 스타일의 중층공동주택도 길게 개방된 편복도형의 플랜으로 현관문이 복도에 면하고 있는 경우가 많다. 특히 규모가 어느 정도 큰 공동주택의 대부분은 이러한 형식으로 축조된다. 한편 세대수가 적은 경우는 홀과 같은 작은 복도에 몇 세대의 현관이 면하고 있는 사례도 있다.

- 원룸 맨션형은 많은 부분이 호텔과 유사하고 개방된 편복도타입이 아니라 외기개방도가 낮은 중복도 타입의 것도 존재한다.
- 고층의 공동주택에서는 내진이나 내풍의 구조적 이유로부터 코아형 또는 보이드형으로 시공되는 경우가 많고 각각 코아 또는 보이드 주변에 복도가 설치된다. 따라서 모든 세대의 거실을 외기측으로 면하게 할 필요가 있으므로 코아형 고층주택의 각 세대수에는 한도가 있다.
- 각층의 거실면적 합계가 200 m^2 이하의 소규모인 공동주택에서는 계단을 하나 설치하면 법규를 만족하기 때문에 하나만 설치하는 경우가 많다.

b) 피난특성

- 차음이나 연소방지를 위한 경계벽이 있으므로 이웃세대의 화재에 대한 인식이 늦다.
- 외부로 발코니가 설치되어 있는 경우, 창고대용으로 물품 등이 쌓여있는 경우가 많다. 발코니는 피난통로용으로 이용가능하나 경계벽을 파괴하는 것은 고령자나 어린아이에게는 어려운 것을 고려하면 소방대의 지원이 올 때까지 일시 피난공간으로 고려하는 것이 좋다.

(3) 연기제어의 중점 고려사항

- 공동주택 각세대는 가연물이 많으므로 플래시오버를 상정한 피난계획이 필요하다.
- 복도의 필요배연량은 복도의 면적만이 아닌 복도방향의 현관문, 창등의 개구부로부터 연기유출량의 산출에 기초하여 결정하는 것이 바람직하다.
- 세대별의 구획으로 인하여 화재확대가 완만한 반면 화재의 정보가 전달되기 어렵기 때문에 피난개시가 현저하게 늦어질 가능성이 있다. 이 때문에 층피난 및 전관피난을 위하여 피난경로의 안전은 화재지속시간 동안 확보되어야 한다(그림 4.2.5.1).

a) 개방형 편복도형의 공동주택

- 개방형 편복도의 공동주택에서는 복도의 개방성을 확보함으로써 화재층의 피난을 위한 피난경로인 복도의 연기를 비교적 용이하게 배연할 수 있다. 그러나 이 연기는 상층의 개방된 복도를 오염시킬 수 있으므로 화재실로부터 복도방향으로 연기를 유출

시킬 가능성이 있는 개구의 방화성을 높일 필요가 있다.

- 개방된 편복도형의 공동주택에서는 전관피난을 위한 계단의 안전확보는 매우 중요하다. 따라서 다음과 같은 대책을 취하는 것이 좋다.
  ① 외기로 개방된 복도의 개구는 복도에서 연기층의 하단이 계단의 입구 상단 이하로 떨어지지 않도록 충분한 개방도를 확보하거나 계단주변에 경계벽 등을 설치하여 계단으로 연기침입을 막는다.
  ② 외기로 분출된 연기는 화재층에서 계단내부로의 침입은 막아도 상층에서 계단으로 인입될 가능성이 있다. 연기의 계단침입을 막기 위해서는 계단은 외기방향으로 개방시키는 것보다 오히려 구획하는 것이 좋다. 단, 구획은 연기의 침입을 막을 수 있으면 좋으므로 반드시 방화구획이 아니어도 좋다.
- 한랭지의 공동주택은 겨울철의 유지관리의 문제보다 개방형복도로서 자연배연을 행하는 것이 어려우므로 복도는 기계배연이 요망된다.

b) 코아형 고층공동주택

코아형 고층공동주택에서는 계단과 복도의 안전확보가 매우 중요하다(그림 4.2.5.1).

- 계단과 복도의 연기제어에 대한 과제와 방법은 기본적으로는 고층사무소빌딩과 유사하다.
- 소방활동이 내부로 한정되므로 연기제어는 소화를 위하여 화재실 문이 열린 조건에서 연기유출을 상정하여 계획한다.

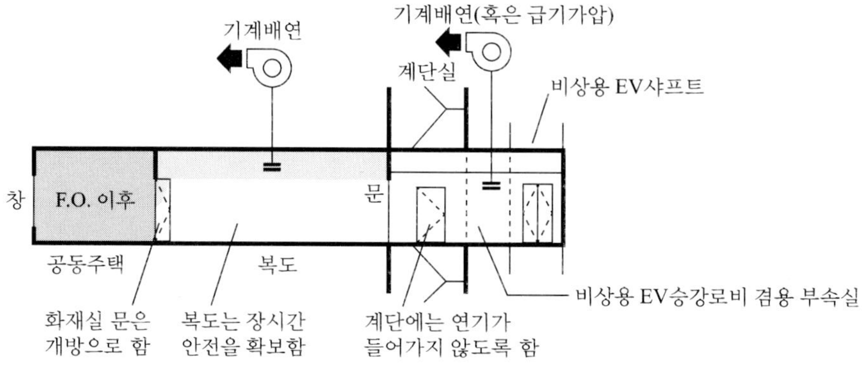

그림 4.2.5.1 공동주택의 연기제어방식의 예(코어형 고층공동주택)

- 복도는 대부분의 경우, 회랑형이므로 외기로 개방된 배연구를 설치할 수 없다. 설치하여도 충분한 크기 및 유효한 배치의 확보가 곤란한 경우가 많다. 또한 천장높이는 일반적으로 높지 않으므로 복도는 기계배연을 원칙으로 하여야 한다.

c) 보이드형 공동주택

- 보이드형 공동주택에서는 보이드를 외기와 유사한 상태로 할 수 있으면 이상적이다. 보이드의 면적이 크고, 깊이가 낮을수록 외기와 유사한 상태로 될 수 있다.
- 보이드부분이 외기와 유사한 경우에 대한 연기대책은 외기개방형의 공동주택의 경우와 유사하나 복도가 회랑형으로 되어 있으면 출화층의 상부가 분출한 벽에 폭로되어도 계단까지 2방향피난이 확보되는 이점이 있다.
- 보이드가 깊은 경우는 화재층의 상부부분에서부터 보이드 전체로 연기가 충만할 가능성이 있다. 하부 또는 측면에 급기개구를 취하고 보이드 내의 공기의 유통을 촉진시켜 분출한 연기를 희석시킬 필요가 있다(그림 4.2.5.2).
- 보이드 내에 계단을 설치하는 경우는 계단이 분출된 연기에 노출되기 쉽기 때문에 개방형보다는 구획시킬 필요가 있다.

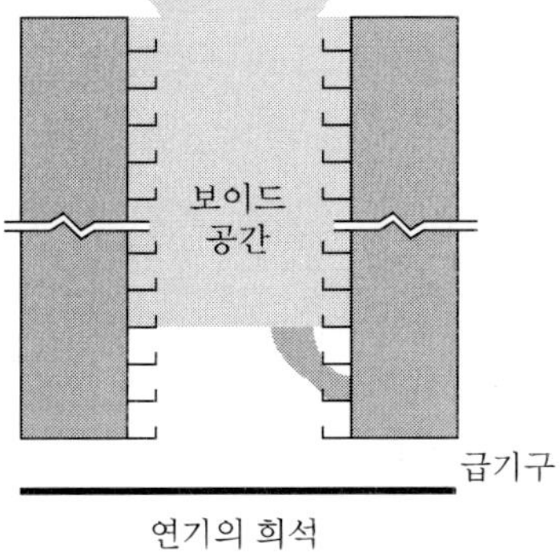

그림 4.2.5.2 공동주택의 연기제어방식의 예(보이드형 공동주택)

4.2.6 병원시설

병원시설은 화재시의 피난자가 재난약자인 전형적인 건축물이다. 장애증상도 청각, 시각, 보행능력, 인지, 내과질환 등 다양하며 혼재되어 매우 복잡하다. 따라서 기본적으로는 보호자의 도움을 전제로 한 피난을 상정한다,

(1) 재실자 사용형태의 특징

a) 외래동

- 외래환자는 통상적으로 일반적인 방문자이므로 공간인지도는 높지 않다. 한편 입원환자 등은 어느 정도 기간 동안 체류하나 건강한 일반인과는 달리 행동범위가 넓지 않으므로 체류기간과 공간인지도는 관련성이 높지 않다.
- 특정한 입원환자와 불특정한 외래환자가 혼재되고 있으나 외래환자와 입원환자의 혼재공간은 기본적으로 구분되어 있다.

b) 입원병동

- 입원병동은 취침을 포함하여 사용된다.
- 재실자는 환자와 부상자가 일반적이고 피난능력은 현저하게 낮다.
- 어느 정도 자력으로 행동할 수 있어도 휠체어의 환자나 닝겔기구를 동반시킬 환자도 있다. 또한 자력보행이 불가능하여 보호자가 필요한 환자도 포함된다.
- 환자를 돌보기 위하여 항상 간호사가 상주하나, 일반적으로 야간에는 현저하게 간호사가 줄어든다.
- 상주하는 간호사 등이 있기 때문에 화재발견은 대체적으로 빠를 것으로 판단되나 환자 등의 피난행동을 위한 보호자가 필요하기 때문에 피난에 시간이 많이 걸리게 된다.
- 병실 등의 가연물은 주택이나 사무실 등에 비교하여 양적으로는 많지 않으나 침대 등 연소되기 쉬운 것이 많다.

(2) 공간의 특징

일반적으로 저층부는 진료나 검진센터, 고층부는 입원병동으로 하는 계획이 많다. 어떠한 층에도 이동용 엘리베이터가 설치되어 자력이동이 어려운 환자들의 이동을 지원한다.

a) 입원병동

- 입원병동의 플랜은 호텔과 유사하고 일반적으로는 중복도를 따라 양측에 병실이 배치된다.
- 침대나 의료기기 등의 반출입을 위하여 병실의 문은 넓고, 또한 개방상태의 시간대도 길다.
- 환자의 상태파악과 신속한 조치를 위하여 각층의 간호단위 병실별로 간호사를 위한 공간이 배치된다.

b) 진료 검사부문

- 외래환자의 접수와 대기 및 진료 그리고 경우에 따라서는 약국, 각종검사를 위한 시설이 포함된다.
- 입원환자의 수술, 집중치료실 및 각종 검사를 위한 시설 등이 포함된다.
- 각종검사를 위한 시설은 외래와 입원시설 중 공통된 경우도 많다.
- 바닥면적이 크면, 광정을 설치하는 사례도 있다. 또한 이것에 면하여 개방될 수 있는 창이 설치되는 경우도 있다.

(3) 연기제어의 중점사항

a) 입원병동(그림 4.2.6)

병동부의 환자피난은 보호자가 필요한 것을 고려하여야 한다.

- 한정된 인원으로 피난지원과 유도를 하기 위해서는 연기전파를 국소화시킬 필요가 있다. 따라서 우선 비화재층에 대한 철저한 연기확산방지는 매우 중요하다.
- 수평구획에 따라 화재공간과 비화재공간으로 분리한다. 비화재공간에 대한 연기의 침입을 방지함으로써 일시체류를 가능하게 하고 건물 외부로 피난할 수 있는 시간적 여유를 가질 수 있게 된다.

- 화재구역 내의 복도에서 기계배연을 주로 행하는 것이 현실적이다. 병실 등이 기밀성이 낮으므로 비화재구역에 대한 가압은 유효하지 않은 경우도 많다.
- 환자의 일부를 엘리베이터로 피난시키는 것을 상정하면, 엘리베이터문의 개폐를 동반하게 되므로 엘리베이터 샤프트로의 연기침입방지를 위한 대책으로서 샤프트의 급기가압도 선택할 수 있을 것으로 사료된다.

b) 외래동

- 진료 및 검사부문은 면적이 크고, 진료실 등 소규모인 실이 다수 있는 공간으로 구성된다.
- 진료실 등은 간이칸막이로 구성되는 경우가 많으므로 화재가 발생하면 연기를 구획시키는 것은 어렵다. 복도 및 공용부에서 기계배연을 주로 행하는 것이 좋다.
- 수술실, ICU 등 화재 시 환자를 움직이기 어려운 경우는 주변부 화재시의 연기의 침입을 차단하는 조치를 강구한다. 이 방법으로서는 이러한 실을 다른 부분과 방화구획을 실시하여야 한다. 개구부에서는 2중의 방화구획이 원칙이다.
- 광정을 설치하는 경우, 충분한 크기가 확보되지 못하여 연돌상으로 되는 경우는 창을 통한 상층부로의 연소확대 및 연기전파가 발생하지 않도록 방화방연성능이 있는 시방의 공간으로 한다.

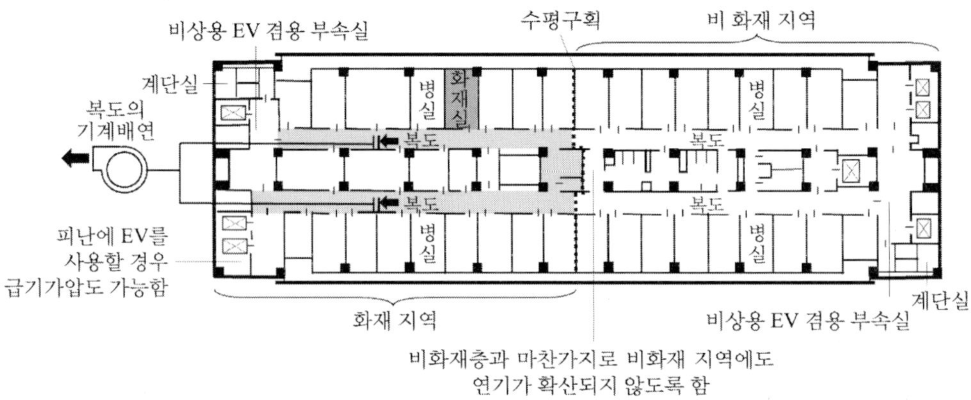

그림 4.2.6 병원의 연기제어방식의 예(플랜은 문헌 4)를 참조

4.2.7 사회복지시설

다양한 형태와 규모가 있으나 여기에서는 내화건축물이면서 10인 이상을 수용할 수 있는 노인보호시설을 대상으로 한다. 대부분의 시설은 특별요양노인홈, 고령자주택서비스 및 지역포괄지원사업이나 거택 개호지원사업 등의 복수의 사업을 행하고 있는 곳이 많다. 장애인의 타입으로서는 화재발생의 인지 및 그 후의 대응에 관하여 판단할 수 없거나 자력보행으로 피난이 곤란한 등 기본적으로 피난에 도움이 필요하다는 전제 하에 피난계획을 세워야 한다.

(1) 재실자 사용형태의 특징

- 입소자는 장기간 체류하나 체재기간으로부터 예상할 정도의 공간인지도는 높지 않다. 대체적으로 거주하는 층 정도만을 인지하는 것으로 추정된다. 또한 데이케어서비스의 대상자는 1층을 중심으로 한 공간을 인지하는 정도이다.
- 취침상태를 포함한 사용형태이다.
- 치매환자를 위해 취사, 담배, 향 피우기 등 불을 사용하는 경우에는 특별한 관리가 필요하다.
- 어느 정도 자력으로 행동할 수 있어도, 휠체어의 거주자가 많으므로 계단보행은 거의 곤란하고, 화재 시에는 거실로부터 발코니공간으로의 이동이 기대되는 정도로서 대부분의 거주자는 보호자의 지원이 필요하다.
- 거주자의 보호를 위한 상주 보호자가 상주하나 일반적으로 야간에는 1～2인 정도로 매우 적다.
- 상주의 보호자가이 있기 때문에 화재발견은 매우 빠르나 거주자의 피난을 위한 시간이 많이 걸린다.
- 발코니의 단부에 피난용 경사대가 설치되어 있는 경우도 있으나 장애자의 상태에 따라 피난 시 이용할 수 없는 경우도 있다.

(2) 공간의 형태

a) 전체구성

- 일반적으로 상층부에 치매환자 및 거동이 불편한 환자가 거주하고 있고, 고령자주택

서비스나 지역포괄 지원사업서비스(데이케어)는 숙박하지 않다보니 1층을 주로 사용한다. 모든 층에서 침대로 이동할 수 있도록 엘리베이터가 있으며 행동이 부자유스러운 거주자의 이동을 지원한다. 거주자와 데이서비스의 이용자는 평상시나 비상시에도 계단은 이용할 수 없다.

- 복도폭이나 계단폭이 넓게 배치되고 있다. 고령자나 휠체어의 시설이용자의 피난에는 손잡이까지의 거리가 길어지기 때문에 피난 시에는 부적절한 곳도 있다. 또한 수납공간이 적고 복도나 계단 부속실이나 계단실내에 박스나 휠체어 등이 놓여있는 곳도 있다.

b) 거주공간

- 거주층의 플랜은 호텔과 유사하여 중복도를 따라 양측으로 거실이 배치되고, 중앙에는 휴게실 및 직원관련시설이 있는 것이 대부분이다. 또한 세탁실이나 조리배선코너는 문이 없는 곳 이 많다. 이러한 공간에서 출화된 경우, 복도는 단기간에 연기로 충만된다.
- 거실의 문은 침대 등의 반출입을 위하여 넓다. 또한 거실의 문은 개별실에서는 폐쇄되어 있는 경우도 있으나 복수이용의 거실에서는 개방상태의 시간이 많다.
- 치매환자의 거주 구역에서는 발코니창이나 문은 평상시에는 잠겨있는 경우도 많다.

(3) 연기제어의 중점사항

조력자피난에 적합한 연기제어를 행하는 것이 중요하다,

a) 구획화

- 한정된 스텝으로 피난조력과 유도를 하기 위해서는 화재층의 화재실에 있는 사람을 우선적으로 구조하고 문을 닫아 열과 연기를 화재실로 한정시키고 다음으로는 다른 거실의 문을 닫고, 화재구획전체로 연기가 전파되는 것을 방지할 수 있도록 하는 것이 중요하다.
- 면적이 큰 층에서는 층을 방화구획으로 2개 이상으로 분할시켜 화재 구역과 비화재 구역으로 분리한다. 이를 통하여 비화재 구역으로 일시체류를 가능하게 하고 실외 및 발코니로 피난하기 위한 시간적인 여유를 줄 수 있다(그림 4.2.7).

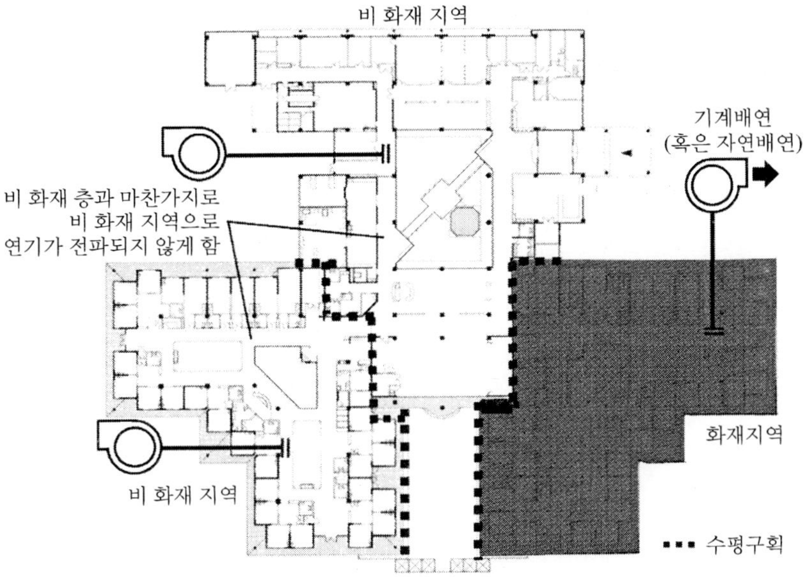

그림 4.2.7 사회복지시설의 연기제어방식의 예(플랜은 문헌 5)에서 인용

b) 자연배연의 유의점

- 기동은 기동장치의 작동을 개시할 수 있으나 출화실에 있던 시설이용자가 작동하는 것은 기대할 수 없다. 배연구는 통상 외벽면에 설치됨으로써 기동보턴의 위치도 그 가까운 벽에 설치되기 쉬우나 이 경우, 뛰어온 시설관리자도 이용하기가 어렵다. 따라서 복도에서 기계배연을 주로 활용하는 것이 이상적이다.
- 자연배연구는 벽의 상부에 설치되어 있으므로 커튼류는 상부를 망상으로 처리하여 배연구가 보이도록 하는 등 주위가 필요하다.

4.2.8 레스토랑 · 음식점

레스토랑 · 음식점은 불특정한 손님들에게 식사 및 음료 등을 제공하는 용도의 시설이다. 그러나 샌드위치나 커피 등을 주로 판매하는 커피숍타입이나 식사를 중심으로 하는 식당과 레스토랑타입 및 음주를 중심으로 하는 술집타입 등 종류는 다양하다. 이러한 종별에 따라 재실자의 특성은 매우 상이하나 공간적으로는 비슷한 부분도 있다. 낮에는 식당 그리고 밤에는 술집을 하는 영업형태도 있다. 또한 다른 타입의 음식점으로의 변경도 빈번하게 이루어진다. 따라서 설계단계에서는 다른 타입에도 대응할 수 있도록 피난안전계획을 고려하는 것이 좋다.

(1) 재실자 사용형태의 특징

- 재실자는 불특정다수의 손님들이고, 공간인지도는 낮다. 입구 이외의 피난경로를 인식하고 있는 재실자는 거의 없는 실정이다. 엘리베이터로부터의 출입만 인지하고 계단의 위치를 모르는 경우가 많다.
- 피난능력은 대체적으로 높으나 저녁 이후의 영업의 음식점은 음주를 동반하는 경우가 많고 일부는 상당히 취한 상태도 있다. 음주에 의한 판단력의 저하나 음식점 내의 소음 등은 화재의 감지를 지연시키고 또한 피난에 혼란이 발생할 가능성이 있다.
- 사원식당 등 특정한 이용객을 대상으로 한 음식점도 있다. 이와 같은 경우는 음식점의 재실자에도 시설의 주 용도에 따른 재실자 특성이 반영되어야 한다.
- 재실자 밀도는 매우 높다.

(2) 공간의 형태

- 공간은 크게 객석부분과 주방공간으로 나뉜다.
- 주방은 화기의 사용이 있다. 주방의 규모와 화기의 정도는 음식점의 타입과 요리의 종류에 따른다.
- 객석부분에는 테이블 및 의자가 배치됨으로써 그 사이로 실내의 피난경로가 형성된다. 배치에 따라서는 피난 중에 의자 등이 산재함으로써 피난에 지장이 될 가능성도 있다.
- 소그룹의 회의를 위한 파티션의 구획이나 개별공간을 갖는 경우도 있다.
- 건물 내에 복수의 음식점이 밀집하고 음식점 구역을 형성하는 사례도 많다.
- 조명이 어둡게 설정되는 경우도 많다.

(3) 연기제어의 중점사항

- 화기를 사용하는 주방으로부터의 화재는 객석부분과 비교하여 빈도가 높다. 특히 조

리용 기름 등에 착화한 경우, 확대속도도 매우 빠를 가능성이 있으므로 배연에 중점을 둘 필요가 있다. 단, 발열속도에 상한은 있으므로 배연량은 그 상한치에 대응한 것으로 하여야 한다.

- 객석부분이 대규모인 경우, 연기의 급격한 유출이 재실자 또는 고객들의 동요를 불러올 위험성이 있다. 이 의미에서도 배연량은 주방으로부터 연기를 유출시키지 않는 레벨이 바람직하다.
- 복수의 음식점이 밀집하여 있는 경우는 출화된 음식점 이외의 음식점에서의 피난이 늦어지게 되고 피난자의 공간인지도가 낮은 것과 피난이 혼란하게 될 가능성 등을 고려하여 이 구역 내의 피난완료 시까지 공용통로에 연기를 유출시키지 않는 계획이 요망된다.
- 음식점이 큰 경우, 대규모적인 혼란을 막기 위하여 그림 4.2.8에 나타낸 바와 같이 적정 구획화를 행하여 존 이외로 연기가 유출되지 않도록 계획한다.
- 사무소 빌딩과의 복수로 음식점이 설치된 경우에는 사무소 빌딩에 요구된 피난계단의 수량이 크지 않으므로 연기확산의 방지가 특히 중요하다.

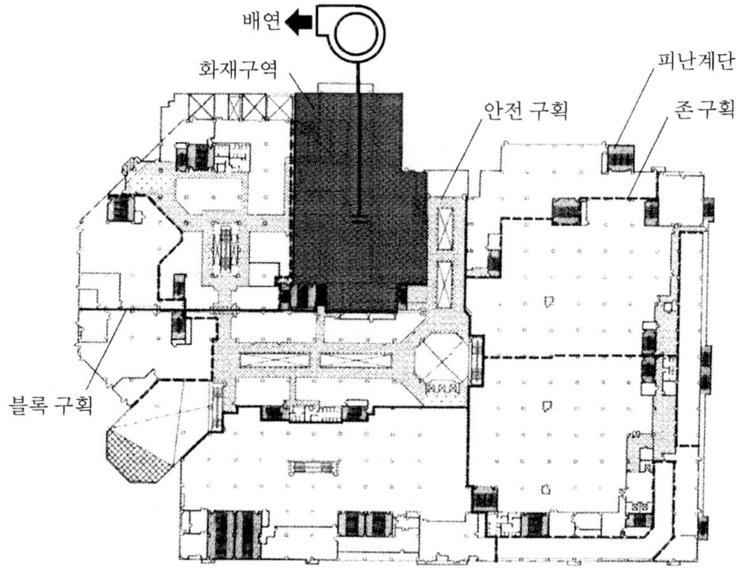

그림 4.2.8 레스토랑 · 음식점(대규모 음식점)의 연기제어방식의 예(플랜은 문헌 6)에서 인용

4.2.9 대학 · 연구소

대학 및 각종연구소는 연구활동을 주 업무로 하고 있으나 연구의 내용은 매우 각양각색이다. 또한 대학에는 교육기능도 있다. 또한 기업연구소는 제품개발을 주로 수행하고 공적인 연구소는 기술적 서포트 및 법정시험 등의 업무도 수행하고 있다. 대학 등의 교육을 동반한 연구소는 학교로서 일률적으로 판단하기 쉬우나 기능과 활동내용은 중등교육을 위한 학교와 비교하여 매우 복잡하고 다양하다.

(1) 재실자 사용형태의 특징

- 재실자는 대체적으로 건강한 사람들이다. 더 나아가 청장년의 비율이 높은 곳이 많으므로 피난 능력은 매우 높은 부류로 간주하여도 무방하다. 단 최근의 사회인 교육, 생애학습 등의 새로운 서비스를 통하여 고령자의 이용도 증가하고 있다.
- 특정한 재실자이므로 공간인지도가 높다.
- 연구의 종류에 따르지 않고, 연구실에는 자료와 컴퓨터 등의 가연물이 많다.
- 이공계 연구소에는 실험실을 병설하고 있는 곳도 있으므로 위험한 약품 및 물질이 수납되어있는 곳도 있다.

(2) 공간의 형태

- 연구실, 회의실, 작업실이 복도를 따라 병렬형상으로 구성된 예가 많다.
- 연구실 등 작은 실이 복도에 따라 설치되는 타입의 것은 대체적으로 재실자가 적고, 화재 시의 피난계단으로 피난하는 인원도 적다.
- 연구실은 개인실만이 아니라 복수인을 수용하는 큰 사무실에 낮은 파티션으로 집무코너를 설치한 사례도 있다.
- 대학에서는 연구실 이외에 강의실과 연습실 등 많은 학생들을 수용하는 실도 있다.
- 이공계의 연구소에서는 실험실과 연구실이 근접하여 설치된 타입과 실험동과 연구실동이 별동인 것도 있다. 실험실의 형상, 사용형태는 연구내용에 따라 다양하고 화기 및 위험물품을 취급하는 곳도 적지 않다.

(3) 연기제어의 중점사항

대학 · 연구소는 공간형상, 사용형태적으로 사무소 등과 많은 부분 공통되는 부분도 있는 동시에 각각 연구내용에 따라 특이한 부분도 있다. 또한 실험실에서는 위험물을 취급하는 곳도 있으므로 화재층 피난 및 전관피난을 위하여 연기제어는 중요하다.

- 대학 및 연구소가 고층건축으로 되는 경우는 계단의 보호를 사무소건축과 비교하면서 검토한다. 건축기준법에서는 학교에서는 배연설비의 설치를 요구하고 있지 않으나 복잡하고 다양한 대학에서는 연기제어의 방법과 배연설비의 설치를 검토하여야 한다.
- 연구실은 대부분의 형태의 경우, 층의 레이아웃도 사무소 빌딩과 유사하므로 출화실 및 출화층에 대한 연기제어는 사무소 빌딩의 경우와 대체적으로 동등하게 고찰하면 좋다.
- 그림 4.2.9에 나타낸바와 같이 작은 실의 일반연구실에서는 피난인자도 적고, 피난능력도 높으므로 출화실피난을 위한 배연은 대부분의 경우 불필요할 것으로 사료된다. 단 복도의 누연방지의 관점으로부터는 연구실의 문을 불연이상의 자폐식으로 하는 것이 요망된다.
- 실험실 등에서 가연성 약품이나 물질을 사용하는 것은 그러한 성질에 대응한 화원규모를 상정한 배연으로 한다. 만약, 유해물질이 발생할 가능성이 있다고 한다면 화재실 배연과 복도에서의 가압을 복합화시켜 복도로의 연기의 유출을 적극적으로 억제하는 방법도 고려할 수 있다.

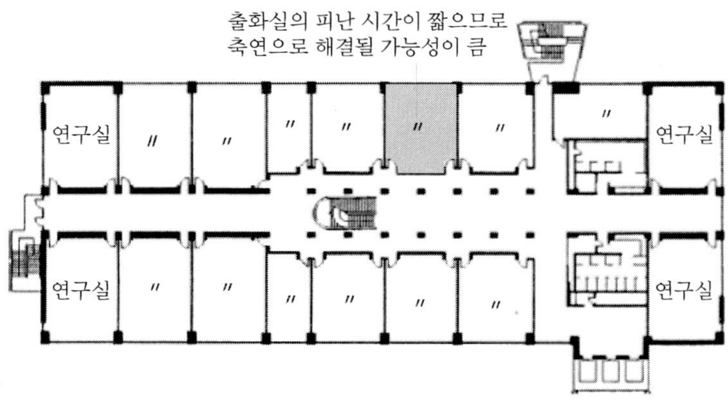

그림 4.2.9 대학 · 연구소의 연기제어방식의 예(플랜은 문헌 7)에서 인용

4.2.10 학교

학교는 초등 및 중등교육을 행하는 시설로 기능은 비교적 단순하다. 기능면에서는 많은 학습학원이나 전문학교와 유사한 범주에 속한다. 2차 대전 이후 학교는 대체적으로 문부성(현 문화과학성)의 학교건축의 기준에 따라 3, 4층이면서 창문이 크고 개방적인 구조였으므로 특히 배연설비의 설치를 의무화하지 않더라도 자연배연의 기준정도는 적합했던 것으로 사료된다. 그러나 현재는 고층의 학교건축이나 개방공간을 갖는 디자인이 출현하고 있으며 특히 최근에는 대학에서도 사회인이나 고령자 등에게 문호를 개방하고 있고 야간에 강의가 행해지고 있는 사례도 많다. 피난상 특히 불리한 조건을 갖는 용도는 없으나 개개의 학교건축의 실태에 따라 필요한 배연수단을 강구하여야 한다.

(1) 재실자 사용형태의 특징

- 일반적으로 교실의 재실자밀도는 높다.
- 재실자는 대체적으로 건강한 자로서 초등학교의 저학년 아동의 일부를 제외하면 피난능력은 높다. 그러나 판단력에 관하여는 아직은 미숙한 점이 많고 화재시의 피난에 불리한 요소로 작용된다.
- 특정한 다수의 사용자이고 또한 레이아웃도 단순하므로 공간인지도는 높은 것으로 판단하여도 좋으나 야간의 사회인을 위한 강의 등이 행하여지는 경우에는 불특정 다수의 사용자와 동일하게 배려하여야 한다.
- 교실 이외에 체육관을 보유한 사례가 많다. 체육관은 체육수업 이외에 전체모임 등 다양한 목적으로 사용된다.

(2) 공간의 형태

- 일반적으로 학교에서는 많은 인원수의 학생들이 이동하기 위하여 복도나 출구 및 계단 등의 통로는 넓다.
- 일반교실이 있는 구역은 재실자 수는 많으나 화기사용은 거의 없으므로 사용 중의 출화가능성은 매우 낮다.
- 일부의 이과계 실험실 등의 경우에는 특수교실 및 화기사용실이 있다.

- 일반적인 사무소 건물을 학습학원이나 전문학교 등으로 사용하는 경우, 인원수에 비례하여, 통로와 계단 등이 피난경로로서 충분한 용량을 확보하지 못한 사례도 있다.

(3) 연기제어의 중점

- 통상의 학교에서는 개방성이 높다는 공간특성이 있으므로 그림 4.2.10에 나타낸바와 같이 자연배연으로 대처하는 것이 합리적인 경우가 많다.
- 일반의 사무소건물을 사용한 학습학원이나 전문학교 등에서는 연기제어를 사무소건물과 같이 고려하면 좋다. 단 재실자 수에 대한 피난경로에 대한 용량이 적은 경우에는 보다 장시간 안전성이 확보되도록 유의한다. 사무소빌딩과 마찬가지로 수직샤프트로의 연기의 침입방지에 유의하여 설계하여야 한다.
- 피난 시에는 많은 인원수가 이동하므로 신속한 피난 및 2방향피난의 확보를 중시하여야 한다.

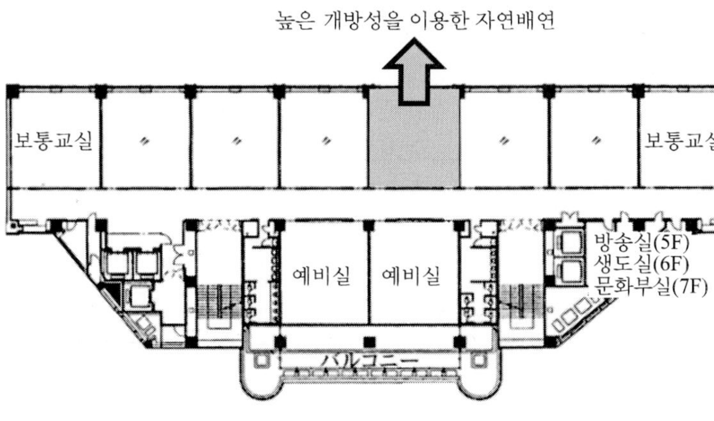

그림 4.2.10 학교의 연기제어의 예(플랜은 문헌 8)에서 인용

4.2.11 미술관 및 박물관

미술관이나 박물관은 회화, 조각, 서예 등 역사적 유물 등을 전시 혹은 진열하고 일반인이 감상이나 공람하는 공간이다.

(1) 재실자 사용형태의 특징

- 재실자는 불특정 다수이고 또한 공간구성은 전시벽면이나 케이스를 길게 하여야 하므로 다소 미로적인 경향이 있으므로 공간인지도는 낮은 것으로 판단된다.
- 재실자밀도는 전시의 인기도에 따라 상이하나 전시물을 잘 관람하기 위하여는 극단적으로 높게 되어서는 안 된다.
- 재실자의 일부 중 장애인이 포함되어 있으므로 배리어후리가 되어 있다. 비율적으로는 신체장애자가 적고, 피난능력은 대체적으로 높은 것으로 보아도 좋다.
- 회화 등 다수의 전시에서는 가연물이 적고, 출화의 가능성은 낮으나, 예를 들면 민속학적인 박물관에서 과거의 생활물품 등이 전시되는 경우, 가연물은 많은 것으로 간주하는 것이 좋다.

(2) 공간의 형태

- 전시실이 서로 연결되어 미로와 같은 공간이 구성된 경우도 적지 않다. 또한 전시물의 보호나 연출을 위한 조명이 어둡게 조절되어 있는 공간도 있다.
- 전시공간은 비교적 여유 있게 조성된 경우가 많다.

(3) 연기제어의 중점사항

- 귀중한 미술품이나 국보, 중요문화재가 수납되어 있는 경우가 있고, 많은 시설은 가스계소화설비를 사용하고 있다. 조닝계획을 작성하고, 가스계소화설비를 설치하고 있는 공간과 인접구획과의 사이에 있는 문 등의 개구부의 확실한 폐쇄와 더불어 인접구획의 배연방식과도 조정이 필요하다. 실제 작동 시에는 대상실에 재실자의 부재의 확인이 필요하므로 피난계획입안과 더불어 재실자의 확인 계획도 중요하다.
- 미술관의 전시공간은 일반적으로 가연물량과 출화의 가능성도 적고, 만약에 화재가

발생하여도 국소화재정도로 간주된다. 만일의 경우에도 연기에 의한 직접적인 위험은 크지 않은 것으로 판단된다. 단, 대규모인 시설에서는 미로가 되기 쉽고, 화재 시에 피난경로를 확인할 수 없으면 패닉을 일으킬 가능성이 있다. 어디에서라도 피난출구가 있는 것이 중요하다.

- 목업(mock up) 등에 상당량의 합성수지 등의 가연물을 사용할 가능성이 있는 박물관에서는 그 연소량에 대응한 배연량의 배연설비가 필요하다. 이 경우도 그림 4.2.11에 나타낸 바와 같이 그 전시 블록 내에 연기를 구획하여 타 블록으로의 연기전파에 따른 혼란을 방지하도록 하여야 한다.

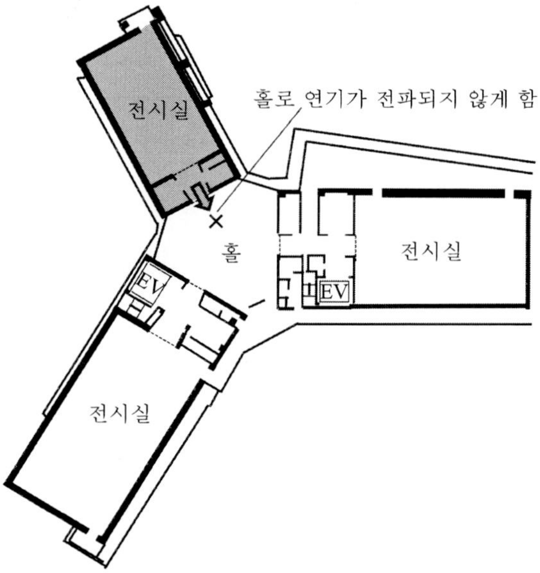

그림 4.2.11 박물관 · 미술관의 연기제어방식의 예(플랜은 문헌 9)에서 일부인용

4.2.12 전시장

전항의 미술관, 박물관도 전시장의 일종으로 유형화 될 수 있으나, 본 항에서 다루는 전시장은 미술관 박물관과 같이 전시내용이 많은 것을 의미하는 것이 아니라, 일정기간 내에 상품의 선전과 판매를 위하여 상업적으로 임대하는 다목적홀을 대상으로 하고 있다.

(1) 재실자 사용형태의 특징

- 재실자는 불특정 다수이고, 공간인지도는 높지 않다.
- 일부에 장애자가 포함되어 있으나 피난능력은 대체적으로 높다.
- 전시내용에 따라 가연물량이나 재실자밀도는 다양하고 높게 될 가능성이 있다.
- 주용도는 전시장이었어도, 집회 및 콘서트 등 다양한 이벤트로 사용될 수 있으므로 이 경우 가연물량은 적으나 재실자밀도는 높아질 가능성이 있다.

(2) 공간의 특징

- 전시장 자체는 다양한 용도에 대응할 수 있도록 비교적 큰 공간으로 단순한 형태가 많다. 단, 컨벤션센터 등 다른 용도도 포함한 건물의 내부에 설치되는 것은 전시장으로부터 건물외부로 피난경로가 복잡하게 될 경우가 있다.
- 출입구는 공간의 외주부에 설치되고, 전시물 및 자재의 반출입을 위한 큰 출입구도 설치된다.
- 공간자체는 단순한 형태가 대부분이나 전시의 방법에 따라서는 피난경로가 복잡하게 될 수 있다.

(3) 연기제어의 중점사항

- 천장이 높고, 공간면적은 넓고, 피난출구도 비교적 크게 됨으로써 일반적으로 피난은 안전높이까지 연기층이 하강하기 전에 완료할 수 있다.

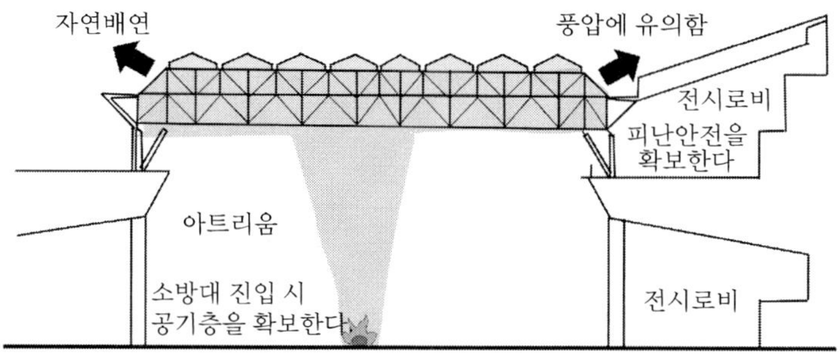

그림 4.2.12 전시장의 연기제어방식의 예(단면도는 문헌 10)을 참조

- 공간의 규모가 크고, 옥외로부터 소화가 곤란하게 됨으로서 소방대의 공간 내로의 진입이 필요하게 된다. 이 때문에 연기층의 하부로 신선한 공기층을 확보하는 것을 목적으로 한 배연이 중요하게 된다.
- 천장이 높으므로 독립건물의 전시장의 경우는 배연구를 공간상부에 설치한 자연배연이 효과적인 경우가 많다. 단, 배연구는 풍향 및 풍속에 영향을 받지 않고 옥외로부터 정풍압이 걸리지 않는 시방으로 하여야 하는 것에 유의하여야 한다.
- 각종의 이벤트를 상정하고 화원의 설정을 행하여야 한다.

4.2.13 스포츠돔

여기에서는 주용도가 야구나 테니스 등의 스포츠를 위한 지붕이 있는 시설을 대상으로 한다. 지붕이 설치되어 있으므로 기후에 좌우되지 않고 일정에 따라 스포츠를 개최할 수 있고, 또한 스포츠의 오프시즌에는 다양한 이벤트도 가능하며 유효하게 이용할 수 있는 시설이다.

(1) 재실자 사용형태의 특징

- 스포츠 대회의 개최가 주용도이고, 오프시즌에는 전시장이나 이벤트회장 등의 여러가지 목적으로 사용할 수 있다.
- 재실자가 불특정다수이므로 공간인지도는 낮으나 공간구성은 비교적 단순하다.
- 재실자밀도는 사용방법에 따라 다양하다. 스포츠흥행 시에는 아레나(경기장)의 밀도는 매우 낮고, 스탠드부에서 매우 높다. 한편 스포츠사용 이외의 용도에서는 아레나부에서 높고, 스탠드부에서 낮은 경우가 많다.
- 일부에 장애자도 포함되나 피난능력은 대체적으로 높다고 보아도 좋다.
- 스포츠나 콘서트를 개최할 때에는 재실자는 많은 반면, 가연물량은 많지 않다.
- 전시장으로 사용되는 경우는 재실자 수도 많고 가연물량도 많은 것으로 고려하여야 한다.

(2) 공간의 특징

- 아레나를 중심으로 그 주변에 관객 스탠드가 배치되어 관객부 아래는 통로와 많은 실들이 설치된다.
- 아레나 부분은 천장이 높고 면적이 큰 대공간으로 이루어진다.
- 야구, 축구 등의 스포츠종류에 따라서 아레나의 형상을 변경하기 때문에 객석의 일부가 이동하는 타입도 있다.
- 객석으로부터의 출구(입장구)는 대체적으로 일정거리별로 균등하게 배치된 경우가 많다,

(3) 연기제어의 중점사항

- 공간의 풍량이 매우 크므로 매우 큰 화원을 상정하여도 연기층이 피난자의 위치까지 하강하는 데에는 장시간이 소요된다. 따라서 기본적으로는 축연방식으로 연기층이 관객석까지 하강하기 전에 피난을 완료할 수 있다(그림 4.2.13). 그러나 이와 같은 시설에 있어서 피난시설의 계획에서는 군중을 어떻게 효율적으로 피난시킬 수 있을까라는 군집피난의 그 자체가 중요하다.
- 관객이 보이지 않는 위치로부터 연기가 관객 속으로 유입하지 못하도록 한다. 특히 뒷부분의 여러 실들에서 화재의 연기를 관객석으로 유입하지 못하도록 한다,
- 스타디움 객석의 하부 또는 외측의 공간은 객석으로부터 피난경로로도 활동되는 중앙홀이 설치된 곳도 많다. 중앙홀에는 매점이나 VIP용 거실, 뒤쪽에 여러 실들이 설치된다. 중앙홀은 주된 피난경로이므로 이러한 실에서 출화된 경우에 연기로 오염되는 범위를 최소화하고 가능한 한 많은 피난경로를 안전하게 확보하는 것이 중요하다.

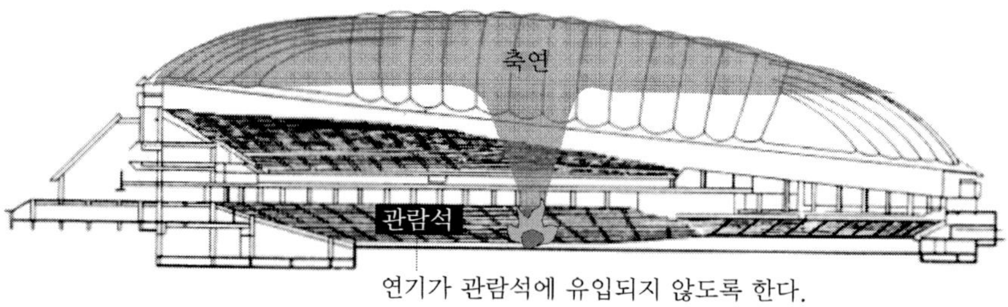

그림 4.2.13 스포츠 돔의 연기제어방식의 예(단면도는 문헌11)에 의하여 인용됨

- 열에 의하여 붕괴 및 탈락될 가능성이 있는 지붕재를 사용하고 있는 경우는 연기층의 온도상승을 억제하는 연기제어를 행한다. 또한 화재플륨의 온도에도 주의하여야 한다.
- 출화장소 및 가연물을 상정하고 화원설정을 행할 필요가 있다.

4.2.14 실내 자주식 주차장

실내 주차장에는 자주식과 기계식이 있다. 기계식은 재실자가 존재하지 않는 폐쇄공간에서 소화도 자동소화장치에 의한 것으로 연기제어상 문제가 되는 것은 자주식 주차장이다.

(1) 재실자 사용형태의 특징

- 재실자가 특정이거나 불특정인 것은 주차장이 설치된 건축물의 용도 및 운영형태에 의존한다.
- 주차장은 사용자가 승차나 하차 시에만 단시간 체제하는 공간이므로 재실자밀도는 일반적으로는 높지 않으나 건물용도에 따라서는 일반적으로 입고 및 출고의 차가 혼잡한 경우도 있다.

(2) 공간의 특징

- 자주식 주차장은 주차공간과 차로로 구성되고 복수층으로 구성된 경우, 각층은 구배차로로 연결된다.
- 주차장 건물로서 독립적인 것과 건물에 부속되는 경우도 있다, 후자의 경우는 건물의 지하층 또는 건물의 옥상을 포함한 상부층에 설치되는 사례가 대부분이다.
- 자주식 주차장에는 주변개방형과 폐쇄형이 있다. 배기가스의 배출을 위한 환기가 필요하다. 환기는 주변개방형에서는 주변개구부에 따른 자연환기와 폐쇄형을, 지하주차장에서는 기계환기가 행하여진다.

(3) 연기제어의 중점사항

- 주차장의 출화는 차의 고장 및 방화를 포함하면 매우 많고, 출화된 차의 연소는 매우 빠르게 진전되고 연료가 누출되면 차로를 따라 화재가 확대될 가능성도 있다.
- 재실자는 비교적 적으나 차로에서 각층이 연결되므로 연기의 상층전파의 방지 또는 완화가 주요과제이다.
- 대규모 주차장에서는 출화후 구배차로를 포함하여 다수의 셔터로 구획화될 수 있으므로 방배연을 행하는 경우에는 급기의 확보가 고려되어야 한다. 또한 대규모의 주차장에는 소방활동거점의 설치가 요구되므로 가압배연방식을 포함한 존 전체의 배연계획의 검토가 필요하다.
- 소화를 위하여 소방대의 진입이 필요한 경우, 하부공기층을 확보할 수 있는 배연을 한다(그림 4.2.14).
- 실내 주차장은 평상 시의 배연가스 환기를 위하여 비교적 대용량의 환기수단이 준비되어야 하므로 이것을 화재 시의 배연으로 겸용하는 것이 가능한 경우도 있다.평상 시의 환기와 동일한 방식의 배연이 계획되기 쉽다(그림 4.2.14).
- 주위 개방형에서는 외주부 개구부로부터 배연된 연기의 일부가 상층으로 재침투하는 것을 염두에 두고 피난경로계획을 세워야 한다.

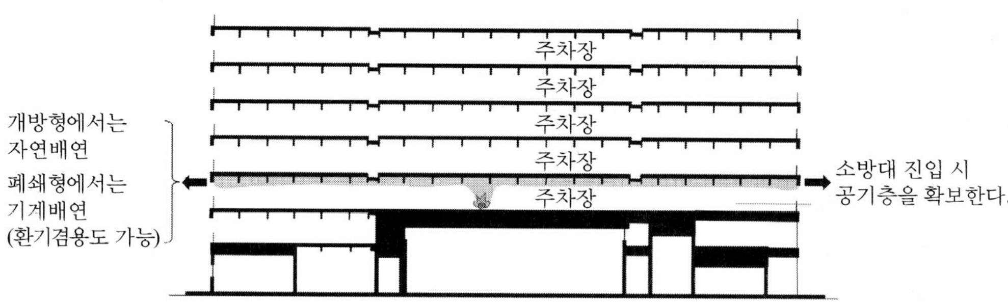

그림 4.2.14 실내 기계식 주차장의 연기제어방식 사례

4.2.15 창고 공장

공장은 제조업에서, 창고는 제조업과 유통업 등에서 설치하는 시설이다. 이것들은 다양

한 면에서 업종에 크게 의존함으로써 공통의 특성을 논할 수 없는 요소가 매우 많다. 따라서 연기제어의 방침도, 개별의 실태에 따라 적절하게 행할 수밖에 없으나 여기에서는 참고가 될 수 있도록 유의점을 서술한다.

(1) 재실자 · 사용형태의 특징

- 재실자는 업무에 종사하는 특정의 작업자이므로 일반적으로는 건강한 자로서 피난능력은 높고, 또한 공간인지도도 높다.
- 수납가연물의 연소성, 위험물의 유무 및 그 종류 등은 업태에 따라 다양하고, 대부분 불연물만 있는 경우도 있지만, 석유계의 재료를 배관으로 공급하거나 매우 많은 가연물이 수납되는 경우도 있다.
- 부지 내는 정비되어 있으나 원재료 및 제품의 반출입시에 이용하는 팔레트류가 산적한 사례도 있다.
- 창고에서는 화기를 사용하는 사례는 매우 적으나 없는 것은 아니다. 또한 공장의 제조라인에는 화기를 사용하거나 가연물의 고온열처리를 포함한 것도 적지 않다.

(2) 공간의 특징

- 업태에 따라 상이하나 창고나 제조라인이 설치되는 공간은 일반적으로 규모가 크다. 또한 제조라인은 제품개발과 더불어 변경되는 사례도 있다.
- 창고에서는 물품의 효율적인 수납과 반출입이 공장에서는 제조공정의 합리화가 우선된다. 피난로는 이를 위한 작업동선에 의존하는 것이 많게 된다. 특히 정밀공장 등은 분진 등을 방지하기 위하여 출입구를 규제하고 있는 사례가 많으므로 피난 시에 과도한 체류가 발생하지 않도록 주의가 필요하다.
- 공장에서는 제조플랜트의 라인 및 배관 등을 설치할 필요가 많으므로 방화구획 및 방연구획 등을 설치하는 것이 곤란한 경우가 적지 않다.
- 폭발적인 연소를 동반한 화학물질 및 대량의 가스 등을 취급하는 공장에서는 정전기 방지에 주의하여야 하고 피난동선을 가능한 한 짧게 하거나 구획화를 확실하게 행하는 등 배려가 필요하다.
- 통신판매용의 피킹 등을 행하는 창고도 증가되고 있으므로 이 경우에는 종업원도 많다.

(3) 연기제어의 중점사항

- 재실자는 대체적으로 적고, 소화를 위한 소방대가 진입할 필요가 있는 경우는 높다. 이 경우 연기층 아래에 하부공기층이 확보되도록 배연이 요구된다.
- 필요배연량을 산정하기 위하여 설계화원은 업종에 의한 화원, 가연물의 상태 및 특징을 충분히 검토하여 설정한다.
- 방연을 위한 구획 및 배연능력은 제조라인이 변화되는 것을 고려하여 탄력성 있는 계획을 설정하여야 한다.
- 배연에 의하여 외부로 배출이 허용되지 않는 위험물, 방사성물질 등의 존재의 유무에 관하여 충분하게 검토한다.
- 공장이나 냉동창고에 있어서는 단열재로서 우레탄 등의 가연물을 사용한 샌드위치패널이 구획재료로 사용되는 경우도 있다. 이러한 구획에서는 화재초기에는 구획화의 효과가 나타나나 고온의 열기류에 폭로되면, 내부로부터의 독성가스가 분출함과 더불어 천장 등의 부위에 사용되는 경우, 급격하게 연소가 확대되거나 탈락이나 낙하될 가능성이 높다. 특히 소방활동 시에 크게 영향을 미치므로 주의가 필요하다.
- 자동창고에서는 다량의 파레트 및 락크가 적층되어 설치된 것도 많으므로 가연물로 될 수 있는 것이 적층되어 설치되면 연소확대되기 쉬우므로 스프링클러를 설치하는 등 검토가 필요하다.
- 공장에서는 다수의 기계설비가 설치되어 있으므로 미로상의 통로로 되는 사례도 많다. 유도등이나 피난유도선을 설치하는 등 피난경로를 알기 쉽게 하는 대책이 요망된다.
- 공기청정도의 제어를 목적으로 클린룸이나 데이터센타 등에서는 하강기류장으로 하는 경우가 많다. 이 경우, 화재감지가 지연될 가능성이 높고, 또한 연기가 천장아래

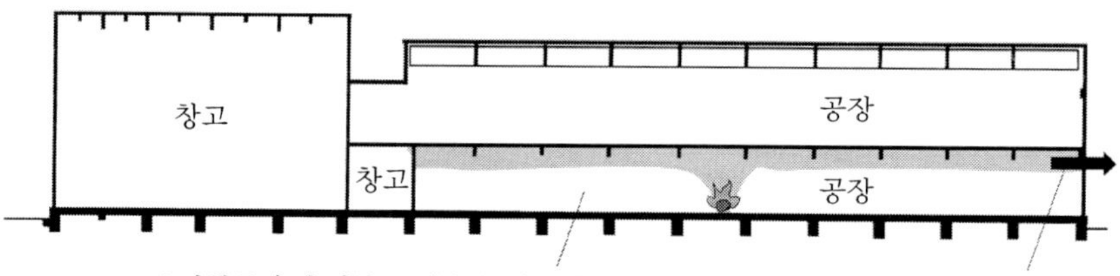

그림 4.2.15 창고 · 공장의 연기제어방식의 예(단면도는 문헌 12)에서 인용

에서 성층화되지 못하고 하강기류에 의하여 교반될 위험성이 있다. 화재탐지기 등과의 연동으로 공조정지나 교반된 연기에 폭로되어도 피난에 지장이 없도록 하는 계획이 요망된다.

4.2.16 쇼핑몰

쇼핑몰은 이른바 상점가를 건물내부로 설치한 것과 같은 시설로 생각하면 좋다. 물건판매점포를 주체로 하나 음식점포 및 서비스점포를 포함하여 통상의 상점가로 보이는 것과 같은 많은 전문점이 몰(mall)로 불리는 통상공간에 면하여 설치된다. 백화점이나 슈퍼마켓과 같은 대규모점포 및 시네마콤플렉스 등이 포함된 경우도 있다. 쇼핑객이 돌아다니는 통로공간에 많은 점포가 면하는 것이 이상적이므로 몰(mall)은 2~4층 정도의 개방공간으로 된 경우가 많다.

(1) 재실자 사용형태의 특징

- 재실자는 불특정다수의 쇼핑객으로서 공간인지도는 낮다. 일반적으로 판매시설과 마찬가지로 통상시의 진입으로서 에스컬레이터에 의한 것이 대부분으로서 계단은 거의 사용하지 않는다. 더 나아가 계단은 백야드의 쇼핑객들의 눈에 띄지 않는 장소에 설치하는 것이 많으므로 피난경로의 인지도는 매우 낮다.
- 대체적으로 건강한 주체이기 때문에 피난능력은 높은 것으로 간주되고 가족과 같이 오는 사례가 많고 또한 일부에 재해 시 도움을 주어야만 하는 쇼핑객들도 포함된다.
- 다양한 종류의 전문점이 있으므로 가연물이나 출화원은 매우 많다.

(2) 공간의 특징

- 2~4층 정도의 개방통로공간(몰)의 양측에 다양한 전문점, 음식점, 오락시설 등이 위치하는 사례가 많다.
- 대규모적인 판매점포가 핵심점포로서 설치되는 사례도 있다.
- 몰(mall)의 저부에는 판매점 및 간이한 음식점 등이 설치되는 것도 있다. 또한 몰(mall) 내부에 이벤트가 행하여지는 사례도 있다.

(3) 연기제어의 중점사항

- 몰(mall)의 통로부분이 개방공간으로 되어있는 부분이 많으므로 아래층에서의 출화로 상층부의 통로 피난자가 연기에 질식되기 쉽다[그림 4.2.16(a)].
- 점포로부터 통로에 나오는 피난자는 피난시기가 늦어짐으로써 연기에 폭로될 위험성이 크다.
- 몰(mall) 저부에서의 출화와 더불어 점포에서의 출화도 고려하여야 한다. 특히 점포에서 출화된 경우, 몰 내부로 연기를 유출시키지 않는 것이 중요하다.

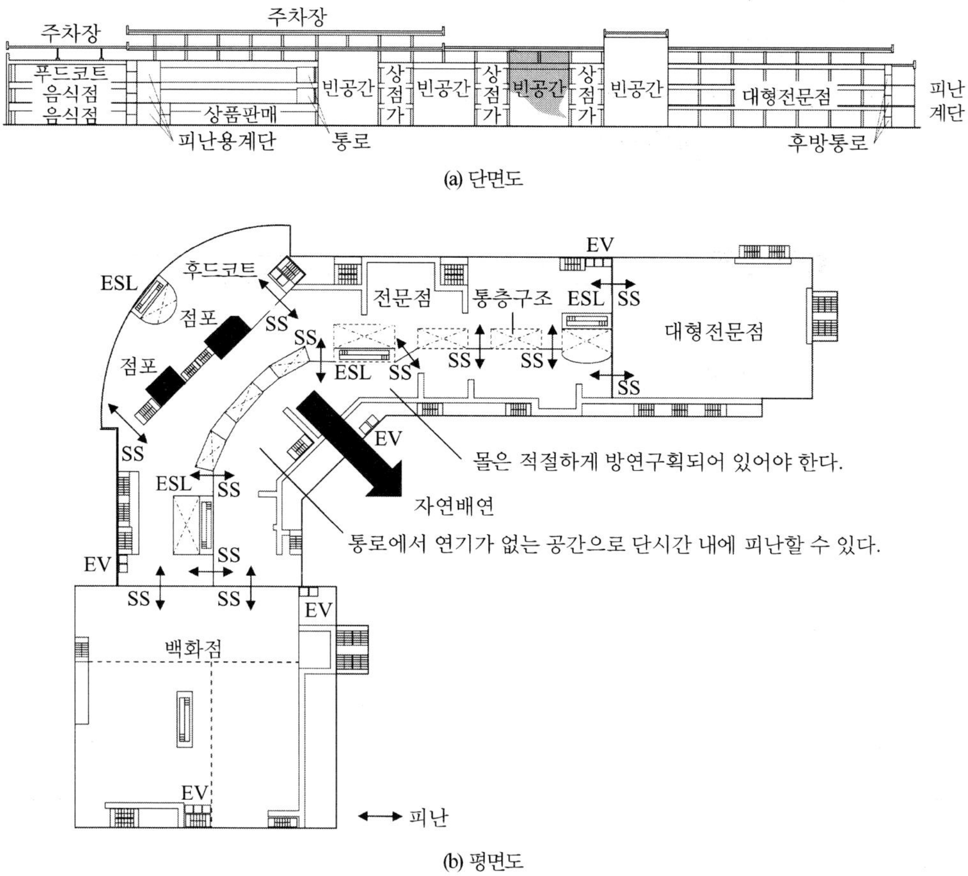

그림 4.2.16 쇼핑몰의 연기제어방식 사례

- 대규모 몰(mall)은 방연구획하여 각각의 범위 내로 연기의 확대범위를 제한함으로써 몰(mall) 전체의 혼란을 막고, 확대범위를 제한시킴으로써 상층 통로부분의 피난자가 엷은 연기에 폭로되더라도 단시간에 연기가 없는 공간으로 이동할 수 있도록 한다 [그림 4.2.16(b)].
- 몰(mall)의 천장부분에 배연구를 설치하는 자연배연이 유효한 경우도 많다.

4.2.17 지하가

최근에는 도시전체의 건전한 발전을 도모하기 위하여 지하가의 중요성이 인식되어, 그 중에서도 냉지의 도시활동의 원활화, 쾌적화 및 역전광장과 이것에 인접하는 시가지와의 연계성을 확보하는 것이 필요하게 된다.

(1) 재실자 · 사용형태의 특징

- 판매점과 음식점 이외에 다양화하는 시민 요구에 따라 대응한 다양한 공공적 공간이 있다.
- 통근시간대 등은 이용자의 특성에 따라 어느정도 공간인지도가 기대할 수 있으나 중간의 시간대는 쇼핑객 등 불특정 이용자가 많아지기 때문에 공간인지도는 낮다.
- 피난능력은 통근시간대의 이용자는 대체적으로 높은 것으로 판단하여도 좋으나 중간 시간대의 이용자의 피난능력은 그 정도로 높지 않은 경우가 있다.
- 다양한 업종의 전문점과 음식점이 들어옴으로써 가연물이 많다.

(2) 공간의 특징

a) 복합화

- 지하철역 등과 인접한 경우가 많다.
- 주변건물의 지하층과 연결되는 사례도 있다.
- 역간의 연락, 철로의 횡단 등의 통로가 중요한 공간으로 그 부분에 점포가 있다.
- 안전성, 쾌적성 향상을 위하여 광장이나 방재센터 등이 설치되어 있다.

b) 심도와 피난경로

- 공공공간(도로 등)의 지하에 설치되고 있고 일반적으로는 지하 1층이나 지하 2층 이상인 경우도 있다.
- 지상과의 연락을 위하여 계단이나 지하도는 건축기준법에 따라 비교적 많이 설치되고 있다.
- 출구위치가 지상의 토지이용에 제약되기 때문에 계단배치에 규칙성이 결여된다.
- 오래된 것은 고저차도 있다.

(3) 연기제어의 중점사항

a) 연기제어의 구획화(그림 4.2.17)

- 지하공간 전체의 구획화를 행하고 각 존간의 연기전파를 방지한다. 500 m^2 이내별로 셔터가 설치되어 있으므로 배연을 행하는 경우, 구획형성의 의미에서도 급기의 확보가 중요하다.
- 후술하는 지하철역사의 연기제어계획과 마찬가지로 다른 관리구간의 피난계획 및 연기제어 계획을 파악한 후 지하철 역사 및 건물지하철 등과의 사이에 인접부분을 매개체로 하여 연기의 상호전파를 방지한다.
- 계단에서는 피난 및 소방대진입과 연기의 흐름이 중첩되기 쉬우므로 연기의 침입을 방지함과 더불어 경계벽의 설치나 지상출구부의 천장높이를 높게 하여 인간의 이동시에 배출하는 연기의 영향을 적극적으로 작게 하여야 한다.

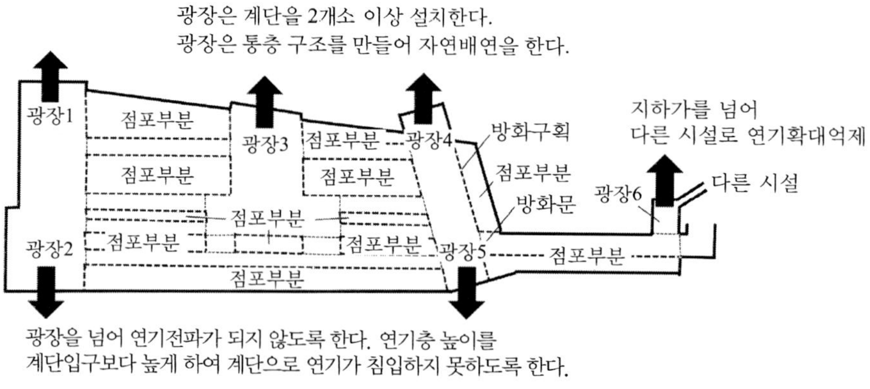

그림 4.2.17 지하상가의 연기제어방식의 예(평면도는 문헌 13)에서 인용

b) 지하광장을 활용한 연기제어계획

- 연기의 전파를 제한하기 위해서는 지하광장을 이용한 배연이 유효하다(그림 4.2.17).
- 자연배연구를 지하가 상부의 통로중앙분리대에 설치할 수 있으면 자연배연이 가능하다. 이것으로부터 연기층의 위치를 지상으로의 계단입구보다 높게 한다(그림 4.2.17).
- 지하광장을 넘어서 연기전파를 방지하기 위해서는 지하광장주위에 경계벽을 설치하여 방연 구획을 형성한다.

4.2.18 철도 지하철역사

철도, 지하철 등의 역사에서는 개찰의 내측은 건축기준법의 적용 외로 취급되는 경우가 많고, 종래로부터 철도성 또는 운수성 등의 기준에 따랐다. 이것은 종래의 역에서는 개찰의 중심부가 기본적으로 외기에 방치된 플랫홈과 중앙홀로 구성되어 일반의 건축물과 용도 및 내용이 전혀 상이하였기 때문이다. 그러나 현재는 개찰구도 옥내로 들어오고, 교통을 주용도로 하는 것으로서 점포, 음식점, 책방 등 판매시설 등의 다양한 공간이 포함된 종합적 시설로 변모하고 있다. 더 나아가 개찰의 내외가 일체의 공간으로 된 사례도 있다. 극단적인 예로서 백화점의 점포와 중앙홀 사이에 개찰이 설치된 사례도 있다. 이와 같은 복합화된 역사에서는 종합적인 피난계획에 따라 연기제어계획이 필요하다.

(1) 재실자 사용형태의 특징

- 근무시간대 등의 시간대에서는 이용자의 대부분은 통근자로 간주할 수 있기 때문에 높은 공간인지도가 기대된다. 한편, 중간의 시간대는 쇼핑객이나 관광객 등의 불특정 다수가 주체가 되기 때문에 공간인지도는 낮아진다.
- 많은 승객이 서로 교차되므로 일반적으로 체류밀도는 높으나 피난능력도 대체적으로 높다.
- 플랫홈에서는 가연물이 적으나 매점 및 역사무소 등에서 출화가 예상된다. 역에 따라서는 판매점포 및 음식점으로부터 출화도 고려하여야 한다.
- 지하철과 같은 닫힌 공간에서는 비상시에 혼란이 발생되기 쉬우므로 방화나 테러 등의 표적이 될 가능성이 있다. 지하철차량의 화재도 고려하여야 한다.

(2) 공간의 특징

- 지상역에서는 플랫홈은 옥외에 있고, 이것에 중앙홀이 상시개방되는 계단을 통하여 연결된다. 중앙홀은 노선이나 플랫홈의 한층 아래거나 상층에서 대부분 직각으로 교차된다.
- 단순한 단일 지하철역은 선로터널, 플랫홈, 역개찰, 지상으로의 계단으로 구성된다.
- 노선터널은 구배를 갖는 경우도 있다.
- 환승역에서는 복수의 노선이 입체적으로 교차됨으로서 역이 서로 교차된다. 또한 환승역은 특히 이용자가 많으므로 화재 시 피난자가 많게 된다.
- 건물의 지하층, 지하가 등에 연결되는 경우도 있다.
- 최근에는 많은 사람이 통행하는 중앙홀 내로 점포가 설치되는 사례도 증가하고 있다.

(3) 연기제어의 중점사항

a) 공간관리의 다양화와 연기제어

- 대형화, 복잡화된 역사는 관리도 복수로 중첩되어 있는 경우가 많다. 근접한 관계자와 상호의 안전관리계획을 이해한 후 각자의 관리범위의 안전관리계획을 입안하는 것이 바람직하다. 또한 이 경우에도, 화재나 연기가 다른 사람의 관리범위로 확산시키지 않고 타사의 관리범위를 경유하지 않는 안전한 피난경로를 확보하는 것이 원칙이다.
- 연돌효과 및 열차통과시의 압력 등에 따라서는 지상으로의 출구나 연락통로에 연기가 전파되기 쉬우므로 건물의 지하층, 지하가등의 다른 시설에 연결되어 있는 경우는 상호의 연기 진파를 방지하는 것이 중요하다.
- 콘코스 내로 점포 등을 설치하는 경우, 해당구획에서의 출화에 따른 피해를 제한하기 위하여 방화구획이나 스프링클러를 설치하는 등의 대책을 실시하는 것이 바람직하다.

b) 계단으로의 연기확산의 방지(그림 4.2.18)

- 단순한 단일 지하역사에서는 지상 계단에 연기를 침입시키지 않도록 출구높이 이상으로 연기높이가 유지되도록 배연능력을 설정한다.

- 지하철 역사의 경우, 플랫홈층의 기계배연설비의 작동에 따라 계단에 하강기류를 생성시켜 지상층으로서 연기의 확산을 방지한다.
- 피난에 사용하는 계단의 구획에 셔터를 사용하는 경우는 이단하강식으로 한다. 연기제어가 실시되고 있는 동안은 피난유도를 우선시하고 화염이 확대된 후는 수직샤프트구획을 형성 한다.

c) 지하철에서 터널을 이용한 연기제어계획

- 터널로 연기를 보내고 역사와의 사이에서 배연하여 계단을 보호하는 방법도 고려할 수 있다. 또한 역사에 연기가 확대되지 않도록 역사로부터 소방대의 진입을 가능하게 한다.
- 환승역에서 입체적으로 교차하고 있는 지하철의 경우는 위치가 낮은 노선의 역에서 출화되면 일반적으로 상층부의 노선 및 역으로의 연기전파를 방지하는 것이 곤란하게 된다. 연기를 터널로 흘려보내고 상층부로의 전파를 방지 완화시키는 것도 하나의 대책으로서 가능성이 있다.
- 역사의 형상이나 터널의 구배 등에 따라 보다 유효한 대책이 다르므로, 이것들에 대한 구체적인 조건을 파악하여 연기제어의 방침을 세울 필요가 있다.

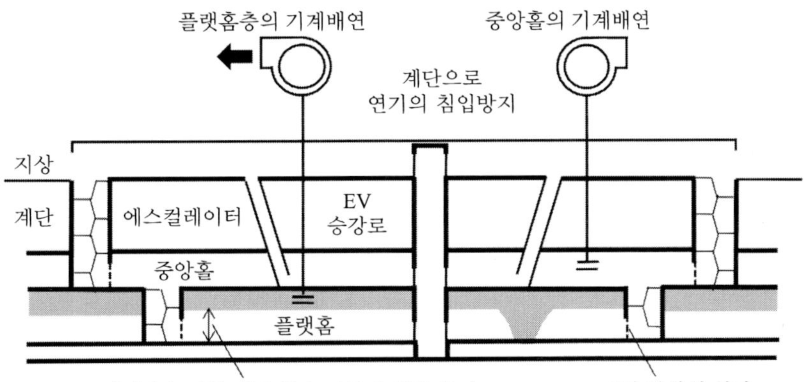

그림 4.2.18 철도 · 지하철역의 연기제어방식의 예(단면도는 문헌 14)를 참고

참고문헌

1) 日本建築学会：火災時のエレベータを利用した避難計画指針（案）, 2009
2) 日本建築センター：建築防災計画実例図集, p. 57, 1985
3) 日本建築学会：建築設計資料集成[展示・芸能], p. 136, 2003
4) 日本建築センター：建築防災計画実例図集, p. 126, 1985
5) 日本建築学会：建築設計資料集成[福祉・医療], p. 52, 2002
6) 日本建築センター：新・建築防災計画指針, p. 272, 1995
7) 日本建築学会：建築設計資料集成[教育・図書], p. 96, 2003
8) 日本建築学会編：建築設計資料集成[教育・図書], p96, 2003
9) 日本建築学会：建築設計資料集成[総合編], p. 400, 2001
10) 日本建築学会大会学術講演梗概集, 防火, p. 75, 1996
11) 空気調和衛生学会：建築設備集成 9, スポーツ施設[計画・設計], p. 310, 1990
12) 日本建築学会：建築設計資料集成[生産・交通], p. 7, 2004
13) 日本火災学会：火災誌, Vol. 37 No. 1(166), p. 16, 1987. 2
14) 日本火災学会：火災誌, Vol. 59 No. 4, (301), p. 16, 2009. 8

a
b
c

제 5 장

연기 유동에 관한 기초 지식

본 장은 화재공학에서 일반 설계자에게는 아직은 생소한 분야인 연소, 유동, 시뮬레이션 기술 등 연기 유동에 관련된 기초적인 사항을 모아 정리한 것이다. 다른 장에서 소개한 방법에 따라 일정수준의 설계는 가능하지만, 그 기초는 화재공학에 근거하는 지식이나 경험으로 되어 있으므로 본 장을 통하여 수준 있는 연기제어설계가 이루어질 수 있을 것으로 사료된다.

또한 본 장 이외에도 소개되지 않은 많은 지식과 연구성과가 있으므로 상세하고 유익한 해설서[1~3]도 참고하면 유익한 자료로 활용될 것이다.

5.1 화염의 특성

5.1.1 연소

(1) 연소의 정의

연소는 넓은 의미에서는 일반적인 산화반응이지만 화재로 한정하면, 「가연성의 물질과 산소와의 혼합계에 의한 산화반응으로, 반응에 의한 발열 때문에, 그 계의 온도가 상승하여, 그 결과로서 발산되는 열 복사의 강도가 빛으로서 육안으로 느껴지는 정도가 된 것」으로 보는 것이 타당하다.

(2) 연소의 3요소

연소의 3요소인 「연료(또는 가연물), 산소(또는 공기), 점화원(또는 열에너지)」이 모여 연소가 발생한다. 또한 연료와 산소의 혼합비나 열에너지의 양이 어느 조건에 부합할 필요가 있다. 일반적인 화재에서는 그림 5.1.1과 같이, 연료에 열 에너지가 가해지면 기화되어 가연성 가스로 되고, 주위의 공기와 섞여 혼합가스가 되어, 거기에 어떠한 화원이나 불티가 가해짐으로써 화재로 진전된다. 또한 발생한 에너지가 주위의 가연물을 더욱 기화시키기 때문에 혼합가스가 증가하고 연소가 확대된다.

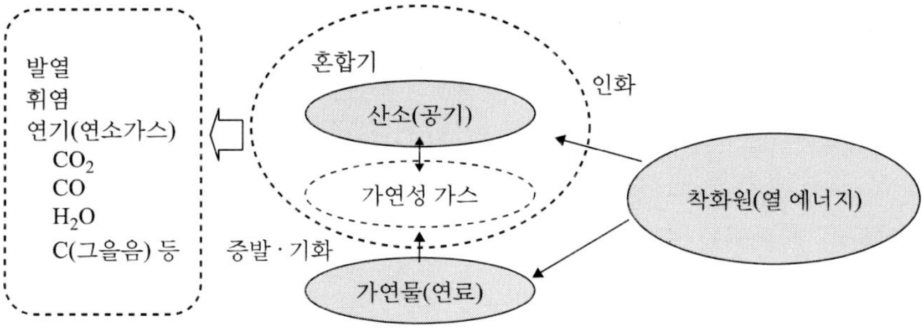

그림 5.1.1 연소의 3요소(가연물, 산소, 착화원)

출화방지나 소화를 위해서는 3요소의 하나를 제거하면 된다. 출화예방에 관해서는「산소」의 제거는 곤란하지만,「가연물」과「점화원」을 연결시키지 않는 것, 즉 타기 쉬운 가연물 근처에서 화기를 사용하지 않는 것이 원칙이 된다. 그러나 현실적으로 실내에 있는 대부분의 물질은 가연물이며 담배꽁초, 난방기구, 퇴적물의 발효가열, 전기기기나 전기케이블에서의 스파크(불꽃), 더 나아가 의도적인 점화(방화) 등 착화원도 넘쳐나고 있으므로, 출화위험성을 완전히 제거하는 것은 어렵다.

또한 소화에 관해서는 산림화재 등에서 주변의 수목을 벌채하여「연료」를 제거하는 제거(파괴)소화, 또는 밀폐공간에서 개구부를 폐쇄하거나 이산화탄소 등의 불활성 가스를 혼입하여「산소」를 제거하는 질식(희석) 소화, 또는 일반적인 방수로 온도를 내려「열에너지」를 제거하는 냉각소화의 방법이 있다. 또한 화약류처럼 자체에 산소를 포함하고 있는 것은 대기 중에 산소가 없어도 연소(폭발)한다.

(3) 연소조건

알반적으로 가연성의 기체가 연소하기 위해서는 조성조건으로서 연료가스와 공기의 혼합조성이 일정한 범위 안에 있을 것과 에너지 조건으로서 그 혼합기체에 충분한 열 에너지가 주어질 필요성이 있다. 예를 들면, 수소의 경우, 공기 중의 연소한계는 4~75(용적%)로서 일반적으로 연소한계의 하한값이 작은 것 일수록 발화하기 쉽고 위험하다.

다음은 열에너지의 조건으로, 고온고체나 불씨, 전기불꽃 등의 착화방법에 따라 양은 다르지만, 일반적으로 혼합기에 착화(인화) 온도를 넘는 열에너지가 가해지면 착화되는 것으로 본다. 또한 액체나 고체 가연물의 경우 그 표면에서 증발 및 기화한 가스가 공기와 혼합하여 연소하기 때문에, 가연성 기체의 경우보다 증발, 기화에 필요한 만큼 열에너지가 더 필요하다. 따라서 가연성 기체의 경우 순간적으로 불꽃 및 전기불꽃을 주면 착화하지만 액체 및 고체 가연물의 경우 증발, 기화가 발생할 때까지 열에너지를 가해 주어야 하므로 점화까지는 어느 정도 시간이 필요하게 된다. 또한 착화의 용이도는 가연물에 따라 차이가 있으나 예를 들면, 같은 목재에서도 열전도율이 작은 오동나무나 삼나무가 떡갈나무에 비하여 착화되기 쉽다.

5.1.2 화염

(1) 예혼합 화염과 확산 화염

예혼합 화염이란 미리 연료와 공기가 혼합된 혼합기가 연소되면서 발생하는 화염이다. 또 확산 화염이란 연료와 공기가 각각 공급되고 그것들이 확산 및 혼합되면서 연소되어 발생하는 화염이다. 이들은 연료나 화학 반응의 종류에 큰 차이가 있다고 볼 수 없지만, 어떤 부분에서 반응이 크게 발생하는지에 대한 내용이 서로 다르다.

예를 들면, 엔진의 경우 기화기에서 발생한 연료를 공기와 혼합시켜 용기 안에 보내 착화 시키는 왕복기관은 용기 내부 전체에 화염이 생기기 때문에 전자이고, 용기 내에 공기만 보내고 연료를 용기 내부에서 분사시켜 압축 착화시키는 디젤 엔진은 연료와 공기가 서로 섞이는 부분에서 많이 반응하므로 후자이다. 또한 라이터의 경우에도 푸른 화염의 내부에 보다 밝은 화염이 보이는 것은 공기가 연소영역 이전에 혼합된 예혼합 화염이므로, 밑 부분만 검푸른 색이고 전체적으로는 황색인 것은 공기가 많은 화염의 주위에서 대부분의 연소 반응이 나타나는 확산 화염이 된다.

일반적인 화재에서는 기화 혹은 증발한 연료가 부력 등에 의해 연소반응 영역으로 옮겨져, 공기와 확산 혼합하는 부분에서 대부분이 연소반응 되기 때문에 확산화염으로 되고, 그을음의 발광으로 황색으로 보인다.

(2) 층류연소와 난류연소

확산화염의 경우에는 유체역학의 층류와 난류와 같이 층류연소와 난류연소로 구분된다. 난류연소는 화염이 산란되어 시간·공간적으로 신축 및 협착된 부분이 나타난다. 따라서 연소속도나 발열속도가 산란되어 나타낸다. 층류연소에서는 화염은 거의 일정한 형상을 유지한다. 또한 평균적으로 같은 발열속도라도 난류 영역에서는 연소영역이 순간적으로 증가하여 주변의 연소확대의 가능성이 증가한다. 일반적인 화재의 경우 극초기에는 층류연소이지만 화재의 진전에 따른 강한 난류 연소가 되는 것이 대부분이다.

5.1.3 발열속도

(1) 연소열 4)

연소에 의해 열이 생성되는 메커니즘에 대해서 화학반응의 관점에서 설명한다. 연소반응에서는 반응 전의 엔탈피가 반응 후의 엔탈피보다 크고, 그 차이가 열로서 생성된다. 가연물의 연소를 고려하면 반응전의 상태(가연물과 산소)에서는 안정적이지만, 활성화 에너지(화원)가 가해지면, 화학반응(연소)을 발생시켜, 연소가스와 열로 변한다. 그 이미지를 그림 5.1.2에 나타내었다.

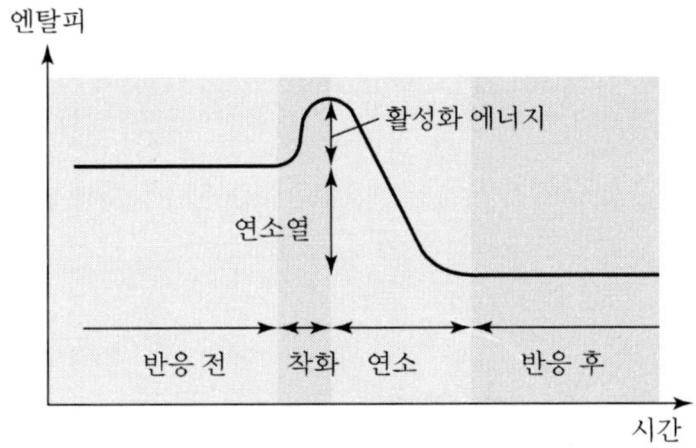

그림 5.1.2 연소반응에 따른 계의 엔탈피 추이

일반적으로 표준상태(298.15 K, 10^5 Pa)인 단위량의 물질이 완전연소 할 때 발생하는 열량을 표준 연소열(이하 연소열이라 칭함, 단위는 kJ/mol 또는 kJ/g 등)로 부른다. 일반적으로 탄소, 수소, 산소 및 질소로 구성된 분자식 $C_aH_bO_cN_d$으로 나타내는 화합물의 연소반응식은 다음의 식과 같이 나타낼 수 있다. 여기에서 (g)는 기체, (1)은 액체를 나타낸다. 생성물인 물이 기체(수증기)이면, 증발잠열로 인하여 연소열은 적게 되어 저발열량이라 한다. 한편, 생성물인 물이 액체이면 증발잠열에 빼앗기지 않는 상태로 연소열이 되어 고발열량이라 한다. 일반적으로 화재 시 연기에 포함되는 수분의 대부분은 기체이므로 저발열량으로 고려할 수 있다.

$$C_aH_bO_cN_d + (4a + b - 2c) / 4O_2(g)$$
$$\rightarrow aCO_2(g) + b/2H_2O\ (1) + d/2N_2\ (g) \quad (5.1.1)$$

이 화합물은 연소열 $-\Delta_c H^o$와 이산화탄소, 물, 화합물의 생성열 $-\Delta_f H^o_{CO2}$, $-\Delta_f H^o_{H_2O}$, $-\Delta_f H^o_{CaHbOcNd}$ 간의 관계는 다음과 같이 나타낼 수 있다.

$$\Delta_c H^o = a\Delta_f H^o_{CO_2} + \frac{b}{2}\Delta_f H^o_{H_2O} - \Delta_f H^o_{CaHbOcNd}$$
$$= a \times (-393.51\ \mathrm{kJ/mol}) + \frac{b}{2} \times (-285.83\ \mathrm{kJ/mol}) - \Delta_f H^o_{CaHbOcNd} \quad (5.1.2)$$

예를 들면, 연소 반응식으로 표현되는 메탄의 생성열($-\Delta_f H^o_{CH_4}$)은 74.81 kJ/mol이므로, 위의 식에서 메탄의 연소열 ($-\Delta_c H^o_{CH_4}$)은 890.36 kJ/mol (55.5 kJ/g)이 된다.

$$CH_4 + 2O_2 \rightarrow CO_2 + 2H_2O\ (1) \quad (5.1.3)$$

또한 식 (5.1.2)에서 일반적인 화합물의 조성이 복잡할수록 a와 b가 커지게 되고 우변 제3항의 비율이 떨어지게 되므로, 산소의 양 (4a+b−2c) / 4에 따라 연소열은 거의 결정된다. 따라서 대부분의 가연물은 산소의 질량당 연소열을 구하면 약 13 kJ/g이 된다. 또한 대기 중의 산소의 질량 분율 0.233을 사용하면 단위공기당 연소열은 약 3 kJ/g으로 계산된다.

메탄과 같은 단순한 화합물이라도, 메탄분자와 산소분자가 반응하여 순간적으로 이산화탄소와 수증기를 생성시키는 것이 아니라, 수십 종류의 중간 생성물을 생성하면서 100 단계 이상의 화학 반응을 거쳐 최종 생성물이 생성된다. 일반적인 설계자는 거기까지 이해할 필요는 없지만, 온도가 낮은 경우나(= 활성화 에너지가 적다), 산소 농도가 낮은 경우 등은 불완전 연소가 되어 최종생성물까지 도달하지 못하고, 연소가스에서는 시야를 가로막는 그을음과 일산화탄소 등 유독한 중간 생성물이 다수 생성되는 것을 이해하여야 한다.

(2) 발열속도

연소에서는 발열이 발생하여, 발생한 열량의 합계를 발열량(단위는 kJ 등)이라고 한다. 한편, 화재공학에서 자주 이용되는 것은 단위 시간당 발열량을 의미하는 발열속도이며,

단위는 kW(= kJ/s)이다. 가연물의 연소에 따른 단위시간당 질량감소율을 m_b (kg/s, 연소속도라고도 한다), 그 단위질량당의 발열량 ΔH [kJ/kg]으로 하면, 발열속도 Q는

$$Q = \Delta H \, m_b \tag{5.1.4}$$

로 표현된다. 셀룰로오스계 등 H_2O를 발생시키는 가연물의 경우, 증발잠열을 포함한 고발열량(또는 전발열량)과 증발잠열을 포함하지 않는 저발열량의 2종류가 있다. 건축화재에서는 일반적으로 고온의 연소가스의 안에 H_2O는 수증기의 상태로 존재하므로 저발열량으로 간주할 수 있다. 또한 가연물의 질량감소량에 대해서 생성된 발열속도가 주위의 모든 기체의 온도상승에 기여하는 것은 아니다. 산소가 충분히 존재하고 있는 상태에서는 일반적으로 약 30%가 복사열로 방출되고(연료에 따라 차이가 있다), 10%는 가연물의 재가열 및 불완전 연소로 진행되므로 그 나머지 약 60%가 기체의 온도상승에 사용된다.

(3) 초기화원의 모델화

초기화재에 대한 발열속도 추정치는 t를 출화로부터 경과시간 [s], α를 화재성장계수 [kW/s^2]로 하여, 아래 식과 같이 모델화 하는 경우가 많다.

$$Q = \alpha t^2 \tag{5.1.5}$$

위 식에서 나타낸 발열속도가 되는 화원은 t^2 화원으로 부른다. 이 모델화에 대해서는 다수의 연소실험의 결과를 토대로 구축된 것이다. 예를 들어, 그림 5.1.3에 연소실험에 의한 15종류의 목질계의 1인용 소파의 발열속도의 변화를 측정한 것을 나타냈다. 각각의 발열속도가 상승하고 있는 시간대(0～100초 정도)에서 t^2 화원으로 모델화 한 경우(그림의 평균)의 α는 0.102 kW/s2이다. 일반적으로 하나의 가연물이라면 플라스틱계나 우레탄계의 재질이 있거나 입체적인 것일수록, 급격히 발열속도가 커지게 되어 α는 커지게 되는 경향이 있다. 가연물을 미리 알고 있고, 그 발열속도를 연소실험 등을 통하여 사전에 알고 있는 경우에는 그 값을 사용해도 좋다. 그렇지 않으면 α는 실의 용도를 근거로 하여 적합한 값을 선택한다. 또한 참고로, NFPA92B [미국방화협회에 의한 아트리움의 연기제어 설비에 관한 기준 6)]에서는 표 5.1.1과 같은 4단계의 값을 제안하고 있다.

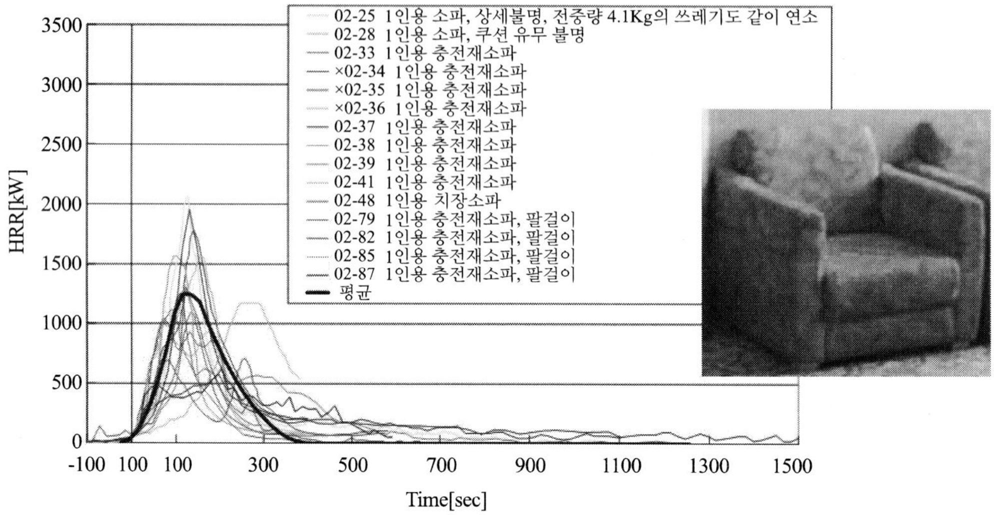

그림 5.1.3 목질계 1인용 소파의 발열속도 [5)]

표 5.1.1 NFPA92B에 따른 화재성장계수 [6)]

	화재성장계수[kW/s^2]	1055 kW 도달시간[s]	가연물의 예
Slow	0.0029	600	
Medium	0.012	300	목면, 폴리에스텔
Fast	0.047	150	목제 캐비닛
Ultra-Fast	0.188	75	소파

주) 원문에서는 Btu 단위이므로, kW 단위로 환산함.

(4) 최성기화재의 모델화

실내의 최성기화재와 같이 산소가 부족한 상태에서는 불완전 연소의 비율이 증가하기 때문에 기체의 온도상승은 억제되는 반면, 수납물 및 내장재가 열분해되어 실내의 여러 장소에서 가연 가스가 발생한다. 실내의 가연물에서 많은 열분해가 진행되면, 실내의 발열속도는 개구부를 통해서 외부에서 유입되는 공기량(산소량)에 의존하는 환기지배 화재가 된다.

환기지배 화재의 화재실에서 발생할 수 있는 발열속도의 최대치는 실내에 유입되는 공기량을 $0.5A\sqrt{H}$ [kg/s]로 하여, 단위공기소비량당의 발열량 3000 kJ/kg(공기)로부터

$$Q = 1500\,A\,\sqrt{H} \tag{5.1.6}$$

계산할 수 있다[7]. 여기서, A는 개구면적[m^2], H는 개구높이[m]이다. 이 식에 따르면 발열속도의 최대치는 개구면적과 개구높이만으로 결정되어 정상화원으로서 표현할 수 있으며 여기에서 $A\sqrt{H}$는 개구인자로 부른다.

환기지배 화재의 경우, 실내에서 발생한 열분해가스의 일부는 산소부족으로 인하여 실내에서 연소되지 못하고 미연소인 상태로 남아 있다가 개구부로부터 외부로 분출되면 외부의 공기와 반응하여 연소하게 되며, 이를 분출화염이라 칭한다. 개구부가 극히 작은 상태에서 환기지배 화재가 되었을 때, 문을 열거나 창문이 파괴되어 급격히 산소가 유입되면 실내의 미연소 가스가 한 번에 연소(폭연)하고 주위로 폭풍이 전파되는 경우가 있다. 이를 백드래프트라 부른다. 이러한 복잡한 현상도 있지만, 일반적인 화재안전지침에서는 발열속도를 피난안전검증법의 고시 등을 토대로 설정하여 모든 기체의 온도상승에 기여하는 것으로 하면 안전율로 예측할 수 있다(2.2.2절 참조). 한편, 대형공간이나 개구부가 많은 실에서는 보통은 연소에 필요한 산소가 충분히 공급되어 연료에서 발생하는 열분해가스의 대부분이 실내에서 연소된다.

5.1.4 연기

(1) 연기의 생성

가연물이 연소되면 가연성가스, 연소가스, 고체 미립자, 액체 미립자 등이 발생한다. 가연물의 연분해나 연소 중의 화학반응은 복잡하고, 온도나 산소농도 등 다양한 영향을 받아 중간생성물의 발생과정도 다르다. 화재 시에 발생하는 분해물 및 가연성가스, 연소가스, 공기 등의 혼합기체를 일반적으로 「연기」라 부른다.

화재 시에 발생하는 연기는 연소하는 재료에 따라 눈에 보이지 않더라도 일산화탄소, 시안화수소 등 인체에 대해서 그을음이나 물방울, 연기 입자 등보다 매우 위험성이 높은 성분이 포함되어 있다.

(2) 연기의 광학적 성질

화재에 의한 연기에는 그을음을 비롯한 고체 미립자나 물방울을 비롯한 액체 미립자 등 다양한 물질이 부유하고 있어, 이들이 빛을 흡수 혹은 산란하는 매체이기 때문에 피난자의 시야를 방해한다. 1개 연기 입자에 입사하는 평행광을 고려하면, 이 연기 입자에 의한 산란(반사・회절)시키는 것과 연기입자 내부에 침입하여 내부에서 흡수되는 것이 있어, 입사광과 같은 방향으로 투과하는 빛의 세기는 감소한다. 흡수된 빛의 강도에 상당하는 입사광의 면적을 흡수단면적이라 하고, 전산란광에 대해서도 마찬가지로 산란 단면적이라 한다. 이 양자의 합을 감쇠 단면적이라 한다.

실제의 연기에서는 각자의 연기 입자는 구성 물질이나 형상이 달라, 입자의 입도분포나 감쇠단면적을 파악하는 것은 어렵다. 그러나 실용적으로 평균적인 입자로 바꾸어 계산할 수 있다. 평균의 감쇠단면적을 a [m^2/개]로 하면, 입자농도 N [개/m^3]의 연기의 감쇠단면적은 aN [m^2/m^3]이다. 길이 dl 의 미소의 광로 내에 존재하는 연기입자에 의해 감쇠하는 비율은 $aNdl$ 과 같고, 이것은 입사하는 평행광이 이 광로의 사이에서 감쇠하는 비율 $-dI/I$와 같다.

$$-dI/I = aNdl \tag{5.1.7}$$

따라서 입사하는 평행광의 세기를 I_0, 투과하는 평행광의 세기를 I_1, 광로의 길이를 l 로 하면 적분하여 다음의 식이 된다.

$$\frac{I_1}{I_0} = e^{-aNl} \tag{5.1.8}$$

여기서, 빛의 투과율은 I_1/I_0 로 정의된다. 따라서 위의 식에 따라 빛의 투과율을 파악함으로써 aN을 구할 수 있다. aN을 감광계수 Cs [1/m]라고 하며, 단위체적의 연기에 의한 감쇠 단면적을 나타내는 것으로 광학적농도로서 사용할 수 있다.

일반적으로 시인성과 관련된 발연량은 감광계수에 연기의 체적 V를 곱한 ($Cs \cdot V$)로 정의되어, 면적 [(1/m) * m^3 = m^2]의 차원을 가지며 전 연기입자에 의한 감쇠 단면적을 나타내므로 이것이 광학적연기량으로 사용된다. V로 발생한 연기의 전 체적을 사용할 때 (광학적) 발연량이라고 한다. 또한, 가연물의 단위중량당 발연량을 발연계수[m^2/kg]라 한다. 이 값이 큰 가연물일수록 대량의 연기가 발생하는 것을 나타낸다. 따라서 광학적 농도를 이용한 연기의 발생속도(발연속도)는 연소속도와 발연계수와의 곱으로 나타낼 수 있다. 연기의 농도가 상승하면 감광계수가 0.15 [1/m]에 도달할 때까지 대부분의 사람이 동요하기 시작하는 것으로 알려져 있다.[8)]

5.2 유동의 특성

5.2.1 기초 용어

(1) 정상류와 비정상류

시간적으로 변화하지 않는 유동장을 정상류라 하며, 그에 대하여 시간과 함께 변화하는 유동장을 비정상류라 한다. 화재로 인한 현상은 비정상이지만, 이해를 쉽게 하기 위한 목적으로 정상으로 생각하는 경우도 많다. 화재 실험에서는 가스버너를 화원으로 사용하여 발열속도를 일정하게 하는 등의 방법으로 유동에 관하여 거의 정상류로 할 수 있지만, 주위의 벽에 대한 전열 등에서 온도변화가 있기 때문에 완전히 정상류는 되지 않는다. 화재안전설계 시에 연기성상의 예측을 하는 경우, 비정상을 염두에 두고 예측하는 것이 바람직하지만, 목적에 따라서는 간단한 정상에 의한 예측으로 충분한 경우도 있다.

(2) 유속과 유량

유속(또는 풍속)은 유동의 속도이며, 단위는 일반적으로 m/s를 사용한다. 또한 유속은 벡터량이기 때문에 3차원으로 생각할 경우 3성분이 된다. 또 유동의 경우, 고체 물체의 속도처럼 물체에 주목하여 계측하는 것은 어렵기 때문에 위치를 고정하여 그곳을 통과하는 유동의 속도로 생각하는 것이 일반적이다.

어느 면을 주목하여 그곳을 단위 시간당 통과하는 유체의 체적을 체적유량[m^3/s], 질량을 질량유량[kg/s]이라 한다. 화재공학에서는 온도에 의해 밀도가 크게 변화하는 기체를 다루므로, 이를 질량보존의 법칙에 입각해서 보는 일이 많으므로 체적유량이 아니라 질량유량을 이용하는 것이 일반적이다. 면적 A [m^2]의 어떤 면을 유속 μ [m/s]로 통과하는 밀도 ρ [kg/m^3]의 흐름의 질량유량 m [kg/s]은 다음의 식으로 나타낼 수 있다.

$$m = \rho u A \tag{5.2.1}$$

(3) 유선과 유관

유체역학에서는 유동의 형태를 시각적으로 표현하여 직감적으로 파악하기 쉽도록 몇 가지의 개념을 사용하고 있다. 대표적으로 유선이 있다. 유선은 어느 시각의 각 유체의 속도벡터를 연결시킨 선을 말한다. 그 선상에서 각 점의 접선이 속도 벡터의 방향과 일치하는 곡선을 말한다.

또한, 유선에 둘러싸인 어떤 폐곡선으로 형성되는 관을 유관이라 한다(그림 5.2.1).

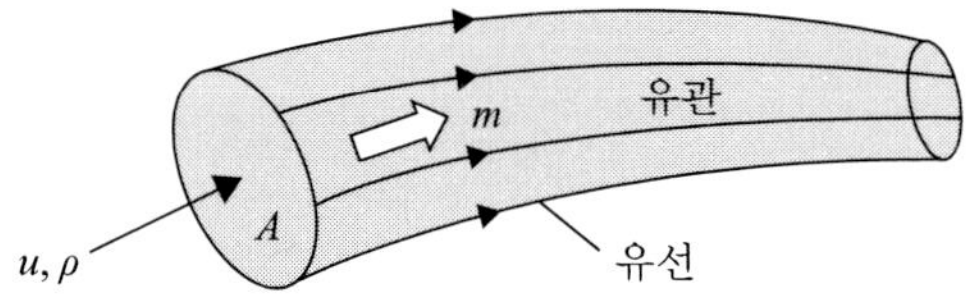

그림 5.2.1 유선과 유관의 개념도

(4) 검사영역

유동은 형상이 고체처럼 명확하지 않으므로 그 운동을 관찰하거나 고찰하는 것은 매우 어렵다. 따라서 유동의 안에 가상적인 영역을 두어 그 영역 내의 유체에 대해서 운동량과 에너지 보존을 고려하는 것이 일반적이다. 이 가상적인 영역을 검사영역 혹은 컨트롤볼륨이라고 하며, 그것과 외부와의 유출입 등을 고찰한다. 연기성상 예측에 이용되는 존모델이나 전산유체 해석(CFD : Computational Fluid Dynamics)에서도 이 방법을 사용하고 있다. 존모델의 하나인 2층 존모델에서는 각 실별로 상층부(연기층)와 하층부(공기층)의 2개의 층을 상정한다. 1층 존모델에서는 하나, 다층 존모델에서는 임의의 수의 수평인 층을 상성한다. 한편, CFD에서는 일반적으로 계산 영역을 3차원 방향으로 수 cm~수십 cm로 분할한 작은 검사영역을 다수 사용하는 것이지만, 그 수가 수백만 이상이 되는 경우도 있다. 검사영역은 작게 하는 것이 예측 정밀도가 좋아지는 경우가 많지만, 그에 따라 수가 증가하여 계산에 필요한 시간도 증가하므로 그 결정에는 지식과 경험이 필요하다.

5.2.2 유동의 기초식

(1) 질량보존법칙

어떤 영역 내의 질량의 시간변화는 그 영역에 유출입하는 질량유량의 수지와 같다. 이를 질량보존의 법칙이라 한다. 그림 5.2.2와 같은 영역에서 미소한 시간 Δt의 사이에 단면 1에서 질량 $m_1 \Delta t$이 유입되어, 단면 2에서 질량 $m_2 \Delta t$이 유출된다. 이때 영역의 질량의 시간변화 ΔM은 이하의 식으로 나타낸다.

$$\Delta M = m_l \Delta t - m_2 \Delta t \tag{5.2.2}$$

또 영역의 부피를 V [m^3] 밀도 ρ [kg/m^3]로 하여, 시간 미분의 형태로 하면 다음과 같다.

$$\frac{d}{dt}(\rho V) = m_1 - m_2 \tag{5.2.3}$$

정상류의 경우, 영역의 질량은 시간에 따라 변화하지 않으므로, 위 식의 좌변이 0이 되어 $m_1 = m_2$가 된다. 또 유체의 밀도가 일정하다면 $m_1 = m_2$에서 다음의 「연속의 식」을 도출할 수 있다.

$$u_1 A_1 = u_2 A_2 \tag{5.2.4}$$

여기서 u_1, u_1, A_1, A_2는 각각 단면 1과 2의 유속[m/s]과 단면적[m^2]이다. 이것은 덕트 등의 유동에서 부분적으로 단면이 축소되면 그 부분의 유속이 빨라지는 현상을 생각하면 이해하기 쉽다.

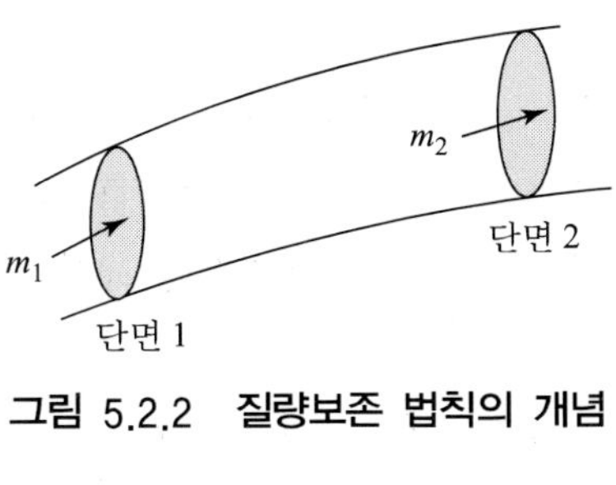

그림 5.2.2 질량보존 법칙의 개념

(2) 베르누이의 정리

일반적인 유동은 3차원적이지만, 1차원에서 생각해도 좋은 경우가 있다. 하나의 유선상 및 유관 내의 유동을 평균하여 생각할 경우이다. 그림 5.2.3에 나타낸 것과 같이, 어떤 유동이 왼쪽에서 오른쪽으로 흐르고 있는 비압축성의 정상류이며, 또한 점성이나 마찰, 열의 유출입 등을 무시한다면 단면 1 및 단면 2에서의 에너지는 보존되므로, 그것들을 등식으로 나타내면 다음 식과 같다.

$$\frac{1}{2}\rho v_1^2 + P_1 + \rho g Z_1 = \frac{1}{2}\rho v_2^2 + P_2 + \rho g Z_2 = E \tag{5.2.5}$$

E는 유관의 한 단면의 단위부피당의 에너지를 나타내고 있으며, 일정치가 된다. 이 식은 유동의 에너지 보존 법칙을 나타내는 베르누이의 정리라고 불린다. 여기서 P는 절대압력[Pa], v는 단면의 평균 유속[m/s], ρ는 기체의 밀도[kg/m^3], Z는 높이[m], g는 중력가속도[m/s^2]를 나타낸다. 식 (5.2.5)의 제1항은 동압, 제2항은 정압, 제3항은 위치압으로 불린다.

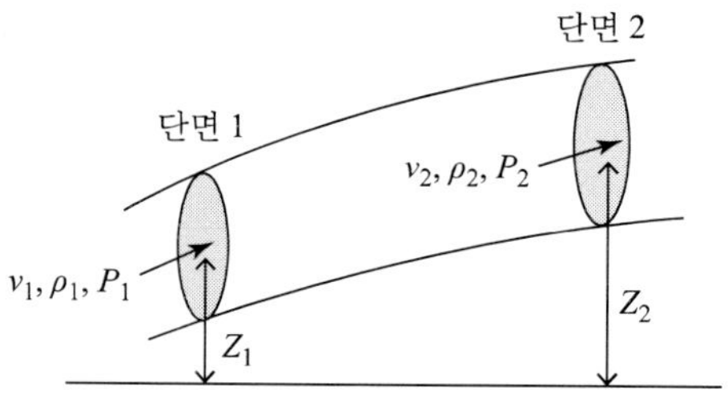

그림 5.2.3 유관의 임의 단면에서의 에너지

유체의 병진속도에 의한 운동 에너지, 압력에 의한 압력 에너지, 기준면으로부터의 높이에 의한 위치 에너지의 3종의 에너지는 서로 교환할 수 있어서 각 점에서의 유동의 상태에 따라 3종의 값은 각각 변화하게 되나 에너지의 총합은 항상 일정하게 유지된다. 화재현상에 따른 압력의 변화량은 대기압(10^5 Pa 정도)에 비해 작으므로, 화재에 의한 기류계산에서는 기준압력(어느 높이에서의 정압)을 $\overline{p}$으로 할 경우 $p = P - \overline{p}$이며, 식 (5.2.5)의 정압을 상대압으로 변환시킨 다음 식을 사용하는 경우가 많다.

$$\frac{1}{2}\rho v_1^2 + P_1 + \rho g Z_1 = \frac{1}{2}\rho v_2^2 + P_2 + \rho g Z_2 = P_0 \tag{5.2.6}$$

5.2.3 압력차분포가 없는 경우의 개구유량

건물 내에서는 각 실의 압력차에 의한 유동이 발생한다. 개구부를 지나는 기체 유동은 전항의 베르누이의 정리를 사용하여 계산할 수 있다.

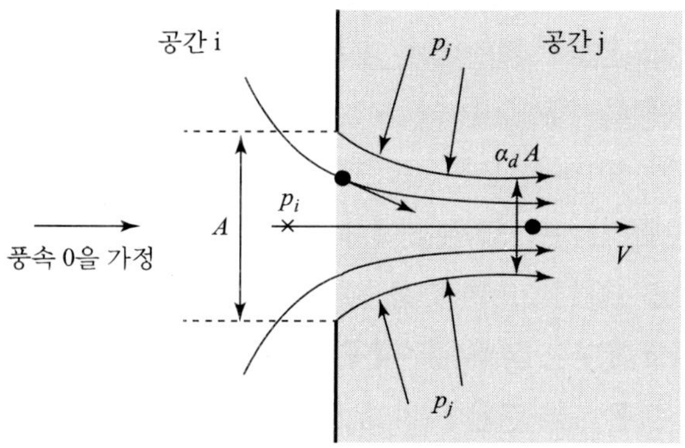

그림 5.2.4 단일 개구를 지나는 유동

우선, 그림 5.2.4에 나타낸 것처럼 개구부의 사이에 있는 온도가 동일한 실 i와 실 j를 고려한다. 실 i와 실 j의 압력을 각각 p_i, $p_j\,(p_i > p_j)$로 하여, 베르누이의 정리를 이용하여 각 실의 개구유동상의 유선에 적용하면,

$$p_i = p_j + \frac{1}{2}\rho v^2 \tag{5.2.7}$$

여기서 v는 실 j에서의 유속이다. 실 i측의 유속은 충분히 내측의 점을 기점으로 고려하여 0으로 한다. 식 5.2.7을 v에 대하여 정리하면

$$v = \sqrt{\frac{2\Delta p}{\rho}} \tag{5.2.8}$$

단, $\Delta p \equiv p_i - p_j$로 한다.

개구부에서의 유속이 구해지면, 체적유량 $\dot{V}\,[\mathrm{m^3/s}]$는

$$\dot{V} = \alpha_d A v = \alpha_d A \sqrt{\frac{2\Delta p}{\rho}} \tag{5.2.9}$$

또한, 질량유량 m[kg/s]은

$$m = \rho \dot{V} = \alpha_d A \sqrt{2\rho \Delta p} \tag{5.2.10}$$

식으로 표현할 수 있다. 단, A는 개구면적[m^2], α_d는 유체가 개구부를 지날 때의 저항(압력손실)을 고려한 것으로, 개구부의 유량계수 또는 개구계수라 불리고 있으며, 개구부의 형상에 따라서 수치가 달라진다. 문과 창문 등의 평면적인 개구부에서는 0.6~0.7 정도가 되는 경우가 많다. 단, 실의 면적에 비하여 개구부의 면적이 큰 경우에는 α_d는 1에 근접하게 된다.

5.2.4 압력차분포가 있는 경우의 개구유량

(1) 중성대

2개의 실의 공기온도에 차이가 있는 경우에는 기체의 밀도에도 차이가 발생하여, 압력차가 높이에 따라 변화한다. 여기서는 양측의 실에서는 각각 온도가 일정, 즉 밀도 ρ [kg/m^3]가 일정한 정지기체로 채워져 있고, 실의 기준높이의 압력을 $p(0)$[Pa]로 한다. 이때 기준높이로부터 상향 z [m]위치에 있는 점의 압력 $p(z)$[Pa]은,

$$p(z) = p(0) - \rho g z \tag{5.2.11}$$

이 된다. 여기서 압력은 편의상 기준높이의 외부압을 뺀 상대압력을 사용한다. 다음으로, 이웃한 실 i 및 j를 고려하여 각각의 기체밀도를 ρ_i 및 ρ_j, 또 기준높이에 따른 압력을 그림 5.2.5와 같이 $p_i(0)$ 및 $p_j(0)$로 하면, 각 실의 높이 z에서의 압력은

$$p_i(z) = p_i(0) - \rho_i g z \tag{5.2.12}$$

및

$$p_j(z) = p_j(0) - \rho_j g z \tag{5.2.13}$$

으로 쓸 수 있으므로, 높이 z에서의 양실의 압력차 $\Delta p(z)$는

$$\Delta p(z) = p_i(z) - p_j(z) = p_i(0) - p_j(0) - (\rho_i - \rho_j) g z \tag{5.2.14}$$

로 나타낼 수 있다.

여기서, 압력차가 0이 되는 높이가 있는 경우, 그것을 중성대라 부른다. 중성대 높이를 z_n으로 하면, 식 (5.2.13)에 따라서 $z = z_n$, $\Delta p(z_n) = 0$으로 두면

$$z_n = \frac{p_i(0) - p_j(0)}{(\rho_i - \rho_j)g} \tag{5.2.15}$$

로서 구할 수 있다.

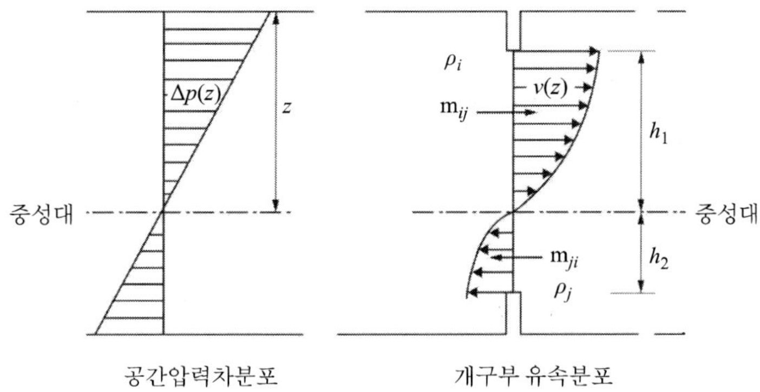

그림 5.2.5 실사이의 압력차와 중성대 [1)]

(2) 개구유량

다음은 개구부의 유량을 계산한다. 여기에서는 각각의 실내의 밀도는 같으며, $\rho_i < \rho_j$로 한다. 이때의 2개실의 압력차 분포는 그림 5.2.5의 우측과 같다.

기준높이를 중성대 높이로 하면, 중성대 위쪽의 z에서의 압력차 $\Delta p(z)$는

$$\Delta p(z) = -(\rho_i - \rho_j) g z \tag{5.2.16}$$

로 되어, 이 높이에서는 유동이 실 i에서 j로 향한다. 이것을 식 (5.2.8)에 사용하면, 이 높이에서의 유속 $v(z)$는 이하와 같다.

$$v(z) = \sqrt{\frac{2\Delta p(z)}{\rho_i}} = \sqrt{\frac{2\Delta \rho g z}{\rho_i}} \tag{5.2.17}$$

여기서는 $\Delta\rho \equiv |\rho_i - \rho_j|$로 하였다.

그런데 일반적으로 중성대의 높이는 각 실의 조건에 의해 개구부의 상단보다 높게 위치하는 경우나 개구부의 하단보다 낮아지는 경우 등 다양하다. 다음은 중성대와 개구위치의 관계에 따른 개구유량을 구한다. 또한 화재실에서는 상부에 연기층이 형성되어 실의 상하에서 밀도차가 발생하는 경우가 많다. 이 경우에는 연기층의 두께, 밀도 등에 따른 개구부의 유동이 보다 복잡해지지만, 같은 원리로 식은 도출될 수 있다. 단, 계산 방법은 복잡해지기 때문에 여기서는 생략한다.

a) 중성대가 개구부의 중간에 있는 경우

개구부를 통해 실 i에서 j로 유동하는 기체의 질량유량 m_{ij}는, 개구부를 B로 하는 경우 $\alpha B \rho_i v(z)$를 중성대로부터 개구부 상단까지 적분하면 다음과 같은 식을 구할 수 있다.

$$m_{ij} = \alpha_d B \int_0^{h_1} \rho v(z) dz$$

$$= \alpha_d B \sqrt{2\rho_i \Delta\rho g} \int_0^{h_1} z^{1/2} dz \quad (5.2.18)$$

$$= \frac{2}{3} \alpha_d B \sqrt{2\rho_i \Delta\rho g}\ h_1^{3/2} \quad (5.2.19)$$

단, h_1은 개구부 상단의 중성대로부터 높이이다.

마찬가지로, 중성대의 아래쪽에서 j에서 i로 흐르는 유량 m_{ji}을 계산하면 h_2를 개구부 하단의 중성대 높이로 하여 다음 식과 같이 나타낼 수 있다.

$$m_{ji} = \frac{2}{3} \alpha_d B \sqrt{2\rho_i \Delta\rho g}\ (-h_2)^{3/2} \quad (5.2.20)$$

식 (5.2.19)와 식 (5.2.20)은 유사하지만, $\sqrt{\ }$ 내의 밀도는 개구부를 지나는 기체의 밀도가 되므로, 전자에서는 ρ_i, 후자에서는 ρ_j가 되는 점에 주의할 필요가 있다.

b) 중성대가 개구부 하단보다 낮은 위치에 있는 경우

이 경우는 그림 5.2.6과 같이 실 i에서 j쪽으로만 기체가 흐른다. 그 질량유량은 다음과 같다.

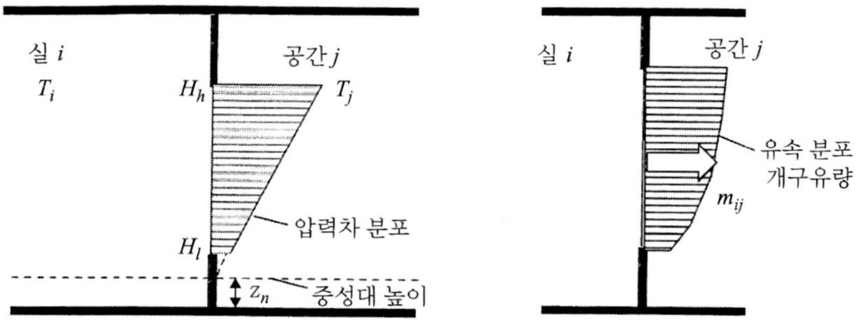

그림 5.2.6 중성대가 개구부보다 낮은 위치에 있는 경우

$$m_{ij} = \frac{2}{3}\alpha_d B\sqrt{2\rho_i|\rho_i - \rho_j}\left\{(H_h - z_n)^{3/2} - (H_l - z_n)^{3/2}\right\} \qquad (5.2.21)$$

c) 중성대가 개구부보다 높은 위치에 있는 경우

이 경우는 그림 5.2.7과 같이 실 j에서 실 i쪽으로만 기체가 흐른다. 그 질량유량은 다음과 같다.

$$m_{ji} = \frac{2}{3}\alpha_d B\sqrt{2\rho_j|\rho_i - \rho_j}\left\{(z_n - H_l)^{3/2} - (z_n - H_h)^{3/2}\right\} \qquad (5.2.22)$$

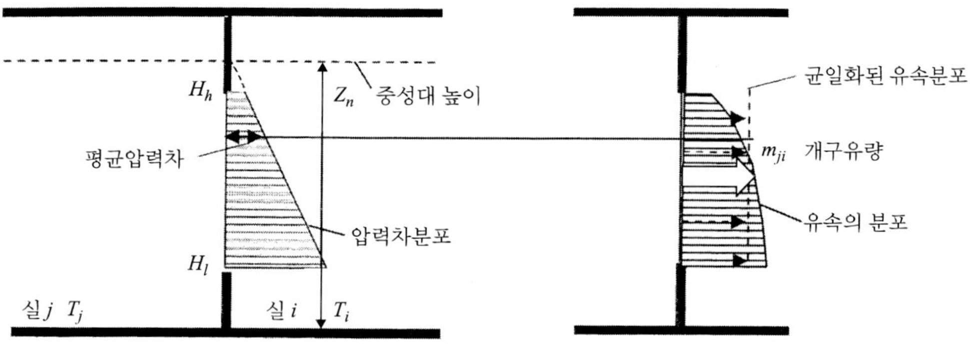

그림 5.2.7 중성대가 개구부보다 높은 위치에 있는 경우

만일 화재실 측이 실 i이고 피난실이 j가 될 경우, 실 i를 배연에 의한 감압 혹은 실 j의 압력을 급기가압 하는 것으로, 중성대를 개구부 상단보다 높게 함으로써 개구부에서 연기를 차폐할 수 있다.

이 경우의 필요조건은 식 (5.2.15)에 $Z_n > H_h$를 만족하는 것이다.

(3) 평균 압력차

(2)에서 나타낸 것처럼 온도차가 있는 2개의 실 사이의 개구면에서는 압력차에 따른 기울기가 생기기 때문에 원칙적으로는 복잡한 계산식을 이용하여 유량을 구할 필요가 있다. 그러나 급기가압 등에서 실 간의 압력차가 크고 중성대가 개구부의 상단에 있는 것이 분명한 경우, 다음과 같은 「평균압력차」를 이용하여 간단하게 계산할 수 있다.[9)]

a) 평균압력차의 정의

개구면 전체가 균일한 압력 차이가 있는 것으로 간주하여, 온도가 다른 조건 하에서 발생하는 넷트유량과 동일한 유량 m_{net}을 줄 수 있도록 ΔP를 다음과 같이 정의한다.

$$\Delta P \equiv \frac{m_{net}^2}{2\rho(\alpha A)^2} \tag{5.2.23}$$

여기서 ρ는 유출측 실의 기체밀도[kg/m^3]이다. 그림 5.2.7에서 이 관계를 설명하면, 2실의 온도가 다르기 때문에 높이방향으로 압력차 기울기가 발생하고(왼쪽 그림) 또한 유속분포가 곡선이 된다(오른쪽 그림). 이 유속분포를 총 유량이 같아지도록 균일화 하고, 그 값이 본래의 유량분포와 교차하는 높이를 구한다. 이것과 동일한 높이에서의 압력차를 평균압력차라 한다. 즉, 평균압력차는 「압력차의 분포를 균일하게 평균한 압력차」가 아니므로, 엄밀히 계산할 경우에는 주의가 필요하다.

b) 평균압력차와 유량

식 (5.2.22)를 다음과 같이 바꾸어 쓸 수 있다. 여기에서, $s\,[=(z_n-H_l)/(H_h-H_l)]$를 그림 5.2.8과 같이 개구높이에 대한 중성대 높이의 비로 한다.

$$m_{ij} = m_{net} = \frac{2}{3}\alpha_d B\sqrt{2\rho_i|\rho_i - \rho_j|}\; h^{3/2}\{s^{3/2} - (s-1)^{3/2}\} \tag{5.2.24}$$

위 식과 식 (5.2.23)에서 $\rho = \rho_j$로 하면

$$s^{3/2} - (s-1)^{3/2} = \frac{3}{2}\sqrt{\frac{\Delta P}{|\rho_i - \rho_j|gh}} \tag{5.2.25}$$

가 되어, 이로부터 평균압력차는 다음의 식으로 쓸 수 있다.

$$\Delta P = \frac{4}{9}\Delta\rho g h\{s^{3/2} - (s-1)^{3/2}\}^2 \tag{5.2.26}$$

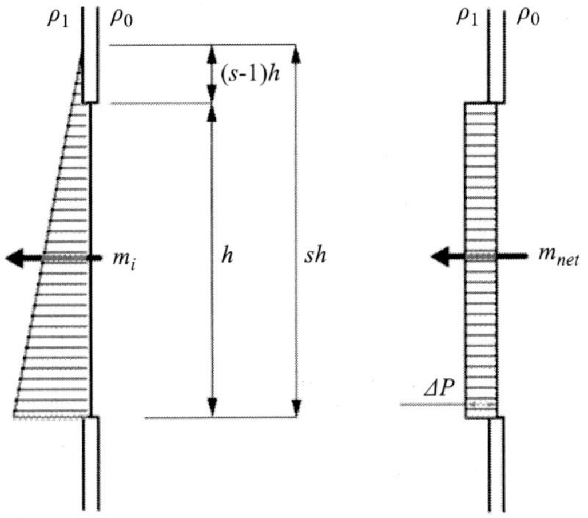

그림 5.2.8 평균압력차와 유량의 관계

c) 차연 조건

2실간의 개구부에서 차연을 위해서는 중성대 높이가 개구부 상단보다 높을 것, 즉 그림 5.2.8에서 $s \geq 1$이면 충족된다. 이때의 평균압력차의 필요조건은 식 (5.2.26)에서 다음과 같다.

$$\Delta P \geq \frac{4}{9}\Delta\rho g h \tag{5.2.27}$$

d) 평균압력차를 이용한 차연 계산에 대해서

평균압력차를 사용하면, 개구부의 차연에 필요한 유량 및 압력 차이를 비교적 간단하게 구할 수 있다. 이 방법은 5.2.4 (2)절의 계산식과 실용적으로 큰 차이는 없다. 따라서, 제2장의 부속실 가압방연과 계단실 가압방연의 산정에서는 평균 압력 차를 사용하였다. 그러나 각 실간 및 외기와의 개구에 대해서는 통상적으로 개구마다 평균 압력차가 되는 높이가 다르므로 오차가 발생할 수 있으므로 주의하여야 한다.[1]

5.2.5 수직관통공간의 굴뚝 효과

계단실과 엘리베이터 샤프트 등의 수직관통공간의 온도가 난방의 영향 또는 화재의 연기의 침입에 의해서 수직관통공간 주변의 온도보다 높아지면 굴뚝효과라고 불리는 현상이 생긴다. 굴뚝효과를 발생시키는 수직관통공간의 상부에는 내부의 압력이 주변보다 높아지고, 수직관통공간으로부터 주변으로 공기가 유출된다. 반대로 하부에서는 낮아지게 되어 주위에서 수직관통공간으로 공기가 유입된다. 이 굴뚝 효과는 고층건축물의 화재시 연기유동성상에 큰 영향을 미친다.

(1) 개구부가 높이 방향으로 균일하게 분포하는 경우

그림 5.2.9와 같이 개구부가 높이 방향으로 고르게 분포하는 수직관통공간을 상정한다. 실질적인 건물과의 대응은 이들 개구부는 수직관통공간에서 외기까지 존재하는 개구부를 합성한 등가개구부로 간주할 수 있다. 이 등가 개구부를 수직관통공간 높이 H에 걸친 폭 B의 슬릿형 개구로 근사시킨다. 수직관통공간의 온도가 균일하고 기계적인 급기나 배기가 이루어지지 않으면, 수직관통공간의 개구의 어느 중간높이에 중성대가 형성된다.

현실적으로는 저온의 외기가 수직관통공간 아래로 유입되기 때문에 수직관통공간의 온도가 시간에 따라 변화하는 비정상상태가 되므로 주의하여야 한다.

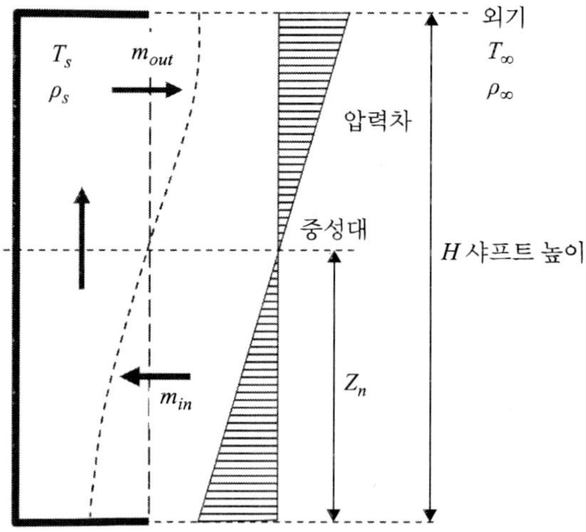

그림 5.2.9 연돌효과 a) 개구부가 높이방향으로 일정하게 분포하는 경우

중성대보다 위쪽에서는 수직관통공간에서 외기로 공기가 유출되고, 그 유출속도 m_{out}은 식 (5.2.19)로부터

$$m_{out} = \frac{2}{3}\alpha_d B\sqrt{2g\rho_s \Delta\rho}\,(H - Z_n)^{3/2} \tag{5.2.28}$$

로 된다. 한편, 중성대보다 아래쪽에서는 외기가 수직관통공간으로 유입된다. 그 유입속도 m_{in}는

$$m_{in} = \frac{2}{3}\alpha_d B\sqrt{2g\rho_\infty \Delta\rho}\, Z_n^{3/2} \tag{5.2.29}$$

로 된다. 여기서 ρ_s는 수직관통공간 내의 기체밀도[kg/m^3], ρ_∞는 외기의 기체밀도[kg/m^3], Z_n는 중성대 높이[m], 밀도차 $\Delta\rho = |\rho_\infty - \rho_s|$이다. 여기서 질량보존식 $m_{in} = m_{out}$이 만족되므로, 중성대 높이 Z_n는

$$\frac{Z_n}{H} = \frac{1}{1 + (\rho_\infty/\rho_s)^{1/3}} = \frac{1}{1 + (T_s/T_\infty)^{1/3}} \tag{5.2.30}$$

로 된다. 또한 유량 m_{in}, m_{out} [kg/s]는 다음과 같이 얻을 수 있다.

$$m_{in} = m_{out} = \frac{2}{3}\alpha_d B\sqrt{2g\rho_\infty \Delta\rho}\; H^{3/2}\left\{\frac{1}{1+(T_s/T_\infty)^{1/3}}\right\} \tag{5.2.31}$$

여기서 $T_\infty = 300\,\mathrm{K}$, $T_s = 330\,\mathrm{K}$, 즉 $T_S/T_\infty = 1.1$이 되면, $(T_S/T_\infty)^{1/3} \approx 1.0$이 된다.

따라서, 수직관통공간 내부 및 외부의 온도차가 크게 나지 않을 경우에는 거의 $Z_n/H \approx 1/2$가 되는 것을 알 수 있다.

(2) 최상단과 하부에 개구부가 있는 경우

다음으로 그림 5.2.10과 같이 수직관통공간의 최상단과 하부에 각각 면적 A_S 및 A_a의 개구부가 있는 경우를 고려한다. 개구부 높이가 수직관통공간의 높이와 비교하여 작을 경우, 각 개구면에서의 압력 차이는 근사적으로 일정하다고 볼 수 있다. 최상단 개구부와 하부 개구부에서 각각 이 $\Delta\rho g(H-Z_n)$, $\Delta\rho g Z_n$되므로, 유출 및 유입 공기 유속은 각각

$$m_{out} = \alpha_d A_s\sqrt{2\rho_s\,\Delta\rho g\,(H-Z_n)} \tag{5.2.32}$$

및

$$m_{in} = \alpha_d A_a\sqrt{2\rho_\infty\,\Delta\rho g\,Z_n} \tag{5.2.33}$$

로 된다. 정상상태에서는 유입유량과 유출유량이 같은($m_{in} = m_{out}$) 것을 사용하면 중성대 높이는

$$\frac{Z_n}{H} = \frac{1}{1+\left(\frac{\rho_\infty}{\rho_s}\right)\left(\frac{A_a}{A_s}\right)^2} = \frac{1}{1+\left(\frac{T_s}{T_\infty}\right)\left(\frac{A_a}{A_s}\right)^2} \tag{5.2.34}$$

가 된다. 이때의 개구의 유량은

$$m_{in} = m_{out} = \alpha_d A_a\sqrt{2\rho_\infty \Delta\rho g H}\;\left\{1+\left(\frac{T_s}{T_\infty}\right)\left(\frac{A_a}{A_s}\right)^2\right\}^{-1/2} \tag{5.2.35}$$

가 된다.

따라서 이 경우의 중성대 높이는 상하의 개구의 대소관계에 크게 의존하고, $A_a \gg A_S$라면 $Z_n/H \approx 0$, $A_a \ll A_S$라면 $Z_n/H \approx 1$, 즉 중성대 위치는 상대적으로 큰 개구에 인접한 위치에 형성된다.

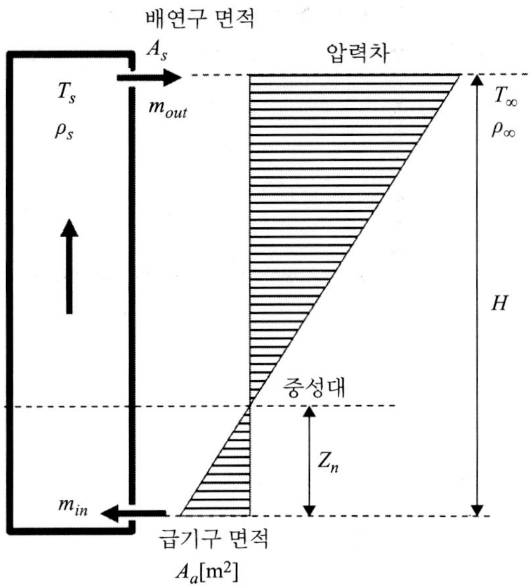

그림 5.2.10 연돌효과 b) 최상부와 하부에 개구부가 있는 경우

5.3 열의 특성

5.3.1 열이동의 분류

열은 온도가 높은 계로부터 낮은 계로 이동하는 에너지의 형태로서 정의 된다. 열의 이동은 그림 5.3.1에 나타낸 바와 같이 대류, 전도, 복사(방사)의 3가지 방법으로 분류된다. 건물화재의 경우 연소반응에서 생긴 열은 기체의 온도를 상승시키고, 대류에 의해 상부의 연기층으로 이동하는 것과 화염으로부터 복사에 의해 주변으로 전파되는 것으로 나눌 수 있다. 또한 고온의 기체가 접하거나 복사에 의해 가열된 벽이 열의 전도에 의해 표면에서 내부로 이동한다.

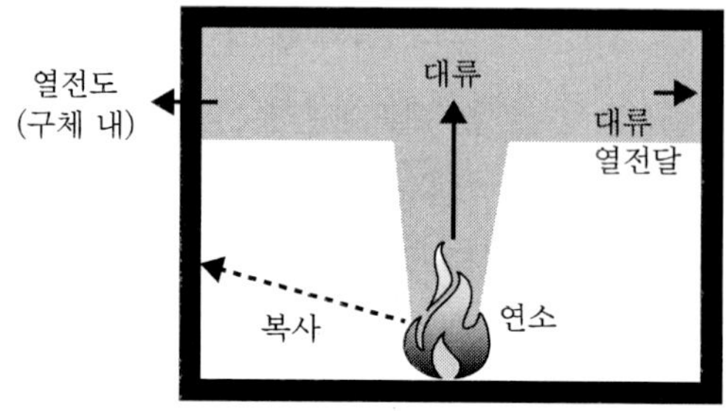

그림 5.3.1 열 이동의 분류

(1) 대류와 대류 열전달

대류는 고온의 유체가 저온 부분으로 이동함으로써 열을 수송하는 현상이다. 일반적으로는 부력이나 밀도 차이에 의한 압력 차이가 그 원동력이 된다. 화재에 의해 생긴 열은 화재 플룸으로 불리는 부력을 발생시키고, 주변의 공기를 인입시키면서 공간 상부로 이동한다. 저온의 공기는 하강하게 되고, 일부는 화재플룸에 연행된다. 이처럼 화재 공간은 대류에 의하여 순환하는 흐름이 생기고 이에 따라 열은 이동된다. 또한 팬을 이용하여 강제적으로 유체를 이동시키는 것을 강제 대류라고 한다.

여기서 유통되는 질량유량을 m_{in} [kg/s], 기체온도를 T_0 [K], 기체의 정압비열을 c_p [kJ/kgK]로 하면 대류에 의해 이동되는 열량 Q_{in} [kW]은 다음 식과 같다.

$$Q_{in} = c_p m_{in} T_o \tag{5.3.1}$$

다음으로 고온의 흐름이 저온의 물체에 접촉하면 경계층을 통하여 대류 열전달이 발생하여, 열이 이동한다. 즉, 고온의 기체가 저온의 벽면에 접촉하면 열의 이동이 생겨, 기체의 온도저하와 벽면의 온도상승이 일어난다. 두 물체의 평균온도차를 ΔT [K] 접촉면적을 A [m^2]로 하면 대류열전달에 따른 전열량 Q_h [kW]은 다음과 같다.

$$Q_h = Ah\Delta T \tag{5.3.2}$$

여기서, h는 대류열전도율[kW/m^{2}K]이다. 이 값은 물질 고유의 값이 아닌 흐름의 상황(유속, 산란, 온도 등)에 따라서 변화하므로 주의가 필요하다. 일례로 2층 존모델이 개념을 바탕으로 BRI2 연기 유동모델에서는 사용하는 화재 구획 내의 대류열전달율로 기체와 벽면의 평균온도 $\overline{T}$ [K]만을 패러미터로 다음의 식으로 간략화한 것을 사용하고 있다.[10)]

$$h = \begin{cases} 0.005 & (\overline{T} \leq 300) \\ 0.00002\,\overline{T} - 0.001 & (300 < \overline{T} \leq 800) \\ 0.015 & (800 < \overline{T}) \end{cases} \tag{5.3.3}$$

또한 벽의 표면에 기류가 생긴 경우, 건축환경 분야에서는 율게스의 실험에 의한 아래의 식이 사용되는 경우가 많다(단위는 [W/m^{2}K]). 어디까지나 상온에서의 사용을 상정한 것이어서 고온 시의 사용에는 주의하여야 한다. 풍속은 v [m/s]로 한다.

$$h = \begin{cases} 5.8 + 3.9\,v & (v \leq 5m/s) \\ 7.1v^{0.78} & (v > 5m/s) \end{cases} \tag{5.3.4}$$

(2) 전도

전도는 물체 내의 온도가 불균일하여 온도차이가 발생할 때, 분자나 전자의 운동 등의 입자의 상호 작용에 의해서 열이 이동하는 현상이다. 고체뿐만 아니라 기체나 액체에서도 발생하나 일반적으로 대류에 비해서 그 비율은 매우 낮다. 일반적으로 건축물의 벽체는 그 두께에 비해서 상하좌우로 넓게 퍼져 있으므로 근사적으로 벽면에 수직방향의 일차원만으로 열전도를 고려하면 된다. 벽체 내의 단위면적, 단위시간당의 전열량인 열유속 q [kW/m^2]는 다음의 푸리에의 법칙에 의해 나타낼 수 있다.

$$q = -\lambda \frac{\partial T}{\partial x} \tag{5.3.5}$$

이와 같이, 열 유속은 온도구배 $\partial T/\partial x$에 비례한다. 또한, x는 벽표면에서의 거리[m]이다. 또 λ는 평판의 열전도율[kW/mK]이며, 열이 전달되기 쉬운 정도를 나타내는 물질 고유의 값이다. 금속류는 크고, 단열재(글라스울 등)와 같은 공기를 포함하고 있는 재료는 작다. 온도의 상승에 따라 열전도율은 변화하지만, 화재분야에서는 열전도율의 영향이 적다고 생각되는 경우에는 이를 무시하는 경우도 많다.

정상상태의 경우, 그림 5.3.2와 같이 온도구배가 벽의 내부에서 일정하게 되고 면적 A [m^2] 두께 δ [m]의 평판에서 양면의 온도를 T_1, T_2 [K]라 하면 열전도에 의한 열유속 q [kW/m^2]은 벽체 내에서 일정하여 이하의 식으로 나타낼 수 있다.

$$q = \lambda(T_1 - T_2)/\delta \tag{5.3.6}$$

그러나 화재현상은 일반적으로 단시간에 온도상승을 수반하므로, 정상상태로 간주하는 경우는 매우 제한된다. 참고로 이면온도가 변화하지 않는다고 가정하면, 정상상태로 생각될 때까지의 시간 t는 벽의 열확산율을 $\alpha(=\lambda/\rho c)$로 하여 $\delta^2/\pi\alpha$로 나타낼 수 있다.

그림 5.3.3과 같이 유체에서 벽 표면에 열유속 q가 주어졌을 때의 벽 내부의 열유속을 비정상으로 가정하기 위해서는, 벽체 내부의 열유속이나 온도분포를 계산할 필요가 있다. 이것은 다음의 1차원 비정상 열전도식을 사용하여 얻을 수 있다. 여기에서는 식을 소개하는 것으로 한정하며 해법 등에 관해서는 다른 참고문헌 등[3)]을 활용한다.

$$\frac{\partial T_w}{\partial t} = \frac{\lambda}{\rho c}\frac{\partial^2 T_w}{\partial x^2} \tag{5.3.7}$$

경계 조건은,

$$-\lambda\frac{\partial T_{ws}}{\partial x} = q \tag{5.3.8}$$

$$T_{wb} = constant \text{ (이면근도 일정)} \tag{5.3.9}$$

λ, ρ, c 은 각각 벽체의 열전도율[kW/mK], 밀도[kg/m^3], 비열[kJ/kgK]이고, T_W는 벽체내의 온도[K], T_{WS}는 벽체의 표면온도[K], T_{Wb}는 벽체의 이면온도[K], t는 시간[s]이다.

경계조건이 일정 온도로 주어지는 경우는 오차함수에 의해 비교적 쉽게 해결할 수 있다. 또한 많은 시뮬레이션 모델에서는 차분법에 따라 해를 구할 수 있다.

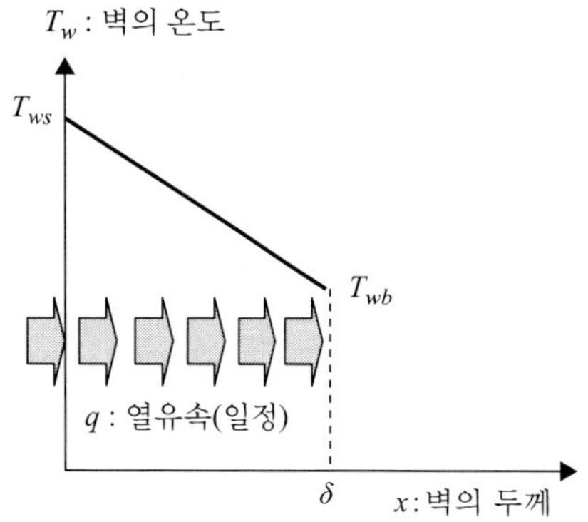

그림 5.3.2 정상열전도의 온도분포

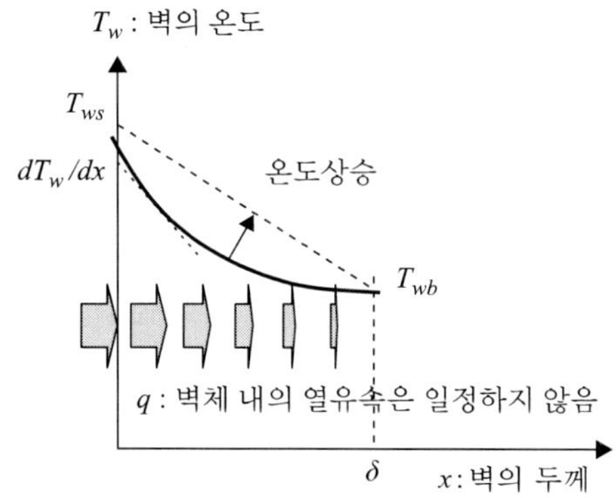

그림 5.3.3 비정상열정도의 온도분포

(3) 복사

복사(방사)는 열에너지의 일부가 물체표면에서 가시광선이나 적외선 등의 전자파로 변환되어 주변으로 이동되는 현상이다. 복사의 방출량은 고온물체일수록 크므로(절대온도의 4승에 비례), 전체적으로는 고온에서 저온의 물체로 열이 이동하게 된다. 화재의 경우, 화염이 매우 고온이기 때문에 화염에서 벽면이나 주위의 가연물에 복사로 열이 전달되어, 화염이 접하지 않아도 연소확대되는 사례가 많다. 간이적인 계산에서는 화염으로부터 발열속도 Q [kW]의 약 30%가 화염복사량 Q_{rad} [kW]으로 간주되어

$$Q_{rad} = 0.3Q \tag{5.3.10}$$

로 간주한다.

다음으로 화염에 근접한 벽이나 가연물이 받는 복사량의 간이적인 계산 방법에 관해 소개한다. 그림 5.3.4와 같이 화염에서 지향성 없이 4π 입체각에 대해 일정하게 복사된다고 가정하여, 화염 중심에서의 거리 R [m]을 반경으로 하는 구체를 생각한다. 수열면이 반경반향에서 각도 θ만큼 기울어져 있다면, 입사유속 q_{rad} [kW/m^2]는 다음과 같다.

$$q_{rad} = \frac{Q_{rad}}{4\pi R^2}\varepsilon\cos\theta \tag{5.3.11}$$

ε은 복사흡수율(복사율이라고도 한다)이며, 물체의 온도나 표면 상태에 의해서 정해지는 수이다. 흑체의 경우는 $\varepsilon = 1$이 된다. 일반적으로 색이 짙은 것일수록 흡수율이 높고, 복사수열에 의해 온도가 상승하기 쉽다. 반대로 흰색이나 광택이 있는 금속은 흡수율이 낮고, 복사수열에 의한 온도가 상승하기 어렵다. 단, 벽의 온도계산과 가연물의 연소확대 계산 등에서는 복사가열에 따른 탄화와 그을음의 부착으로 서서히 검게 되는 것을 고려하여 안전율로서 $\varepsilon = 1$로 하는 것이 좋다.

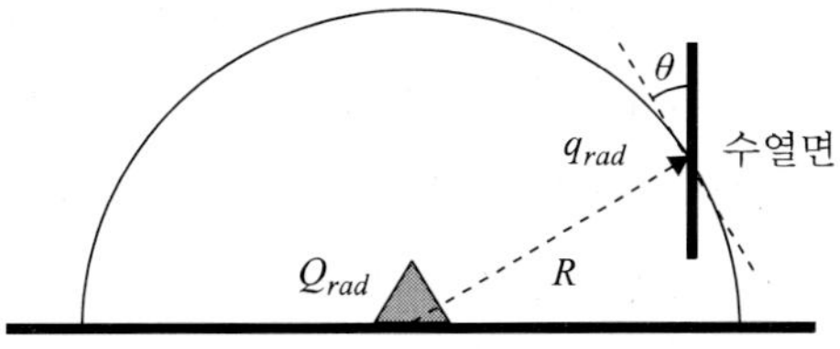

그림 5.3.4 간이한 화염 복사의 계산 방법

5.3.2 열의 기초식

(1) 에너지 보존 법칙

열역학 제1법칙은 에너지 보존 법칙이라고도 불리며, 열의 이동을 모델화 할 수 있는 기초를 제공한다. 이에 따르면, 내부 에너지 U의 변화 ΔU는 외부에서 들어온 열량 Q와 외부로 행한 일 W의 합과 동일한 것을 나타낸다. 이것을 식으로 기술하면,

$$\Delta U = Q + W \tag{5.3.12}$$

로 된다. 따라서 폐쇄된 공간에서 에너지의 총량에는 변화가 없는 것을 나타내고 있다. 어떤 물체에 가해진 열량은 내부 에너지의 증가로 현열과 잠열이 되어, 전자는 온도 상승에 기여하고, 후자는 상의 변화(고체 → 액체 → 기체 또는 고체 → 기체)에 사용된다. 또한 양자를 아울러 열에너지라 칭하는 경우도 있다. 화재 시의 연기의 온도를 계산하는 경우는 보통 현열에만 주목하여, 기체의 온도상승을 고려하면 되지만, 스프링클러 등의 주수가 있는 경우는, 잠열 등에 대한 고려도 필요하다.

일반적인 건축공간과 같이 외부로부터 유출입이 고려되는 경우에는 기체에 의한 일 W를 무시하고, 외부에서 유입되는 에너지 Q_{in} 및 유출되는 에너지 Q_{out}을 더해서 다음 식과 같이 쓸 수 있다.

$$\Delta U = Q + Q_{in} - Q_{out} \tag{5.3.13}$$

단위시간당의 변화를 고려하는 경우, 내부 에너지의 변화를 시간 t로 미분한 다음 식을 사용한다.

$$\frac{dU}{dt} = Q + Q_{in} - Q_{out} \tag{5.3.14}$$

또한, Q 및 Q_{in}, Q_{out}은 단위시간당의 값이다. 이 구체적인 예로서 그림 5.3.5와 같은 공간의 체적 V [m^3] (단, 일정), 정압비열 c_p [kJ/kgK], 밀도 ρ [kg/m^3], 벽은 단열로 하여 유입되는 질량유량을 m_{in} [kg/s], 유출되는 질량유량을 m_{out} [kg/s], 외기온도를 T_0로 하면, 공간의 온도 T [K]의 시간변화는 다음과 같다.

$$\frac{d}{dt}(c_p \rho V T) = Q + c_p m_{in} T_0 - c_p m_{out} T \tag{5.3.15}$$

또한 정상상태인 경우는 좌변이 0이 되기 때문에 T는 다음과 같이 구할 수 있다(비정상에 관해서는 5.4.3절을 참조).

$$T = \frac{Q + c_p m_{in} T_0}{c_p m_{out}} \tag{5.3.16}$$

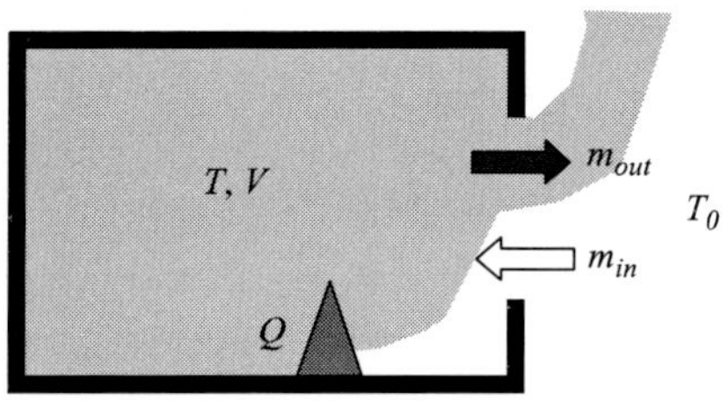

그림 5.3.5 에너지 보존의 일례

(2) 상태 방정식

이상기체(완전기체라고도 칭함)의 압력을 P, 기체의 체적을 V, 기체상수를 R, 절대온도를 T로 하면 보일·샤를의 법칙에 따라

$$PV = nRT \tag{5.3.17}$$

가 성립한다. 이 식을 기체의 상태방정식이라 한다. 여기서 n은 기체의 몰수로 아보가드로수 N_0, 대상으로 하는 기체부피중의 분자수를 N으로 할 때 $n = N/N_0$이다. 화재에서 취급하는 기체는 엄밀하게는 이상기체는 아니지만, 공학적으로는 이상기체로 간주해도 무방하다. 기체의 밀도를 ρ [kg/m^3], 체적을 V [m^3], 몰 분자량을 M [kg/mol]이라 하면, $n = \rho V/M$[mol]이 되므로, 식 (5.3.17)의 상태방정식은 다음 식과 같이 바꿀 수 있다.

$$PV = (\rho/M)RT \tag{5.3.18}$$

기체가 운동하면, 유동의 상황에 따라 압력이 변화되며, 이러한 성질을 압축성이라 부른다. 압축성의 정도는 음속과 유속의 비(마하 수)에 따라 정해지지만, 일반적으로 건물화재에서는 유속이 느리고, 화재에 의한 압력의 변화는 대기압의 절대치에 비해 매우 작으므로 압축성을 무시(비압축성으로 가정)해도 지장이 없는 경우가 많다. 비압축성의 경우, 밀도는 압력에 따라 변화하지 않는다. 또한, 화재는 지표에 가까운 환경에 대한 현상이므로, 식 (5.3.18)의 압력은 높이에 따라 변화하지 않는다고 간주할 수 있다. 따라서 식 (5.3.18)에서 압력 P에 대기압의 값 M에 공기의 분자량을 이용하여,

$$\rho T = \rho_\infty T_\infty \approx 353.25 \tag{5.3.19}$$

의 관계식으로 식 (5.3.17)의 상태방정식을 대용하는 경우가 많다. 공기의 밀도는 온도에 따라 변화하지만, 예로서 온도 20℃(=293 K)의 밀도를 식 (5.3.19)에 따라 계산하면 1.2 kg/m^3 정도이다. 고온의 연기일수록 실 상부에 축적되기 쉬운 것은 밀도가 낮아지기 때문이다.

(3) 화학종의 기초식

열과는 직접 관계가 없지만, 실에 있는 어느 화학종 l의 질량분율 Y_l에 대해서, 전술한 에너지 보존 법칙에서 식 (5.3.15)와 같은 표현으로 표기할 수 있다. 일반적으로 공기 중에는 질소와 산소가 대부분을 차지하지만, 화재로 의한 연소로 많이 발생하는 화학종으로는 그 외에 일산화탄소, 이산화탄소 및 물(증기) 등이 있다.

$$\frac{d}{dt}(\rho V Y_l) = c_p m_{in} Y_{l,o} - c_p m_{out} Y_l + \Gamma_l \tag{5.3.20}$$

여기서 Γ_l는 화학종 l의 생성속도[kg/s]이다.

5.4 화재실의 모델화

화재실은 화재에 의해 발생한 연기와 열 또한 기류에 의해 복잡한 상태로 된다. 단, 공학적인 관점에서는 존모델이라고 불리는 기법에 의해 단순화 하는 것으로 그 평균적인 물리성상을 이해하고 예측할 수 있다. 여기에서는 화재의 발전 단계를 따라서 화재플륨, 천장제트, 2층 존모델, 1층 존모델 각각의 모델에 대해서 개념 및 모델식을 간단히 소개한다. 또한 이러한 모델은 다수실이나 비정상에 대응한 컴퓨터 프로그램(BRI2002[19], MLZ[20] 등)이 개발되어 있으므로 실무에서는 이들을 사용하는 것도 권장한다.

5.4.1 화재 플륨

화재가 발생한 경우, 그림 5.4.1과 같이 화염 상부에는 고온의 연소가스에 의한 부력으로 상승기류가 발생한다. 이것을 플륨이라 한다. 화재 플륨은 상승하면서 주위의 공기를 인입시켜 유량은 상부로 갈수록 증가하지만, 공기로 희석되기 때문에 온도는 저하한다.

화재 플륨은 초기화재 성상, 연기층의 강하속도, 연기 제어계획 등 여러 문제에 관련되어 있다.

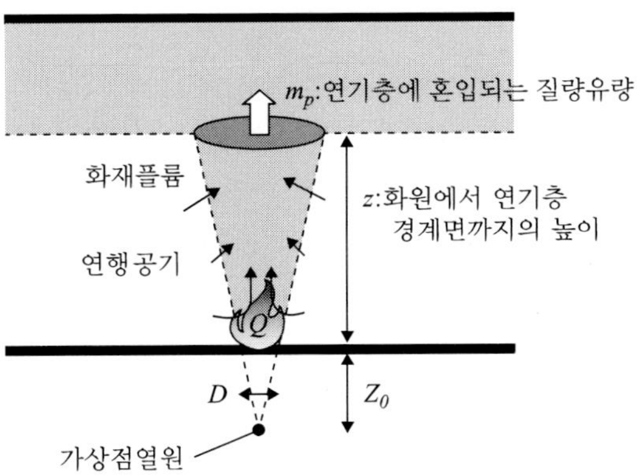

그림 5.4.1 화재 플륨

(1) 화재 플륨의 유량

연기제어계획 시 화재 플륨의 유량이 중요하므로, 다수의 실험적, 이론적 연구가 존재한다. 그 모델화에는 점열원(어느 점으로 열원이 집중하고 있음)에서 그 상부로 역 원추형으로 확대되는 기류를 가정하여, 그 수평단면 내에서는 상승온도와 연직방향의 유속이 정규분포(가우스 분포)로 되어 있다는 가정에 기초한 방법이 있다. 그에 따르면, 화재 플륨의 연직방향의 질량유량 $m_p [kg/s]$은 다음 식으로 표현된다.[11)]

$$m_p = 0.08 Q^{1/3} z^{5/3} \tag{5.4.1}$$

여기서 z는 화원면에서의 높이[m], Q는 화원의 발열속도[kW]이다. 이층 존모델을 사용하는 경우 화원면에서 상부층의 하단높이(연기층 높이)까지의 거리를 z로 하면, 상부층으로 유입되는 연기의 질량유량을 구할 수 있다. 식 (5.4.1)은 연기층이 화염높이보다도 상부에 형성되는 경우에 성립되지만, 연기층이 하강하여 화염에 인입될 경우에는 상태가 변하므로 주의할 필요가 있다.

또한, 여름철의 실내나 난방된 실 등과 실은 천장 부근의 온도가 높은 공기의 층이 형성되어 있고, 발열속도가 작은 화원의 경우, 화재 플륨의 부력이 약하여 온도가 높은 공기의 층으로 차단되기 때문에 천장 근처까지 이르지 않아 감지기가 작동하기 힘들다는 가능성도 지적되고 있다.

(2) 가상점열원

화재 플륨에서 점열원을 시점으로 정식화 하는 경우, 그것을 어느 높이로 설정하느냐에 따라 화재 플륨의 유량이 변한다. 일반적으로 연소영역은 점이 아니기 때문에, 그 높이의 설정방법이 필요하지만, 아래의 가상열점원의 위치를 사용함으로써 비교적 정밀하게 예측할 수 있게 된다. 이 연구도 여러 종류가 있지만, Heskestad[11)]에 의하면 가상열점원의 위치 z_o는

$$z_0 = 1.02D - 0.083 Q^{2/5} \tag{5.4.2}$$

로 나타낸다. D는 화원치수[m](화원면이 원형인 경우는 그 직경과 같다), Q는 발열속도[kW]이다. 이러한 z_0를 식 (5.4.1)의 z에 더해서 m_p을 구한다. 또한, z_0는 D와 Q의

균형에 따라 정・부로 나뉜다. 또 천장높이가 높을 경우에는 가상열점원의 위치가 그다지 중요하지 않기 때문에 z_0을 무시하여 연소면의 높이에서 화재 플륨의 유량을 구해도 좋다.

(3) 설계 화원

일반적인 화재안전설계에서는 식 (5.4.1), (5.4.2) 등의 Q로 이용하는 발열속도는 설계화원으로서 모델화된다. 시간 t [s]의 2제곱에 비례해서 증가하는 이른바 t^2 화원이라 불리는 $Q=\alpha t^2$가 자주 사용되며, 화재성장계수 α [kW/s^2]는 [피난안전검증법(2000년 건설성 고시 제1441, 제1442호)]에 따라 수납가연물 및 마감재를 고려하여 결정하는 경우가 많다(2.2.2절 참조).

5.4.2 천장 제트

그림 5.4.2와 같이 화원에서 발생한 열기류는 화재 플륨으로서 천장에 충돌하여 정체영역으로 불리는 범위로부터서 수평방향으로 방향을 바꾸어 그 외부로 천장을 따라 동심원형태로 퍼져 나간다. 이것을 천장제트라 부른다. 천장제트의 온도 및 유속의 성상은 감지기나 스프링클러의 작동에 관계되기 때문에 화재공학의 분야에서는 중요하며, 많은 연구가 발표되고 있다. 그 안에서도 Alpert는 천장제트의 상승온도 ΔT [K] 및 유속 w [m/s]을 간단하게 구할 수 있는 식을 도출하고 있다.[12),13)]

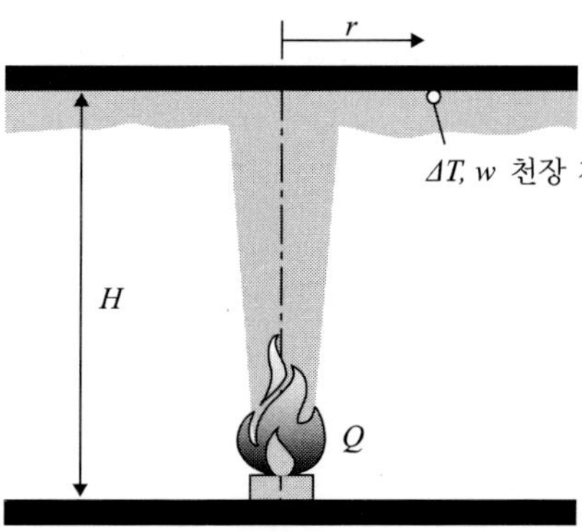

그림 5.4.2 천장 제트

a) 상승온도

$$\Delta T = \begin{cases} 16.9\left(\dfrac{Q^{2/5}}{H}\right)^{5/3} & \left(\dfrac{r}{H} \le 0.18\right) \text{ : 정체영역} \\ 5.38\left(\dfrac{Q^{2/5}}{H}\right) & \left(0.18 < \dfrac{r}{H}\right) \text{ : 천정제트영역} \end{cases} \tag{5.4.3}$$

b) (화원에서 복사형태로 확대되는 방향의) 속도

$$w = \begin{cases} 0.96\left(\dfrac{Q}{H}\right)^{1/3} & \left(\dfrac{r}{H} \le 0.15\right) \text{ : 정체영역} \\ 0.195\left(\dfrac{Q}{H}\right)^{1/3}\left(\dfrac{r}{H}\right)^{-5/6} & \left(0.15 < \dfrac{r}{H}\right) \text{ : 천정제트영역} \end{cases} \tag{5.4.4}$$

여기서, r은 화원으로부터 수평거리[m], H는 천장 높이[m]이다. 천장 제트의 온도와 유속은 천장 근처가 가장 높고 하부일수록 낮아지며 가우스 분포에 가까워져, Alpert의 식에서는 천장 근처의 상승온도와 유속의 최대치를 예측하고 있다. 한편 이 식은 벽 등으로 둘러싸여 있지 않은 천장을 가정하고 있으므로, 연기층이 어느 정도 형성되어 있는 상태이거나 또는 화염이 천장에 직접 충돌하는 정도의 큰 상태일 때는 오차가 커지므로 주의하여야 한다.

5.4.3 2층 존모델

천장제트가 천장을 따라서 실내의 구석구석까지 도달하면, 실내는 화재플룸에 의해 수송된 연소열과 연소생성물 및 유입된 공기의 혼합물인 상부의 연기층과 하부의 거의 일반적인 공기층의 2개 층으로 성층화 되는 경우가 많다. 따라서 2개의 일정한 층으로 성층화 되어 있다고 가정하는 2층 존모델에 의해 모식화 하는 경우가 많다. 물론 층의 온도 등은 일정하고, 각 2개의 층으로 명확히 분리되고 있다는 가정은 항상 적절하지는 않은 경우가 있으므로 주의를 요한다.

(1) 간단한 연기층 강하의 예측 방법

여기에서는 먼저 2층 존모델의 기본적인 성상을 이해하는데 도움이 되는 간단한 연기층 강하의 예측 방법에 대해서 설명한다. 연기층 하강에는 엄밀하게는 에너지의 보존도 관계 하지만, 화재발생 초기단계에서는 온도의 상승은 적으므로, 온도(또는 밀도 ρ)를 일정한 것으로 간주하고, 질량보존의 관계로도 대략적인 예측이 가능하다.

그림 5.4.3과 같이 개구부로부터 유입, 유출이 연기층에 관계하지 않는 경우, 연기층으로의 기체의 유입은 화재 플륨 뿐이므로, 질량보존식은 다음과 같다.

$$\frac{d}{dt}(\rho V) = \rho \frac{dV}{dt} = m_p(z) \tag{5.4.5}$$

여기서 $m_p(z)$는 높이 z에 따른 화재 플륨의 질량유량[kg/s]이고, 식 (5.4.1)에서 주어진다. 실의 수평단면적 A [m^2]가 높이에 상관없이 일정한 경우는 $dV/dt = -Adz/dt$이므로, 질량보존식은 다음과 같다.

$$\frac{dz}{z^{5/3}} = -\frac{k}{A} Q^{1/3} dt \tag{5.4.6}$$

단, $k = 0.08/\rho$이지만 화재초기의 연기층의 온도는 낮으므로, 어느 정도 안전율로서 $\rho = 1$ kg/m^3으로 하고 $k = 0.08$로 하는 것을 권장한다.

일반적으로 발열속도 Q는 시간에 따라 변화하지만, α를 정수로서 가정하면

$$Q = \alpha t^n \tag{5.4.7}$$

로 모델화 가능하다면 식 (5.4.6)은 쉽게 적분되어, 연기층 높이 z에 대해 풀면

$$z = \left\{ \frac{k}{A} \alpha^{1/3} \left(\frac{2}{n+3} \right) t^{1+\frac{n}{3}} + \frac{1}{H^{2/3}} \right\}^{-3/2} \tag{5.4.8}$$

로 된다. 또는 연기층 높이 z가 되는 시간 t를 구하는 형태로서

$$t = \left\{ \left(\frac{n+3}{2} \right) \frac{1/z^{2/3} - 1/H^{2/3}}{k\alpha^{1/3}} A \right\}^{3/(n+3)} \tag{5.4.9}$$

로도 된다. 여기서 H는 실의 천장높이[m]이다. 또 발열속도를 시간에 관계없이 일정한 Q_0로 하는 정상화원의 경우에는 $n = 0$로 하고, 시간의 제곱에 비례하는 t^2 화원의 경우는 $n = 2$를 사용한다. 다음에 각각의 경우의 연기층이 허용높이 z_c까지 하강하는 시간을

구하는 식을 나타냈다.[14)]

① 정상화원

$$t = \frac{3}{2}\frac{1/z_c^{2/3} - 1/H^{2/3}}{k\alpha^{1/3}}A \tag{5.4.10}$$

② t^2 화원

$$t = \left\{\left(\frac{5}{2}\right)\frac{1/z_c^{2/3} - 1/H^{2/3}}{k\alpha^{1/3}}\right\}^{3/5} A^{3/5} \tag{5.4.11}$$

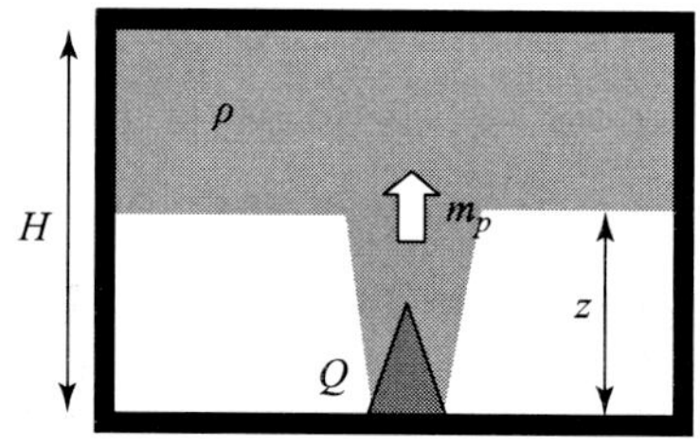

그림 5.4.3 2층 상태에서 연기층의 하강

그림 5.4.4와 같이 천장 높이가 부분적으로 다른 실의 연기 하강을 예측하는 경우는 실을 천장 높이가 다른 부분마다 수직으로 분할하여, 각각의 부분마다 천장높이 A_i와 천장높이 H_i를 도출하여 가산하면 된다.[15)]

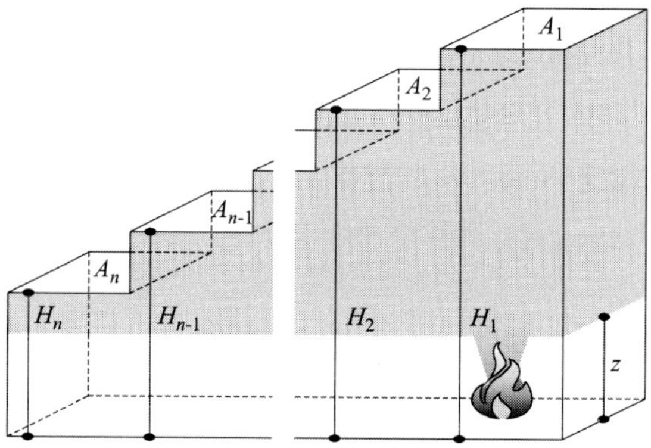

그림 5.4.4 천장높이가 부분적으로 차이가 있는 실(n 분할)

③ 정상화원의 경우

$$t = \frac{3}{2}\frac{\rho}{kQ_0^{1/3}}\sum_{i=1}^{n}A_i\left(\frac{1}{z^{2/3}} - \frac{1}{H_i^{2/3}}\right)$$

④ t^2 화원의 경우

$$t = \left\{\frac{5}{2}\frac{\rho}{k\alpha^{1/3}}\sum_{i=1}^{n}A_i\left(\frac{1}{z^{2/3}} - \frac{1}{H_i^{2/3}}\right)\right\}^{3/5}$$

(2) 존 방정식

좀 더 자세한 검토를 위하여 연기층의 온도, 밀도변화를 고려한 2층 존모델에 대하여 설명한다. 여기서는 그림 5.4.5와 같이 단실만을 대상으로 하여, 개구부를 통하여 외기와의 유출입 및 배연을 고려한다.

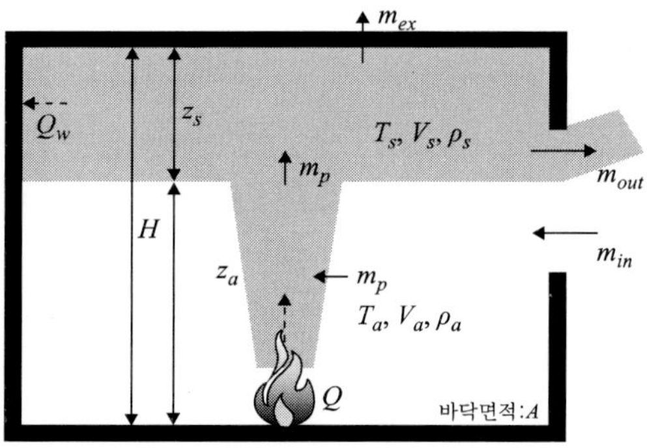

그림 5.4.5 단실 2층 존모델의 개요

우선, 연기층에 관한 질량보존법칙 및 열량보존법칙은 다음의 각 식이 된다.

$$\frac{d(\rho_s V_s)}{dt} = m_p - m_{out} - m_{ex} \quad (5.4.12)$$

$$\frac{d}{dt}(c_p \rho_s V_s T_s) = Q - Q_w + c_p m_p T_a - c_p m_{out} T_s - c_p m_{ext} T_s \quad (5.4.13)$$

또한 연기층의 상태방정식은 아래와 같다.

$$\rho_s T_s = const \approx 353 \quad (5.4.14)$$

여기서 Q는 화원의 발열속도(대류 성분)[kW], Q_w는 연기층으로부터 주변 벽으로의 실열(失熱)속도[kW], T_s는 연기층의 온도[K], T_a는 공기층온도(주변온도= T_∞)[K], m_p는 화재 플륨의 질량유량[kg/s], m_{in}는 개구부로부터 유입되는 질량유량[kg/s], m_{out}는 개구부로부터 유출되는 질량유량[kg/s], m_{ex}는 기계배연에 의해 유출되는 연기층의 질량유량[kg/s], ρ_s는 연기층의 밀도[kg/s], V_s는 연기층의 체적[m^3], Z_s는 연기층의 두께[m], Z_a는 공기층 두께(= 연기층높이 Z)[m], A는 해당실의 바닥면적[m^2], c_p는 공기의 정압비열[kJ/kgK]이다.

이 세 가지의 식으로부터 연기층온도를 구하는 식을 다음과 같이 도출할 수 있다. 도출과정은 문헌[1] 등을 참고하면 된다.

$$\frac{dT_s}{dt} = \frac{Q - Q_w - c_p m_p (T_s - T_a)}{c_p \rho_s V_s} \tag{5.4.15}$$

다음에 연기층 두께 Z_s를 구하는 식은 다음과 같이 도출할 수 있다.

$$\frac{dZ_s}{dt} = \frac{m_p - m_{out} - m_{ex}}{\rho_s A} + \frac{Q - Q_w - c_p m_p (T_s - T_a)}{c_p \rho_s A T_s} \tag{5.4.16}$$

식 (5.4.15) 및 식 (5.4.16)을 차분화 하여, 전체적으로 각 값을 대입함으로서 연기층온도 및 연기층 두께를 비정상으로 구할 수 있다. 그때에 m_{out}을 구하기 위하여는 약간 엄밀성이 떨어지지만 식 (5.2.19)를 사용한다.

(3) 연기층에서의 열 손실

연기층에서 주변 벽으로의 실열속도 Q_w를 구하기 위해 McCaffrey 등에 의한 근사식을 소개한다.[16]

$$Q_w = h_K A_T (T - T_\infty) \tag{5.4.17}$$

h_K는 실효열전달률[kW/m^2K](환경공학에서는 열관류율이라고 칭함) 이며, 벽체를 통한 실 내부의 기체에서 실 외부의 기체로의 열전달율을 구하는 것이며, 벽 표면에서의 열유속을 계산에 사용하는 식 (5.3.3)의 대류열전달율과는 다르다. 또한 A_T는 연기층이 접

한 천장 및 벽의 면적[m^2]이다. 유효열전달율 h_k [kW/m^2K]는

$$h_k = \begin{cases} \dfrac{k}{\delta} & \left(t > \dfrac{\delta^2}{4\alpha_h}\right) \\ \left(\dfrac{k\rho c}{t}\right)^{1/2} & \left(t \leq \dfrac{\delta^2}{4\alpha_h}\right) \end{cases} \tag{5.4.18}$$

여기서 t는 화재지속시간[s], δ은 주변 벽의 두께[m] k, ρ, c는 열절도율, 밀도, 비열, $\alpha_h(=k/c\rho)$는 열확산계수이다. 바닥면적이 어느 정도 큰 때는 주변 벽의 물성치로서 천장재료의 물성치를 사용할 수 있다.

식 (5.4.18)은 실험을 바탕으로 결정된 것이며, 이론적으로는 약간의 의문도 있다.

$\delta^2/4\alpha_h$은 열이 주변 벽의 표면으로부터 방열하고 있으므로 주변 벽 내부가 충분히 축열되어 정상상태로 되는 시간이므로, 위의 식은 정상에 이른 상태를 나타내고 있다고 생각된다. 아래의 식은 주위벽 내의 온도가 상승하고 있는 단계의 비정상상태의 식이다. $t \to 0$의 경우는 $(k\rho c/t)^{1/2} \to \infty$가 되어 비현실적이기 때문에 t가 어느 정도 커지는 경우에만 적용해야 하며, 또 식에서 $t=\delta^2/4\alpha_h$에서는 h_k는 불연속이다.[1)]

여기서 대류열전달을 무시한 경우, 비정상상태의 실효열전달계수 및 정상에 도달하는 시간은 오차함수의 특성을 고려하여 아래와 같이 정의하면 합리적이고, 연속성이 유지될 것으로 판단된다.

$$h_k = \begin{cases} \dfrac{k}{\delta} & \left(t > \dfrac{\delta^2}{\pi\alpha_h}\right) \\ \left(\dfrac{k\rho c}{t}\right)^{1/2} & \left(t \leq \dfrac{\delta^2}{\pi\alpha_h}\right) \end{cases} \tag{5.4.18.1}$$

(4) 스프링클러에 의한 하강류

스프링클러가 작동하면 헤드로부터 물방울이 분출되어 중력에 의해 낙하한다. 물방울에는 공기저항이 작용되어, 그 힘으로서 공기에 아래 방향에 힘이 가해져, 그것이 원동력이 되어 그림 5.4.6과 같은 하강류가 발생한다. 하강류는 화재 시, 상층의 연기를 하부로 끌어내려 연기층의 경계면을 산란시키기 때문에 피난이나 소방 활동 등에 바람직하지 않은 현상이다. 이 하강류에 관해서 Kurina 등은 화재 실험을 수행하여 스프링클러에서 생

기는 하강류의 유량을 정량화 하고 있다.[17] 그렇지만, 스프링클러가 작동한 대부분의 경우, 화세가 억제되어 발열속도나 가스 발생량이 적어지므로 하부의 온도나 가스농도가 위험한 상태에까지는 이르지 않는다. 따라서 통상의 설계에서는 스프링클러의 작동이 실패한 것으로 생각하고 전술한 바와 같이 연기층의 계산을 하는 것이 안전하다.

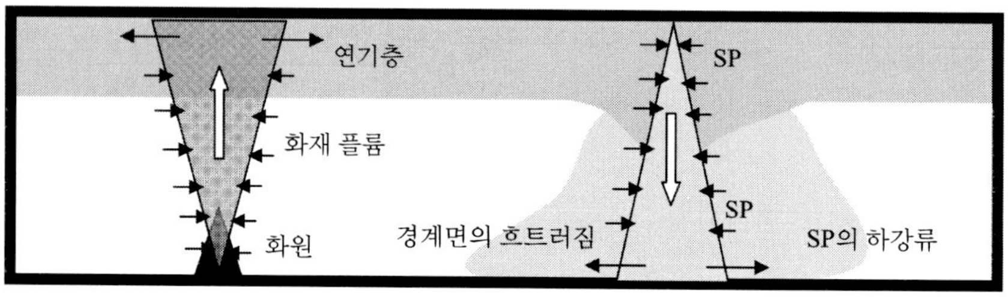

그림 5.4.6 스프링클러에 의한 하강류의 이미지

5.4.4 1층 존모델

화재초기는 전술한 바와 같이 실 상부에는 고온층, 하부에는 저온층으로 2층 상태가 되는 경우가 많지만, 화재가 진전되면서 고온층의 체적이 팽창하여 저온층의 체적이 거의 없어지는 1층 상태로 되는 경우가 많다. 이러한 경우에는 그림 5.4.7과 같이 실 전체를 하나의 층으로 인식하는 1층 존모델을 사용하는 경우가 많다. 실내의 질량수지를 고려하면, 개구부에서 고온의 가스 m_{out} [kg/s]가 유출되는 반면, 외기 m_{in} [kg/s]가 유입되고 있다. 또한 5.3.1에 나타낸 바와 같이, 실내 연소 발열속도의 최대치는 식 (5.1.6)을 사용하여 실의 개구부의 크기로부터 용이하게 계산할 수 있다.

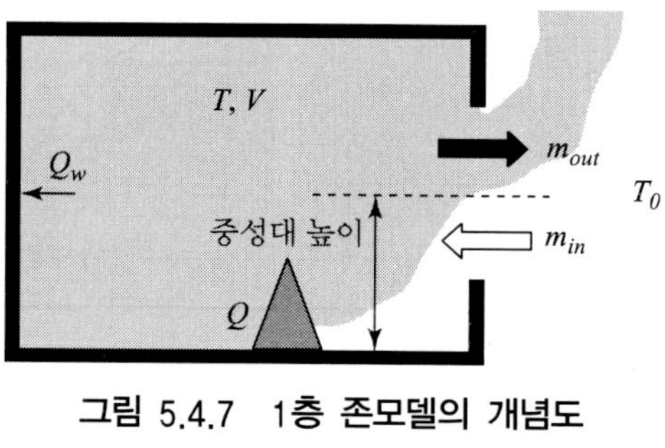

그림 5.4.7 1층 존모델의 개념도

(1) 존 방정식

이 구획 내의 기체에 대해서는 다음의 질량보존의 관계가 성립한다.

$$\frac{d}{dt}(\rho V) = m_{in} - m_{out} \tag{5.4.19}$$

여기에 ρ는 밀도[kg/m^3], V는 구획의 체적[m^3], t는 시간[s] 이다. 또한 구획 내의 기체에 대해 열량보존법칙이 성립한다.

$$\frac{d}{dt}(c_p \rho T V) = Q - Q_w + c_p m_{in} T_0 - c_p m_{out} T \tag{5.4.20}$$

여기에 Q는 구획내의 연소에 따른 발열속도[kW], Q_w는 주변 벽으로의 실열속도(대류 + 복사)[kW], T는 화재실의 온도[K], T_0는 외기온도[K]이다. 이로부터 화재실 온도의 시간변화를 구하는 식은

$$\frac{dT}{dt} = \frac{Q - Q_w}{c_p \rho V} - \frac{(T - T_0) m_{in}}{\rho V} \tag{5.4.21}$$

와 같이 얻을 수 있다. 또한, Q는 식 (5.4.3), Q_w는 식 (5.4.17)에서 구한다. 또 유입량 m_{in} 및 유출량m_{out}은 아래의 식으로 구한다.

$$m_{in} = \frac{2}{3}\alpha_d B \sqrt{2\rho_a(\rho_a - \rho_s)g}\, h_1^{3/2} \tag{5.4.22}$$

$$m_{out} = \frac{2}{3}\alpha_d B \sqrt{2\rho_s(\rho_a - \rho_s)g}\, (-h_2)^{3/2} \tag{5.4.23}$$

단, h_1는 개구상단의 중성대 부터의 높이, h_2는 개구하단에서 중성대까지의 높이이다. 식 (5.4.21)~(5.4.23)을 수치해석에 의해서 연립하여 풀면 화재실의 온도를 구할 수 있다. 또한 최성기화재의 화재실온도가 400℃ 이상이 되어 상승이 안정된 상태를 대상으로 하면 m_{in} 및 m_{out}는 이하와 같이 거의 일정하게 된다. 개구면적은 A [m^2], 높이는 H [m], 유량계수는 $\alpha = 0.7$로 하였다.

$$m_{in} = m_{out} = (0.5 \sim 0.52) A\sqrt{H} \tag{5.4.24}$$

(2) 간이 예측식

McCaffrey 등은 수계산으로 간단히 화재온도 T [K]를 예측하는 식을 제안하고 있다.[16)] 구획화재의 개구로의 유출속도와 유입속도가 동일한 것으로 가정하고, 화재실의 준정상적인 열량보존으로부터 다음의 식을 제안하였다.

$$Q = c_p m_a (T - T_0) + h_K A_T (T - T_0) \tag{5.4.25}$$

위의 식에 식 (5.1.6)을 대입하여, 실험에 의한 패러미터 연구에 따라 계수를 조정한 것이 다음 식이다. 이는 준정상적인 상태로서 최성기화재가 어느 정도 계속되어 온도 상승이 거의 없어진 시점의 온도라는 평가이다.

$$\frac{\Delta T}{T_0} = 0.023\left(\frac{Q}{A\sqrt{H}}\right)^{2/3}\left(\frac{A\sqrt{H}}{A_T}\right)^{1/3} h_k^{-1/3} \tag{5.4.26}$$

여기서 T_0는 주변온도[K], A는 개구면적[m^2], H는 개구높이[m], A_T는 전열면적[m^2], h_k는 실효열전달계수[kW/m^{2}K]이다.

(3) 개구부 분출플륨유량

화재구획 등 고온이 된 실로부터 방출되는 개구류는 인접실과 실외로 분출되면, 그림 5.4.8과 같이 화재 플륨과 비슷한 상승기류가 된다. 이것을 개구 분출플륨이라 한다.

개구 분출플륨은 개구의 형태에 따라 다른 것으로 알려지고 있지만, 폭이 그리 넓지 않은 경우는 원추형에 가까워지기 때문에 화재플륨과 같은 형태의 식을 이용해 계산할 수 있다.[18)]

$$m_p = 0.08 Q_D^{1/3} (z + z_D + z_o)^{5/3} \tag{5.4.27}$$

여기서, Q_D는 개구류가 지닌 열량[kW]으로, m_D를 개구류의 질량유량[kg/s], T_D를 개구류의 온도[K], T_0를 분출전의 실의 공기유량[K]로 하여 다음 식으로 계산한다.

$$Q_D = C_p m_D (T_D - T_0) \tag{5.4.28}$$

여기서, m_D는 가구유량의 식을 이용하여 계산한다. z_D, z_o는 각각 다음 식으로 구한다.

$$z_D = \frac{5}{9}(H_h - z_n) \tag{5.4.29}$$

$$z_0 = 4.85\left(\frac{m_D^{3/5}}{Q_D^{1/5}}\right) \tag{5.4.30}$$

여기서, H_h는 개구상단높이[m], z는 개구상단으로부터 높이[m], z_n는 중성대 높이[m]이다. z_D는 개구분출 플룸을 수직 플룸으로 바꾸었을 때 유량이 같아지는 높이(개구상단으로부터의 거리)이다. 이것은 평균 압력차를 이용한 개구유량을 산정할 때의 높이[5.2.4절 (3) a) 참조]와 같다. 개구부에서의 유동이 개구전체에서 분출하는 경우는 실험 데이터는 없지만, 실무적으로는

$$z_D = \frac{1}{2}(H_h - H_l) \tag{5.4.31}$$

로서 식 (5.4.27)을 이용해도 큰 오차는 없다.

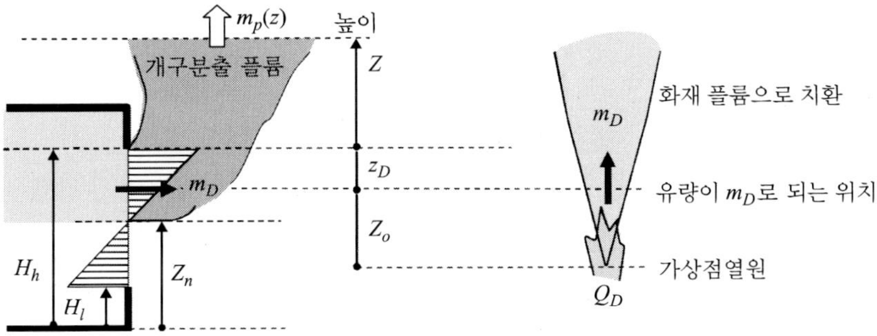

그림 5.4.8 개구분출 플룸의 유량

5.5 연기성상 예측 모델

지금까지는 주로 출화실만의 성상을 다루었지만, 연기제어 계획 시에는 화재의 초기에서 성기에 이르기까지, 시간의 경과에 따라서 변화하는 피난성상과 연기성상을 예측하여 그것들을 비교하며 피난안전성능을 조사하게 된다. 또한, 다른 실이나 복도에도 연기가 침입한 경우에 대한 검토와 더불어, 발열속도나 배연량이 시간에 따라 변화하는 등 복잡한 설정조건이 필요한 경우도 있다. 따라서 다음으로는 일반적으로 보고된 연기성상 예측모델을 소개한다. 비정상 해석과 다수실에도 적용할 수 있으므로 수계산보다 정밀한 예측 및 유연한 설정이 가능하게 된다.

단, 설계 실무에 이들 프로그램을 도입할 때, 본 장에 적힌 것과 같은 화재공학에 관계된 최소한의 지식을 가지고, 어느 정도의 연습이나 검증을 거쳐 이용할 것을 권장한다. 더 중요한 것은, 어느 모델도 만능이 아니고 적용 범위가 있고, 특히 존모델에 대해서는 넓은 실이나 외기풍의 영향이 큰 상태에서의 사용은 삼가야 한다. CFD모델에 대해서는 적용 범위의 제한은 그 정도로 크지는 않지만, 경계조건의 설정을 적절하게 할 것과 더불어 컨트롤 볼륨의 분할폭을 충분히 작게 하도록 주의하여야 한다.

5.5.1 2층 존모델

시간의 경과와 함께 변화하는 연기성상을 예측하는 방법으로서, 2층 존모델 예측 프로그램이 있다.[10),19)] 2층 존모델이란 그림 5.5.1에 나타낸 바와 같이, 화재시의 실의 상부에 고온층(상부층), 하부에 저온층(하부층)이 존재하는 것으로서 프로그램에서는 이들의 체적, 온도, 유량, 압력 등이 산출된다. 복수실・복수층을 보유하는 건물전체의 연기성상을 예측할 수 있다. 실 간의 압력차에 의해 나타나는 문의 개폐장애나 온도상승에 의한 유리 파손 등을 예측하는 것도 사용 가능하다. 계산 시간은 비교적 짧으며, 비교적 간편하게 사용할 수 있으므로 일본에서 연기성상예측 수단으로서 범용적으로 사용되어 초고층 업무 빌딩의 가압방배연 시스템의 다수는 이 프로그램을 이용하여 설계되어 왔다. 아트리움의 연기제어 시스템 설계에도 널리 이용되고 있다.

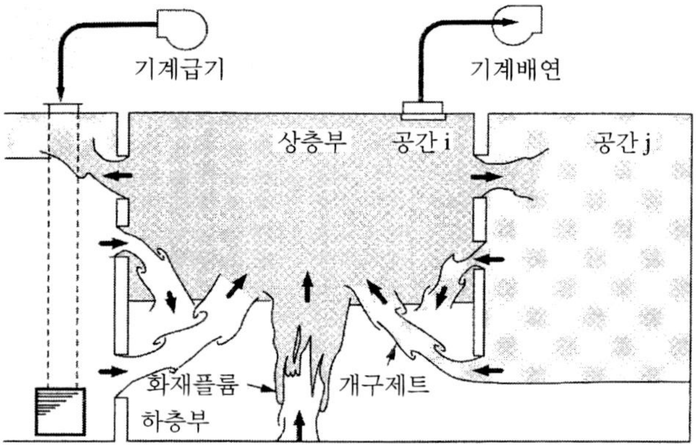

그림 5.5.1 2층 존모델의 개념도

단, 2층 존모델이라고 하지만 만능은 아니며, 화원의 규모에 비해서 면적이 큰 실이나 다수의 실이 복잡하게 접속해 있는 건물 등과 같이 2층 형태를 상정하는 것이 부적절한 경우도 있으므로 주의하여야 한다. 비교적 명확히 2층으로 형성되고 고온층의 온도구배가 잘 되지 않을 경우에 적용해야 한다. 이 프로그램에 관한 공간 및 시간, 화재성상 등에 대한 적용범위의 정량적 평가는 충분하지 않은 실정이다.

5.5.2 다층 존모델

「다층존 연기성상예측 모델(MLZ모델)」[20]은 실을 다수의 얇은 층으로 분할하여, 그림 5.5.2와 같이 온도나 가스농도에 대해 높이방향의 분포를 예측할 수 있으므로 신뢰성이나 자유도가 높은 성능설계를 실현할 수 있다. 특히 아트리움과 같은 천장높이가 높은 실에서는 고온층 내에 온도구배가 나타나기 쉬우나, 이 모델에서는 높이에 따른 온도예측이 가능하여 층별의 방화셔터나 방화유리 등의 필요성도 평가할 수 있다. 또한 CFD모델과 같이 복잡한 데이터 입력이나 막대한 계산 과정이 필요하지 않으므로, 2층 존모델과 거의 같은 정도로 다룰 수 있다.

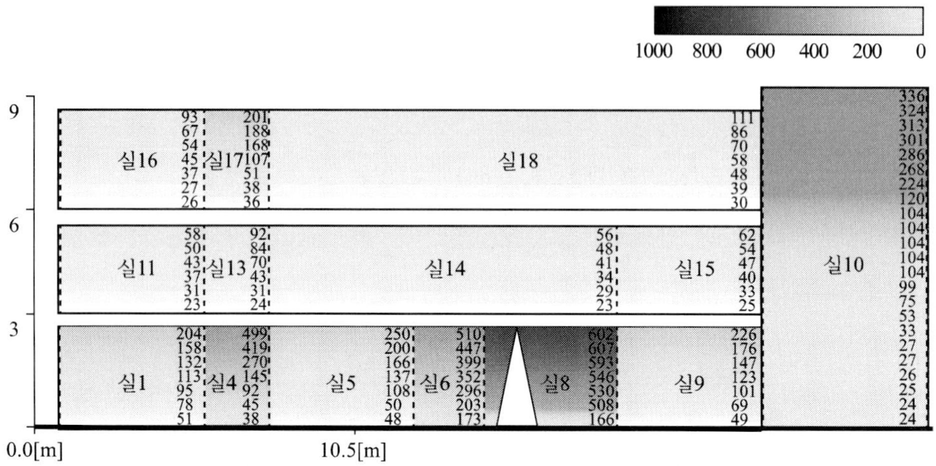

그림 5.5.2 MLZ 모델에 의한 건물 내 온도분포 계산 예(숫자는 층 온도)

단, 2층 존모델에서 해결하기 어려웠던 바닥면적이 큰 실이나 다수의 실이 복잡하게 연결되어 있는 건물과 같이, 성층화를 설정하는 것이 부적절한 실에 대한 적용성에 관해서는 이 모델도 해결할 수 없다. 또한, 이 모델에서 열의 흐름이 천장부근의 층으로부터 하부의 층에 하강하는 과정은 현실과는 차이가 있을 것으로 판단된다.

5.5.3 CFD(전산유체해석 모델)

CFD(필드 모델, 전산유체 해석 모델 이라고도 함)는 화재현상만이 아니라 건축이나 토목, 기계분야 등에서 물이나 공기의 흐름에 관한 문제에 널리 쓰이며, 더 나아가 연소나 폭발 등에 이용되는 경우도 있으므로 범용성이나 적용 범위가 큰 것이 장점이다. 이 모델은 기본적으로 3차원의 질량, 에너지, 운동량에 관한 편미분 방정식(나비어・스톡스 방정식) 에 기초하여 유속이나 온도를 구하려고 하는 것이다. 나비에・스톡스 방정식은 유체에 작용하는 관성력과 점성, 부력, 압력의 평형관계를 나타내고 있으며, 이것을 수치적으로 근사해를 얻을 수 있도록 공간과 시간에 관해서 이산화 하여 컴퓨터를 이용하여 해를 구한다. 얻어진 해의 정확도는 이산화의 해상도(시간분할과 컨트롤 볼륨의 세밀함)에 크게 의존하는 특성이 있다. 정밀한 해를 구하기 위해서는 해상도를 높게 하면 좋지만 그에 따른 계산에 소요되는 시간이 방대해지기 때문에, 요구되는 문제에 대해 적절한 설정을 검토할 필요가 있다. 단, 상당히 크고 복잡한 실이 아니면 최근의 계산능력과 낮아지는 가격에 따라 예측 정밀도와 소비시간을 허용하는 범위에서 양립가능한 경우가 많다.

상업적으로 이용가능한 범용 CFD코드로서 Fluent[21] 등이 세계적으로 유명하다. 또한, 화재측에서 FDS[22](그림 5.5.3)나 Smartfire[23]가 개발됐고, 특히 FDS는 무료이며 검증 사례도 많고 비교적 취급하기 쉬운 점에서 최근 화재 안전 설계 분야에서 국제적으로 널리 사용되고 있다. 단, 일본에서는 전통적으로 이전의 2층 존모델을 사용하는 사례가 많아 CFD는 거의 사용되고 있지 않다. CFD와 존모델을 비교하면 컨트롤 볼륨의 개수가 크게 차이가 나는 것(전자는 다수, 후자는 하나 내지 몇 개)과 또 CFD에서는 모두 나비에・스톡스 방정식에 기초하여 해답을 얻는 데 비해 존모델에서는 플룸의 모델 등에 반실험식을 적용하고 있는 점이 다르다. 존모델에서는 평면적으로 큰 실이나 길고 좁은 실에서 이용하면 예측정밀도가 낮아지므로 그러한 경우에는 CFD를 이용하는 장점이 크다.

그림 5.5.3 FDS에 의한 연기농도의 계산 예

참고문헌

1) 田中哮義：改訂版　建築火災安全工学入門，日本建築センター，2002

2) 飯田明由，小川隆申，武居昌宏：基礎から学ぶ流体力学，オーム社，2007

3) 日本機械学会：伝熱工学資料，2005

4) 日本機械学会：燃焼の数値計算，2001

5) 日本建築学会：局所火災に対する耐火設計を考える（シンポジウム資料），2005

6) NFPA-92B Smoke Management Systems, National Fire Protection Association, 1992

7) 川越邦雄，関根孝：壁体の熱伝導率の違いによるコンクリート造建物内の火災温度曲線の推定，日本火災学会論文集，Vol. 13，No. 1，1963

8) 神忠久：煙中の見通し距離について(I)，日本火災学会論文集，Vol. 19，No. 2，1962

9) 久次米真美子，松下敬幸，田中哮義：附室加圧煙制御システムにおける給気量の手計算方法，日本建築学会計画系論文集，第 531 号，pp. 1-8，2000

10) 田中哮義，中村和人：＜二層ゾーンの概念に基づく＞建物内煙流動予測計算モデル，建築研究報告 No. 123，建設省建築研究所，1989

11) Heskestad. G.: Engineering Relations for Fire Plumes, Fire Safety Journal, Vol. 7, pp. 25-32, 1984

12) Alpert, R. L.: Cailulation of Response Time of Ceiling-mounted Fire Detector, Fire Technology, Vol. 8, pp. 181-195, 1972

13) Alpert, R. L.: Turbulent Ceiling-Jet Induced by Large-Scale Fires, Factory Mutual Research Corporation, 01 November 1975

14) Tanaka, T. and Yamana, T. : Smoke Control in Large Scale Spaces (Part 1 Analytic theories for simple smoke control problems), Fire Science and Technology, Vol. 5, No. 1, pp. 31-40, 1985

15) 山口純一，田中哮義：初期火災時における煙層下端高さの簡易予測式，日本建築学会環境系論文集，第 581 号，pp. 1-8，2004. 7

16) McCaffrey, B. J., Quintiere, J. G., and Harkleroad, M. F.: Estimating Room Temperatures and the Likelihood of Flashover Using Fire Test Data Correlations Fire Technology, Vol. 17, No. 2, pp. 98-119, 1981

17) 桑名裕太，織戸貴之，高瀬文生，太田充，山口純一，大宮喜文：ガス分析に基づく火災区画内の流量測定 スプリンクラー設備作動時の区画内煙性状 その１，日本建築学会環境系論文集，第 623 号，pp. 1-8，2008

18) 山口純一，細沢貴史，田中哮義，若松孝旺：開口噴流プルームの巻き込み性状に関する研究，日本建築学会計画系論文集，第 511 号，pp. 1-8，1998

19) 建築研究振興協会：BRI2002 二層ゾーン建物内煙流動モデルと予測計算プログラム，2003
20) 鈴木圭一：多層ゾーンの概念に基づく煙流動予測モデルの開発と避難安全に関する確率論的評価手法の研究，京都大学博士論文，2005
21) (アンシス・ジャパン HP より 2013.7 にアクセス)http://ansys.jp/products/fluid/fluent/
22) (google code より 2013.7 にアクセス) http://code.google.com/p/fds-smv/
23) (グリーンウィッチ大 HP より 2013.7 にアクセス) http://fseg.gre.zc.uk/smartfire/

a
b
c

제 6 장
각종 연기제어방식의 계산 예

6.1 개요

본장에서는 각종 연기제어방식(표 6.1)에 대한 계산방법의 이해를 높이는 것을 목적으로 다음의 계산 예를 설명한다.

- 제2장에서 나타낸 각종의 연기제어방식의 계산방법을 이용한 계산 예(6.2~6.6)
- 연기유동성상을 비정상으로 예측하는 각종 계산 예(6.7)

또한 압출배연의 계산 예는 공기조화・위생공학회가 정리한 「특수한 구조의 배연설비(압출배연) 설계매뉴얼」 및 일본건축총합시험소의 기관지 「GBRC」에 상세히 기재되어 있다.

표 6.1.1 본장에서 설명하는 각종연기제어방식의 개요

방식	방법	개념도	기능	연기제어의 원리	절
축연		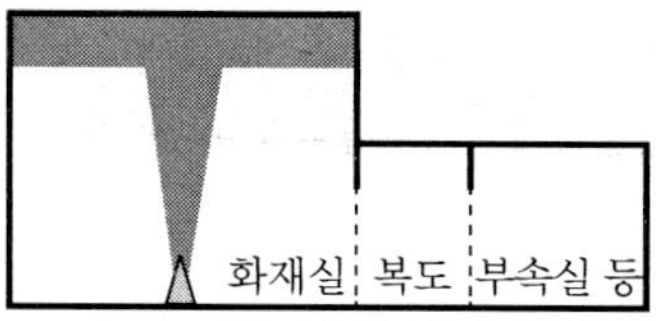	연기하강의 지연	높은 천장의 큰 용적을 이용하여 화재실 상부에 연기를 축연한다.	6.2
배연	자연		연기하강의 지연	연기의 부력을 이용하여 연기를 배출	6.3
	기계		연기하강의 지연	기계력으로 연기를 배출	6.4
차연	부속실 가압	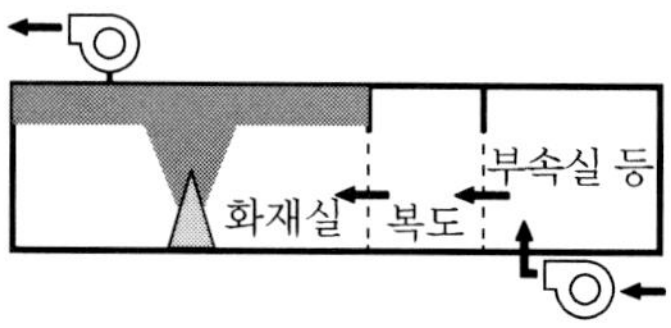	연기의 침입방지	압력차로 연기의 침입을 방지	6.5
	계단실 가압	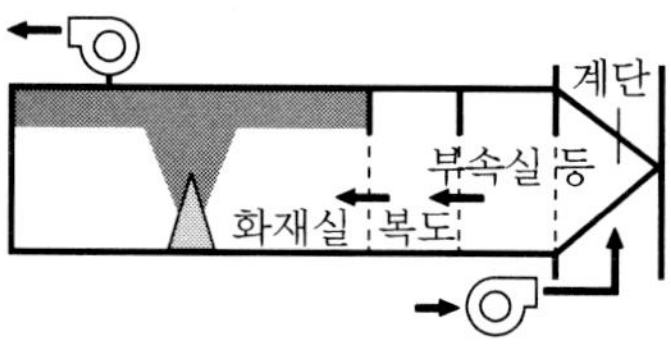	연기의 침입방지	압력차로 연기의 침입을 방지	6.6

6.2 축연방식의 계산 예

축연방식은 적극적인 연기제어를 행하지 않고 아트리움이나 스포츠돔과 같은 큰 공간 용적을 축연공간으로 활용하여 화재시의 피난안전확보에 이용하는 방식이다. 여기에서는 2.3 축연방식의 설계법에서 소개한 연기하강시간의 계산 예를 나타낸다.

(1) 계산식(축연방식에서 연기하강시간의 계산 예) [2.3(2), 식(2.3.1)]

축연방식에서의 연기하강시간은 다음 식으로 나타낼 수 있다.

$$t = \left\{ \frac{5}{2} \frac{\rho A_{room}}{0.08\alpha^{1/3}} \left(\frac{1}{z^{2/3}} - \frac{1}{H^{2/3}} \right) \right\}^{3/5} \tag{6.2.1}$$

여기서, t : 연기하강시간[s]

A_{room} : 거실의 바닥면적[m^2]

α : 화재성장율[kW/s^2]

H : 화원으로부터 천자까지의 높이[m]

z : 화원으로부터 연기층 하단까지의 높이[m]

ρ : 연기층 밀도(연기층 온도가 100℃ 이하인 경우는 1.0) [kg/m^3]

(2) 대상공간과 계산조건

그림 6.2.1에 나타낸 발코니석을 갖는 극장의 그 하부에서 출화된 상황을 상정한다. 계산 예로 사용하는 설정치를 표 6.2.1에 나타낸다. 특히 그림 6.2.1과 같이 상정화원의 높이와 피난자가 피난하는 높이가 다른 경우, 천장높이 H와 한계연기층 하단높이와의 관계에 주의할 필요가 있다. 이와 같은 계산 예에서는 천장높이 H는 8.0 m, 한계연기층 하단높이는 1층석의 바닥면 높이가 1.0 m, 2층석의 바닥면 높이는 5 m로서 각각 1.8 m를 넘는 값(z_1 = 2.8 m, z_2 = 6.8 m)로 하였다.

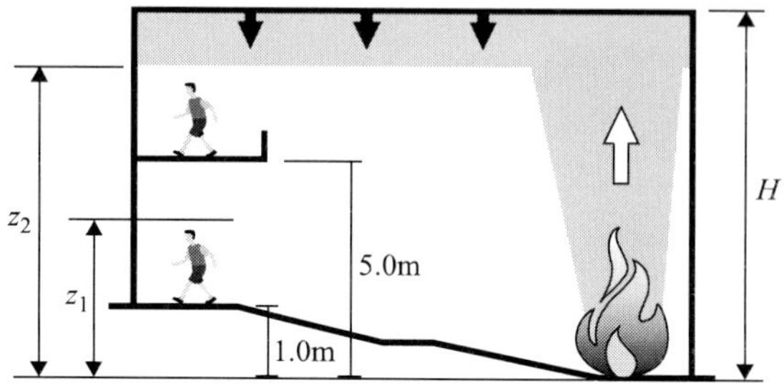

그림 6.2.1 축연방식의 계산 예를 위한 대상공간

표 6.2.1 축연방식에서 연기하강시간 산출식의 설정치

변수명	변수	단위	설정치	비고
거실의 바닥면적	A_{room}	m^2	1000	
천장높이	H	m	8.0	
1층석의 한계연기층 하단높이	z_1	m	2.8	그림 6.2.1 참조
2층석의 한계연기층 하단높이	z_2	m	6.8	〃
화재성장율	α	kW/s^2	0.1	
연기층 밀도	ρ	kg/m^3	1.0	연기층 80℃ 상당

(3) 계산결과

1층석 및 2층석에서 연기하강시간의 계산결과를 다음과 같이 나타낸다. 1층석과 비교하여 2층석의 한계연기층 하단높이가 높기 때문에 연기하강시간은 2층석의 경우가 4.2분 빠른 결과로 나타났다.

① 1층석의 경우

$$t=\left\{\frac{5}{2}\frac{1.0\times 1000}{0.08\times 0.1^{1/3}}\left(\frac{1}{2.8^{2/3}}-\frac{1}{8.0^{2/3}}\right)\right\}^{3/5}=346\,[\mathrm{s}]=5.8\,[\mathrm{min}] \qquad (6.2.2)$$

② 2층석의 경우

$$t=\left\{\frac{5}{2}\frac{1.0\times 1000}{0.08\times 0.1^{1/3}}\left(\frac{1}{6.8^{2/3}}-\frac{1}{8.0^{2/3}}\right)\right\}^{3/5}=93\,[\mathrm{s}]=1.6\,[\mathrm{min}] \qquad (6.2.2)$$

거실피난의 안전성평가에서는 이러한 연기하강시간과 거실피난의 완료시간을 비교하여 피난시간이 짧은 경우에 거실피난의 안전성이 확인된 것으로 평가하게 된다.

6.3 자연배연방식의 계산 예

여기에서는 2.4.1(3) 자연배연의 설계방법에서 소개한 연기의 유출과 외기유입의 밸런스가 평형되어 그 이상으로 연기가 하강하지 않는 상태로 되는 배연구면적을 구한다.

(1) 계산식(자연배연방식에서 배연구면적의 계산 예) [2.4.1(3), 식 (2.4.8)~(2.4.13)]

자연배연방식에서 배연구의 면적은 식 (6.3.1)~(6.3.5)의 준비계산을 거쳐, 식 (6.3.6)으로부터 계산된다.

① 화원으로부터 발생하는 연기량(플륨량)의 계산

$$m = 0.08 Q^{1/3} Z_c^{5/3} \tag{6.3.1}$$

② 연기층 온도의 계산

$$T = T_0 + Q/(c_p m + h_k A_w) \tag{6.3.2}$$

③ 연기층 밀도의 계산

$$\rho = 353/T \tag{6.3.3}$$

④ 바닥면의 압력(외기와의 차압)의 계산

$$\Delta p = -m^2/2\rho_0(\alpha A_d)^2 \tag{6.3.4}$$

⑤ 배연구 높이에서의 압력(외기와의 차압)의 계산

$$\Delta p_e = \Delta p + (\rho_0 - \rho) g (H_e - Z_c) \tag{6.3.5}$$

⑥ 필요 배연구 면적의 계산

$$A_e = m/\alpha\sqrt{2\rho\Delta p_e} \tag{6.3.6}$$

여기서, m : 연기량(플륨량)[kg/s]
T : 연기층 온도[K]
T_0 : 초기온도[K]
ρ : 연기층 밀도[kg/m^3]
Δp : 바닥면 압력[Pa]
ΔP_e : 배연구 높이에서의 압력[Pa]
A_e : 배연구 면적[m^2]
A_d : 급기구 면적[m^2]
α : 유량계수[−]

Introduction of Smoke Control Engineering

(2) 계산조건

자연배연방식에서 배연구의 면적 A_e의 산출식으로 사용될 대상공간을 그림 6.3.1, 설정치를 표 6.3.1에 나타내었다.

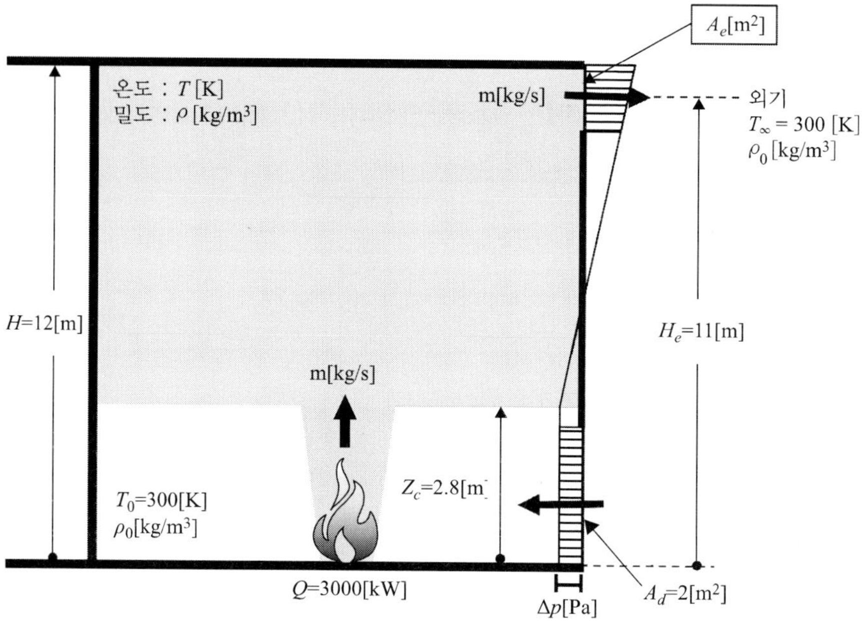

그림 6.3.1 자연배연방식의 계산 예와 대상공간

표 6.3.1 자연배연방식에서 배연구 면적 산출식의 설정치

변수명	변수	단위	설정치	비고
발열속도	Q	kW	3000	
천장높이	H	m	12.0	
허용연기층높이	Z_c	m	2.8	
외기온도	T_0	K	300	27℃
정압비열	C_p	kJ/kg · K	1.0	
실효열전달율	h_k	kW/m^{2}K	0.015	
연기층에 접하는 주변 벽 면적	A_w	m^2	1423	천장면적 540 m^2 화재실 주변길이 $540+96(12-2.8)\fallingdotseq 1423$ m^2

표 6.3.1 (계속)

변수명	변수	단위	설정치	비고
공기밀도	ρ_0	kg/m^3	1.18	27℃ 상당
급기구면적	A_d	m^2	2.0	
중력가속도	g	m/s^2	9.8	
배연구의 중심높이	H_e	m	11.0	
배연구의 유량계수	α	–	0.7	

(3) 배연구면적의 계산결과

각 프로세스의 도출과정과 배연구면적의 계산결과를 나타내었다. 계산결과 배연구면적은 1.74 m^{2}로 계산되었다.

① 화원으로부터 발생하는 연기량(플륨량)의 계산

$$m = 0.08Q^{1/3}Z_c^{5/3} = 0.08\times 3000^{1/3}\times 2.8^{5/3} = 6.42\,[\mathrm{kg/s}] \tag{6.3.7}$$

② 연기층 온도의 계산

$$T = T_0 + Q/(C_p m + hA_w) \tag{6.3.8}$$
$$= 300 + 3000/(1.0\times 6.42 + 0.015\times 1423) = 408\,[\mathrm{K}]$$

③ 연기층 밀도의 계산

$$\rho = 353/T = 353/408 = 0.87\,[\mathrm{kg/m^3}] \tag{6.3.9}$$

④ 바닥면의 압력(외기와의 차압)의 계산

$$\Delta p = -m^2/2\rho_0(\alpha A_d)^2 \tag{6.3.10}$$
$$= -6.42^2/[2\times 1.18\times(0.7\times 2.0)^2] = -8.93\,[\mathrm{Pa}]$$

⑤ 배연구 높이에서의 압력(외기와의 차압)의 계산

$$\Delta p_e = \Delta p + (\rho_0 - \rho)g(H_e - Z_c) \tag{6.3.11}$$
$$= -8.93 + (1.18 - 0.87)\times 9.8\times(11 - 2.8) = 15.98\,[\mathrm{Pa}]$$

⑥ 필요배연구 면적의 계산

$$A_e = m/\alpha\sqrt{2\rho\Delta P_e} = 6.42/0.7\sqrt{2\times 0.87\times 15.98} = 1.74\,[\mathrm{m^2}] \tag{6.3.12}$$

6.4 기계배연방식의 계산 예

여기에서는 2.4.2(3) 기계배연의 설계방법에서 소개된 연기층높이가 허용연기층 높이 이하로 하강하지 않기 위한 배연풍량의 계산 예를 나타낸다.

6.4.1 간이한 산정방법

(1) 계산식(기계배연방식에서 배연구면적의 계산 예) [2.4.2(3), 식 (2.4.17)~(2.4.20)]

간이한 산정방법은 피난안전상 목표로 하는 시간에서 화원의 발열속도와 연기층높이를 정상으로 취급하여 그 상태를 유지하는데 필요한 배연풍량을 산정하는 방법이다. 배연풍량 V_e는 다음과 같은 ①~④의 프로세스로 계산한다.

① 화원으로부터 발생하는 연기량(플륨량)의 계산

$$m = 0.08 Q^{1/3} {Z_c}^{5/3} \tag{6.4.1}$$

② 연기층 온도의 계산

$$T = T_0 + Q/(c_p m + h_k A_w) \tag{6.4.2}$$

③ 연기층 밀도의 계산

$$\rho = 353/T \tag{6.4.3}$$

④ 필요배연풍량의 계산

$$V_e = m/\rho \tag{6.4.4}$$

여기서, m : 연기량(플륨량)[kg/s]
Q : 발열속도[kW]
Z_c : 허용연기층높이[m]
T : 연기층 온도[K]
T_0 : 초기온도[K]
c_p : 정압비열[kJ/kg・K]
h_k : 실효열전달율[kW/m²・K]
A_w : 연기층에 접하는 주벽면적[m²]
ρ : 연기층 밀도[kg/m³]
V_e : 급기구 면적[m²]

(2) 계산조건

기계배연방식에서 배연풍량의 산출식[식(2.4.17)~(2.4.20)]에서 사용하는 대상공간을 그림 6.4.1, 설정치를 표 6.4.1에 나타낸다.

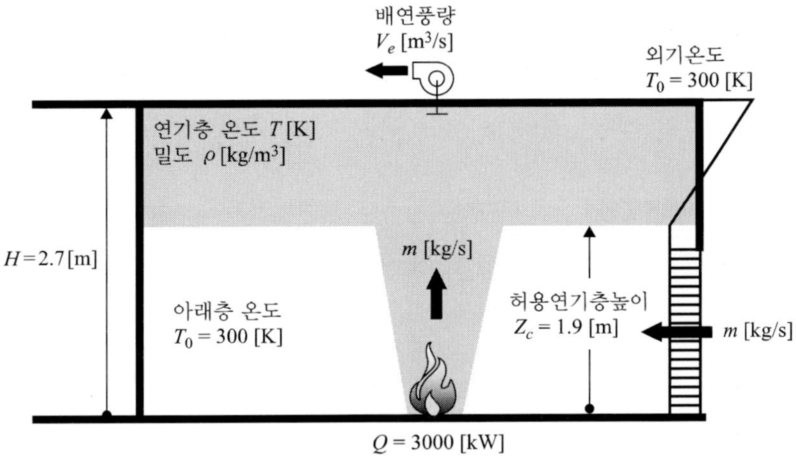

그림 6.4.1 기계배연방식의 계산 예와 대상공간

표 6.4.1 기계배연방식에 대한 배연풍량산출식의 설정치

변수명	변수	단위	설정치	비고
발열속도	Q	kW	3000	
허용연기층높이	Z_c	m	1.9	
외기온도	T_0	K	300	27℃ 상당
정압비열	C_p	kJ/kg · K	1.0	
실효열전달율	h_k	kW/m^2K	0.015	문헌 3)
연기층에 접하는 주변 벽 면적	A_w	m^2	620	

(3) 배연풍량의 계산결과

각 프로세스의 도출과정과 배연풍량의 계산 예를 나타낸다.

계산의 결과, 배연풍량은 5.03 $[m^2/s]$로 계산되었다.

① 화원으로부터 발생하는 연기량(플륨량)의 계산

$$m = 0.08Q^{1/3}Z_c^{5/3} = 0.08 \times 3000^{1/3} \times 1.9^{5/3} = 3.27\,[\mathrm{kg/s}] \tag{6.4.5}$$

② 연기층 온도의 계산

$$T = T_0 + Q/(c_p m + h_k A_w)$$
$$= 300 + 3000/(1.0 \times 3.27 + 0.015 \times 620) = 539\,[\mathrm{K}] \tag{6.4.6}$$

기계배연의 작동을 ④에서 상정하는 경우는 배연덕트 내의 방화댐퍼가 작동하는 온도인 280℃ 이하(T = 539 [K] = 266℃ < 280℃)를 확인할 필요가 있다.

③ 연기층 밀도의 계산

$$\rho = 353/T = 353/539 = 065\,[\mathrm{kg/m^3}] \tag{6.4.7}$$

④ 필요배연풍량의 계산

$$V_e = m/\rho = 3.27/0.65 = 5.03\,[\mathrm{m^3/s}] \tag{6.4.8}$$

6.4.2 천장챔버방식

천장챔버방식은 배연덕트의 흡입개구(집연구)를 천장 내에 설치하여 천장면에 배치된 흡입구로부터 천장을 통하여 연기를 집연구로 이동시키는 방식이다. 또한 천장 챔버방식에서는 천장 내의 보 등 유로저항으로 되는 장애물이 있는 경우, 천장개구로부터 흡입량이 장소에 따라 상이하게 되므로 큰 보까지 배연덕트를 연결시키는 설계가 기본이다.

여기에서는 설계예를 나타낸다.

a) 천장면흡입구의 개구면적이 균일한 경우의 각구획(천장 내의 큰 보 등으로 둘러싸인 공간)의 흡입풍량의 계산

b) 풍량밸런스가 확보될 수 있도록 천장면 개구면적을 구하는 계산

(1) 계산식

a) 천장면 흡입구의 개구면적이 균일한 경우의 각 구획의 흡입풍량의 계산

각 구획의 흡입풍량은 각 구획에서의 천장개구면적과 보 아래의 개구면적의 합성을 행

하여 등가개구면적을 산정함으로써 각 구획의 압력과 천장개구로부터 흡입을 계산한다. 아래에 등가개구의 면적, 각 구획의 압력 및 천장으로부터의 흡입풍량의 계산식을 나타낸다.

i) 등가개구면적

병렬인 경우 : $(\alpha A)_e = \sum_{i=1}^{n} (\alpha A)_i$ (6.4.2.1)

직렬인 경우 : $\frac{1}{(\alpha A)_e^2} = \sum_{i=1}^{n} \frac{1}{(\alpha A)_e^2}$ (6.4.2.2)

$$(\alpha A)_e{}' = (\alpha A)_2 + \frac{1}{1/(\alpha A)_3{}^2 + 1/(\alpha A)_{BM2}{}^2} \quad (6.4.2.3)$$

$$(\alpha A)_e = (\alpha A)_1 + \frac{1}{1/(\alpha A)_e{}'^2 + 1/(\alpha A)_{BM1}{}^2} \quad (6.4.2.4)$$

ii) 각 구획의 압력과 천장개구로부터 흡입풍량

$$P_1 = -\frac{1}{2\rho_s}\left(\frac{m_e}{(\alpha A)_e}\right)^2 \quad (6.4.2.5)$$

$$m_1 = (\alpha A)_1 \sqrt{2\rho_s(-P_1)} \quad (6.4.2.6)$$

$$P_2 = -\frac{1}{2\rho_s}\left(\frac{m_{BM1}}{(\alpha A)_{BM1}}\right)^2 + P_1 \quad (6.4.2.7)$$

$$m_2 = (\alpha A)_2 \sqrt{2\rho_s(-P_2)} \quad (6.4.2.8)$$

$$P_3 = \frac{1}{2\rho_s}\left(\frac{m_{BM2}}{(\alpha A)_{BM2}}\right)^2 + P_2 \quad (6.4.2.9)$$

$$m_3 = (\alpha A)_3 \sqrt{2\rho_s(-P_3)} \quad (6.4.2.10)$$

b) 풍량밸런스가 확보될 수 있도록 천장개구면적을 구하는 계산

한 구획당의 배연풍량이 각 구획에서 동일하게 되도록 각 구획의 천장개구면적을 구한다. 집연구로부터 가장 먼 구획(3)의 천장개구율을 설정하여[식 (6.4.2~11)에서는 1%] 순차적으로 각 구획의 천장개구면적을 구한다.

Introduction of Smoke Control Engineering

$$A_3 = 6.0 \times 150 \times 0.01 = 0.90\,[\mathrm{m}^2] \tag{6.4.2.11}$$

$$P_3 = -\frac{1}{2\rho}\left(\frac{m_3}{\alpha A_3}\right)^2 \tag{6.4.2.12}$$

동일한 방법으로 P_2, A_2 및 P_1, A_1을 다음 식으로 구한다.

$$P_2 = P_3 - \frac{1}{2\rho_s}\left(\frac{m_{BM2}}{\alpha A_{BM2}}\right)^2 \tag{6.4.2.13}$$

$$A_2 = \frac{m_2}{\alpha\sqrt{2\rho_s(-P_2)}} \tag{6.4.2.14}$$

$$P_1 = P_2 - \frac{1}{2\rho_s}\left(\frac{m_{BM1}}{\alpha A_{BM1}}\right)^2 \tag{6.4.2.15}$$

$$A_1 = \frac{m_1}{\alpha\sqrt{2\rho_s(-P_1)}} \tag{6.4.2.16}$$

(2) 계산조건

천장챔버방식에서 각 구획의 흡입풍량 m_i, 천장개구면적 A_i를 구하는 산출식에서 사용하는 대상공간을 그림 6.4.2에, 설정치를 표 6.4.2에 나타내었다.

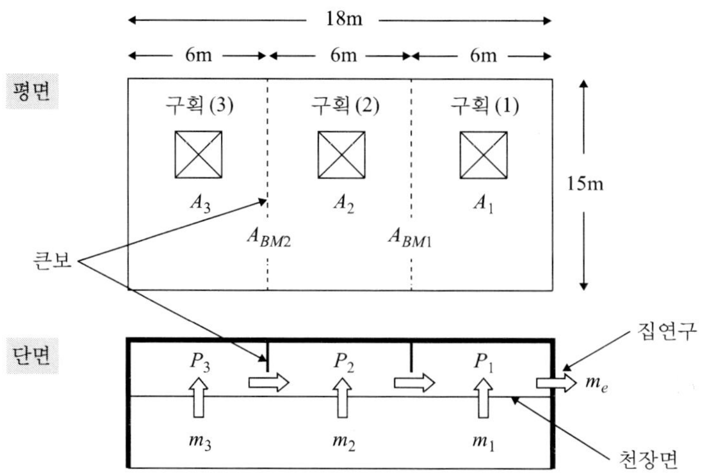

그림 6.4.2 천장챔버방식의 계산 예를 위한 대상공간

표 6.4.2 천장챔버방식에서 산출식의 설정치

변수명	변수	단위	측정치	비고
실의 바닥면적	S	m^2	270	18 m × 15 m
천장 내부의 보 간격	L	m	6.0	
보 하단부의 유효높이	h	m	0.2	
천장면의 유효개구율	C_p	%	1.0	
유량계수	α	–	0.7	
공기밀도	ρ_s	kg/m^3	1.2	20℃ 상당
배연풍량 주)	m_c	kg/s	5.4	$4.5\ m^3/s \times 1.2$
천장 내부의 1구획당의 천장개구면적 주)	$A_{1\sim3}$	m^2	0.9	6 m × 15 m × 0.01
보 하단부의 개구면적	$A_{BM1\sim3}$	m^2	3.0	15 m × 0.2 m

주) 배연풍량과 천장개구면적은 어느 쪽 하나를 계산하는 경우, 또 다른 한쪽의 설정치를 사용한다.

(3) 계산결과

a) 천장면흡입구의 개구면적이 동일한 경우의 흡입풍량의 계산

구획(3)의 천장개구면적 A_3, 보 아래의 개구면적 A_{BM2} 및 구획(2)의 천장개구면적 A_2의 합성을 행하여 등가개구면적 $(\alpha A)_e{}'$을 구한다. 다음으로 등가개구면적$(\alpha A)_e{}'$', 보 하단부의 개구면적 A_{BM1} 및 구획(1)의 천장개구면적 A_1의 합성을 행하여 등가개구면적 $(\alpha A)_e{}'$을 구한다.

i) 등가개구면적

$$(\alpha A)_e{}' = (\alpha A)_2 + \frac{1}{\sqrt{1/(\alpha A)_3{}^2 + 1/(\alpha A)_{BM2}{}^2}} = 1.23\,[m^2] \qquad (6.4.2.11)$$

$$(\alpha A)_e = (\alpha A)_1 + \frac{1}{\sqrt{1/(\alpha A)_e{}'^2 + 1/(\alpha A)_{BM1}{}^2}} = 1.69\,[m^2] \qquad (6.4.2.12)$$

상기의 등가개구면적을 사용하여 각 구획의 압력 P_1과 천장개구로부터의 흡입풍량 m_1를 계산한다. 여기에서 천장 내부의 1구획당 천장개구면적은 0.9 m^2로 균일하다.

$$P_1 = -\frac{1}{2\rho_s}\left(\frac{m_e}{(\alpha A)_e}\right)^2 = -4.2\,[\mathrm{Pa}] \tag{6.4.2.13}$$

$$m_1 = (\alpha A)_1\sqrt{2\rho_s(-P_1)} = 2.00\,[\mathrm{kg/s}] \tag{6.4.2.14}$$

$$P_2 = -\frac{1}{2\rho_s}\left(\frac{m_{BM1}}{(\alpha A)_{BM1}}\right)^2 + P_1 = -3.1\,[\mathrm{Pa}] \tag{6.4.2.15}$$

$$m_2 = (\alpha A)_2\sqrt{2\rho_s(-P_2)} = 1.73\,[\mathrm{kg/s}] \tag{6.4.2.16}$$

$$P_3 = -\frac{1}{2\rho_s}\left(\frac{m_{BM2}}{(\alpha A)_{BM2}}\right)^2 + P_2 = -2.8\,[\mathrm{Pa}] \tag{6.4.2.17}$$

$$m_3 = (\alpha A)_3\sqrt{2\rho_s(-P_3)} = 1.65\,[\mathrm{kg/s}] \tag{6.4.2.18}$$

이와 같이 천장개구면적을 각 구획에서 균일하게 한 경우에는 보 하단부의 개구의 유로저항의 영향에 따라 집연구로부터 가까운 천장개구의 흡입량은 많게 되고 먼 장소의 흡입량은 적게 된다.

b) 풍량밸런스가 확보될 수 있도록 천장개구면적을 구하는 계산

1구획당의 배연풍량을 6 m × 15 m × 1 m³/min · m² = 90 m³/min = 18 kg/s가 될 수 있도록 각 구역의 천장배연개구면적을 구한다. 집진구로부터 가장 멀리 있는 구획(3)의 천장개구율을 1%로 하고 순차적으로 구획(2), 구획(1)의 천장개구면적을 구한다.

$$A_3 = 6.0\times 15.0\times 0.01 = 0.90\,[\mathrm{m}^2] \tag{6.4.2.19}$$

$$P_3 = -\frac{1}{2\rho_s}\left(\frac{m_3}{(\alpha A)_3}\right)^2 - \frac{1}{2\times 1.2}\times\left(\frac{1.8}{0.7\times 0.9}\right)^2 = -3.40\,[\mathrm{Pa}] \tag{6.4.2.20}$$

동일하게 P_2, A_2를 구한다.

$$P_2 = P_3 - \frac{1}{2\rho_s}\left(\frac{m_{BM2}}{\alpha A_{BM2}}\right)^2 = -3.40 - \frac{1}{2\times 1.2}\times\left(\frac{1.8}{0.7\times 3.0}\right)^2 \tag{6.4.2.21}$$

$$= -3.71\,[\mathrm{Pa}]$$

$$A_2 = \frac{m_2}{\alpha\sqrt{2\rho_s(-P_2)}} = \frac{1.8}{0.7\times\sqrt{2\times 1.2\times 3.71}} = 0.86\,[\mathrm{m}^2] \tag{6.4.2.22}$$

동일하게 P_1, A_1을 구한다.

$$P_1 = P_2 - \frac{1}{2\rho_s}\left(\frac{m_{BM1}}{\alpha A_{BM1}}\right)^2 = -3.71 - \frac{1}{2\times1.2}\times\left(\frac{1.8+1.8}{0.7\times3.0}\right)^2 \tag{6.4.2.23}$$

$$= -4.9\,[\text{Pa}]$$

$$A_1 = \frac{m_1}{\alpha\sqrt{2\rho_s(-P_1)}} = \frac{1.8}{0.7\times\sqrt{2\times1.2\times4.93}} = 0.75\,[\text{m}^2] \tag{6.4.2.24}$$

이러한 방법으로 폐쇄판 등으로 천장면 흡입구의 개구면적을 조정하는 방법으로 풍량 밸런스를 취한다.

6.5 부속실가압방연의 계산 예

6.5.1 필요급기량의 계산

여기에서는 2.5.2 부속실가압방연에서 소개한 차연을 달성하기 위한 필요급기량과 배기량 및 부속실과 복도사이의 문의 개폐장애를 막기 위한 압력조정댐퍼의 유효개구면적의 계산 예를 나타낸다. 여기에서 소개하는 계산법은 2009년도 일본 국토교통성고시 제1007호의 가압방연설비에 기초한 것은 아니나 가압방연설비에 따른 차연조건의 계산 예로서 참고자료이다.

(1) 계산조건

부속실 가압방연방식에서 필요급기량의 산출식[2.5.2, 식 (2.5.9)~(2.5.84)]에서 사용하는 계산 예의 평면도를 그림 6.5.1에 나타낸다. 계산 예에서는 고층오피스빌딩의 특별피난계단에서 부속실 가압방연방식을 설치한 건물을 예로 들고 있다. 이 건물에서 2개소의 부속실 중 1개소는 비상용 엘리베이터 승강로비를 겸용한다. 또한 안전을 위하여 엘리베이터에도 급기가압을 행한다. 계산 예의 설정치를 표 6.5.1~6.5.3에 나타낸다.

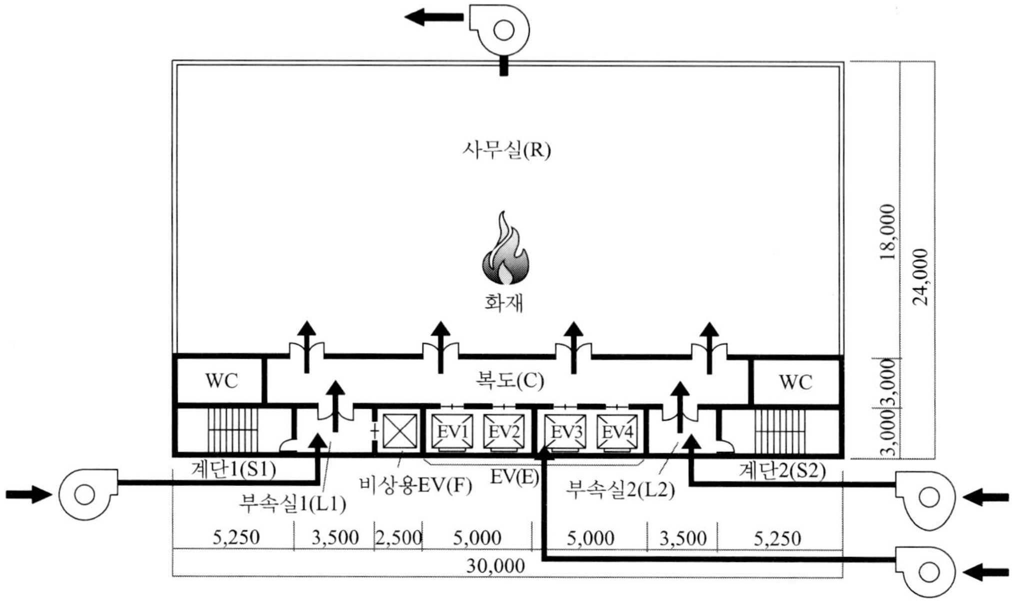

그림 6.5.1 필요급기량의 계산 예를 위한 평면도

표 6.5.1 공간조건

공간	바닥면적	천장높이(m)	초기온도(℃)
화재실(R)	$30 \times 18 = 540.0\ m^2$	2.7	22
복도(C)	$19.5 \times 3 = 58.5\ m^2$	2.7	22
부속실1, 부속실2(L1, L2)	$3.5 \times 3 = 10.5\ m^2$	2.7	22
계단(S1, S2)	$5.25 \times 3 = 15.75\ m^2$	70	10
EV(E)	$10 \times 3 = 30.0\ m^2$	70	10
비상용EV(F)	$3 \times 2.5 = 7.5\ m^2$	70	10
외기(0)	–	–	0

표 6.5.3 주벽면적조건

공간	주벽면적
화재실(A_{RW})	$540 \times 2 + (30 + 18) \times 2 \times 2.7 = 1339.0\ m^2$
복도(A_{CW})	$58.5 \times 2 + (19.5 + 3) \times 2 \times 2.7 = 238.5\ m^2$

표 6.5.2 개구조건

공간	개구면적	유량계수	
		초기화재단계	최성기화재단계
복도－화재실(CR)	$1.7 \times 2.2 \times 4 = 14.96\ m^2$	개 0.7	개 0.7
부속실1－복도(LC1), 부속실2－복도(LC2)	$0.9 \times 2.1 = 1.89\ m^2$	개 0.7	개 0.35
EV－복도	$1.0 \times 2.2 \times 4 = 8.8\ m^2$	폐 0.01	
부속실－비상용EV	$1.1 \times 2.2 = 2.42\ m^2$	폐 0.01	
부속실1－계단1(LC1), 부속실2－계단2(LC2)	$0.9 \times 2.1 = 1.89\ m^2$	폐 0.7	개 0.35
화재실－외기(RO)	$33.0 \times 2.0 = 66.0\ m^2$	폐 0.005	개 0.35

(2) 계산결과

a) 피난시간의 산정

사무실 출화 시의 화재층피난 및 전관피난에 필요한 시간을 다음과 같이 상정하였다.

① 화재층피난시간 $t_{fllor} = 150\,[\mathrm{s}]$

② 전관피난시간 $t_{evac} = 900\,[\mathrm{s}]$

b) 필요배연량과 필요급기량 및 압력조정댐퍼의 유효개구면적

그림 6.5.1의 계산 예에서 필요한 배연량과 급기량 및 부속실과 복도사이의 문의 개방장애를 막기 위한 압력조정댐퍼의 유효개구면적의 계산결과에 대하여 표 6.5.4에 나타낸다. 배연과 급기의 유량의 각 단계[초기화재단계(그림 6.5.2), 최성기화재단계(그림 6.6.3)]에서 큰 쪽의 풍량을 선택한다. 이러한 결과의 도출과정을 순차적으로 나타내었다.

표 6.5.4 필요배연량과 필요급기량의 계산결과

	배연량(m^3/h)	필요급기량(m^3/h)			관계하는 절
	거실	부속실1	부속실2	엘리베이터 샤프트	
초기화재단계	21100	15300	14900	27000	c-1), d-1)
최성기화재단계	－	16200	15800	28600	c-2), d-2)
유량의 결정	21100	16200	15800	28600	－
댐퍼의 면적	－	－	－	－	e-1)

c) 차연조건의 산정

음영부분은 2.5.2(2) 필요급기량의 산정방법에서 해설한 식 및 식번호임.

c-1) 초기화재단계의 차연조건

① 피난완료시점의 발열속도 Q의 산정

$Q = 0.1025 \times 150^2 = 2{,}306\,[\mathrm{kW}]$

식(2.5.12) $Q = Q_0 t_{floor}{}^2$

② 층피난 중의 화재실의 연기층 높이 z를 화재실 문의 상단 2.2 m에 가까운 2.185 m로 유지한다.

$z = 2.185\,[\mathrm{m}]$

③ 기계배연량 U_R의 결정(단, 배연효율은 1.0으로 가정)

$m_p = 0.08 \times 2{,}306^{1/3} \times 2.185^{5/3} = 3.889\,[\mathrm{kg/s}]$

$U_R = 3.889\,[\mathrm{kg/s}]$

식(2.5.11) $m_p = 0.08 Q^{1/3} z^{5/3}$

식(2.5.13) $U_R = m_p$

④ 연기층 온도 T_f

$A_W = 540 + (30+18) \times 2 \times (2.7 - 2.185) = 589.440\,[\mathrm{m^2}]$

$$T_f = 273 + 22 + \frac{2306}{1.0 \times 3.889 + 0.01 \times 589.440} = 530.7\,[\mathrm{K}] = 257.7\,[℃]$$

식(2.5.16) $T_f = T_a + \dfrac{Q}{C_p m_p + h A_W}$

⑤ 연기층 밀도

$$\rho_f = \frac{353}{531} = 0.665\,[\mathrm{kg/m^3}]$$

식(2.5.17) $\rho_f = \dfrac{353}{T_f}$

⑥ 복도-화재실 간의 차연조건으로서 평균압력차 ΔP_{CRstop}의 산정

$$\Delta P_{CRstop} = \frac{4}{9} \times (1.2 - 0.665) \times 9.8 \times (2.2 - 2.185) \times \left(1 + \frac{2.185}{2 \times 2.2}\right)^2$$

$$= 0.078\,[\mathrm{Pa}]$$

식(2.5.18) $\Delta P_{CRstop} = \dfrac{4}{9}(\rho_C - \rho_f)\, g\, (h_{CR} - z)\left(1 + \dfrac{z}{2h_{CR}}\right)^2$

⑦ 복도-화재실 간의 차연조건에 대응하는 위량 m_{CRstop}의 산정

$m_{CRstop} = 0.7 \times 1.7 tiems 4 \times 2.2 \times \sqrt{2 \times 1.2 \times 0.078} = 4.531\,[\mathrm{kg/s}]$

식(2.5.19) $m_{CRstop} = \alpha A_{CR} \sqrt{2 \rho_C \Delta P_{CRstop}}$

따라서, 초기화재단계의 화재실 문에서 차연조건은 개구유량 4.531 [kg/s], 평균압력차 0.078 [Pa], 화재실의 배연량은 3.889 [kg/s] (= 21100 [m^3/h])로 된다.

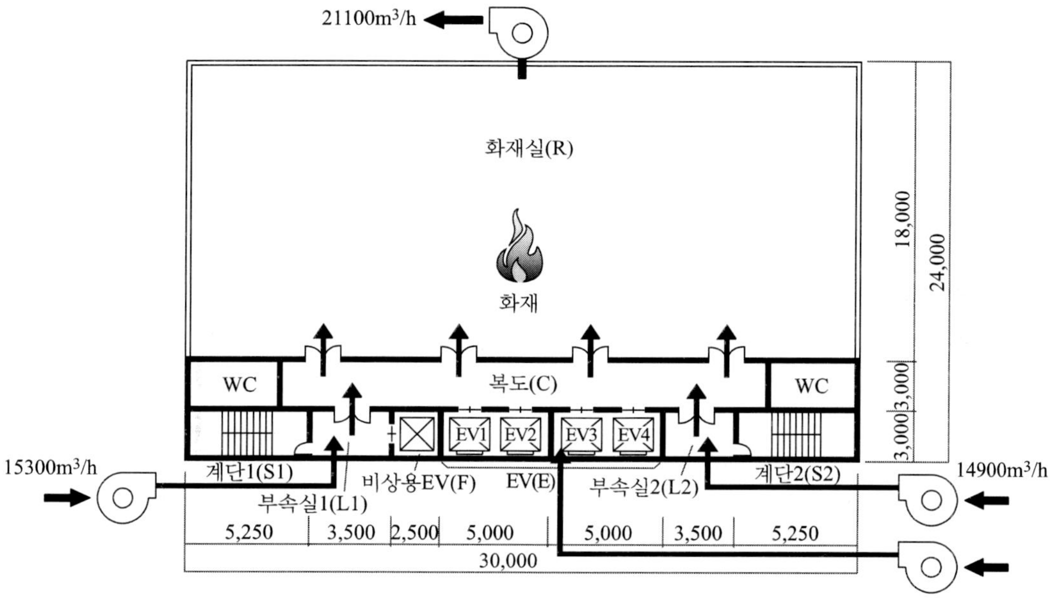

그림 6.5.2 필요급기량의 계산결과(초기화재단계)

c–2) 최성기화재단계의 차연조건

① 화재실 온도와 복도 온도의 산정

$$K_R = \frac{33 \times 2.0 \times \sqrt{2.0}}{33 \times 2.0 \times \sqrt{2.0} + 4 \times 1.7 \times 2.2 \times \sqrt{2.2}} = 0.808\,[-]$$

식(2.5.22) $K_R = \dfrac{A_{RO}\sqrt{h_{RO}}}{A_{RO}\sqrt{h_{RO}} + A_{RC}\sqrt{h_{AC}}}$

$$F_{OR} = \frac{33 \times 2.0 \times \sqrt{2.0} + 4 \times 1.7 \times 2.2 \times \sqrt{2.2}}{540 \times 2 + (30 + 18) \times 2 \times 2.7} = 0.806\,[-]$$

식(2.5.23) $F_{OR} = \dfrac{A_{RO}\sqrt{h_{RO}} + A_{RC}\sqrt{h_{AC}}}{A_{RW}}$

$$F_{OC} = \frac{4 \times 1.7 \times 2.2 \times \sqrt{2.0} + 0}{60 \times 2 \times (20 + 3) \times 2 \times 2.7} = 0.093\,[-]$$

식(2.5.24) $F_{OC} = \dfrac{A_{RC}\sqrt{h_{RO}} + A_{CO}\sqrt{h_{CO}}}{A_{CW}}$

$\tau = 0.3 \times 900 = 270\,[-]$

식(2.5.25) $\tau = \dfrac{t_{dev}}{k\rho c} = 0.3\,t_{evac} \left(\dfrac{1}{k\rho c} = 0.3\right)$

$T_R = (273+22) + 3.0 \times 0.8079^{2/3} \times 0.0863^{1/3} \times 270^{1/6} \times (273+22)$

$= 1157.5\,[\mathrm{K}] = 884.5\,[℃]$

식(2.5.20) $T_R = T_a + 3.0 \cdot K_R^{\;2/3} \cdot F_{OR}^{\;1/3} \cdot \tau^{1/6} \cdot T_a$

$T_C = (273+22) + 1.35 \times 0.0909^{1/3} \times 0.8079^{4/9} \times 0.0863^{2/9} \times 270^{5/18} \times (273+22)$

$= 745.9\,[\mathrm{K}] = 472.9\,[℃]$

식(2.5.21) $T_C = T_a + 1.35 \cdot F_{OC}^{\;1/3} \cdot K_R^{\;4/9} \cdot F_{OR}^{\;2/9} \cdot \tau^{5/18} \cdot T_a$

② 화재실과 복도의 밀도의 산정

$\rho_R = \dfrac{353}{1157.5} = 0.305\,[\mathrm{kg/m^3}]$

$\rho_C = \dfrac{353}{745.9} = 0.473\,[\mathrm{kg/m^3}]$

③ 부속실－복도 간 및 엘리베이터 샤프트－복도 사이의 차폐조건에 대응하는 평균압력차의 산정

$\Delta P_{LCstop1} = \Delta P_{LCstop2} \dfrac{4}{9} \times (1.2 - 0.473) \times 9.8 \times 2.1 = 6.650\,[\mathrm{Pa}]$

식(2.5.26) $\Delta P_{LCstop1} = \dfrac{4}{9}(\rho_L - \rho_C) g h_{LC1}$

식(2.5.26) $\Delta P_{LCstop2} = \dfrac{4}{9}(\rho_L - \rho_C) g h_{LC2}$

$\Delta P_{ECstop} = \dfrac{4}{9} \times (1.25 - 0.473) \times 9.8 \times 2.7 = 7.450\,[\mathrm{Pa}]$

식(2.5.28) $\Delta P_{ECstop} = \dfrac{4}{9}(\rho_L - \rho_C) g h_{EC}$

④ 부속실－복도 사이 및 엘리베이터 샤프트－복도 간의 차연조건에 대응하는 유량의 산정

$m_{LCstop1} = m_{LCstop2} = 0.35 \times 0.9 \times 2.1 \times \sqrt{2 \times 1.2 \times 6.650} = 2.643\,[\mathrm{kg/s}]$

식(2.5.27) $m_{LCstop1} = \alpha A_{LC1} \sqrt{2\rho_L \Delta P_{LCstop1}}$

식(2.5.27) $m_{LCstop2} = \alpha A_{LC2} \sqrt{2\rho_L \Delta P_{LCstop2}}$

$$m_{ECstop1} = 0.01 \times 4 \times 1.0 \times 2.2 \times \sqrt{2 \times 1.25 \times 7.450} = 0.380\,[\mathrm{kg/s}]$$

식(2.5.29) $m_{ECstop} = \alpha A_{EC} \sqrt{2\rho_E \Delta P_{ECstop}}$

여기서, 최성기화재단계의 부속실 문에 대한 차연조건은 개구유량 2.647 [kg/s], 평균압력차 6.650 [Pa], 엘리베이터 샤프트에 대한 차연조건은 개구유량 0.380 [kg/s], 평균압력차 7.450 [Pa]로 계산된다.

d-1) 초기화재단계의 필요급기량의 산정

① 화재실의 압력산정

$$m_{RO} = 4.531 - 3.889 = 0.642\,[\mathrm{kg/s}]$$

식(2.5.40) $m_{RO} = m_{CRstop} - U_R$

$$P_R(= \Delta P_{RO}) = \frac{0.642^2}{2 \times 0.665 \times (0.005 \times 33 \times 2.0)^2} = 2.850\,[\mathrm{Pa}]$$

식(2.5.41) $P_R(= \Delta P_{RO}) = \dfrac{m_{RO}{}^2}{2\rho_f (\alpha A_{RO})^2} \quad (m_{RO} \geq 0)$

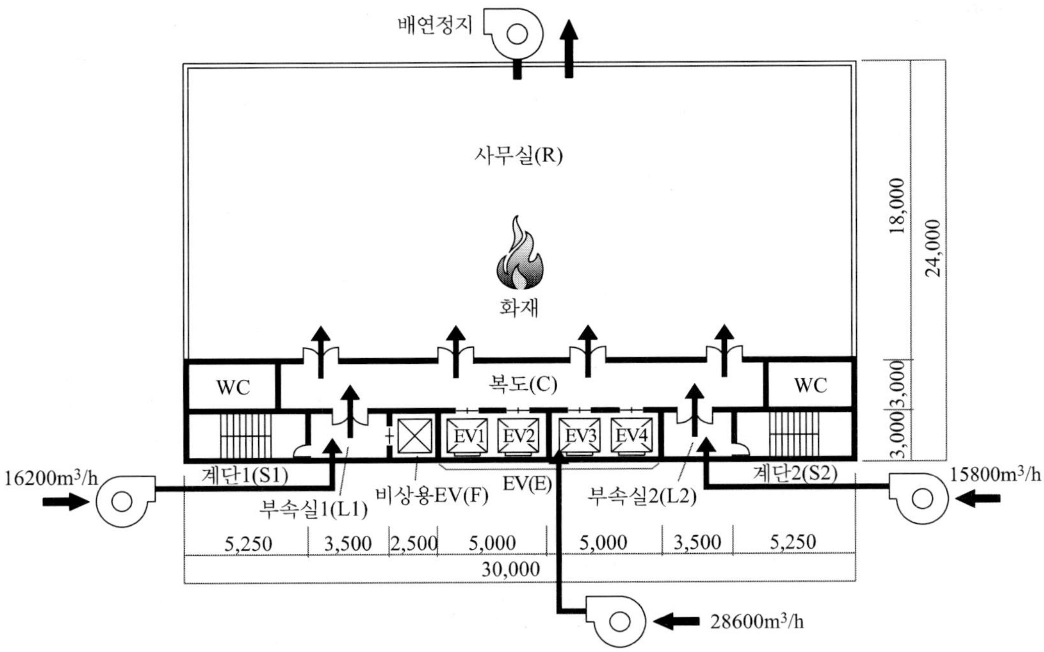

그림 6.5.3 필요급기량의 계산 예와 계산결과(최성기화재단계)

② 복도의 압력산정

$P_C = 2.850 + 0.078 = 2.928\,[\mathrm{Pa}]$

식(2.5.42) $P_C = P_R + \Delta P_{CRstop}$

③ 복도로부터 외기로의 누기량의 산정

$m_{CO} = 0\,[\mathrm{kg/s}]$

식(2.5.43) $m_{CO} = \alpha_{CO} A_{CO} \sqrt{2\rho_C P_C} \quad (P_C \geq 0)$

④ 부속실－복도 사이, 엘리베이터－복도 사이의 유량의 결정

$m_{LC1} = + m_{LC2} + m_{EC} = 4.532$

식(2.5.44) $m_{LC1} + m_{LC2} + m_{EC} = m_{CRstop} + m_{CO}$

$m_{LC1} = m_{LC2} = 2.141\,[\mathrm{kg/s}] > 0$

$m_{EC} = 0.250\,[\mathrm{kg/s}] > 0$

⑤ 부속실－복도 사이, 엘리베이터 샤프트－복도 사이의 평균압력차의 산정

$$\Delta P_{LC1} = \Delta P_{LC2} = \frac{2.141^2}{2 \times 1.2 \times (0.7 \times 0.9 \times 2.1)^2} = 1.090\,[\mathrm{Pa}]$$

식(2.5.46) $\Delta P_{LC1} = \dfrac{m_{LC1}^{\ 2}}{2\rho_L(\alpha A_{LC1})^2}$

식(2.5.47) $\Delta P_{LC2} = \dfrac{m_{LC2}^{\ 2}}{2\rho_L(\alpha A_{LC2})^2}$

$$\Delta P_{EC} = \Delta P_{LC2} = \frac{0.250^2}{2 \times 1.25 \times (0.01 \times 4 \times 0.1 \times 2.2)^2} = 3.230\,[\mathrm{Pa}]$$

식(2.5.48) $\Delta P_{EC} = \dfrac{m_{EC}^{\ 2}}{2\rho_E(\alpha A_{EC})^2}$

⑥ 부속실의 압력의 산정

$P_{L1} = P_{L2} = 2.928 + 1.090 = 4.018\,[\mathrm{Pa}]$

식(2.5.49) $P_{L1} = P_C + \Delta P_{LC1}$

식(2.5.50) $P_{L2} = P_C + \Delta P_{LC2}$

- 부속실로부터 계단실로의 누출량 m_{LS1}, m_{LS2} 의 산정

$$\alpha A_{LSO1} = \frac{1}{\sqrt{1.2}} \times \frac{1}{\sqrt{\dfrac{1}{1.2 \times (0.7 \times 0.9 \times 2.1)^2} + \dfrac{1}{1.25 \times (0.2 \times 0.9 \times 2.1)^2}}}$$

$$= 0.370\,[\mathrm{m}^2]$$

식(2.5.52) $\sqrt{\rho_L}\ \alpha A_{LSO1} = \dfrac{1}{\sqrt{\dfrac{1}{\rho_L(\alpha A_{LS1})^2} + \dfrac{1}{\rho_S(\alpha A_{SO1})^2}}}$

식(2.5.52) $\sqrt{\rho_L}\ \alpha A_{LSO2} = \dfrac{1}{\sqrt{\dfrac{1}{\rho_L(\alpha A_{LS2})^2} + \dfrac{1}{\rho_S(\alpha A_{SO2})^2}}}$

$$m_{LS1} = m_{LS2} = 0.37 \times \sqrt{2 \times 1.12 \times (4.018 + (1.29 - 1.25) \times 9.8 \times 68)}$$

$$= 3.175\,[\mathrm{kg/s}]$$

식(2.5.51) $m_{LS1} = \alpha A_{LSO1}\sqrt{2\rho_L(P_{L1} + |\rho_O - \rho_S|\,gH_{LSO1})}$

식(2.5.51) $m_{LS1} = \alpha A_{LSO2}\sqrt{2\rho_L(P_{L1} + |\rho_O - \rho_S|\,gH_{LSO2})}$

- 부속실1로부터 비상용 엘리베이터로의 누출량 m, F의 산정

$$\alpha A_{LSO} = \frac{1}{\sqrt{1.2}} \times \frac{1}{\sqrt{\dfrac{1}{1.2 \times (0.01 \times 1.1 \times 2.2)^2} + \dfrac{1}{1.25 \times (16 \times 0.01 \times 1.1 \times 2.2)^2}}}$$

$$= 0.024\,[\mathrm{m}^2]$$

식(2.5.54) $\sqrt{\rho_L}\ \alpha A_{LFO} = \dfrac{1}{\sqrt{\dfrac{1}{\rho_L(\alpha A_{LF})^2} + \dfrac{1}{\rho_F(\alpha A_{FO})^2}}}$

$$H_{LFO} = \frac{68}{(1.29/1.25)^{1/3} + 1} - 4 = 29.820\,[\mathrm{m}]$$

식(2.5.55) $H_{LFO} = \dfrac{H_F}{(\rho_O/\rho_F)^{1/3} + 1} - H_L \quad (\rho_F < \rho_O)$

$$m_{LF} = 0.024 \times \sqrt{2 \times 1.2 \times (3.99 + (1.29 - 1.25) \times 9.8 \times 29.82)}$$

$$= 0.147\,[\mathrm{kg/s}]$$

식(2.5.53) $m_{LF} = \alpha A_{LFO}\sqrt{2\rho_L(P_{L1} + |\rho_O - \rho_F|\,gH_{LFO})}$

⑦ 부속실 급기량의 산정

$$W_{L1} = 2.141 + 3.175 + 0.147 = 5.463\,[\mathrm{kg/s}]$$

$$W_{L2} = 2.141 + 3.175 = 5.316\,[\mathrm{kg/s}]$$

식(2.5.56) $W_{L1} = m_{LC1} + m_{LS1} + m_{LF}$

식(2.5.57) $W_{L2} = m_{LC2} + m_{LS2}$

⑧ 엘리베이터 샤프트의 압력의 산정

$P_E = 2.928 + 3.230 = 6.158\,[\mathrm{Pa}]$

식(2.5.58) $P_E = P_C + \Delta P_{EC}$

- 엘리베이터 샤프트로부터 누설량 m_{EO}의 산정

$$H_{CEO} = \frac{68}{(1.29/1.25)^{1/3} + 1} - 4 = 29.820\,[\mathrm{m}]$$

식(2.5.60) $H_{CEO} = \dfrac{H_E}{(\rho_O/\rho_E)^{1/3} + 1} - H_C \quad (\rho_E < \rho_O)$

$$m_{EO} = 16 \times 0.01 \times 4 \times 1.0 \times 2.2$$

$$\times \sqrt{2 \times 1.25 \times (6.158 + (1.29 - 1.25) \times 9.8 \times 29.82} = 9.405\,[\mathrm{kg/s}]$$

식(2.5.59) $m_{EO} = \alpha A_{EO}\sqrt{2\rho_E(P_E|\rho_E - \rho_O|\,gH_{CEO})}$

⑨ 엘리베이터 샤프트 급기량 W_E의 산정

$W_E = 0.250 + 9.405 = 9.655\,[\mathrm{kg/s}]$

식(2.5.61) $W_E = m_{EC} + m_{EO}$

따라서, 초기화재단계에서부속실로의 필요급기량은 부속실1이 5.463 [kg/s] (= 15300 [m^3/h], 부속실2가 5.316 [kg/s] (= 14900 [m^3/h]), 엘리베이터 샤프트에 대한 필요급기량은 9.655 [kg/s] (= 27000 [m^3/h])로 계산된다.

d-2) 최성기화재단계의 필요급기량의 산정

① 복도압력의 산정

$$\alpha A_{CRO} = \frac{1}{\sqrt{0.473}} \times \frac{1}{\sqrt{\dfrac{1}{0.473 \times (0.7 \times 4 \times 1.7 \times 2.2)^2} + \dfrac{1}{0.305 \times (0.35 \times 33 \times 2)^2}}}$$

$$= 9.119\,[\mathrm{m}^2]$$

식(2.5.74) $\sqrt{\rho_C}\,\alpha A_{CRO} = \dfrac{1}{\sqrt{\dfrac{1}{\rho_C(\phi_{stop}\alpha A_{CR})^2} + \dfrac{1}{\rho_R(\alpha A_{RO})^2}}}$

$$P_C = \frac{(2.639+2.639+0.379)^2}{2\times 0.475\times(9.115+0)^2} = 0.410\,[\text{Pa}]$$

식(2.5.72) $\quad P_C = \dfrac{(m_{LCstop1}+m_{LCstop2}+m_{ECstop}-U_C)^2}{2\rho_C(\alpha A_{CRO}+\alpha A_{CO})^2}$

② 부속실 압력의 산정

$P_{L1} = 0.410+6.650 = 7.060\,[\text{Pa}]$

$P_{L2} = 0.410+6.650 = 7.060\,[\text{Pa}]$

식(2.5.75) $\quad P_{L1} = P_C + \Delta P_{LCstop1}$

식(2.5.76) $\quad P_{L2} = P_C + \Delta P_{LCstop2}$

- 부속실1로부터 부속실 주변으로 누설량의 산정

부속실로부터 계단실로의 누설량 m_{LS1}, m_{LS2}의 산정

$\alpha A_{LSO1} = \alpha A_{LSO2}$

$$= \frac{1}{\sqrt{1.2}} \times \frac{1}{\sqrt{\dfrac{1}{1.2\times(0.35\times 0.9\times 2.1)^2}+\dfrac{1}{1.25\times(0.2\times 0.9\times 2.1)^2}}}$$

$$= 0.333\,[\text{m}^2]$$

식(2.5.52) $\quad \sqrt{\rho_L}\, aA_{LSO1} = \dfrac{1}{\sqrt{\dfrac{1}{\rho_L(aA_{LS1})^2}+\dfrac{1}{\rho_S(aA_{SO1})^2}}}$

식(2.5.52) $\quad \sqrt{\rho_L}\, aA_{LSO2} = \dfrac{1}{\sqrt{\dfrac{1}{\rho_L(aA_{LS2})^2}+\dfrac{1}{\rho_S(aA_{SO2})^2}}}$

$m_{LS1} = m_{LS2}$

$$= 0.333\times\sqrt{2\times 1.2\times(7.06+(1.29-1.25)\times 9.8\times 68}$$

$$= 2.995\,[\text{kg/s}]$$

식(2.5.51) $\quad m_{LS1} = aA_{LSO1}\sqrt{2\rho_L(P_{L1}+|\rho_O-\rho_S|\,gH_{LSO1})}$

식(2.5.51) $\quad m_{LS2} = aA_{LSO2}\sqrt{2\rho_L(P_{L2}+|\rho_O-\rho_S|\,gH_{LSO2})}$

- 부속실1로부터 비상용 엘리베이터로의 누설량 m_{LF}의 산정

$$\alpha A_{LFO} = \frac{1}{\sqrt{1.2}} \times \frac{1}{\sqrt{\dfrac{1}{1.2\times(0.01\times 1.1\times 2.2)^2}+\dfrac{1}{1.25\times(16\times 0.01\times 1.1\times 2.1)^2}}}$$

$$= 0.024\,[\text{m}^2]$$

식(2.5.54) $\sqrt{\rho_L}\,\alpha A_{LFO} = \dfrac{1}{\sqrt{\dfrac{1}{\rho_L(\alpha A_{LF})^2} + \dfrac{1}{\rho_F(\alpha A_{FO})^2}}}$

$$H_{LFO} = \frac{68}{(1.29/1.25)^{1/3}+1} - 4 = 29.820\,[\mathrm{m}]$$

식(2.5.55) $H_{LFO} = \dfrac{H_F}{(\rho_O/\rho_F)^{1/3}+1} - H_L \quad (\rho_F < \rho_O)$

$$m_{LF} = 0.024 \times \sqrt{2 \times 1.2 \times (7.06 + (1.29 - 1.25) \times 9.8 \times 29.82} = 0.161\,[\mathrm{kg/s}]$$

식(2.5.53) $m_{LF} = \alpha A_{LFO}\sqrt{2\rho_L(P_{L1} + |\rho_O - \rho_F| g H_{LFO})}$

③ 부속실 급기량의 산정

$W_{L1} = 2.643 + 2.995 + 0.161 = 5.799\,[\mathrm{kg/s}]$

$W_{L2} = 2.643 + 2.995 = 5.638\,[\mathrm{kg/s}]$

식(2.5.77) $W_{L1} = m_{LCstop1} + m_{LS1} + m_{LF}$
식(2.5.78) $W_{L2} = m_{LCstop2} + m_{LC2}$

④ 엘리베이터 샤프트의 압력산정

$P_E = 0.410 + 7.450 = 7.860\,[\mathrm{Pa}]$

식(2.579) $P_E = P_C + \Delta P_{ECstop}$

엘리베이터 샤프트로부터 누설량의 산정

$$H_{CEO} = \frac{68}{(1.29/1.25)^{1/3}+1} - 4 = 29.820\,[\mathrm{m}]$$

식(2.5.60) $H_{CEO} = \dfrac{H_E}{(\rho_O/\rho_E)^{1/3}+1} - H_C \quad (\rho_E < \rho_O)$

$$m_{EO} = 0.01 \times 4 \times 1.0 \times 2.2 \times 16$$

$$\times \sqrt{2 \times 1.25 \times (7.860 + (1.29 - 1.25) \times 9.8 \times 29.820}$$

$$= 9.843\,[\mathrm{kg/s}]$$

식(2.5.59) $m_{EO} = \alpha A_{EO}\sqrt{2\rho_E(P_E|\rho_E - \rho_O|\,g H_{CEO})}$

⑤ 엘리베이터 샤프트의 급기량 산정

$W_E = 0.380 + 9.843 = 10.223\,[\mathrm{kg/s}]$

식(2.5.80) $W_E = m_{ECstop} + m_{EO}$

따라서, 최성기화재단계에서 부속실로의 필요급기량은 부속실1이 5.799 [k/s] (= 16200 [m³/h]), 부속실2가 5.638 [k/s] (= 15800 [m³/h]), 엘리베이터 샤프트에 대한 필요급기량은 10.223 [k/s] (= 28600 [m³/h])으로 계산된다.

e-1) 부속실 문의 압력제어댐퍼의 설계

① 부속실－복도 사이의 문을 개방할 수 있는 최대평균압력차를 산정한다.

$$\Delta P_{LCdoor} = \frac{2\times(100\times0.9-50)}{0.9\times2.1\times0.9} = 47.030\,[\mathrm{Pa}]$$

식(2.5.83) $\Delta P_{LCdoor} = \dfrac{2(FB_{LC}-M_{DB})}{A_{LC}B_{LC}}$

② 부속실－복도 사이의 압력제어댐퍼의 유효개구면적 αA_{LCstop}를 구한다.

$$\alpha A_{LCdmp} \geq \frac{5.795}{\sqrt{2\times1.2\times47.03}} - (0.01\times0.9\times2.1) = 0.527\,[\mathrm{m}^2]$$

식(2.5.84) $aA_{LCdmp} \geq \dfrac{W_L}{\sqrt{2\rho_L\Delta P_{LCdoor}}} - aA_{LCclose}$

따라서, 부속실－복도 사이 문에 대한 개방장애를 방지하기 위한 압력제어댐퍼의 유효개구면적은 0.527 [m²] (실면적 0.753 [m²])으로 계산된다.

6.5.2 건축기준법고시와 소방법고시에 근거한 계산 예

(1) 고시에 규정된 범위

가압 방배연설비는 국토교통성고시(최종개정 2009년 국토교통성고시 제1007호 및 1008호, 이하「건축고시」라 칭함)와 총무성령(2009년 총무성령 제88호) 및 소방청고시(2009년 소방청고시 제16호, 이하「소방고시」라 칭함)에 규정화되어있다. 가압 방배연설비에 대한 차연으로서의 원리는 양법규 모두 동일하다. 하지만 건축고시에는 부속실 등에 관한 가압 방배연과 화재실 및 복도에 관계하는 배연이 별도로 규정된 반면, 소방고시에는 층 전체로 규정되는[4] 등 차이도 있다.

건축고시로 규정된 가압 방배연설비는 특별피난계단 부속실이나 비상용 엘리베이터 승강로비를 대상으로 하고, 일반거실의 배연에는 사용할 수 없다. 반면 소방고시로 규정된 가압 방배연설비는 소화활동이 원활하게 이루어지도록 소화활동 거점에 가압하는 기능과 일반실의 배연기능이 양방으로 구성되는 시스템이다.

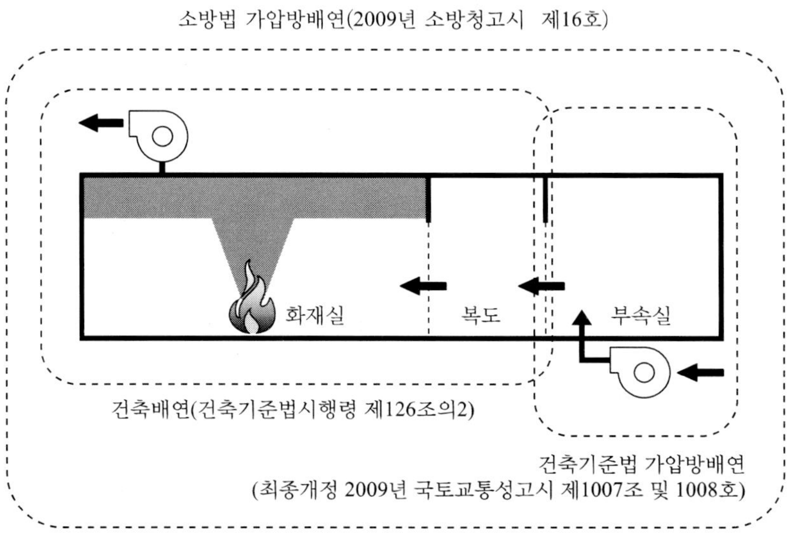

그림 6.5.4 건축기준법과 소방법의 가압 방배연설비에 대한 규정범위

(2) 필요한 성능

필요한 성능은 상온 하에 차연개구부의 문폭 40 cm(화재조건 하에서 문개방폭 60 cm로부터 치환함)에서 다음과 같다(단, ③ 및 ④는 문폐쇄 시의 상황이다). 상세한 가압방연에 관한 건축 및 소방고시의 규정내용은 2.5.2(4) 가압방배연에 관한 고시 등을 참조한다.

① 차연 개구부의 통과풍속(부속실 등에 접속하는 실의 구획 성능에 따라서 값을 규정)
② 공기 배출구 면적(급기실 인접실의 실내외 차압이 19.6 Pa이 되도록 규정)
③ 차연 개구부의 문 개방력(소방고시만 규정)
④ 소방활동거점의 온도상승(내벽, 방화설비, 공기온도, 소방고시만 규정)

건축고시에서 규정된 압력조정기구를 설치하면 좋지만 소방고시에서 정해지는 100 N 이하의 문 개방력이 되지 않을 가능성이 있는 점에 주의할 필요가 있다. 다음 장에서 간단한 계산 예를 나타낸다. 또한 각 고시의 상세한 계산 예는 문헌 5) 및 문헌 6)을 참고한다.

(3) 계산 예

a) 건축고시

계산 예로서 편 코어형식으로 부속실과 일반실 사이에 불연구획된 복도(인접실)를 설치한 플랜으로 한다. 부속실 가압방연의 개념도를 그림 6.5.5, 평면도와 가압 방배연의 계획을 그림 6.5.6에 나타낸다.

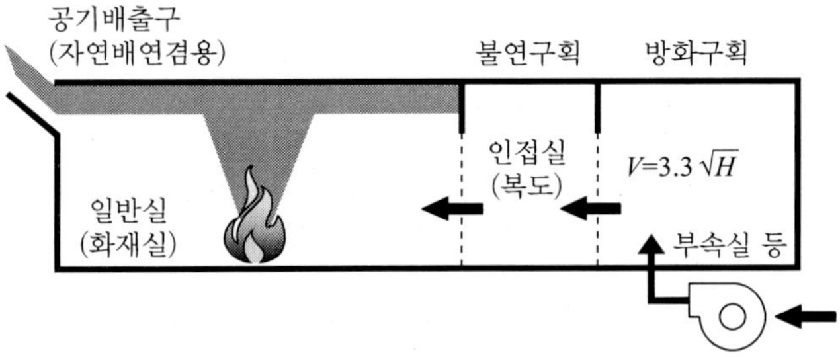

그림 6.5.5 부속실 가압방연(건축고시)의 계산 예와 개념도

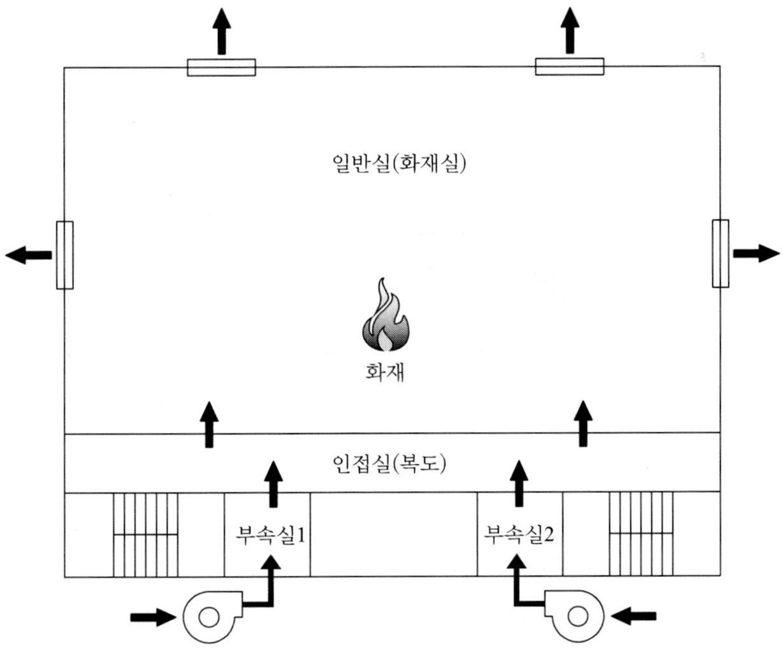

그림 6.5.6 부속실 가압방연의 계산 예와 평면도

계산 예에서는 2개소의 부속실로부터 동시에 가압급기를 행하고, 공기배기구를 자연배연방식으로 하여 가압 급기량, 공기배출구 면적, 압력조정댐퍼 개구면적을 구한다. 계산결과를 표 6.5.5에 나타낸다. 계산결과(표 6.5.5)의 과정은 가압 방배연설계 매뉴얼 5)를 참조한다. 또한 그림 6.5.5의 차연개구부의 풍속 V를 $3.3\sqrt{H}$로 하고 있지만, 불연구획된 인접실(복도)의 온도를 400℃로 상정하고 있다(그림 2.5.15 부속실과 연결되는 실의 온도와 차연조건을 참조).

표 6.5.5 계산결과

부속실 No.	급기량 [m³/h]	공기배출구		압력조정댐퍼 개구면적[m²]
		기계방식[m³/h]	자연방식[m²]	
부속실 1	15858	0	10.0 * (일반실 합계)	0.49
부속실 2	15858	0		0.49

[주] * 공기배출구는 자연배연겸용으로 하고, 압력배출구의 필요면적보다 5배로 설정함.

표 6.5.6 계산조건 및 계산결과

고시에 규정된 조건

설계자가 입력하는 조건

			부속실1	부속실2
인접실 구획의 성상 (방화구획된 복도=1, 불연구획된 복도=2, 그 외=3)			2 불연구획된 복도	2 불연구획된 복도
부속실	바닥면적 A_{floor}	m²	15.0	15.0
	A_{wall}	m²	40.0	40.0
차연개구부의 문	높이 h	m	2.10	2.10
	폭	m	0.90	0.90
	면적 A_{door1}	m²	1.89	1.89
계단실의 문	높이	m	2.10	2.10
	폭	m	0.90	0.90
	면적 A_{door2}	m²	1.89	1.89

ELV 문	높이	m	0.00	0.00
	폭	m	0.00	0.00
	면적 A_{elv}	m^2	0.00	0.00

틈새량 (유량계수 α를 포함)	바닥주변 $\alpha_{floor} \times A_{floor}$	m^2	0.030	0.030
	벽주변 $\alpha_{wall} \times A_{wall}$	m^2	0.120	0.120
	방화문주변 $\sum(\alpha_{door} \times A_{door})$	m^2	0.019	0.019
	ELV문주변 $\alpha_{elv} \times A_{elv}$	m^2	0.000	0.000
	틈새합계 $A_{\leq ak} = \sum \alpha A$	m^2	0.169	0.169

차연개구부의 상정개구면적 (유량계수를 포함)	$\alpha \times 0.4 \times h$	m^2	0.588	0.588

(1) 차연 개구부의 필요 배출풍속(2.7 $\sqrt{h}$, 3.3 $\sqrt{h}$, 3.8 $\sqrt{h}$)		m/s	4.78	4.78
	할증률	%	10	10
차연개구부의 배연풍속(설계치)	v^*	m/s	5.26	5.26

가압공급풍량	$Qsup$	m^3/h	15,858	15.858

인접실의 배연풍량(3600 × V_e)		m^3/h	0	0

(5) 공기배출구의 필요면적 (부의 경우는 0)	$v^* \times h$		11.05	11.05
	V_e	m^3/s	0.00	0.00
	$A_p = (vh - V_e)/7$	m^2	1.58	1.58
	유량계수 αp_{-real}	(-)	0.70	0.70
	$Ap_{-real} = A_p \times 0.7/\alpha p_{-real}$	m^2	1.58	1.58
	할증률	%	10	10
압력배출구 면적(설계치)	A_p^*	m^2	2.00	2.00

(2) (i) 압력조정장치의 필요개구면적	$A_{dmp} = 0.04 \times v \times h$	m^2	0.44	0.44
	유량계수 $\alpha_{dmp-real}$	(−)	0.70	0.70
	$A_{dmp-real} = A_{dmp} \times 0.7/\alpha_{dmp-real}$	m^2	0.44	0.44
	할증률	%	10	10

항목	기호	단위	값 1	값 2
압력배출구 면적(설계치)	A_{dmp}*	m^2	0.49	0.49

항목	기호	단위	값 1	값 2
고시의 규정치를 만족여부 검토			OK	OK
참고				
압력조정장치(차압댐퍼)설계작동압	개방 P_O	Pa	40	40
	폐쇄 P_C	Pa	20	20
문 폐쇄시의 차압 $P_1 = Qsup/3600/(\sum \alpha A + \alpha_{dmp-real} \times A_{dmp}*))^2 \times 1.2/2$		Pa	45	45
분 개방시의 차압	$P_2 = v*^2 \times 1.2/2$	Pa	17	17
판정	$P_2 < PC < PO < P_1$인가?		OK	OK
참고 : 문개방력의 평가				
문 폭 B		m	0.90	0.90
문 높이 H		m	2.10	2.10
문손잡이(doorknob)와 경첩(hinge)의 거리 D		m	0.85	0.85
도어클로저(door closer)의 토크(torque) M		N・m	40	40
문개방력		N	92	92

b) 소방고시

계산 예로서 매장이 하나의 방연구획된 판매점포로서 소방활동 거점이 되는 부속실에 직접 매장이 면하는 플랜으로 한다. 부속실 가압방연의 개념도를 그림 6.5.7, 평면도와 가압 방배연의 계획을 그림 6.5.8에 나타낸다. 계산 예에서는 1개소의 소방활동 거점으로부터 가압급기를 행하고, 매장에는 기계배연설비와 압력배출구를 설치한 조건으로 급기량, 문 개방력, 인접실의 상승온도, 거점(내벽표면, 방화설비, 공기온도)의 온도상승을 계산한다. 계산조건을 표 6.5.7에 제시한다. 계산(표 6.5.10~6.5.14)의 과정은 가압 방배연설비의 설계・심사에 관한 운용가이드라인[6]을 참조한다. 또한 그림 6.5.7의 차연개구부의 풍속 V를 $3.8\sqrt{H}$로 하고 있지만, 거점으로 접한 매장(화재실)의 온도를 800℃로 상정하고 있다(그림 2.5.15 참조).

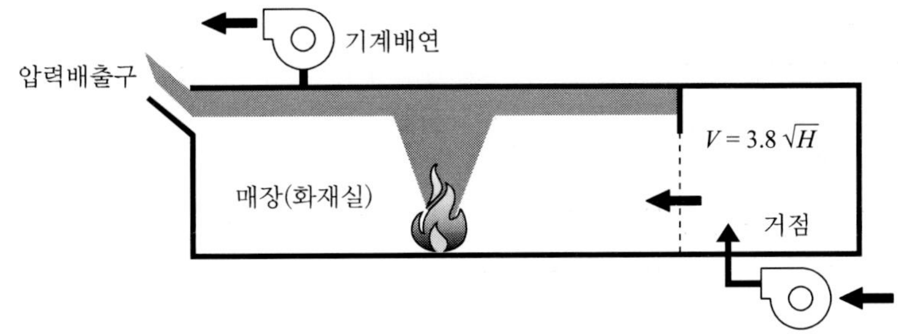

그림 6.5.7 부속실 가압방연(소방고시)의 계산 예와 개념도

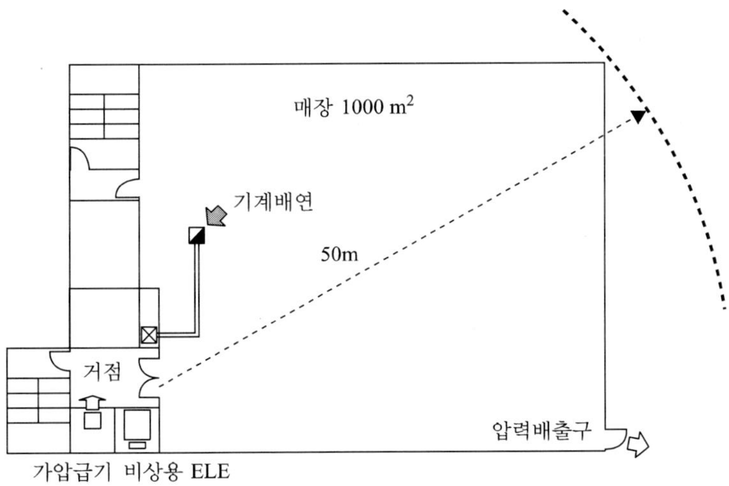

그림 6.5.8 부속실 가압방연의 계산 예와 평면도

표 6.5.7 계산조건

항 목			설계값
매장(화재실) 배연설비 산정용	바닥면적[m^2]		1000
거점 가압급기량 산정용	바닥면적 Ar [m^2]		20
	주벽면적 Awall [m^2]		20
	거점문 (차연개구부)	개구높이 h [m]	2.10
		개구폭[m]	1.80
	계단문	개구높이[m]	2.10
		개구폭[m]	0.90
	ELV문	개구높이[m]	2.30
		개구폭[m]	1.40
거점 문 개방력 산정용	거점문	개구높이[m]	2.10
		문 1매의 개구폭 B [m]	0.90
		도어클로저의 토크 M [N · m]	40
		문손잡이와 경첩과의 거리 D [m]	0.85
거점 주변 각종 온도 산정용	인접실	바닥면적 A_{f2} [m^2]	1,000
	일반실	바닥면적 A_{f1} [m^2]	–
		인접실과의 개구높이 H_C [m]	–
		인접실과의 개구폭[m]	–
	거점의 인접실에 면하는 벽	벽의 1.35 m 이상의 수직면적 A_w [m^2]	20.0
		벽재의 종류[−]	ALC
		벽의 두께 D [mm]	120
	거점의 인접실에 면하는 특정방화설비	특정방화설비의 1.35 m 이상의 수직면적 A_d [m^2]	3.78
		단열재의 종류[−]	암면(rock wool)
		단열재의 두께 d [mm]	20

표 6.5.8 매장의 배연풍량

고시 제3 제4호			
소방활동거점 이외의 실			매장
방연구획면적		m^2	1,000
고시 제3 제4호 (1)			
	기계배연의 경우		
	필요한 배연량	m^3/min	333
		m^3/h	20,000

표 6.5.9 계산결과

항 목	단위	판정치	값
급기량	m^3/h	–	20344
문 개방력	N	100 N 이하	93
인접실의 온도상승	K	–	830
거점의 벽 내측표면의 온도 상승	K	100 K 미만	24.9
방화설비의 온도상승	K	100 K 미만	72.0
거점 내의 온도상승	K	10 K 미만	2.9

표 6.5.10 계산조건 및 계산결과의 일람

고시에 규정된 조건

설계자가 입력하는 조건

인접실 구획의 성상 (방화구획된 복도=1, 불연구획된 복도=2, 그 외=3)			3 기타
부속실	바닥면적 A_{floor}	m^2	20.0
	A_{wall}	m^2	50.0
차연개구부의 문	높이 h	m	2.10
	폭	m	1.80
	면적 A_{door1}	m^2	3.78
계단실등의 문	높이	m	2.10
	폭	m	0.90
	면적 A_{door2}	m^2	1.89
ELV문	높이	m	2.30
	폭	m	1.40
	면적 A_{elv}	m^2	3.22
틈새량 (유량계수 α를 포함)	바닥주변 α floor × Afloor	m^2	0.040
	벽주변 α wall × Awall	m^2	0.150
	방화문주변 $\Sigma(\alpha$ door × Adoor)	m^2	0.028
	ELV문 주변 α elv × Aelv	m^2	0.032
	틈새합계 Aleak = $\Sigma\alpha$A	m^2	0.251
차연개구부의 상정개구면적 (유량계수를 포함)	$\alpha \times 0.4 \times h$	m^2	0.588
차연개구부에 있어서 필요배출풍속($2.7\sqrt{h}$, $3.3\sqrt{h}$, $3.8\sqrt{h}$)		m/s	5.51
	할증률	%	10
차연개구부의 배출풍속(설계치)	ν^*	m/s	6.06

가압공급풍량	Qsup	m^3/h	20,334
인접실의 배연풍량 (3600×Ve)		m^3/h	0
공기배출구의 필요면적 (부의 경우 0)	$v^* \times h$		12.72
	Ve	m^3/s	0.00
	$Ap = (vh - Ve)/7$	m^2	1.82
	유량계수 α p-real (−)	m^2	0.70
	Ap-real = Ap × 0.7/α p-real	m^2	1.82
	할증률	%	10
압력배출면적(설계치)	Ap*	m^2	2.00

건축기준법고시를 참고로 한 개산(概算)

압력조정장치의 필요개구면적	Admp = 0.04 × v × h	m^2	0.51
	유량계수 α dmp-real	(−)	0.70
	Admp-real = Admp × 0.7/α dmp-real	m^2	0.51
	할증률	%	10
압력조정장치의 면적(설계치)	Admp*	m^2	0.56

압력조정장치(차압댐퍼)설계 작동압	개방 P_O	Pa	45
	폐쇄 P_C	Pa	25
문 폐쇄시의 차압	P_1 = (Qsup/3600/($\Sigma\alpha$ dmp-real × Admp*))2 × 1.2/2	Pa	46
문 개방시의 차압	$P_2 = v^{*2}$ × 1.2/2	Pa	22
판정	$P_2 < P_C < P_O < P_1$ 인가?		OK

문 개방력의 평가

문폭 B	m	0.90
문 높이 H	m	2.10
문손잡이(doorknob)와 경첩(hinge)의 거리 D	m	0.85
도어클로저(door closer)의 토크(torque) M	N·m	40
문 개방력	N	93

표 6.5.11 인접실의 온도상승계산의 조건과 계산결과

고시제3 제5호(5)		
소방활동거점		
인접실의 명칭		매장
인접실의 구분	–	3
1=화재의 발생이 적은 실로서, 거점과 방화구획		
2=화재의 발생이 적은 실로서, 거점과 불연구획		
3=그 외의 실		
인접실의 개구(거점과 연결되는 개구를 제외)		
개구폭	m	0.00
개구높이 Hc	m	0.00
개구면적 Ac	m^2	0.00
일반실의 바닥면적 Af_1	m^2	–
인접실의 바닥면적 Af_2	m^2	1,000
ΔT_f		830
계산을 생략하고 ΔT_f=925℃로 하여도 무방함.		

표 6.5.12 소방활동거점의 내벽온도상승의 계산조건과 계산결과

고시제3 제5호(5)		
인접실에 면하는 벽		
두께 D	mm	120
차열특성계수 C_D	–	2.4
ALC판 C_D=2.4, 보통콘크리트 C_D=1.0		
벽의 상승온도 ΔT_W		24.9
판정		OK

표 6.5.13 방화설비의 온도상승계산의 조건과 계산결과

고시제3 제5호(5)		
방화설비		
재료의 두께 d	m	0.020
재료의 열전도율 λ	kW/(m・℃)	0.000038
재료의 열저항 Rn		526
방화설비의 온도상승치 ΔT_d	℃	72.0
판정		OK

표 6.5.14 소방활동거점의 공기온도상승의 계산조건과 계산결과

고시제3 제5호(5)		
거점의 공기온도		
인접실에 면하는 벽의 1.35 m 이상의 수직면적 AW	m^2	20.0
인접실에 면하는 특정방화설비의 1.35 m 이상의 수직면적 Ad	m^2	3.78
급기량	m^3/min	264
공기의 상승온도 ΔT_a	℃	2.9
판정		OK

6.6 계단실 가압의 계산 예

계단실 가압방식은 계단실에 급기를 행하는 동시에 화재실과 복도에서는 배연을 행하여 계단실 내의 압력을 높임으로써 화재실로부터의 연기를 계단실에 침입시키지 않도록 하는 것을 목적으로 한 연기제어방식이다. 여기에서는 2.5.3 계단실 가압(방연)의 계산 예를 나타낸다.

(1) 계산조건

계단실 가압을 위한 필요 급기량의 산출식[2.5.3 식(2.5.89)~식(2.5.125)]에서 사용하는 계산 예를 그림 6.6.1에 나타낸다. 계단실 가압을 피난계단을 가진 고층 오피스빌딩에 적용했다. 계산 예의 설정 값을 표 6.6.1~6.6.3에 나타낸다.

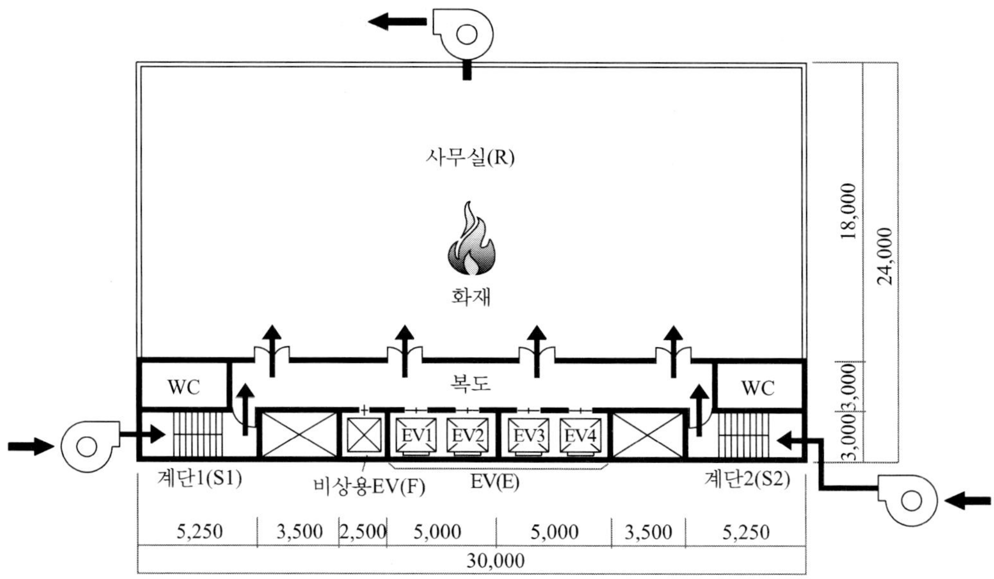

그림 6.6.1 계단실 가압의 계산 예와 평면도

표 6.6.1 공간조건

공간	바닥면적	높이[m]	초기온도[℃]
화재실(R)	30 × 18 = 540.0 m^2	2.7	22
복도(C)	20.0 × 3 = 60.0 m^2	2.7	22
계단(S1, S2)	5.25 × 3 = 15.75 m^2	70	10
외기(0)	–	–	0

표 6.6.2 개구조건

공간	바닥면적	유량계수	
		초기화재단계	최성기화재단계
복도－화재실(CR)	1.7 × 2.2 × 4 = 14.96 m^2	개방 0.7	개방 0.7
계단1－복도(SC1)	0.9 × 2.1 = 1.89 m^2	개방 0.7	개방 0.35
계단2－복도(SC2)			
화재실－외기(R0)	33.0 × 2.0 = 66.0 m^2	폐쇄 0.005	개방 0.35

표 6.6.3 주벽면적조건

공간	주 벽 면 적
화재실(A_{RW})	540 × 2 + (30 + 18) × 2 × 2.7 = 1339.0 m^2
복도(A_{CW})	58.5 × 2 + (20.0 + 3) × 2 × 2.7 = 244.2 m^2

(2) 계산 결과

a) 피난시간의 산정

사무실 출화시의 화재층 피난 및 전관피난에 요구되는 시간을 다음과 같이 설정하였다.

① 화재층 피난시간 $t_{floor} = 150$ [초]

② 전관피난시간 $t_{evac} = 900$ [초]

b) 필요배연량과 필요급기량의 계산결과

그림 6.6.1의 계산 예에서 필요한 배연량과 급기량의 계산결과를 표 6.6.4, 그림 6.6.2,

6.6.3 에 나타낸다. 배연과 급기의 유량은 각 단계(초기, 성기)에서 큰 풍량을 적용하였다. 이들 결과의 도출과정을 다음 항에 나타낸다.

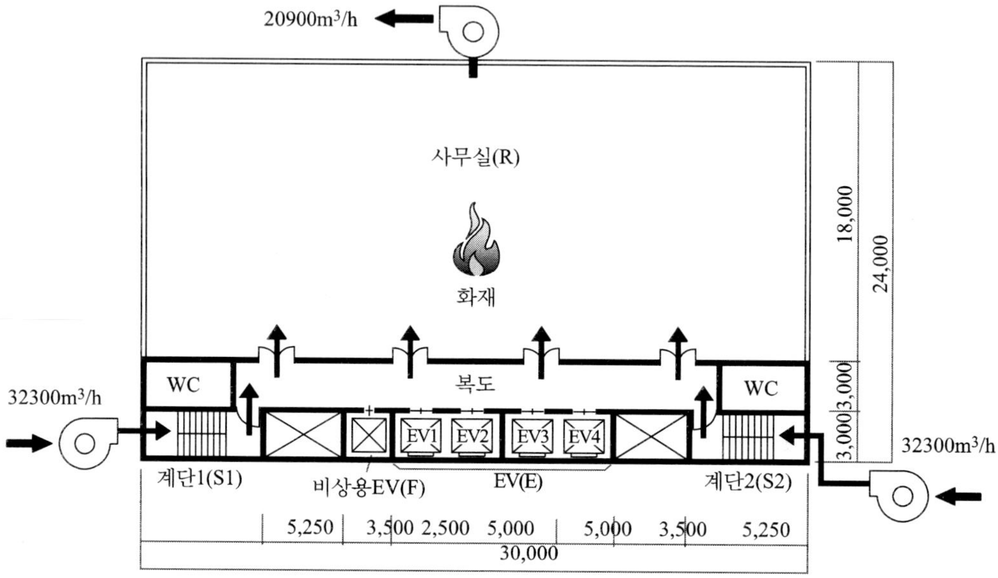

그림 6.6.2 계단실 가압(초기화재단계)의 계산 예와 계산결과

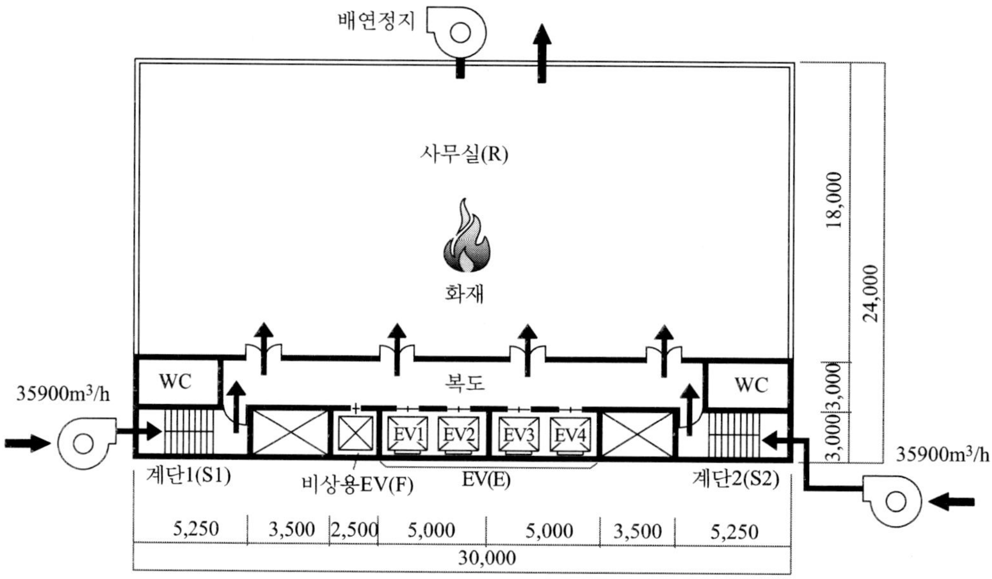

그림 6.6.3 계단실 가압(최성기화재단계)의 계산 예와 계산결과

표 6.6.4 필요배연량과 필요급기량의 계산결과

	배연량[m³/h]	필요급기량[m³/h]		관계되는 절
	거실	계단1	계단2	
초기화재계단	20900	32300	32300	c-1), d-1)
최성기화재계단	-	35900	35900	c-2), d-2)
유량의 결정	20900	35900	35900	

> 음영 부분은,
> 2.5.2(2) 및 2.5.3(2)에서 해설한
> 식 및 식번호이다.

c) 차연조건의 산정

c-1) 초기화재단계의 차연조건

① 피난완료시점의 발열속도 Q의 산정

> 식(2.5.12) $Q = Q_0 t_{floor}^2$

$$Q = 0.1025 \times 150^2 = 2{,}306\,[\text{kW}]$$

② 층피난 중인 화재실에서 연기층높이 z를 화재실문 상단 2.2 m 부근인 높이인 2.185 m로 유지하려면,

$$z = 2.185\,[\text{m}] \qquad z < h_{CR}$$

③ 기계배연량 U_R의 결정(단, 배연효율 = 1.0으로 가정)

$$m_p = 0.08 \times 2{,}306^{1/3} \times 2.185^{5/3} = 3.889\,[\text{kg/s}]$$

> 식(2.5.11) $m_p = 0.08\,Q^{1/3} z^{5/3}$

$$U_R = 3.889\,[\text{kg/s}]$$

> 식(2.5.13) $U_R = m_p$

④ 연기층온도 T_f

$$A_W = 540 + (30 + 18) \times 2 \times (2.7 - 2.185) = 589.440\,[\text{m}^2]$$

$$T_f = 273 + 22 + \frac{2306}{1.0 \times 3.889 \times 0.01 \times 589.44} = 530.7\,[\text{K}] = 257.7\,[℃]$$

> 식(2.5.16) $T_f = T_a + \dfrac{Q}{C_p m_p + hA_W}$

⑤ 연기층 밀도 ρ_f

$$\rho_f = \frac{353}{530.7} = 0.670\,[\text{kg/m}^3]$$

> 식(2.5.17) $\rho_f = \dfrac{353}{T_f}$

⑥ 복도－화재실 간의 차연조건으로서의 평균압력차 ΔP_{CRstop}의 산정

$$\Delta P_{CRstop} = \frac{4}{9} \times (1.2 - 0.67) \times 9.8 \times (2.2 - 2.185) \times \left(1 + \frac{2.185}{2 \times 2.2}\right)^2 = 0.078 [\text{Pa}]$$

식(2.5.18) $$\Delta P_{CRstop} = \frac{4}{9}(\rho_C - \rho_f)\, g(h_{CR} - z)\left(1 + \frac{z}{2h_{CR}}\right)^2$$

⑦ 복도－화재실 간의 차연조건에 대응하는 유량 m_{CRstop}의 산정

$$m_{CRstop} = 0.7 \times 1.7 \times 4 \times 2.2 \times \sqrt{2 \times 1.2 \times 0.078} = 4.531 [\text{kg/s}]$$

식(2.5.19) $$m_{CRstop} = \alpha A_{CR} \sqrt{2\rho_C \Delta P_{CRstop}}$$

따라서, 초기화재단계 시 화재실 문에 대한 차연조건은 평균압력차 0.078 [Pa], 개구유량 4.531 [kg/s], 화재실의 배연량은 3.889 [kg/s] (＝20,900 [m^3/h]이다)

c－2) 최성기화재단계의 차연조건

① 화재실 온도와 복도온도의 산정

$$K_R = \frac{33 \times 2.0 \times \sqrt{2.0}}{33 \times 2.0 \times 2.0^{1/2} + 4 \times 1.7 \times 2.2 \times \sqrt{2.2}} = 0.8079 [-]$$

식(2.5.22) $$K_R = \frac{A_{RO}\sqrt{h_{RO}}}{A_{RO}\sqrt{h_{RO}} + A_{RC}\sqrt{h_{RC}}}$$

$$F_{OR} = \frac{33 \times 2.0 \times \sqrt{2.0} + 4 \times 1.7 \times 2.2 \times \sqrt{2.2}}{540 \times 2 + (30 + 18) \times 2 \times 2.7} = 0.0863 [-]$$

식(2.5.23) $$F_{OR} = \frac{A_{RO}\sqrt{h_{RO}} + A_{RC}\sqrt{h_{RC}}}{A_{RW}}$$

$$F_{OC} = \frac{4 \times 1.7 \times 2.2 \times \sqrt{2.2} + 0}{60 \times 2 + (20 + 3) \times 2 \times 2.7} - 0.0909 [-]$$

식(2.5.24) $$F_{OC} = \frac{A_{RC}\sqrt{h_{RC}} + A_{CO}\sqrt{h_{CO}}}{A_{CW}}$$

$$\tau = 0.3 \times 900 = 270 [-]$$

식(2.5.25) $$\tau = \frac{t_{dev}}{k\rho c} = 0.3 t_{dev} \qquad \left(\frac{1}{k\rho c} = 0.3\right)$$

$$T_R = (273+22) + 3.0 \times 0.8079^{1/3} \times 270^{1/6} \times (273+22) = 1157.5[\mathrm{K}] = 884.5[℃]$$

식(2.5.20) $T_R = T_a + 3.0 \cdot K_R^{2/3} \cdot F_{OR}^{1/3} \cdot \tau^{1/6} \cdot T_a$

$$T_C = (273+22) + 1.35 \times 0.0909^{1/3} \times 0.8079^{4/9} \times 0.0863^{2/9} \times 270^{5/18} \times (273+22)$$
$$= 742.5[\mathrm{K}] = 469.5[℃]$$

식(2.5.21) $T_C = T_a + 1.35 \cdot F_{OC}^{1/3} \cdot K_R^{4/9} \cdot F_{OR}^{2/9} \cdot \tau^{5/18} \cdot T_a$

② 화재실과 복도에 대한 밀도의 산정

$$\rho_R = \frac{353}{1157.5} = 0.305[\mathrm{kg/m^3}]$$

$$\rho_C = \frac{353}{742.5} = 0.475[\mathrm{kg/m^3}]$$

③ 계단실－복도간의 차연조건에 대응하는 평균압력차의 산정

$$\Delta P_{SCstop1} = \Delta P_{SCstop2} = \frac{4}{9} \times (1.25 - 0.475) \times 9.8 \times 2.1 = 7.090[\mathrm{Pa}]$$

식(2.5.87) $\Delta P_{SCstop1} = \frac{4}{9}(\rho_s - \rho_c) g h_{SC1}$

식(2.5.87) $\Delta P_{SCstop2} = \frac{4}{9}(\rho_s - \rho_c) g h_{LC2}$

$$m_{SCstop1} = m_{SCstop2} = 0.35 \times 0.9 \times 2.1 \times \sqrt{2 \times 1.25 \times 7.09} = 2.785[\mathrm{kg/s}]$$

식(2.5.87) $m_{SCstop} = \alpha A_{SC} \sqrt{2\rho_s \Delta P_{SCstop}}$

따라서, 최성기화재단계의 계단실문에 대한 차연조건은, 평균압력차 7.090 [Pa], 개구유량 2.785 [kg/s]로 된다.

d) 필요급기량의 산정

d-1) 초기화재단계 시 필요급기량의 산정

① 화재실의 압력의 산정

$$m_{RO} = 4.531 - 3.889 = 0.642[\mathrm{kg/s}]$$

식(2.5.97) $m_{RO} = m_{CRstop} - U_R$

$$P_R(=\Delta P_{RO}) = \frac{0.642^2}{2\times 0.67\times(0.005\times 66)^2} = 2.820\ [\mathrm{Pa}]$$

식(2.5.98)	$P_R(=\Delta P_{RO}) = \dfrac{{m_{RO}}^2}{2\rho_R(\alpha A_{RO})^2} \quad (m_{RO}\ge 0)$

② 복도의 압력 산정

$P_C = 2.820 + 0.078 = 2.898[\mathrm{Pa}]$

식(2.5.99)	$P_C = P_R + \Delta P_{CRstop}$

③ 복도로부터 외기 누기량의 산정

$m_{CO} = 0[\mathrm{Pa}]$

식(2.5.100)	$m_{CO} = \alpha_{CO}A_{CO}\sqrt{2\rho_c P_c} \quad (P_c \ge 0)$

④ 계단실-복도간의 유량의 결정

$m_{SC1} + m_{SC2} = 4.532$

$m_{SC1} = m_{SC2} = 2.266[\mathrm{kg/s}] \ > 0$

식(2.5.101)	$m_{SC1} + m_{SC2} = m_{CRstop} + m_{CO}$

⑤ 계단실-복도간의 평균압력차의 산정

$$\Delta P_{SC1} = \Delta P_{SC2} = \frac{2.266^2}{2\times 1.2\times(0.7\times 0.9\times 2.1)^2} = 1.220[\mathrm{Pa}]$$

식(2.5.103)	$\Delta P_{SC1} = \dfrac{{m_{SC1}}^2}{2\rho_s(\alpha A_{SC1})^2}$
식(2.5.104)	$\Delta P_{SC2} = \dfrac{{m_{SC2}}^2}{2\rho_s(\alpha A_{SC2})^2}$

⑥ 계단실 내 압력과 누설량의 산정

$P_{S1} = P_{S2} = 2.898 + 1.220 = 4.118\ [\mathrm{Pa}]$

식(2.5.105)	$P_{S1} = P_C + \Delta P_{SC1}$
식(2.5.106)	$P_{S2} = P_C + \Delta P_{SC2}$

- 계단실로부터 누설량의 산정

최상층에서 외기문 하나를 개방된 상태로 상정한다(개구조건은 급기량에 미치는 영향이 크기 때문에 개별 건물별로 충분한 검토가 필요함).

$m_{SO1} = m_{SO2}$[kg/s]

$= 0.7 \times 0.9 \times 2.1 \times \sqrt{2 \times 1.25 \times (4.12 + (1.29 - 1.25) \times 9.8 \times 40)}$

$= 9.308$ [kg/s]

식(2.5.107)	$m_{SO1} = \alpha A_{SO1} \sqrt{2\rho_s (P_{S1} + \|\rho_s - \rho_o\| g H_{CSO1})}$
식(2.5.108)	$m_{SO2} = \alpha A_{SO2} \sqrt{2\rho_s (P_{S2} + \|\rho_s - \rho_o\| g H_{CSO2})}$

⑦ 계단실 급기량의 산정

$W_{S1} = W_{S2} = 2.266 + 9.308 = 11.574$ [kg/s]

식(2.5.109)	$W_{S1} = m_{SC1} + m_{SO1}$
식(2.5.110)	$W_{S2} = m_{SC2} + m_{SO2}$

따라서, 초기화재단계 시 계단실에 대한 필요급기량은 계단 1, 계단 2 모두 11.574 [kg/s] (=32,300 [m³/h])이다.

d-2) 최성기화재단계 시 필요급기량의 산정

① 복도압력의 산정

$m_{CR} + m_{CO} = m_{SC1stop} + m_{SC2stop} - U_C$

식(2.5.118)	$m_{CR} + m_{CO} = m_{SC1stop} + m_{SC2stop} - U_C$

$$\alpha A_{CRO} = \frac{1}{\sqrt{0.475}} \times \frac{1}{\sqrt{\dfrac{1}{0.475 \times (0.7 \times 4 \times 1.7 \times 2.2)^2} + \dfrac{1}{0.305 \times (0.35 \times 33 \times 2)^2}}}$$

$$= 9.115[\mathrm{m}^2]$$

식(2.5.121)	$\sqrt{\rho_c}\,\alpha A_{CRO} = \dfrac{1}{\sqrt{\dfrac{1}{\rho_c(\alpha A_{CR})^2} + \dfrac{1}{\rho_R(\alpha A_{RO})^2}}}$

$\sum \alpha A_{CO} = \alpha A_{CO} + \alpha A_{CRO}$

$$P_C = \frac{(2.785 + 2.785)^2}{2 \times 0.475 \times 9.115^2} = 0.390[\mathrm{Pa}]$$

식(2.5.120)	$\sum \alpha A_{CO} = \alpha A_{CO} + \alpha A_{CRO}$
식(2.5.119)	$P_C = \dfrac{(m_{CR} + m_{CO})^2}{2\rho_c(\sum \alpha A_{CRO})^2}$

② 계단실 압력의 산정

$P_{S1} = 0.390 + 7.090 = 7.480$[Pa]

$P_{S2} = 0.390 + 7.090 = 7.480$[Pa]

식(2.5.122)	$P_{S1} = P_C + \Delta P_{SC1stop}$
식(2.5.123)	$P_{S2} = P_C + \Delta P_{SC2stop}$

- 계단실의 누설량 산정

$$m_{SO1} = m_{SO2} = 0.7 \times 0.9 \times 2.1 \times \sqrt{2 \times 1.25 \times (7.48 + 1.29 - 1.25) \times 9.8 \times 40)}$$
$$= 10.067 \text{[kg/s]}$$

식(2.5.107)	$m_{SO1} = \alpha A_{SO1} \sqrt{2\rho_s(P_{S1} + \lvert\rho_s - \rho_o\rvert g H_{CSO1})}$
식(2.5.108)	$m_{SO2} = \alpha A_{SO2} \sqrt{2\rho_s(P_{S2} + \lvert\rho_s - \rho_o\rvert g H_{CSO2})}$

③ 계단실 급기량의 산정

$W_{S1} = W_{S2} = 2.785 + 10.067 = 12.852$ [kg/s]

식(2.5.116)	$W_{S1} = m_{SC1stop} + m_{SO1}$
식(2.5.117)	$W_{S2} = m_{SC2stop} + m_{SO2}$

따라서, 최성기화재단계에 있어서 계단실로의 필요급기량은 계단 1, 계단 2 모두 12,852 [kg/s] (=35,900 [m^3/h])이다.

6.7 비정상 연기유동 예측계산 예

6.5에 나타낸 계산방법은 초기 및 최성기화재 시에 있어서 정상상태의 경우 차연에 필요한 급기량을 산정하는 방법을 소개하였다. 본 절에서는 5.5에 소개한 2층 존모델과 CFD (Computational Fluid Dynamics : 수치유체역학)에 따른 비정상연기 유동예측 계산을 수행하고, 이들 계산 툴의 이용방법을 구체적으로 나타내었다. 여기에서 2층 존모델은 BRI2002 [7], CFD의 솔버(Solver)의 경우에는 FDS (Fire Dynamics Simulator) [8]를 이용하였다.

6.7.1 2층 존모델에 따른 계산 예

(1) 모델 건물

부속실 가압방연의 모델건물을 그림 6.7.1에 나타내었다.

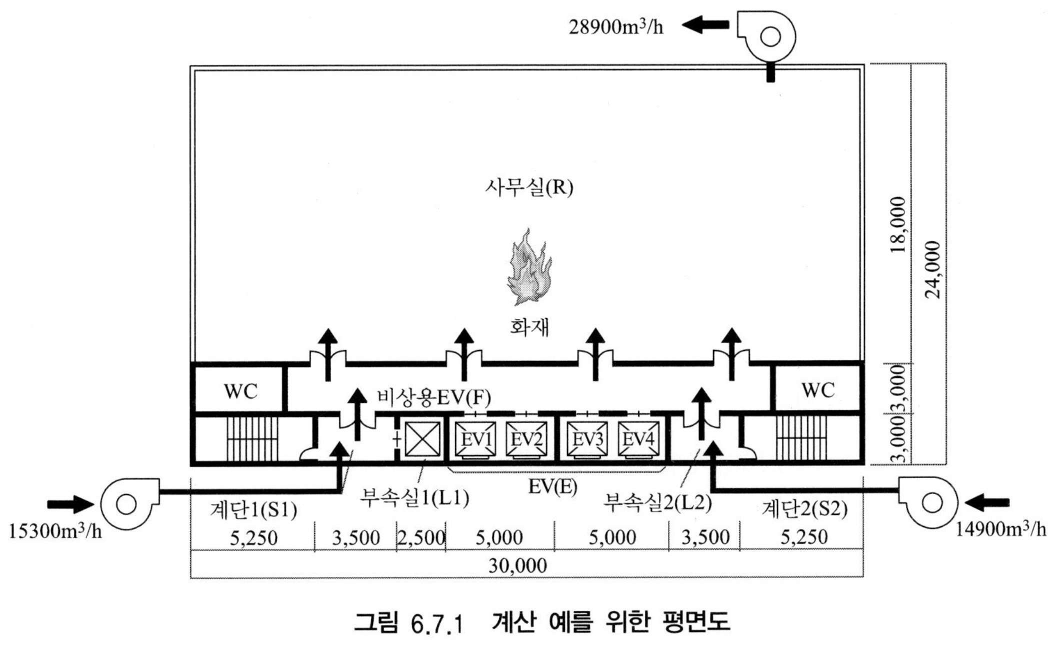

그림 6.7.1 계산 예를 위한 평면도

6.5와 같은 모델건물이나 간략하게 나타내도록 비상용·승강용 엘리베이터 샤프트를 대상공간에서 제외하였다. 또한 계산대상의 단계도 초기화재만 수행하고, 최성기화재단계의 계산은 제외하였다.

(2) 계산조건

계산에 필요한 공간조건, 개구조건 및 화원의 발열속도 변화에 대하여, 표 6.7.1~6.7.2, 그림 6.7.2에 나타내었다. 또한 본 건물은 18층(1층높이 4 m, 건물높이 72 m), 화재층은 2층으로 설정하였다.

표 6.7.1 공간조건

공간	바닥면적	천장 높이	초기온도
화재실(R)	30 × 18 = 540.0 m^2	2.7 m	22℃
복도(C)	19.5 × 3 = 58.5 m^2	2.7 m	22℃
부속실 1, 부속실 2 (L1, L2)	3.5 × 3 = 10.5 m^2	2.7 m	22℃
계단(S1, S2)	5.25 × 3 = 15.75 m^2	70 m	10℃
외기(O)	-	-	0℃

개구조건은 연돌효과의 영향을 고려하기 위해서, 계단실의 최상층에 각층의 틈새를 합성한 개구를 설정하는 것으로 하였다. 틈새 개구는 다음의 산정식으로 0.3 m^2이지만, 후술하는 6.7.2 CFD (FDS)에 의한 계산 예의 조건과 맞추기 위해 0.5 m^2로 하였다.

$$(WH)\alpha_{stairs}N_{door} = (0.9\times 2.1)\times 0.01\times (18-2)\approx 0.3 \rightarrow 0.5[\mathrm{m}^2]$$

여기서, W : 계단실 문폭[m]

H : 계단실문 높이[m]

α_{stairs} : 계단실문 폐쇄시의 유량계수[−]

N_{door} : 폐쇄문의 개수[개]

표 6.7.2 개구조건

인접공간	개구면적	유량계수 (초기화재단계)
복도－재실(CR)	$1.7 \times 2.2 \times 4 = 14.96\ m^2$	개방 0.7
부속실 1－복도(LC1), 부속실 2－복도(LC2)	$0.9 \times 2.1 = 1.89\ m^2$	개방 0.7
부속실 1－계단 1 (LS1), 부속실 2－계단 2 (LS2)	$0.9 \times 2.1 = 1.89\ m^2$	개방 0.7
부속실 1－외기(LO1), 부속실 2－외기(LO2)	$0.9 \times 2.1 \times 16 = 30.24\ m^2$	폐쇄 0.01
화재실－외기(RO)	$33.0 \times 2.0 = 66.0\ m^2$	폐쇄 0.005

발열속도와 연소면적의 설정값을 그림 6.7.2에 나타내었다. 화재성장률은 용도를 사무소로 하여 피난안전검증법의 설정법을 이용하여 설정하였다. 계산조건을 표 6.7.3에 나타낸다. 더욱이 화재실의 배연량 및 부속실의 급기량은 6.5의 예와 동일하게 설정하였다.

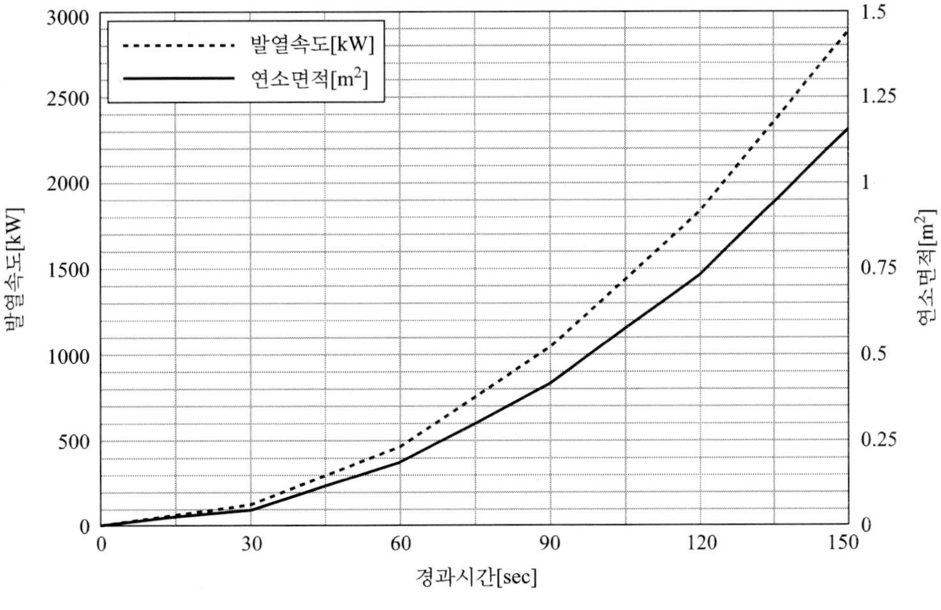

그림 6.7.2 발열속도와 연소면적의 설정 값

표 6.7.3 계산조건

항목	단위	값	비고
최대발열속도	kW	3,000	–
화원면적	m^2	1.7	–
화재성장률	kW/s^2	0.1025	내장 : 불연, 사무실
배연량(화재실)	m^3/h	28,900	초기화재단계
급기량(부속실 1)	m^3/h	15,300	초기화재단계
급기량(부속실 2)	m^3/h	14,900	초기화재단계

(3) 계산결과

a) 피난시간의 산정

피난시간은 실제의 계산에는 「신・건축방재계획지침」이나 「건축기준법 시행령에 따른 피난안전검증법」에 따른 계산법 등(자세한 사항은 7.6 피난안전성의 평가를 참조)을 이용하여 산정하지만, 본 절에서는 6.5에 맞추어 화재 층의 대피 완료시간을 150초로 하였다.

b) 연기층 성상의 계산결과와 피난안전성의 평가

2층 존모델(BRI2002)을 사용하여 각 실에서의 연기층 성상(높이, 온도)의 변화를 그림 6.7.3～6.7.6에 나타내었다. 계산 결과, 화재실(사무실) 및 복도의 연기층 높이는 층 피난이 완료된 150초 시점에서 피난에 지장을 미치는 높이(바닥면 + 1.8 m)까지 하강하지 않았다. 또한 부속실 1 및 부속실 2에는 연기가 침입하지 않은 결과가 나타났다.

이상의 결과에서 거실 및 층피난 모두 피난안전성이 확보되는 것을 확인하였다.

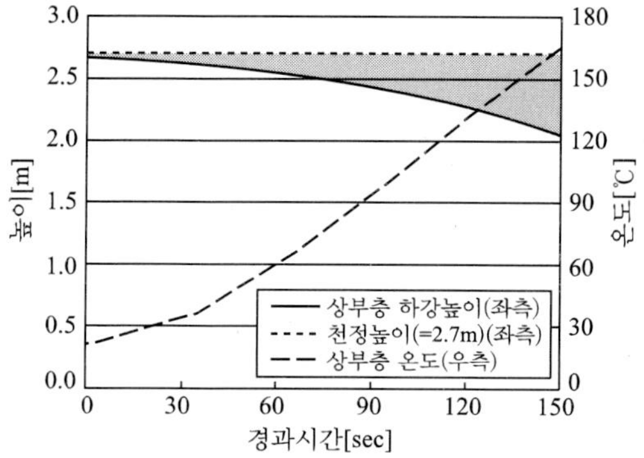

그림 6.7.3 화재실(사무실)의 연기층성상

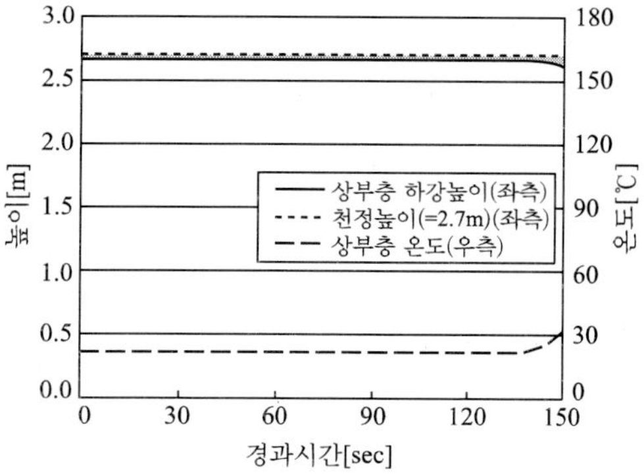

그림 6.7.4 복도의 연기층성상

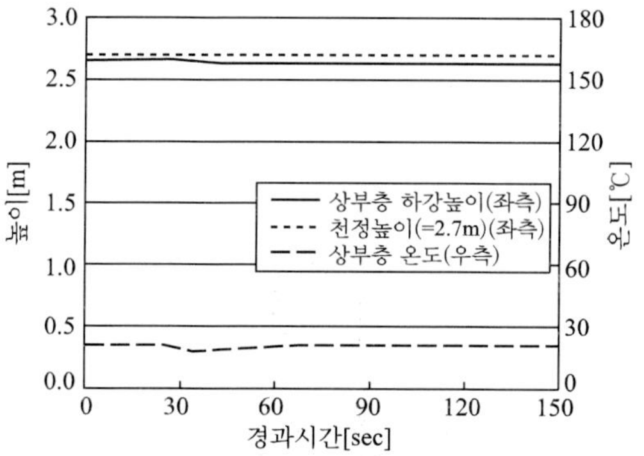

그림 6.7.5 부속실1의 상부층성상 주)

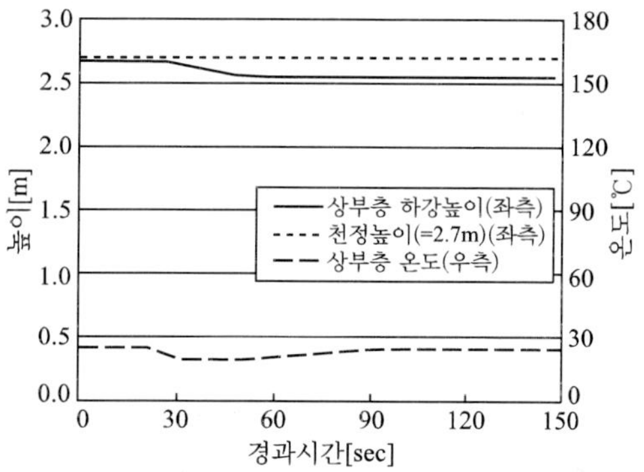

그림 6.7.6 부속실2의 상부층성상 주)

[주] 연기(상부)층의 하단 높이 및 온도에 대한 시간 경과에 따른 변화를 보고 연기 성상을 파악하는 것이 일반적이므로 그 상황을 도시하였다. 각 개구부에 대한 흐름의 방향과 양 및 층의 CO_2농도 등으로부터 부속실로 연기가 침입하지 않았음을 확인하였으나 그림 6.7.5 및 그림 6.7.6에서는 상부층의 층 두께가 커지고 있어 연기가 침입하는 것처럼 보인다. 층 두께가 증가하는 것은 초기 온도 22℃의 부속실에 0℃의 외기가 급기되어 2℃ 정도가 된 상태에서 계단실에서 유입되는 약 10℃의 공기의 일부가 부속실의 하부층을 관입하여 상부층으로 들어 왔기 때문이다.
각 실의 초기 온도가 다른 경우, 이층 존모델에서는 연기가 침입하지 않았어도 상부층 체적이 증가하는 현상이 비교적 자주 나타나므로 주의가 필요하다.

6.7.2 CFD (FDS)에 따른 계산 예

(1) 시뮬레이션 조건

CFD (FDS)를 사용한 계산 예는 6.5와 거의 같은 공간 조건으로 하여 전술한 2층 존모델과 같은 발열속도를 이용하여 각 실의 연기유동을 예측하고, 부속실의 온도상승으로부터 재실자의 피난안전성을 검토하였다.

또한 본 계산 예에서는 초기화재만으로 제한하였다. 또한 연돌효과에 기인한 영향을 고려하기 때문에 계단실과 엘리베이터 샤프트와 같은 수직관통공간의 온도를, 외기와 실내의 중간인 10℃로 설정하였다.

메쉬(Mesh)사이즈는 2층 부분에서 250 mm × 250 mm × 100 mm, 계단실 부분에서 500 mm × 500 mm × 1000 mm으로 설정하였다. 그림 6.7.7의 ①, ②, ③은 온도 측정점(FL + 2.6 m～0.8 m까지 0.2 m 간격으로 산출)이다. 실의 면적과 개구치수, 배연량과 급기량 등의 데이터 설정을 그림 6.7.8, 표 6.7.4～6.7.6에 나타낸다.

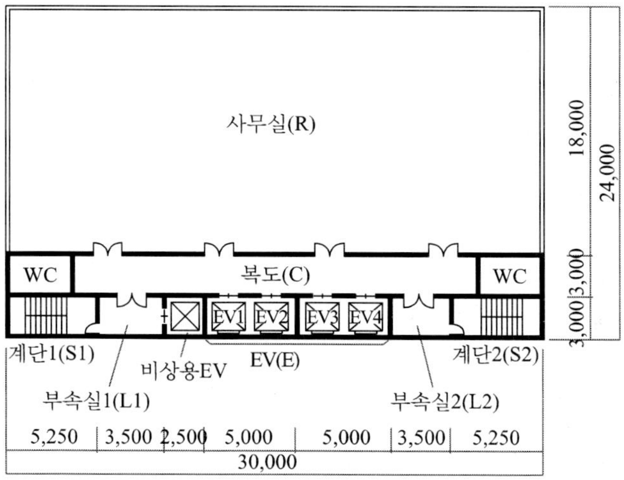

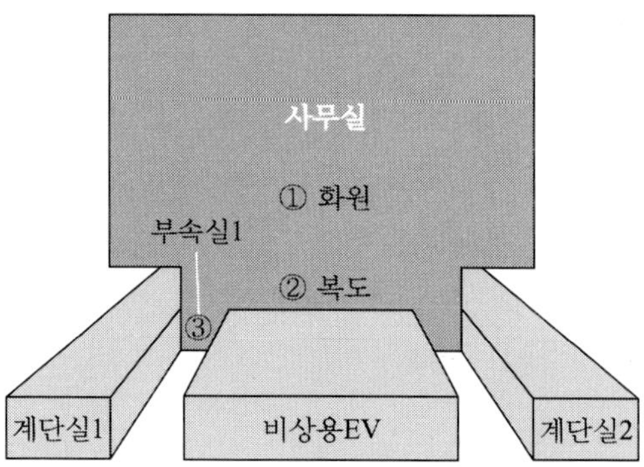

그림 6.7.7 계산 예의 평면도와 CFD(FDS)에 따른 공간모델화

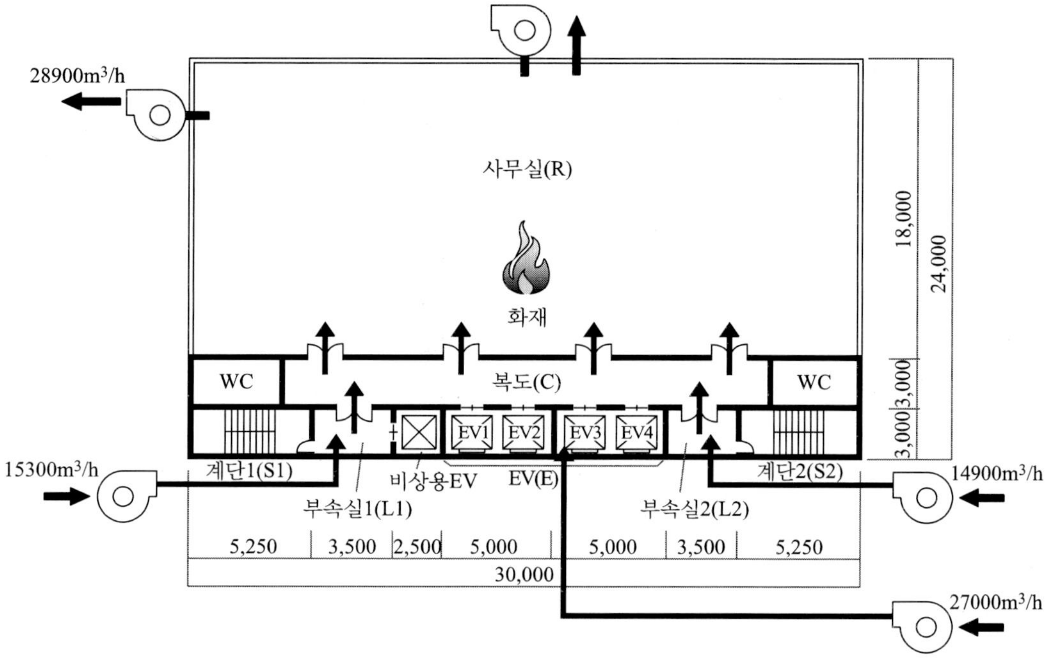

그림 6.7.8 급배기의 설정조건(초기화재단계)

표 6.7.4 모델공간의 설정

공간	바닥면적	천장높이	초기온도
화재실(R) 2층	30 × 18 = 540.0 m^2	2.7 m	22℃
복도(C) 2층	19.5 × 3 = 58.5 m^2	2.7 m	22℃
부속실 1, 부속실 2(L1, L2)	3.5 × 3 = 10.5 m^2	2.7 m	22℃
계단(S1, S2)	5.25 × 3 = 15.75 m^2	70 m	10℃
EV(E)	10 × 3 = 30.0 m^2	70 m	10℃
비상용 EV(F)	3 × 2.5 = 7.5 m^2	70 m	10℃
외기(O)	-	-	0℃

표 6.7.5 급기·배연량의 설정

	배연량[m^3/h]	급기량[m^3/h]		
	거실	부속실 1	부속실 2	EV 샤프트
초기화재단계	28,900	15,300	14,900	27,000

표 6.7.6 개구부의 설정

인접공간	개구면적	유량계수 (초기화재단계)	
복도－화재실(CR)	1.7 × 2.2 × 4 ＝ 14.96 m^2	개방	0.7
부속실 1－복도(LC1), 부속실 2－복도(LC2)	0.9 × 2.1 ＝ 1.89 m^2	개방	0.7
EV－복도(EC)	1.0 × 2.2 × 4 ＝ 8.8 m^2	폐쇄	0.01
부속실－비상용 EV(LF)	1.1 × 2.2 ＝ 2.42 m^2	폐쇄	0.01
부속실 1－계단 1(LS1), 부속실 2 － 계단 2(LS2)	0.9 × 2.1 ＝ 1.89 m^2	개방	0.7
화재실－외기(RO)	33.0 × 2.0 ＝ 66.0 m^2	폐쇄	0.005

(2) 화원조건

화원의 발열속도변화를 그림 6.7.9에 나타내었다. 발열속도의 변화는 2층 존모델에의 계산 예와 동일하게 150초 후에 약 2,300 [kW]까지 성장하고, 화원면적의 변화는 없는 것으로 하였다.

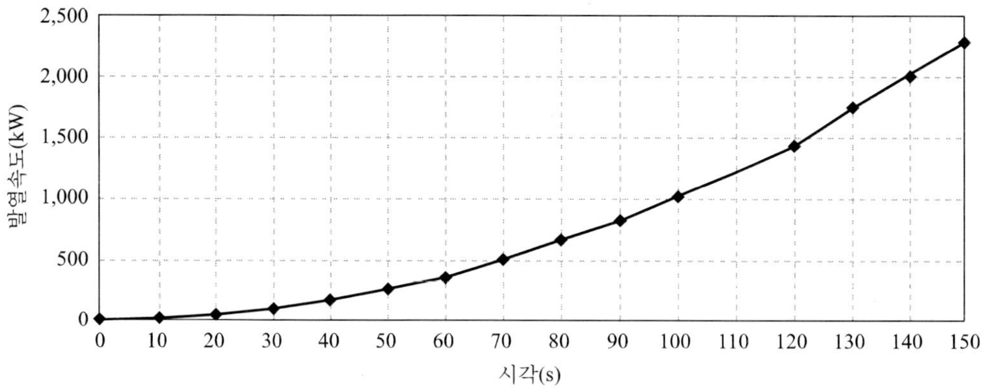

그림 6.7.9 발열속도의 설정치

(3) 피난개시시간의 설정

피난개시시간은 신・건축방재계획지침에 따라 설정하였고, 50초($= 2 \times \sqrt{\text{사무실면적}}$)으로 하였다. 또한 이 시간을 기계배연의 작동시간으로 하였다.

(4) 계산 결과

온도분포의 평면 및 단면을 그림 6.7.10, 풍속 벡터를 그림 6.7.11에 나타낸다. 부속실로부터 급기공기가 복도를 통해서 화재실인 사무실에 유입하고, 복도와 부속실에 연기가 침입하지 않는 것을 알 수 있다.

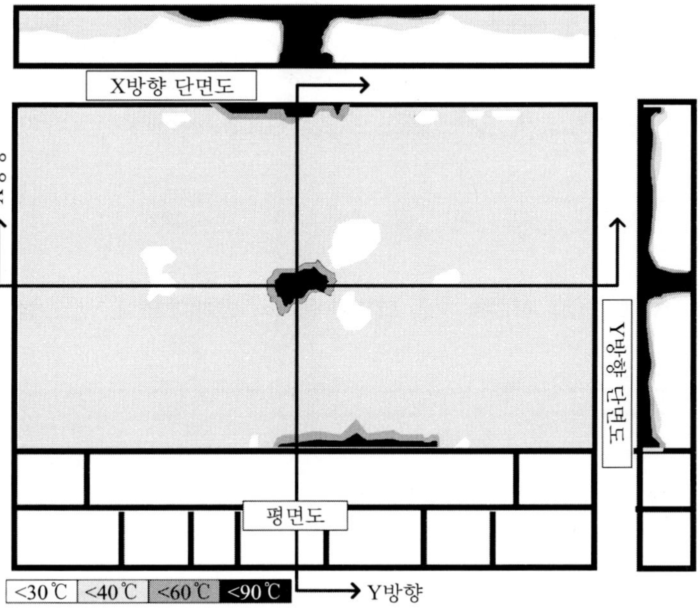

그림 6.7.10 온도분포도(FL + 1.8m) 화재발생 150초 후

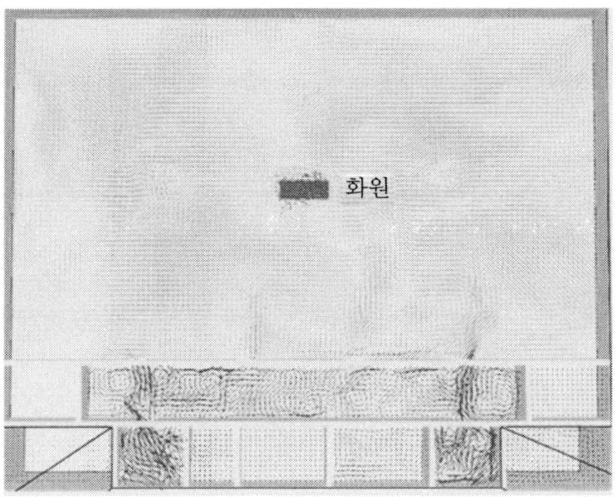

그림 6.7.11 풍속 벡터도 (FL + 1.8m) 화재발생 150초 후

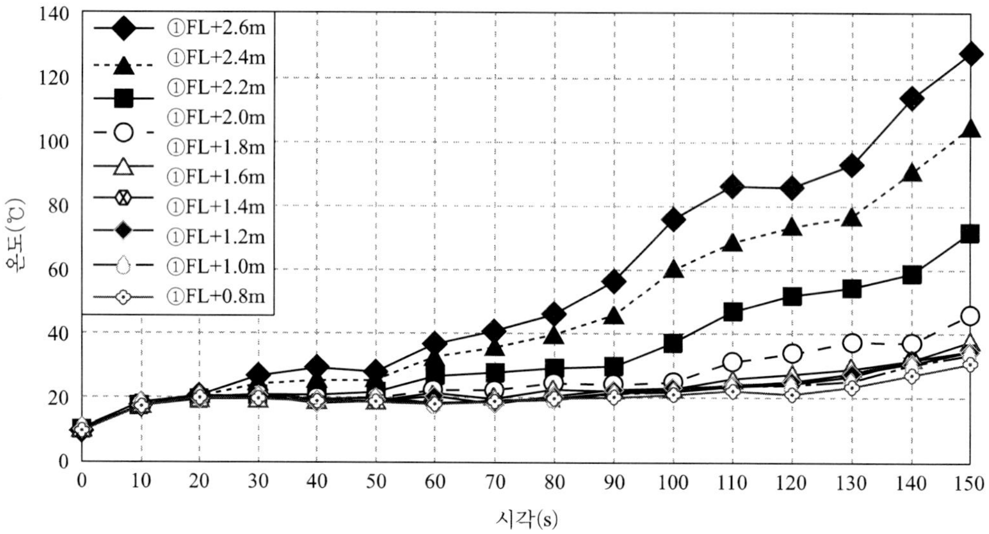

그림 6.7.12 시간에 따른 화재실 온도의 변화(그림 6.7.7 ①점)

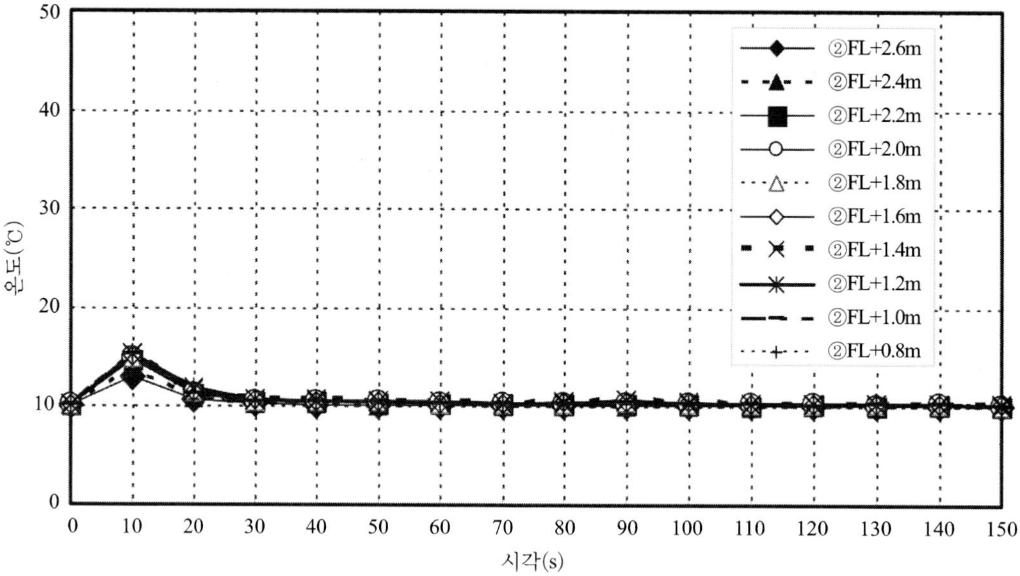

그림 6.7.13 시간에 따른 복도 온도의 변화(그림 6.7.7 ②점)

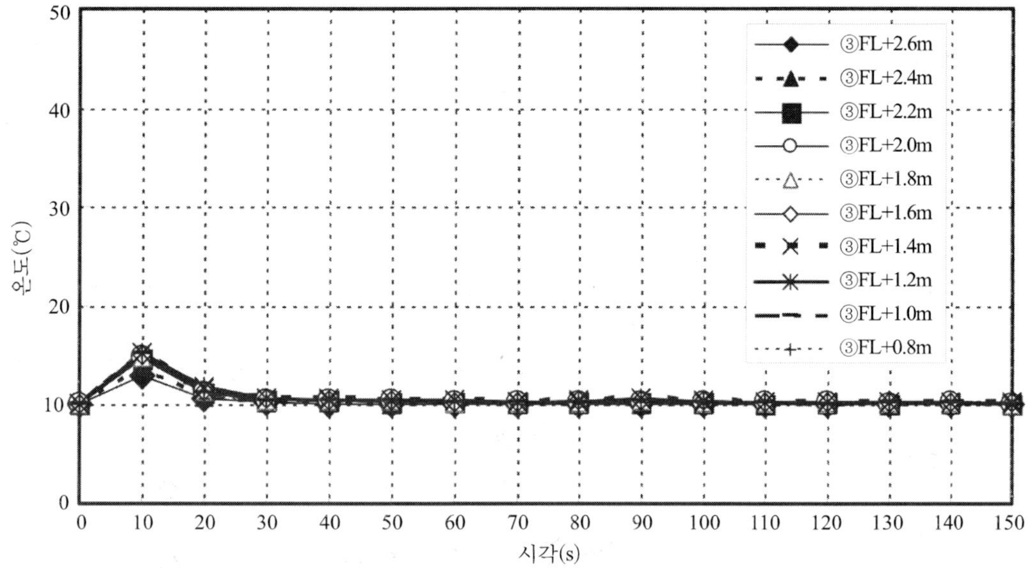

그림 6.7.14 시간에 따른 부속실(1) 온도의 변화(그림 6.7.7 ③점)

(5) 예측계산결과의 소결

CFD (FDS)에 따른 연기 유동예측계산에서 얻어진 결과는 다음과 같다.

- 복도의 온도는 초기의 단계에서 약 19℃까지 상승하고 있으나 가압의 가동과 함께 복도 전체의 온도는 외기와 실내의 중간치인 10℃ 정도까지 하강하다가, 층 피난 종료시각인 150초까지 복도의 화재안전성은 확보되고 있다.
- 층 피난 종료시각인 150초까지 부속실에 연기는 침입하지 않음으로서, 부속실의 화재안전성은 확보되고 있는 것으로 판단된다.

여기에서 CFD (FDS)를 연기 유동계측에 이용함으로써 공간 내의 상세한 온도 분포를 파악할 수 있게 되지만, 메쉬 크기와 경계조건 설정에 따라서는 계산결과에서 큰 차이가 날 수 있다는 점에 주의할 필요가 있다.

참고문헌

1) 空気調和・衛生工学会：特殊な構造の排煙設備（押出排煙）設計マニュアル, pp. 22-29, 2005
2) 日本建築総合試験所：機関紙 GBRC, pp. 12-26, 2002
3) 久次米真美子, 田中哮義：必要排煙量に基づいた居室避難安全評価手法, 日本建築学会環境系論文集 No. 586, pp. 1-8, 2004. 12
4) 日本消防設備安全センター：加圧防排煙設備の設計・審査に係る運用ガイドライン, pp. 6-7, 2012
5) 国土交通省国土技術政策総合研究所：加圧防排煙設計マニュアル, pp. 57-82, 2011
6) 日本消防設備安全センター:加圧防排煙設備の設計･審査に係る運用ガイドライン, pp. 70-79, 2012
7) 建築研究振興協会：BRI2002 二層ゾーン建物内煙流動モデルと予測計算プログラム, 2003
8) Kevin McGrattan, Simo Hostikka, Jason Floyd, Howard Baum, Ronald Rehm, William Mell, and Randall : Fire Dyamics Simulator (Version 5) Technical Reference Guide, NIST Special Publication 1018-5, 2007

a
b
c

제 7 장

화재 시 인간의 거동과 피난계획에 관한 기초지식

화재가 발생하면, 재실자는 위험을 감지하고 상황을 확인하는 등 여러 가지 대응행동을 취한다. 화재로 인식한 뒤에는 상황에 따라서 화재를 컨트롤(소화, 배연)하거나 피난유도 등 업무로서 행동을 취할 수도 있지만, 일반적으로는 불길과 연기로 인한 신변의 위험을 느끼고, 화재실이나 기타의 실(비화재실)로부터 안전한 장소(피난출구 또는 연기가 제어됨으로써 연기의 침입이 방지되는 장소나 장시간의 안전성이 확보되는 장소)로 향하여 피난하게 된다. 다만 화재실로부터 먼 공간에 있는 경우에는 상황을 파악할 수 없으므로 화재를 인지하였을 때에는 복도가 연기로 오염되어 있어 대피시간이 늦어지는 경우도 많다.

안전하게 피난할 수 있도록 하려면 사전에 피난유도와 피난시설의 계획을 수립할 필요가 있다. 피난유도의 계획에서는 출화장소나 피난의 필요성을 빨리 알려야 하며, 또한 어떤 방향으로 피난해야 좋을지를 알리는 등 재실자에게 피난정보를 제공하여야 한다. 또한 피난시설의 계획 시에는 피난자 수에 적합한 피난경로로서 복도와 계단을 설치하고 본 연기제어계획지침에 제시된 방법으로 피난 경로가 연기로부터 지켜지도록 하여야 이러한 피난유도 계획과 피난시설계획을 적절하게 복합하여 피난계획을 세워야 한다. 또한 재실자밀도가 높은 경우에는 군중이 피난출구에 집중함으로써 혼란이 발생하지 않도록 유도방법과 출구를 배치할 필요가 있다.

7.1 화재 시 인간의 거동

연기 제어란 인간의 화재 시 대응행동을 전제로 계획해야 하는 것으로서, 화재 시 인간 행동에 대하여 이해할 필요가 있다.

(1) 화재발생 후의 재실자의 행동

화재가 발생한 경우에도 곧바로 피난행동을 취하지는 않는다. 피난행동은 화재에 대한 다양하게 대응하는 일련의 흐름 속에서 전개된다. 여기에서는 화재의 발생에서 피난에 이르기까지 어떤 인간행동이 전개될 것인가를 해설한다. 그림 7.1.1은 화재 발생 후의 재실자의 행동을 화재실의 상황과 대비해서 나타내고 있다. 다만 화재상황과 재실자의 행동의 시간경과는 각 화재에 따라 다르므로 유의할 필요가 있다.

a) 화재인지

쇼핑이나 수면과 같은 일상적인 행위를 하던 사람이 무엇인가 타는 냄새나 인간의 소동으로 이상을 느끼고 무엇이 일어났는지 확인하기 위해서 주변을 살핀 후에서야 화재가 발생한 것임을 알 수 있다. 출화점 근처에 있게 되면 화재라는 것을 용이하게 판단할 수 있고 비교적 피난행동이 원활하게 되는 경우가 많다. 반면, 출화점으로부터 떨어진 곳에 있는 경우에는 상황을 이해하기에는 시간이 걸려 피난개시가 늦어지게 된다. 자동화재경보설비 벨소리나 연동되는 자동비상방송이 행해지는 경우에는 여러 가지 대응이 이루어지지만 사람의 속성이나 성격 등으로 그 대응의 패턴이 결정된다. 피난훈련이 잘 되어있으면 화재의 유무와 화재장소에 대한 확인이 빠르게 이루어질 것이다. 하지만 잦은 비화재보(화재발생과 관계 없이 벨소리 등이 있는 경우)가 있는 경우에는 벨이나 자동비상방송을 무시하게 된다.

b) 초기대응

화재의 발생을 인지하고 나서부터의 대응은 그 때의 상황이나 사람마다 다르다. 예를 들면, 그 자리에 주저앉아 있는 사람도 있고, 소화기를 갖고 소화에 뛰어드는 사람도 있다. 화재의 확대가 급격하여 위험성이 커지게 되면 곧바로 피난하는 사람의 비율이 높아진다. 또한 불특정 이용자의 경우, 일단 화재로 인식하게 되면 즉시 피난하는 사람의 비율이 높다. 이에 대하여 종업원, 특히 책임급 지위에 있는 종업원은 초기소화, 소방서에 연락, 비상방송, 손님이 있는 경우는 피난유도 등 다양한 대응을 취하게 된다. 그러나 화재시의 대응에 대해서 교육되지 않는 아르바이트 등의 종업원 등은 누군가의 지시를 기다리거나 무엇을 해야 하는지 모르고, 불안해하는 손님과 같은 행동을 취하는 경우가 많다.

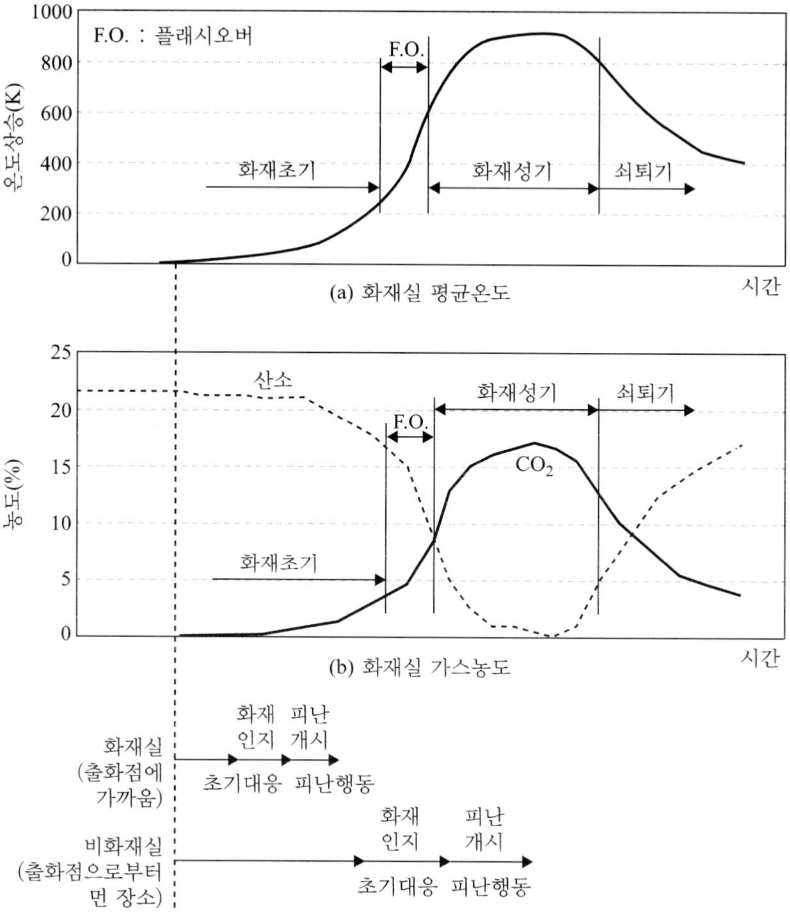

그림 7.1.1 화재발생 후의 재실자의 행동 [1)]

c) 피난개시

화재를 인지하고 어떠한 초기 대응이 이루어진 후 피난행동이 자발적 또는 유도에 의해서 개시된다. 피난이 개시되는 것은 주로 다음의 3가지 시점이다.

① 연기층이 신체 가까이까지 온 것을 확인한 경우

② 적절한 피난유도가 이루어졌을 경우

③ 주변의 사람이 피난하는 행동을 본 경우

그림 7.1.2에 주요 화재사례에서 출화로부터 발견까지의 시간과 발견에서 피난까지 시간의 관계를 나타낸다. 발견이 빠르면 대응행동에 선택의 여유가 있고, 피난행동을 개시

할 때까지 편차가 큰 것을 알 수 있다. 이는 "피난개시허용시간"을 주관적으로 판단하고 곧바로 피난하지 않고 초기소화 또는 기타 활동을 취하기 때문이라고 판단된다. 또한 화재의 발견이 늦어지면 피난개시까지의 시간이 여유가 없다는 것도 알 수 있다.

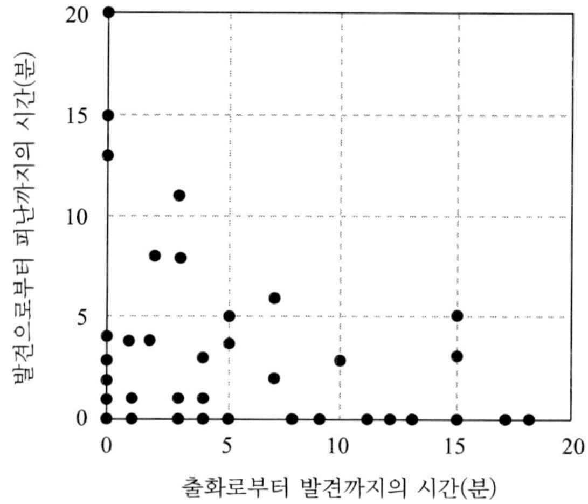

그림 7.1.2 주요화재사례에서 나타난 출화부터 발견까지와 발견부터 피난까지의 시간의 관계 [2)]

d) 피난행동

피난이 일단 시작된 후에는 피난하는 방향과 이동속도가 연기 확산과의 관계에서 문제가 된다. 피난행동에는 다음과 같은 2가지 상황이 있다.

e) 구출대기

화재를 인식한 시간이 늦은 경우나 화재나 연기의 확대가 급격한 경우, 연기로부터 막다른 곳에 몰리면 복도로 피난할 수 없어 실(비화재실)에서 대기하거나 혹은 베란다와 발코니로 일시 피난한 후 소방대의 구출을 기다리게 된다. 외기에 면한 베란다와 발코니가 있고, 개구부에서 분출된 농연과 화염으로부터 몸을 피할 수 있는 경우 어느 정도 안전성은 확보된다.

그러나 그렇지 못한 경우, 일시대피 또는 대기한 곳에도 농연과 화염이 침입함으로써 더 이상 감내하기 어려운 환경이 되면 창문을 통하여 아래로 뛰어내리는 등 일반적으로는 생각할 수 없는 이상한 행동을 보이는 경우도 있다.

(2) 피난행동의 2가지 상황

피난행동을 크게 나누면 2가지의 상황이 있다.

제1 상황의 피난행동은 화염이나 연기가 다가오거나, 농도가 옅은 연기가 전파되는 정도까지 재실자가 안전하게 피난유도하는 경우에 사람들이 취하는 행동이다(그림 7.1.3).

인간은 위험성이 인식되지 않는 상황에서는 좀처럼 피난을 시작하지 않으므로, 명확한 지시로 유도하지 않으면 피난개시가 늦어진다. 하지만 다수의 사람들이 있는 건물에서 일단 피난이 시작되면 다른 사람의 움직임에 따라 피난하는 사람이 늘어나면서 계단 등에서 정체되는 군중피난으로 진전된다. 화염이나 연기가 없는 상황에서는 군중피난으로 진전되어도 큰 혼란이 나타나지 않는 경우가 대부분이지만, 극장이나 행사장 등과 같이 재실자밀도가 특히 높은 경우에는 군중행동으로 진전될 위험이 있으므로 주의가 필요하다.

제2 상황의 피난행동은 화염과 농연이 피난자들에게 전파되는 경우의 행동이다(그림 7.1.4). 화염과 연기로 노출되면 사람들은 갑자기 출구로 쇄도하고, 출구 부근에서는 군중피난으로 진전된다.

또한 출구까지 거리가 있는 경우에는 연기 속에서 출구를 탐색하게 된다. 정전이나 농연에 의해 시야가 확보되지 않은 상황에서는 벽을 타고 더듬거리며 보행하거나 다른 사람에게 의탁하여 피난하기도 한다.

다수의 사망자가 발생한 화재에는, 제2 상황에서 쇄도한 군중피난에 의해서 압사하거나 출구를 탐색하는 도중, 특히 방향을 바꾸는 지점이나 갑자기 넓어지는 장소 등에서 경로를 잃고 사상되기도 한다.

그림 7.1.3　제1 국면의 피난행동(모 백화점 화재시의 피난유도 사례)

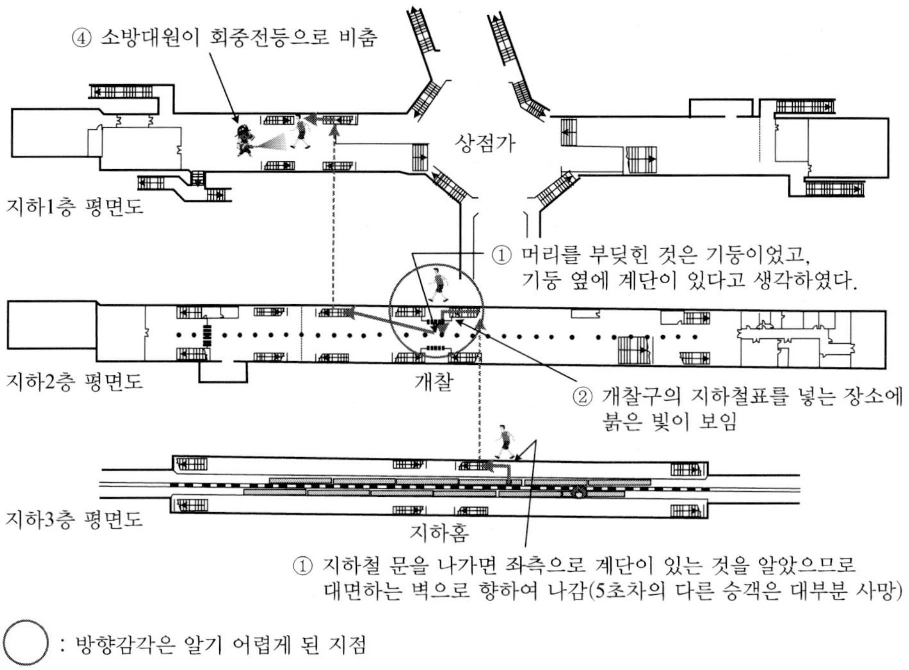

그림 7.1.4 제2 국면의 피난행동(2003년 한국 · 대구지하철 화재 시 농연 속에서의 행동사례)

피난계획은 이러한 2가지의 상황의 피난행동을 염두에 두고 피난유도와 피난시설의 양면에서 준비할 필요가 있다.

(3) 피난개시와 피난유도

화염과 연기가 입박한 상태에서는 전술한 제2 상황의 피난으로 진전되므로 안전한 피난은 기대할 수 없다. 따라서 피난계획으로는 화염과 연기가 도달하기 전까지 제1 상황의 피난으로 재빨리 피난유도를 행하여 원활하게 피난을 완료하는 것이 기본이다. 감지기 등으로 화재를 조기에 발견, 감지, 확인하는 체제를 구축히고, 동시에 정확하게 재실자에게 통지함으로써 재실자가 바로 피난을 개시할 수 있도록 한다(그림 7.1.5).

재실자에게는 화재초기의 화염의 크기는 큰 위험으로 느껴지지 않으나 플래시오버의 상태가 되면 급격히 화재확대가 진전하므로, 피난의 시기를 놓치게 되는 경우가 있다.

일반적으로 건축물 규모가 크고 복잡할수록 상황을 파악하기 어렵고 정확한 정보전달도 곤란하다. 따라서, 일정 이상규모의 건축물에는 방재센터 요원을 배치하고 정확한 대응이 가능하도록 하여야 한다. 또한 자동적으로 화재를 감지하고 통보하는 설비 및 비상 방송설비로 재실자의 조기 피난유도를 가능하도록 하여야 한다.

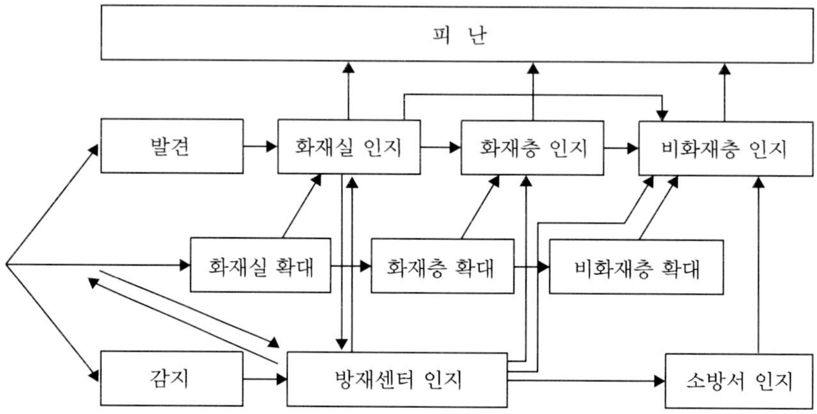

그림 7.1.5 화재상황 인지의 경로 [3)]

공동주택에서는 각 주택의 독립성이 높아 정보가 전달되기 어렵기 때문에 화재가 발생해도 피난이 늦어지기 쉽다(그림 7.1.6). 이러한 건축물에서는 화재종합 감시시스템 등을 개발함으로써 조기에 피난하는 대책도 이루어지고 있다. 단 조기 피난을 위한 고도의 정보 대책이 실시되어도 제대로 기능을 발휘하지 못하는 경우를 대비한 발코니로부터의 피난경로 등 피난이 늦어질 때의 경우를 대비하여 피난경로를 확보해두는 것이 바람직하다.

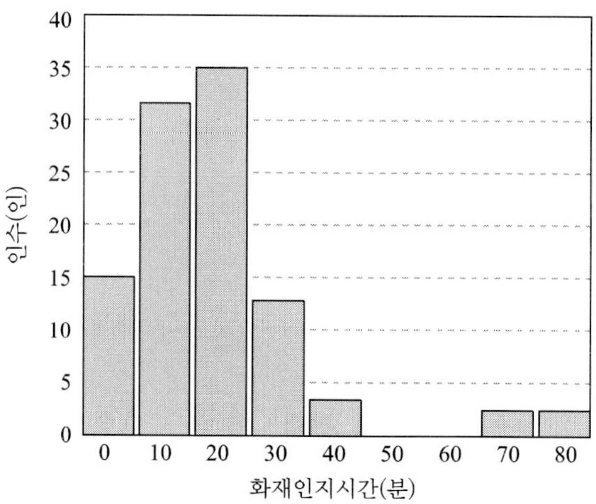

그림 7.1.6 화재인지시간의 분포의 예(고층주택) [4)]

피난안전성능을 확인할 경우, 피난개시시간을 계산하여야 한다. 피난개시시간은 화재발생시간과 피난행동이 이행할 때까지의 초기대응 행동시간으로 이루어진다. 피난에 관련된 화재인진시간에 대해서는 그림 7.1.5에 제시된 각 경로에 필요한 시간에서 계산할 수 있다. 어떤 경로를 선택할지는 각 경로의 신뢰성과 그 공간의 재실자의 종류, 관리상태 등이 관련된다. 이를 공간 종류별로 정리하고 피난개시까지 시나리오 유형으로 나타낸 것이 표 7.1.1이다.

실제 화재인지시간의 분포는 피난유도가 적절히 이루어졌는지 여부에 따라 크게 다르다. 또한 화재를 인지한 후 피난개시에 이르는 초기대응행동시간은 화재인지의 방법이나 그 사람이 처한 상황에 따라 다르다.

표 7.1.1 피난개시까지의 시나리오 유형 [5)]

<table>
<tr><th></th><th colspan="2">유 형</th><th>주요용도</th><th>피난개시시간을 좌우하는 주요 시간요소</th></tr>
<tr><td rowspan="4">화재실</td><td colspan="2">대공간 · 경각성</td><td>극장, 백화점</td><td>화재실에서의 정보전달시간</td></tr>
<tr><td colspan="2">소공간 · 경각성</td><td>사무실빌딩, 학교</td><td>화재발생을 인지하고 피난하기 시작하기까지의 시간</td></tr>
<tr><td rowspan="2">소공간 · 수면</td><td>장비 : 있음
관리 : 양호</td><td rowspan="2">호텔, 병원, 주택</td><td>비상방송 등이 이루어지는 시간</td></tr>
<tr><td>장비 : 없음
관리 : 불량</td><td>화재의 성장시간</td></tr>
<tr><td rowspan="6">화재층의 비화재실</td><td colspan="2">고밀도 · 커뮤니티 · 경각성</td><td>학교, 자사빌딩</td><td>사람으로부터 정보를 받는 시간</td></tr>
<tr><td rowspan="2">저밀도 · 비 커뮤니티 · 경각성</td><td>장비 : 있음
관리 : 양호</td><td rowspan="2">임대빌딩, 상가빌딩</td><td>비상방송 등이 이루어지는 시간</td></tr>
<tr><td>장비 : 없음
관리 : 불량</td><td>화재의 성장시간, 연기확산시간</td></tr>
<tr><td colspan="2">저밀도 · 커뮤니티 · 수면</td><td>병원</td><td>피난유도가 이루어지는 시간</td></tr>
<tr><td rowspan="2">저밀도 · 비 커뮤니티 · 수면</td><td>장비 : 있음
관리 : 양호</td><td rowspan="2">호텔</td><td>비상방송 등이 이루어지는 시간</td></tr>
<tr><td>장비 : 없음
관리 : 불량</td><td>화재의 성장시간, 연기확산시간</td></tr>
<tr><td rowspan="2">비화재층</td><td colspan="2">대규모</td><td>초고층빌딩</td><td>비상방송 등이 이루어지는 시간</td></tr>
<tr><td colspan="2">중소규모</td><td>중저층빌딩</td><td>비상방송 등이 이루어지는 시간 또는 화재의 성장, 연기확산시간</td></tr>
</table>

(4) 피난의 방향

일단 피난이 개시되면 안전한 피난시설로 연결되도록 적절한 방향으로 피난여부, 즉 대피방향(피난경로선택)이 문제가 된다. 피난경로선택에 대해서는 피난자의 상황에 따라 다음과 같은 경향이 있는 것으로 알려져 있다.

a) 건물에 익숙하지 않은 사람의 경우
- 원래 왔던 길을 선택(회귀성)
- 다른 사람을 따라 대피한다(추종성).

b) 건물에 능숙한 사람의 경우
- 평소부터 익숙한 경로를 선택(일상지향성)
- 안전하다고 생각한 경로를 선택(안전지향성)

c) 위험이 임박한 경우
- 위험을 회피하는 선택(위험회피성)
- 밝은 쪽으로 향하는 길 선택(향광성)

d) 큰 공간에 있는 경우
- 눈에 띄기 쉬운 경로를 선택(이시경로 선택성)

e) 복도를 가진 건물의 경우
- 바로 근처의 경로를 선택(지근거리 선택성)
- 복도가 막힐 때까지 직진(직진성)

건물의 평면계획에서는 이러한 경향을 고려하는 것이 바람직하다. 예를 들어, 자사빌딩 등에서 특정인의 이용이 예상되는 경우에는 일상 지향성을 중시하고 그림 7.1.7과 같이 특별피난계단 부근에 화장실이나 휴게실을 설치하면 일상 이용 시에 특별피난계단의 위치를 인식시키는 동시에 피난경로가 일상적인 동선과 일치하게 됨으로써 피난행동을 취하기 쉽다.

이에 대하여, 판매점포 등은 불특정 다수자가 이용한다. 거기서 그림 7.1.8에 나타낸 바와 같이 외부에 개방된 복도와 외부계단을 통상의 쇼핑 루트로서 설정하고, 건물에 익숙하지 않은 고객들이 원래 왔던 경로로 돌아가면 개방복도나 외부계단에 도달하는 회귀성에 주목한 계획을 고려할 수 있다. 이 예에서는 개방복도나 외부계단은 밝게 열린방향에 있으므로 향광성에도 부합된 계획이다.

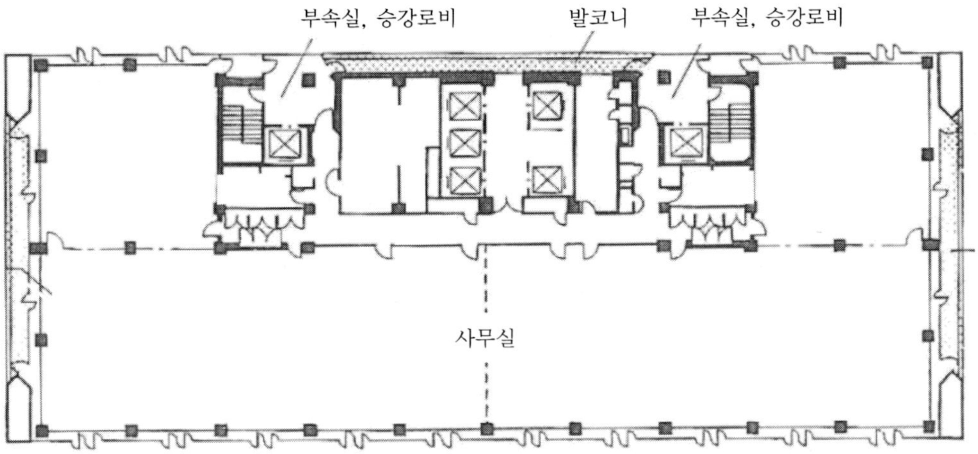

그림 7.1.7 일상 지향성을 중시한 계획 [6)]

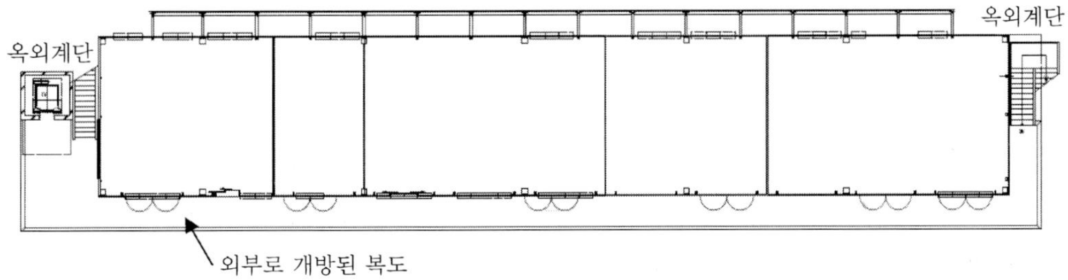

그림 7.1.8 회귀성을 중시한 계획

(5) 화재 시의 인간행동의 특징

화재 시 인간행동에는 지금까지의 화재사례로부터 그림 7.1.9와 같은 특성이 있다고 기술된다. 堀内・小林 등에 따르면, 화재 시에는 일상생활의 연장선상에서 행동이 반영된다고 보고되고 있다. 그림 7.1.10은 한 사무소 건물 화재 후 피난자에 대해서 설문을 분석한 것으로 처음 행동은 화재를 인지하게 된 직후의 행동, 피난행동은 그 후의 피난로를 어떻게 선택했는지를 나타내고 있다. 이 보고에 따르면 직장에서의 명령 계통이나 역할 분담이 그대로 화재 시 행동에도 반영되면서 비교적 용이하게 피난이 이루어진 것으로 보고되고 있다.

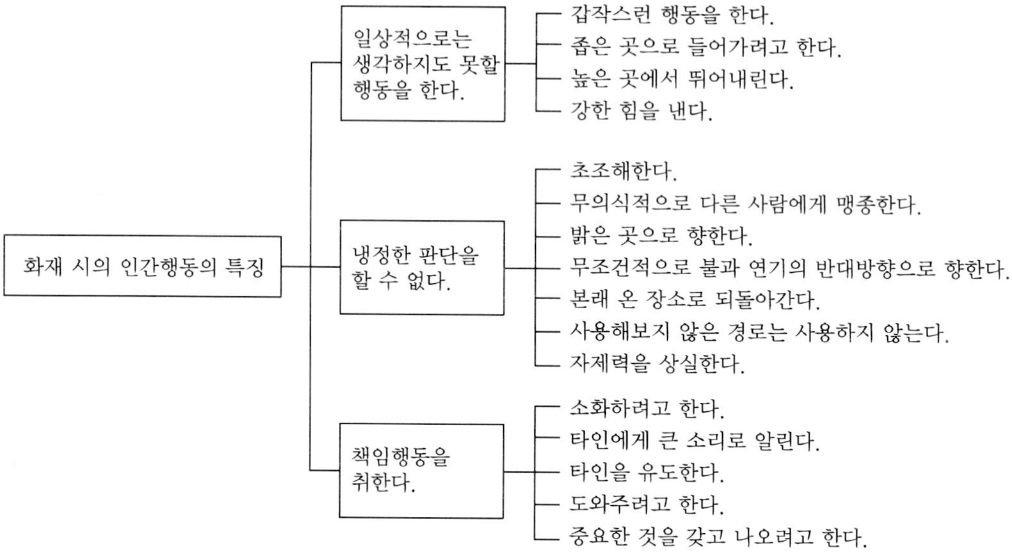

그림 7.1.9 화재시의 인간행동의 특징 [7)]

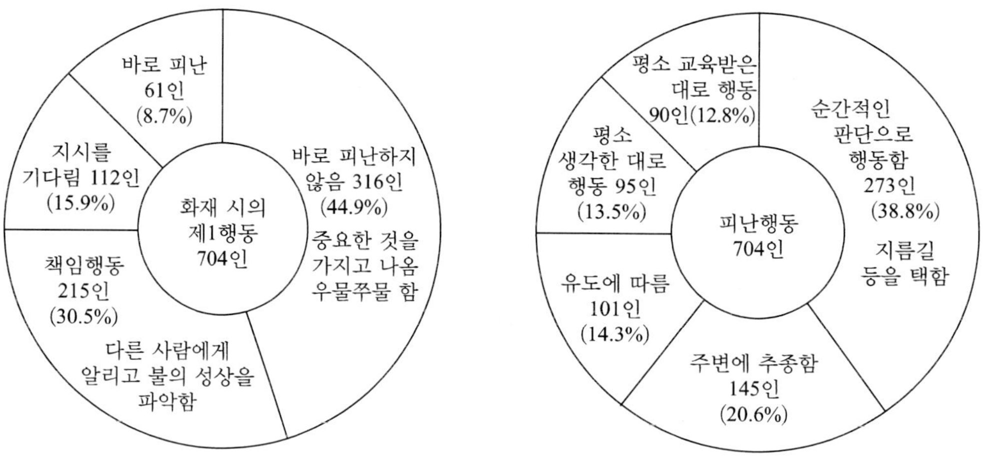

그림 7.1.10 사무실빌딩화재에서 초기행동과 그 후의 피난행동 [8)]

7.2 군집피난

(1) 군집의 피난위험회피

기본적으로는 연기가 임박해오지 않은 제1 상황에서 재빠르게 피난유도를 하고, 순차적으로 피난을 완료할 필요가 있지만, 이 제1 상황의 피난행동에서 특히 문제가 되는 것은 군집이 동시에 피난할 때의 군집피난에 따른 혼란이다.

일반적으로 화재가 발생하더라도 곧바로 피난하는 것은 아니지만, 일단 피난이 시작되면 사람들이 군집적으로 행동을 하게 된다. 특히, 극장이나 백화점, 학교 등 재실자가 많은 시설에서는 피난출구의 부족으로 많은 사망자가 발생한 화재사례도 적지 않다. 화재가 아닌 경우에도 다수의 사람이 몰리고 이동할 경우에는 군중 사고가 발생할 수 있음을 고려하면 화재 시 출구에 사람이 몰려 앞으로 혹은 뒤로 갈 수 없는 사람이 체류하게 됨으로써 혼란을 겪는 것을 쉽게 생각할 수 있다.

폐쇄된 공간 내에 많은 사람이 있을 때에는 인원에 적합한 폭의 피난경로가 아니면 그림 7.2.1과 같이 피난경로 상의 출구 등이 장해가 되고 거기에서 생기는 체류가 해소될 때까지의 시간이 지연된다. 그 사이에 화염과 연기가 확대되면 체류하던 사람들은 그 영향을 생리적으로 받게 된다. 더 나아가 연기로 인한 심리적 영향으로 출구 압력이 강화됨과 더불어 뒤쪽의 피난자로부터 앞으로 나아가도록 압력을 받기 때문에 출구에 사람이 막히는 현상이 나타난다. 체류밀도가 상승하면 출구로 몰려드는 군중이 저절로 반원을 형상하고 아치액션을 일으킴으로써 군중의 밀도는 더욱 상승한다. 유출가능인원의 저하가 있을 뿐만 아니라 고밀도 상태에서 사람들이 움직이지 못하면 군중이 쓰러지는 사고가 발생하고, 출구부근에서 겹쳐져서 사상자가 발생할 위험성도 높아진다.

이러한 군집피난에 따른 위험을 회피하려면, 실내의 가연물과 벽, 천장이 급속히 연소되고 화염과 연기가 급격하게 확대됨으로써 재실자가 패닉상태가 되지 않도록, 불연화시키는 것도 중요하다. 또한 피난출구나 비상계단 등의 피난경로에 장애가 된다면, 폭을 충분히 넓게 하고, 과도하게 사람이 체류하지 않도록 하거나, 피난출구를 적절히 분산시켜야 한다. 또한 출화층과 그 직상층 같은 위험성이 높은 층의 재실자부터 순차적으로 화재의 발생을 알림으로써 시간차이를 두어 한 번에 비상계단에 사람이 집중되지 않도록 유도하는 방법도 있다.

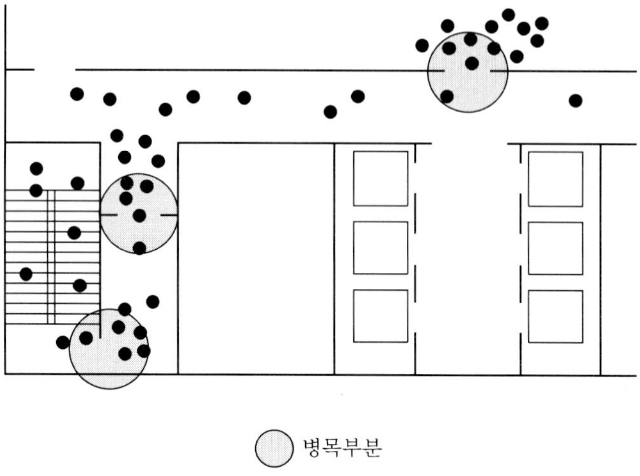

그림 7.2.1 병목을 통과하는 군중의 상황

(2) 군집밀도와 피난안전과의 관계

군집밀도는 안전하게 체재할 수 있는 밀도, 안전하게 이동할 수 있는 밀도, 피난안전의 평가 시 상정해야 하는 밀도 등 상황에 따라서 값이 다르다. 표 7.2.1에 군집밀도와 실제의 상황을 종합한 표를 제시했다.

엘리베이터 등의 폐쇄공간을 제외하고, 일상의 건축물에서 체험하는 밀도는 최대 4 [인/m^2]정도이다. 표 중에서는 밀도가 4 [인/m^2]를 초과하는 값도 제시되고 있지만, 허용 값을 의미하는 것은 아니다.

(3) 재실자밀도와 피난자수

상정해야 하는 피난자 수는 연간을 통해서 가장 많은 사람이 재실하는 사례를 확인하여 계산하면 가장 불리한 경우를 상정한 것으로 안전을 확인하는 방법으로는 문제가 없다. 표 7.2.2에 나타내는 재실자밀도는 실태 조사로부터 얻어진 값 중 예를 들면 상업시설에서는 휴일 등의 혼잡한 날의 최대값을 기준으로 설정한 것이다. 피난자수는 이 재실자밀도에 바닥면적을 곱해서 구한다.

표 7.2.1 군집밀도와 실제의 상황 [9)]

밀도 : 인/m^2		실 제 상 황
0.5		피난소에의 장기수용의 일반적 기준
	0.55	京間(쿄우칸, 약 2 m^2)의 1 다다미에 1명이 앉음 江戸間(에도마, 약 1.75 m^2)의 1 다다미에 1명이 앉음
1.0		비 오는 날에 한 사람 한 사람이 우산을 쓰고 모여 있는 상태 피난자의 단기수용(2~3일)의 일반적 기준
	1.04	신칸센의 그린 차의 만석 상태
	1.1	경간의 1 다다미에 2명이 앉음
	1.2	30 cm의 바닥타일의 3매 × 3매에 1명이 서있음
	1.3	에도마의 1 다다미에 2명이 앉음
	1.5	자유보행의 한계
	1.62	신칸센 보통차의 만석 상태
	1.64	쿄유칸 1 다다미에 3명이 앉음 : 집회 등에서 정렬하여 앉은 상태
2.0		조금 촘촘하게 앉은 상태 인간을 장기간 수용하는 한계
	2.3	신칸센 보통 차의 통로에 좌석을 등지고 승객이 선상태(승차율 : 140%)
	2.8	통근 전차의 정원
3.0		통근 열차 좌석부분만의 밀도 영화관 좌석에 사람이 가득 차 있는 상태(2.6~3.5인/m^2)
	3.1	역의 홈등에서의 행렬
	3.5	승차율 140%의 신칸센 보통차의 통로부분
	3.8	군집이동으로 정체 발생개시
4.0		야구장 스탠드 등 벤치형의자를 채우고 앉은 상태 정좌로 촘촘하게 앉은 상태
	4.5	승차율 200% 통근전차(신문을 쉽게 읽을 수 있는 정도)
5.0		소형 엘리베이터의 정원
	5.7	승차율 200%의 통근 전차 (주간지 정도는 읽을 수 있지만, 떨어뜨리면 줍지 못하는 정도)
6.0		대형 엘리베이터의 정원
	6.3	표준 체형의 인간을 사각 그리드로 정렬시킨 경우
	6.5	군집 이동한계
	10.0	통근전차의 이동통로 부분의 밀도
	13.0	통근 열차문 부근의 밀도
	14.0	구형 전화박스(0.72)에 10명 들어 있는 경우
	14.0	표준 체형의 인간을 그리드장으로 세울 한계
	16.0	표준 체형의 인간을 지그재그 모양으로 채운 한계
	17.0	그림으로 표준체형의 인간을 넣을 수 있는 한계
	17.8	통근 전차에서 관측된 최대값
	19.2	발 모양을 그림으로 넣을 수 있는 한계

표 7.2.2 거실의 용도별 피난계산용 재실자밀도 [10)]

거실의 종류		재실자밀도 (인/m^2)	용도의 특징	기타 이것에 준하는 실의 예
주택의 거실		0.06	거주의 목적으로 하는 것	하숙・기숙사의 거실
주택 이외의 건축물에 있어서의 침실	고정침대의 경우	침대수/바닥면적	주로 취침을 하는 것을 목적으로 하는 것	호텔・여관 내 객실, 숙직실, 수면실
	그 외의 경우			
사무실, 회의실, 기타		0.125	사무의 집무에 사용되는 것, 사무실에 인접해 설치된 협의 등에 이용되는 것(대회의실은 제외)	학교의 교원실・직원실・음식장의 주방, 마켓 등의 조리작업실
교실		0.7	주로 책상과 의자를 늘어놓아 사용하는 것	소규모의 회의실, 연수실
판매시설	매장의 부분	0.5	상품의 사이를 자유롭게 이동할 수 있는 것, 점포 내의 통로 포함	마켓, 유기장, 게임센터
	매장에 부속하는 통로의 부분	0.25	연속식 점포의 공용 통로부분	쇼핑몰의 통로부분
식당		0.7	주로 책상과 의자를 늘어놓고, 음식을 이용하는 것	레스토랑, 커피숍, 찻집, 카페, 나이트클럽, 바, 댄스홀, 노래방룸
극장, 영화관, 관람장, 공연장, 집회장, 그 외	고정석의 경우	좌석수/바닥면적	주로 불특정 다수의 사람이 고밀도로 이용하는 것	이벤트홀, 식장, 연회장, 회의장, 라이브홀
	그 외의 경우	1.5		
전시실 그 외		0.5	전시된 주위를 자유롭게 견학할 수 있는 것	도서관, 박물관, 미술관, 갤러리, 쇼 룸

(4) 군집밀도와 보행속도

그림 7.2.2 (a)는 수평한 한 방향흐름 시 군집밀도와 유속(보행속도)의 관계를 그림 7.2.2 (b)는 군집밀도와 유동계수의 관계를 나타낸 것이다. 밀도가 1.0 [인/m^2] 이하에서는 밀도와 유동계수가 대체로 비례하고 있고 유속도 거의 변화하지 않거나 1.0 [m/s] 이상(즉, 장애가 없는 이상적인 보행속도)을 확보하고 있다. 밀도가 1.0 [인/m^2]이 되면 속도가 감소하고, 밀도의 증가에 대해서 유동계수가 약간 증가되거나 또는 2.0 [인/m^2] 정도를 기점으로 감소한다. 그러므로 많은 인원이 장시간 통행하는 피난경로의 폭과 용량을 계

획할 때는 자유로운 보행을 확보하는 1.0~2.0 [인/m^2] 정도의 밀도가 되도록 배려하는 것이 바람직하다.

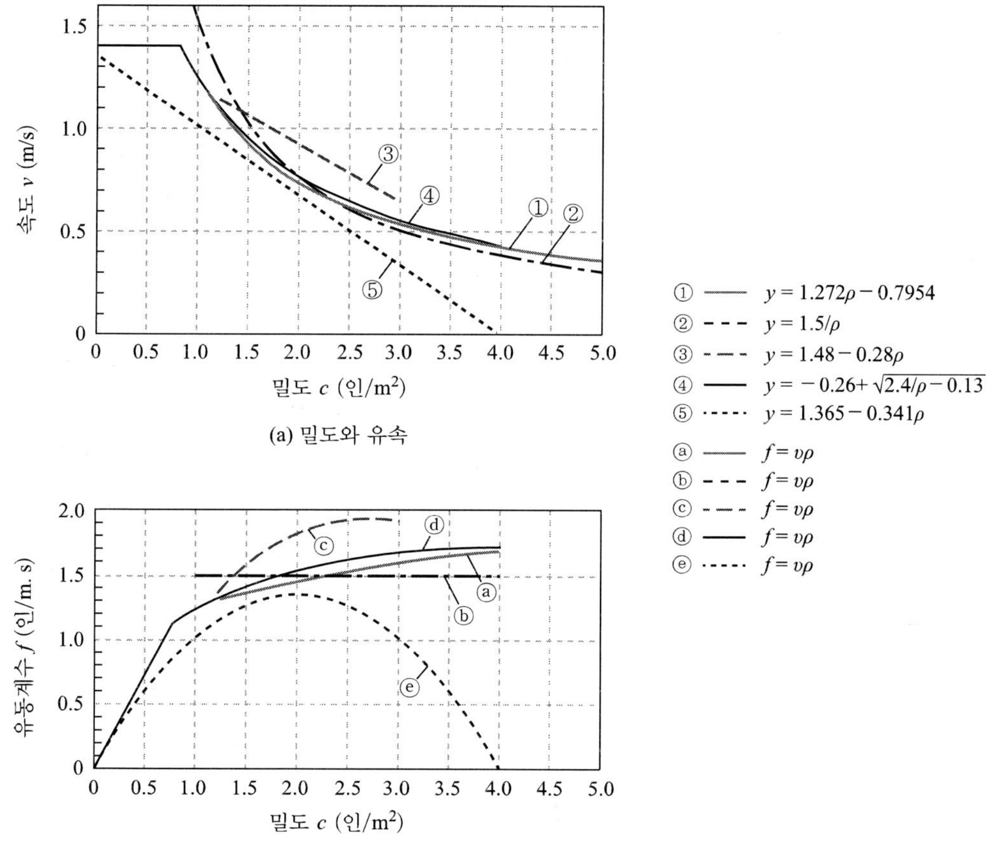

(a) 밀도와 유속

(b) 밀도와 유동계수

①ⓐ : Kimura 외, 건물 내의 군집유동상태의 관찰, 일본건축학회 논문집대회호, p308(1973.3)
②ⓑ : Togawa 川 외 : 군집류의 관측에 따른 피난시설의 연구, 건축연구소보고, p16, 건설성건축연구소(1995)
③ⓒ : Uchida, 전차역의 승강장 및 계단폭원, 철도기술연구소 중간보고, p13(1956)
④ⓓ : Miyata, 열차운전에 관계하는 보행자의 인간공학적 고찰, 철도OR논문집, p142(1966.3)
⑤ⓔ : B.S. Pushkarev. Urban space for pedestrian. MIT Press (1975)

그림 7.2.2 수평로 한방향 흐름(통근군집)의 밀도와 유속 · 유동계수 [7)]

(5) 군집밀도의 제어

병목 부분에서 유출이 크게 제한될 경우, 군집밀도가 6~7 [인/m^2]을 초과하면, 사람들 사이에 틈이 없어지고 군집의 압력이 높아진다. 이런 상태의 군집 중에서는 사람들이 타율적인 움직임이 발생할 수 있고, 군중의 압력과 맞물리면서 군집 사태까지 이어질 수 있다. 디스코장 등 매우 재실자밀도가 높은 곳에서 화재가 발생하면 출구 부근에서는 고밀도의 군집이 되기 쉽다. 미국 로드아일랜드 주의 나이트클럽 화재(2003년)에서는 주요 출입구에 사람들이 일제히 대피하면서 100명이 사망하고, 200명 이상의 부상자가 발생하였다. 이러한 군중사고 발생방지를 위해서는 피난시의 체류인원에 따른 화재와 연기로부터 안전한 체류장소를 확보함으로써 병목 앞에서 과밀도 상태가 되지 않도록 하여야 한다[11].

계단문 앞 등 통로 너비에 대해서 문 폭이 좁고 계단에서 내려오는 피난자로 계산실에 유입하려는 피난자가 교차하는 장소에서는 밀도가 높아지기 쉽다. 층마다 방화・방연 구획이 되는 건물이면, 발화층 및 그의 직상층을 우선적으로 피난시키는 순차적인 피난으로 밀도상승을 억제하는 방법도 있다. 한편, 큰 극장이나 홀처럼 여러 층의 피난이 동시에 발생될 경우에는 계단으로 동시 유입을 상정한 계단 폭을 마련하는 등의 대책도 필요하다.

또한 3~5 [인/m^2]에서도 앞으로 나아가고자 다투고 있는 상황에서 뒤쪽의 사람이 앞쪽의 사람을 넘어트리고, 넘어진 사람이 다시 앞사람을 넘어트리는 일이 반복되는 "도미노 현상"이 발생할 수도 있는 것에 유의할 필요가 있다.

(6) 피난자의 출구통과

병목이 되는 부분에서 피난자가 통과하는데 필요한 시간은 유동계수를 이용하여 계산할 수 있다. 이 유동계수는 단위시간, 단위폭 당 주위의 통과인원으로 나타낸다. 예를 들면, 피난자의 행동능력에 의한 분류(표 7.2.3)에서의 유동계수는 1.3~1.6 [인/(m・s)]정도이다. 이것으로부터 피난자수를 유동계수에 병목 폭을 곱한 인원수로 나누면 개구를 통과하는데 필요한 시간을 산출할 수 있다.

개구부의 통과는 피난자에 화염과 연기 등의 위험이 이르기 전에 완료할 필요가 있다. 위험이 미치는 시간은 연기들이 사람에게 영향을 미치는 높이로 하강하기까지의 시간으로 하는 경우가 많다. 단, 이 시간이 충분히 긴 경우에도 군집이 출구 앞에 장시간 기다리는 것에 따른 심리적 영향이 있는 경우는 인구밀도의 상승 등으로 군집사고가 되는 경우도 있다. 따라서 피난자가 몰리지 않도록 단계적인 피난을 하거나 체류가 생기지 않는 폭을 확보하는 대책도 필요하다.

표 7.2.3 피난자의 행동능력에 따른 분류 [12)]

피난자의 타입 \ 군집의 행동능력		보행속도 (m/s)		유동계수 (인/m·s)	
		수평	계단	수평	계단
자력만으로 행동하기 어려운 사람	중환자, 노약자·영아·정신박약자·신체장애자 등	0.8	0.4	1.3	1.1
해당 건물의 위치 및 경로 등에 익숙하지 않은 일반 사람	여관 등 숙박 손님, 상점, 사무소 등의 손님, 행인 등	1.0	0.5	1.5	1.3
해당 건물의 위치 경로 등에 익숙한 심신 건강한 사람	건물 내 근무자·종업원 경비원 등	1.2	0.6	1.6	1.4

7.3 재해 시 재난약자의 피난

인간행동은 개개의 인간의 대응능력도 크게 좌우된다. 특히 고령자나 장애자 등 재해 시 재난약자의 경우에는 특히 대응이 어렵다. 유아나 아이 등의 경우에도 보호자가 없으면 적절한 행동을 취하지 못하고, 또한 성인이라도 만취한 경우나 질병, 부상 등인 경우 일시적으로 대응능력이 떨어지는 경우도 있다.

지금까지는 재해 시 재난약자 피난안전성에 대해서는 특별한 시설 등에 한해서 검토된 경우가 대부분이었다. 하지만 일본의 경우, 총 인구가 2006년으로 정점에 오른 반면 65세 이상 고령인구는 해마다 증가할 것으로 예측되고 있다.

최근에는 고령자 인구의 증대나 일반건축물에 대한 장애자의 접근성(Accessibility)의 확보중요성에 따라 어떠한 건축물에서도 이들 고령자나 장애자 등의 존재를 고려하고 대피계획을 입안할 필요가 있다. 따라서 본 장에서는 화재 시 대응이 곤란한 재해 시 재난약자에 대한 화재 시 대응능력의 특징을 나타낸다.

(1) 고령자

고령자는 연령이 증가함으로서 보행 등의 운동기능, 청력, 시력[13] 등의 지각기능 외, 학습기능, 판단기능이 저하한다. 75세 이상 고령자를 중심으로 어떠한 장애가 있는 지를 토대로 재해 시에는 지원이 필요한 사람이 존재한다는 것을 대피계획 시는 고려할 필요가 있다.

그림 7.3.1은 보행공간의 바닥조도와 보행속도의 관계[그림 7.3.1(a)]를, 보행공간의 조명상태의 피난자의 시력 VA [Visual Acuity, 일반적으로 란돌트 고리(Landolt ring)를 사용하여 계측]로 환산하여 보행 속도와의 관계로 다시 표시한 것[그림 7.3.1(b)]이다. 보행공간 바닥면의 조도가 3.0 [lx]보다 낮은 조건은 연령층에 따른 보행속도 차이가 보이지만, 바닥면의 조도가 3.0 [lx] 이상이 되면 양자의 보행속도는 거의 같다. 이 연령층에 따른 차이는 보행공간에서 조명상태의 시력으로 표현되는 것으로 일원화 할 수 있기 때문에 보행속도는 연령에 관계하는 보행자의 시력에 의해서만 정해지고 있다는 것을 알 수 있다.

또한, 보행공간에서의 시력이 0.25 이하가 되면 보행속도는 저하되므로 그 이상을 유지하도록 피난경로의 조명을 배려할 필요가 있다.

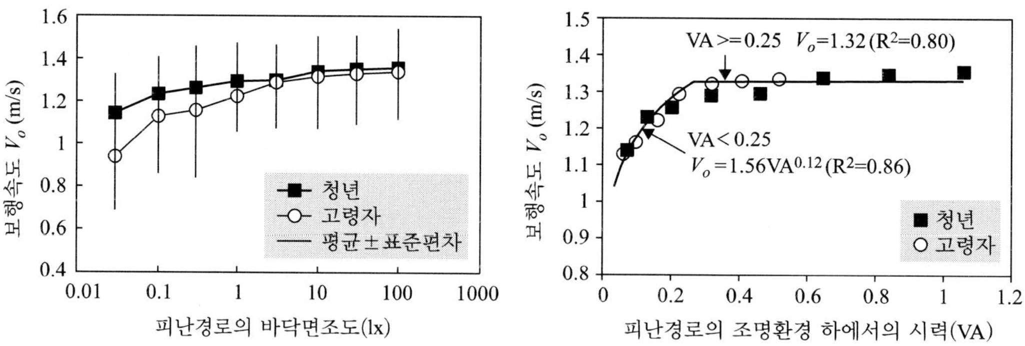

(a) 보행공간의 바닥면 조도와 보행속도

(b) 보행공간에서의 시력과 보행속도

그림 7.3.1 보행공간의 조명환경 하에서 보행속도의 연령비교 [14]

(2) 시각장애자

시각장애자는 시각정보로부터 위험을 파악하는 것이 어렵기 때문에 빠르게 위험에서 대피할 수 없지만, 소리의 전달은 효과적이다. 따라서 자동화재경보설비와 연동시킨 소리로 경보장치나 비상방송설비를 설치하거나, 피난경로에 피난구의 위치를 알리는 유도소리를 부가한 유도등을 설치하는 것이 바람직하다.

(3) 청각장애자

청각장애자는 행동력은 정상인과 별로 다를 바 없지만, 음성을 통한 피난유도가 어렵다. 청각장애자에게는 빛이나 문자에 의한 전달이 효과적이므로 자동화재경보설비와 연동시킨 빛으로 비상사태를 알리는 경보장치나 문자표시설비를 설치한다. 피난경로에는 점멸형 유도등이 바람직하며, 설치비는 고가이나 점멸 주행식 피난유도시스템 등도 있다.

(4) 지체부자유자

지체장애자는 휠체어나 보조기구를 이용하여 행동하지만, 화재 시에는 행동이 제약되는 경우가 많다. 휠체어 사용자의 통행을 배려하여 대피경로를 포함한 모든 통로에는 단차를 두지 않고, 문은 유효 폭을 충분히 취하여 용이하게 개폐할 수 있도록 배려한다. 휠체어 사용자에 대한 계단의 피난 시에는 2인 이상 가능하면 3~4인으로 지원한다. 지원할 수 있는 사람이 한 명밖에 없는 경우는, 업은 상태로 피난하게 된다. 계단에서는 다수의 피난자가 군집이 되어 피난하는 일이 있으므로, 휠체어 사용자가 일시적으로 대피할 수 있는 장소를 계단실 내 등에 설치하여, 군집유동이 해소된 단계에서 지원을 받고 대피하는 방법도 있다. 안전성을 확보한 비상용 엘리베이터 등을 이용한 피난에 대해서도 실질적으로 검토되고 있다.

(5) 재난약자의 보행속도 · 피난시간

피난자의 보행속도에 대해서는 표 7.2.3에 나타낸 바와 같으나, 실험 및 관찰 결과에 따르면 노인이나 유아 혹은 병약자의 수평보행속도는 0.6~0.8 [m/초]이며, 비장애인의 1/2~2/3 정도이다. 또한 집단이동의 보행속도는 불특정한 자로 구성된 집단은 특정자 집단보다, 보행능력이 이질인 자로 구성된 집단은 균질적인 집단보다 각각 10~20% 정도 늦다.

병원의 경우처럼 환자를 들것(Stretcher)이나 휠체어 등을 이용하여 피난시킬 필요가 있는 경우에는 실제로 이동하고 있는 시간에 대해서, 바꾸어 타는 등의 시간 비중이 높은 것에도 유의해야 한다. 훈련을 행하지 않는 시설에서는 사전에 바꾸어 타는 등에 필요한 시간이나 이동속도를 고려한 피난기구를 준비하는 훈련을 행하고, 유도 체제를 확립하고 있는 시설보다 피난시간은 오래 걸리게 된다.

자력으로 피난하기 어려운 사람이 상당수가 재실하는 경우의 피난시간은 그림 7.3.2와 같이 간병자 1인당 담당해야 하는 환자수의 영향을 받는다. 그러므로 간병자의 수를 증원하거나 화재시 연기 등의 영향부분을 한정시키는 등의 대책이 필요하다.

표 7.3.1, 7.3.2는 재해 시 재난약자의 보행속도에 대한 기초적인 데이터이다. 이 데이터의 피실험자는 지역의 건축물을 이용하기 때문에 평소에 외출을 행하고 있는 155명의 재난약자이고, 그 중 121명은 부축 없이 이동을 할 수 있다. 계단 보행에 대해서는 보행장애가 있지만 자력으로 계단보행이 가능하다고 판단된 30명에 대한 데이터이다. 계단보행의 실험 중 몇 번이나 휴식을 필요로 하는 오르거나 내려가거나 대부분 사람이 1단씩 보행하였다. 또한 오르거나 내려가는 상황 모두 거의 전원이 난간을 사용하여 보행하고 있다. 따라서, 전체적으로 내려가는 경우가 곤란한 경향으로 보고되었다[15].

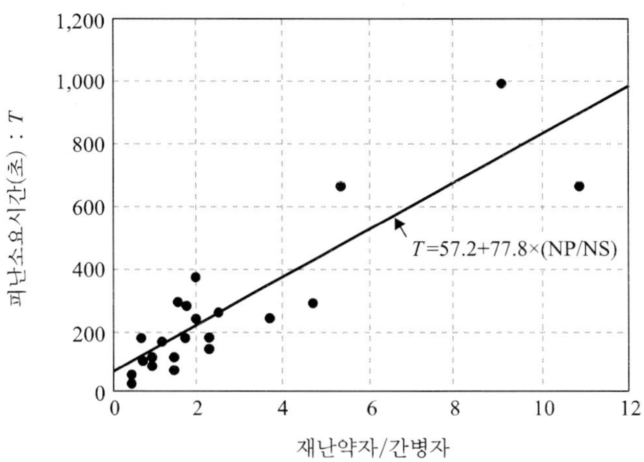

그림 7.3.2 피난소요시간과 「재난약자수/간병자수」[12]

표 7.3.1 장애정도에 의한 수평보행속도 [15)]

피실험자 그룹	평균(m/s)	표준편차	범위 *1	사분위수범위 *2
장애자 자력보행($n=107$)	1.00	0.42	0.10~1.77	0.71~1.28
보행장애가 있음($n=101$)	0.80	0.37	0.10~1.68	0.57~1.02
기구 미사용($n=52$)	0.95	0.32	0.24~1.68	0.70~1.02
목발사용($n=6$)	0.94	0.30	0.63~1.35	0.67~1.24
지팡이사용($n=33$)	0.81	0.38	0.26~1.60	0.49~1.08
보조도구사용($n=10$)	0.57	0.29	0.10~1.02	0.34~0.83
보행장애 없음($n=6$)	1.25	0.32	0.82~1.77	1.05~1.34
전동휠체어($n=2$)	0.89	-	0.85~0.93	-
수동휠체어($n=12$)	0.69	0.35	0.13~1.35	0.38~1.94
간병인 동행 휠체어($n=16$)	1.30	0.34	0.84~1.98	1.02~1.59
간병인 동행 보행($n=18$)	0.78	0.34	0.21~1.40	0.58~0.92

n : 피험자수
*1 : 데이터의 최소값에서 최대값까지의 범위
*2 : 분포 중앙부에서 본 50%부분이 차지하는 범위

표 7.3.2 장애의 정도에 의한 자력의 계단 보행속도 [15)]

피실험자 그룹	평균(m/s)	표준편차(m/s)	범위*1(m/s)	사분위수범위*2(m/s)
상행				
보행장애가 있음($n=30$)	0.38	0.14	0.13~0.62	0.26~0.52
기구 미사용($n=19$)	0.43	0.13	0.14~0.62	0.35~0.55
목발사용($n=1$)	0.22	-	0.13~0.31	0.26~0.45
지팡이사용($n=9$)	0.35	0.11	0.18~0.49	-
보조도구사용($n=1$)	0.14	-	-	-
보행장애가 없음($n=8$)	0.70	0.24	0.82~1.77	1.05~1.34
하행				
보행장애가 있음($n=30$)	0.33	0.16	0.11~0.70	0.22~0.45
기구 미사용($n=19$)	0.36	0.14	0.13~0.70	0.20~0.47
목발사용($n=1$)	0.22	-	-	-
지팡이사용($n=9$)	0.32	0.12	0.11~0.49	0.24~0.46
보조도구사용($n=1$)	0.16	-	-	-
보행장애가 없음($n=8$)	0.70	0.26	0.45~0.10	0.53~0.90

7.4 연기 · 열 환경에서 인체의 영향과 피난행동

지금까지 주로 피난행동특성에 대해서 서술하였고, 정리하면 연기와 열이 인간에 도달하기 전까지 피난을 완료함으로써 인간에 미치는 영향이 나타나지 않도록 방연계획과 피난계획 등을 준비하는 것이다. 그러나 방재계획이 당초 계획대로 작동되지 않고, 또한 방화설비가 파손됨에 따라 전술한 바와 같은 제2 상황의 피난행동, 즉 연기에 둘러싸인 상태에서 피난하는 사태가 발생될 가능성도 있다. 따라서 여기서는 연기와 열이 인간에 미치는 영향을 고려한 대책에 대해서도 검토가 요구된다.

여기에서는 화재로 발생하는 연기 · 가스나 열에 대해서, 인간에게 영향을 미치는 강도나 영향을 받았을 때의 인간의 능력에 대하여 서술한다.

(1) 연기 · 가스가 인체에 미치는 영향

건물 화재 시 유해가스를 포함한 연기가 대량 발생함에 따라 의한 인명 위험성이 높고, 자살자를 제외한 사망자 중 약 50%가 일산화탄소 중독과 질식이 사인인 경우가 대부분이다. 화상에 따른 사망으로 여겨지는 것도 그 중에서는 일산화탄소 중독과 산소결핍에 따른 행동불능에 빠진 후, 화상에 따른 죽음에 이른 것도 포함되어 있으므로, 연기가 재실자에 미치는 영향은 매우 크다.

화재 시에는 사람의 행동이 활발해지고, 산소 소비가 증가하는데, 연기 중의 산소 감소, 일산화탄소 등 유독가스 흡입 등이 부가적으로 작용하고, 각각 단독의 경우보다 영향이 크다. 연기를 흡입한 경우에는 행동력의 저하나 의식을 잃음으로서 더 많은 유독가스를 마시고 사망하거나 화염으로 사망하는 것으로 조사되고 있다.

연기가 사람에게 주는 생리적인 피해는 주로 다음의 항목을 들 수 있고, 인체에 미치는 영향은 급격히 나타나는 것과 완만하게 나타나는 것이 있다.

a) 산소 농도의 감소 및 이산화탄소(CO_2)의 증가에 의한 질식
b) 일산화탄소(CO)와 시안화수소(HCN), 염화수소(HCl), 아크롤레인(CH_2=CH-CHO), 포름알데히드(HCHO), 암모니아(NH_3), 아황산가스(SO_2) 등의 유독가스에 의한 중독
c) 열기를 흡입함에 따라 기관지, 폐포가 화상을 입게 되어 호흡곤란으로 되는 열 피해
d) 연기 입자에 의한 눈과 폐에 자극

실제 화재에서의 온도와 연기, 가스성분의 변화의 실측 예를 그림 7.4.1에 나타낸다. 2분을 경과할 때부터 온도가 급격히 상승하고 있지만 동시에 산소농도는 급격히 감소하고 이산화탄소가 상승하고 있다. 플래시오버 이후는 일산화탄소 농도도 상승하고 있다.

연소에 의하여 발생하는 대표적인 유독가스의 종류와 인체에 미치는 영향을 표 7.4.1에 나타낸다.

산소농도가 15～16% 이하로 저하되면 사람의 활동에 영향이 나타나고, 6% 이하에서는 급속하게 의식을 잃고 사망에 이른다. 독성을 가진 가스에서는 일산화탄소가 발생량도 많고 위험하다. 그 영향은 농도와 폭로시간과의 곱으로 나타낼 수 있다. 일산화탄소 농도가 1% (10,000 ppm) 이상에서는 수 분만에 사망에 이른다. 또한 죽음에 이르지 않더라도 후유증이 있는 경우가 많고, 폐의 화상의 영향은 전술한 가스의 영향에 비하면 완만한 편이다.

피난 안전상 30분의 안전을 확보하려 하면, 표로부터 알 수 있듯이 일산화탄소 농도가 1,500 ppm (=0.15%) 정도에서 위험해지기 때문에 플래시오버 시에 일산화탄소 농도가 10% 정도까지 도달한다고 하면 적어도 100배를 기준으로 연기를 희석해야 한다.

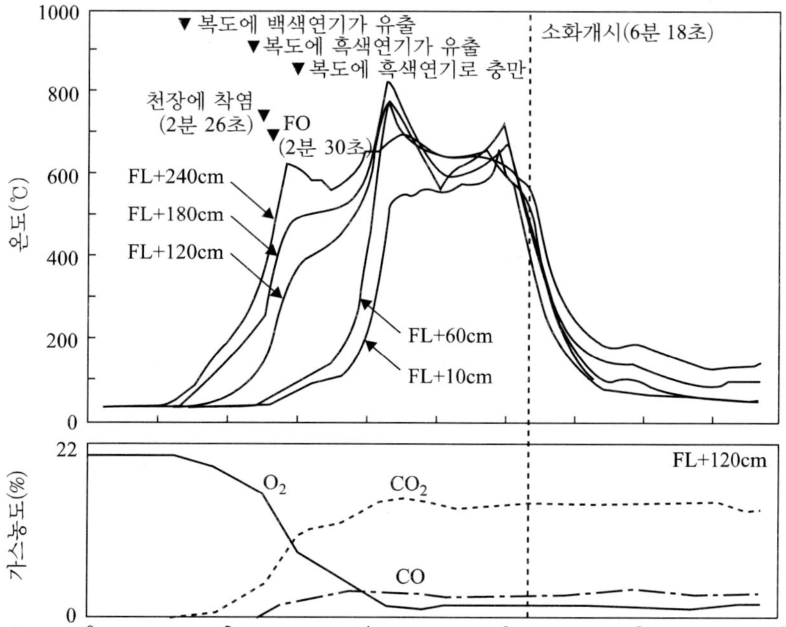

그림 7.4.1 화재실 내의 가스농도[16)]

표 7.4.1 주된 유독가스의 생리작용이 나타나는 농도(ppm) (Party, F.A., 1959)

분류	가스	작 용	1일 8시간, 1주 40시간의 노동환경에서의 허용농도	1시간 폭로로 안전	1시간 폭로로 위험	30분 폭로로 치사	단시간 폭로로 해결
단순 질식성	O_2 (결핍)	조직에 O_2공급 저하에 따른 정신 및 근육활동의 저하, 호흡곤란, 질식	–	–	–	–	6% 이하
	CO_2	흡기 중 O_2분압을 떨어뜨려 O_2 결핍증을 유발, 호흡곤란, 약한 자극, 질식	5,000	30,000 ~ 40,000	50,000 ~ 67,000	–	200,000
화학적 질식성	CO	혈액의 O_2 운동기능을 저해, 두통, 근육조절의 장애, 허탈, 의식불명	50	400~500	1,500~2,000	4,000	13,000
	HCN	세포호흡을 정지, 현기증, 허탈, 의식불명	10	45~54	110~135	135	270
	H_2S	고농도에서는 호흡중추를 마비, 저농도에서는 눈·상부기도의 점막을 자극	10	170~300	400~700	–	1,000~2,000
자극성	HCl	눈·상부기도의 점막을 자극, 상부기도의 파괴에 의한 기계적 질식	5	50~100	1,000~2,000	–	1,300~2,000
	NH_3	눈·상부 기도의 점막을 자극, 폐수종	50	300~500	2,500~4,500	–	5,000~10,000
	HF	눈·상부 기도의 점막을 자극, 부식작용	3	10	50~250	–	–
	SO_2	눈·상부기도·기관지 점막을 자극, 폐·성문의 수종, 기도폐색에 의한 기계적 질식	5	–	50~100	–	400~500
	Cl_2	눈·상부기도·폐 조직을 자극, 유루, 재채기, 기침, 폐수종에 의한 호흡곤란, 질식	1	4	40~60	–	1,000
	$COCl_2$	기관지·폐포를 자극, 폐수종에 의한 호흡곤란·질식	0.1	–	25	–	50
	NO_2	기관지·폐포를 자극, 폐수종에 의한 호흡곤란, 질식	5	–	117~154	–	240~775

(2) 연기에 따른 시각적 영향

연기가 자욱하면 시계가 사라지고 유도표자기 있어도 그것을 깨닫지 못하게 되며, 피난하는 방향을 더듬어 찾지 않으면 안 되게 된다.

그림 7.4.2 [17]와 같이 연기 속에서 가시거리 V [m]는 연기의 농도에 좌우된다.

연기가 흑색으로 빛의 흡수가 많아지면, 어두워짐에 따라 보기 어려워진다. 백색의 연기는 산란이 많아 대상을 판별할 수 없다. 흡수와 산란을 복합하여 소산이라고 칭하고, 그 정도는 연기 입자의 성질, 입자 수, 크기에 따라 달라진다. 광학적 농도를 나타내는 지표로서 감광계수(소산계수)가 사용되며 단위는 [l/m]에서 기호 Cs와 σ으로 나타낸다. 감광계수가 클수록 연기의 광학적 농도는 높다. 광학적 농도가 큰 연기는 유독성분도 많이 포함하고 있으므로 보통 광학적 농도가 연기와 위험도를 나타내는 지표로 사용되는 것이 대부분이다.

복도와 계단 등의 피난로의 가시거리는 벽 등과의 반사율과 주변과 콘트라스트로 다르지만, 창문이나 유도등 등의 발광형 표식[그림 7.4.2(a)] 쪽이 반사형 표식[그림 7.4.2(b)]보다 길어지고 발광형 표식에서는 $Cs\,V=5\sim10$이다. 반사형 표식판은 $Cs\,V=2\sim4$의 범위에 있지만 복도와 계단의 일반적인 벽면 반사율을 고려하고 $C_s V=2$와 같이 취급하는 것이 일반적이다[9].

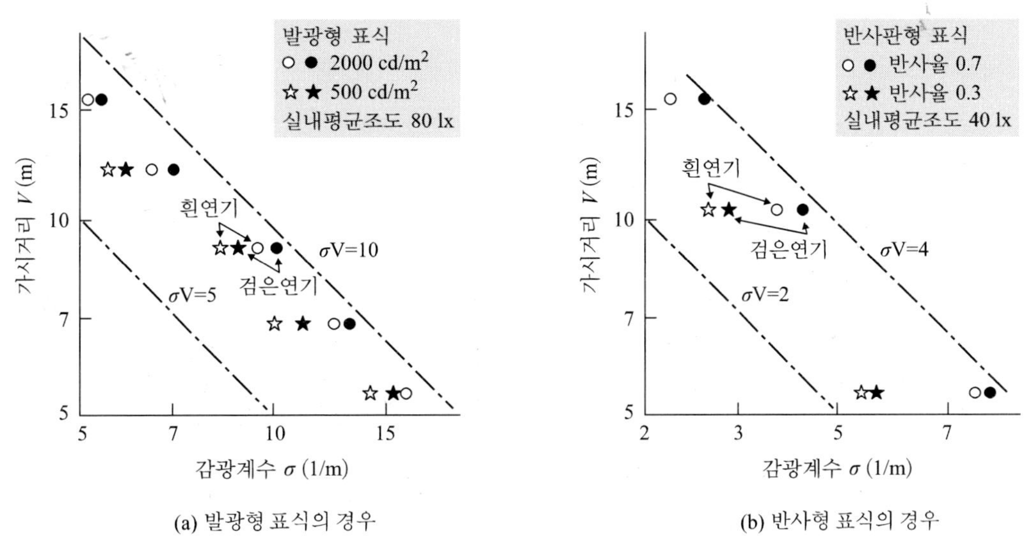

(a) 발광형 표식의 경우 (b) 반사형 표식의 경우

그림 7.4.2 연기 중의 표식의 가시거리 [17]

표 7.4.2 피난로의 가시거리와 연기의 상황 [18]

가시거리	상황의 설명
20～30 m	흐릿한 연기가 감돌 때의 농도. 연기 감지기는 이 정도의 농도로 작용한다. 또한 해당 건물에 익숙하지 못한 사람은 이 이상 심해지면 지장이 나타난다.
5 m	건물을 잘 아는 사람이 대피할 때 지장을 느끼는 농도
3 m	약간 어두운 느낌 정도의 농도. 이 농도에서 다소 더듬는 정도의 피난으로 된다.
1～2 m	이 농도에서는 거의 앞이 보이지 않는다.
수십 cm	화성기의 화재 층의 연기농도. 암흑 상태로서 거의 아무것도 보이지 않는다. 유도등도 보이지 않음.
-	출화실에서 연기가 분출할 때의 연기농도

피난에 필요한 가시거리는 건물을 숙지하고 있는 경우는 5 m, 그렇지 않은 경우는 20 m 이상이다(표 7.4.2).

화재 시의 연기는 자극성이 있기 때문에 시야를 충분히 넓혀 관찰하는 것이 어렵기 때문에 무자극성의 연기로 시인성과 비교하면 가시거리가 짧아진다(그림 7.4.3). 또한 연기 중에서 피난속도는 복도의 밝기, 건축물내의 숙지도, 혹은 연기의 눈과 목에 미치는 자극의 정도에 좌우된다. 연기에 의해서 가시거리가 제한될 경우 그림 7.4.4에 나타낸 바와 같이 연기가 있는 경우의 피난속도는 연기의 농도가 짙어질수록(감광계수가 클수록), 즉

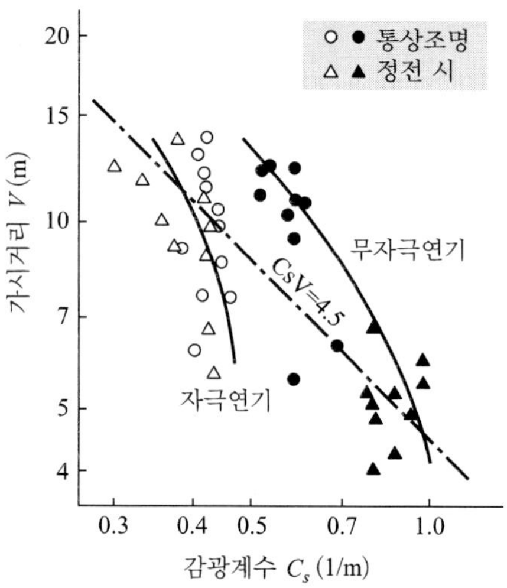

그림 7.4.3 자극성 연기 중에서의 가시거리 [18]

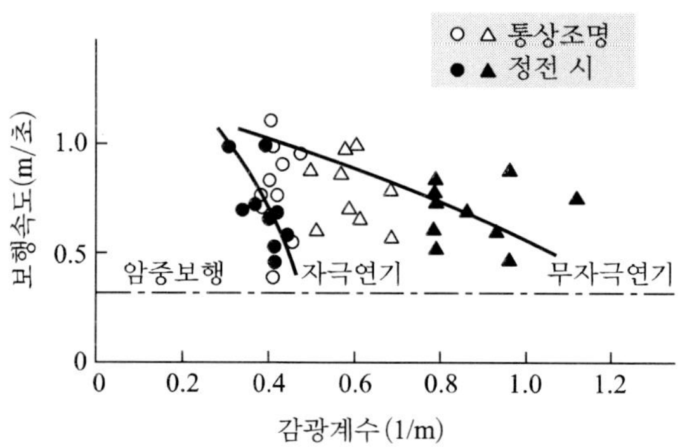

그림 7.4.4 연기농도와 보행속도 [18]

가시거리에 반비례하여 늦게 된다. 이러한 시계가 제약된 상태에서는 피난속도가 0.5 [m/초] 이하로 낮아질 수 있고 벽을 타고 가는 손으로 더듬어 걷거나 다른 사람에게 의지하여 피난하게 된다.

연기가 있는 보행공간(C_S =0.68 [1/m])의 바닥면 조도를 변화시키고 보행속도의 연령 비교를 나타낸 것이 그림 7.4.5이다. 공간 내에 연기가 있는 경우가 연기는 없는 경우에 비해서 보행속도가 현저히 저하되며 보행공간의 조도가 상승할수록 보행속도가 빨라졌고, 청년의 보행속도는 고령자의 속도보다 빠르다. 연기의 유무에 따른 보행속도의 변화율과 보행공간에서 시력과의 관계[그림 7.4.5(b)]로 나타내면 역시 연령층의 차이가 시력으로 일원화할 수 있고, 연기속의 보행속도도 연령에 관계없이 보행자의 시력에 의해서만 결정되는 것을 알 수 있다.

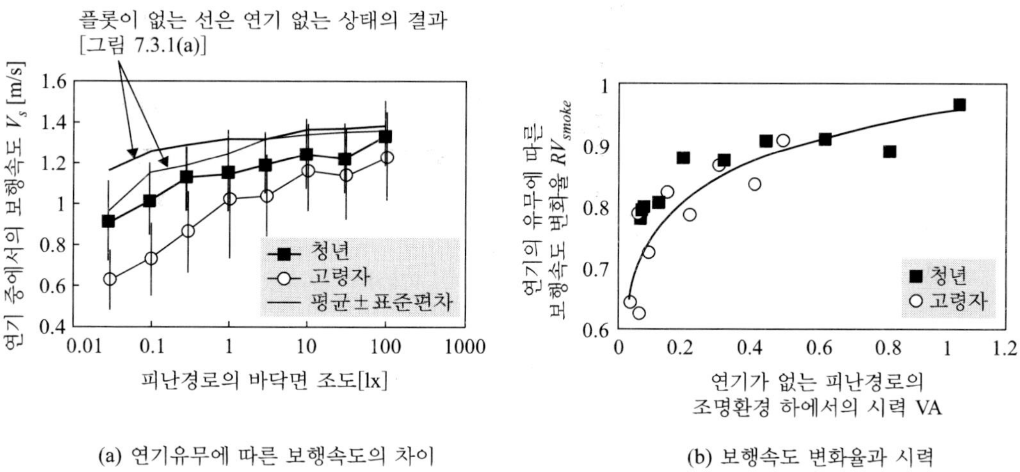

그림 7.4.5 연기로 가득한 보행공간(C_S = 0.58[1/m])의 보행속도의 나이 비교 [14)]

(3) 연기에 의한 심리적 영향

피난자가 뭐가 뭔지 모르게 되는 상황으로서 연기를 봤을 때 또는 연기를 흡입하여 답답해지는 때를 드는 경우가 적지 않다. 즉, 연기에 의해서 심리적 또는 생리적 압박으로 행동정지나 판단 정지에 빠지게 되는 것으로 판단된다. 보행공간을 보기 어렵거나, 불안감 등 보행공간을 걸을 때 생기는 부정적 평가는 보행공간의 조명환경이나 피난자의 순응상태・연기의 유무에 상관없이 보행속도로 판단할 수 있다는 보고도 있다[14)].

카미타다시(神忠久)가 안정도 검사기로 연기 속에서 심리적 동요도를 조사한 연구에 따르면 연기의 농도가 높아지면 대다수의 사람이 감광계수 0.1 [1/m]로 흔들리기 시작했고, 소수의 사람만이 감광계수 0.2～0.4 [1/m]로 동요하기 시작하는 것을 알 수 있다(그림 7.4.6). 이 결과로부터 일반인의 대부분이 흔들리기 시작했던 연기 농도(감광계수 0.15 [1/m])가 안전하게 대피할 수 있는 한계인 것으로 알려지고 있다. 이러한 동요에 따라서 행동정지 또는 부적응 행동이 생기게 되며, 피난속도는 더욱 늦어지게 된다.

심리적 동요를 감안하면 피난시의 광학적 농도는 일반적으로 감광계수가 0.1 [1/m] 이하로 유지되는 것이 바람직하다.

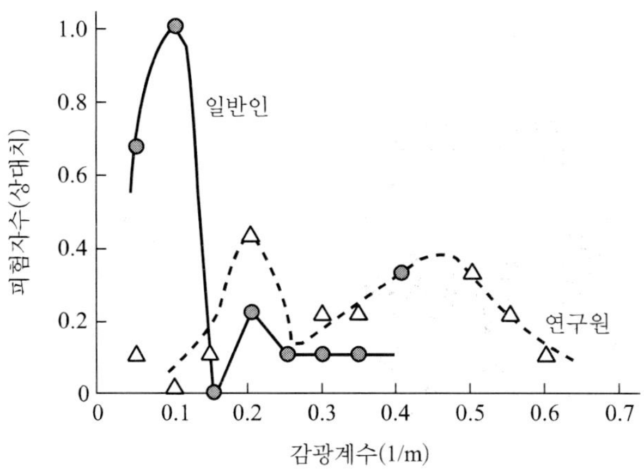

그림 7.4.6 연기농도와 동요하기 시작한 인원수 [18)]

(4) 열이 인체에 미치는 영향

천장이나 벽의 내장재가 가연성인 경우에는 화염이 급속하게 확대되어 열에 의한 인명 위험성이 높아진다. 특히 주택화재의 사망자의 대부분은 열에 의한 화상이 사인으로 되는 경우가 많다. 화상으로 되기 이전단계로서 인간은 어느 정도까지 열에 견딜 수 있는 것일까?

그림 7.4.7은 실험으로부터 복사조도와 그 열에 견딜 수 있는 시간(내열시간)과의 관계를 나타낸 것이다. 내열시간을 30분으로 하면 복사조도는 2.0 [kW/m^2] 정도이다. 또한 반소매 착용 시의 내열시간은 상기의 값의 1/2～1/5로 되는 것이 보고되고 있다.

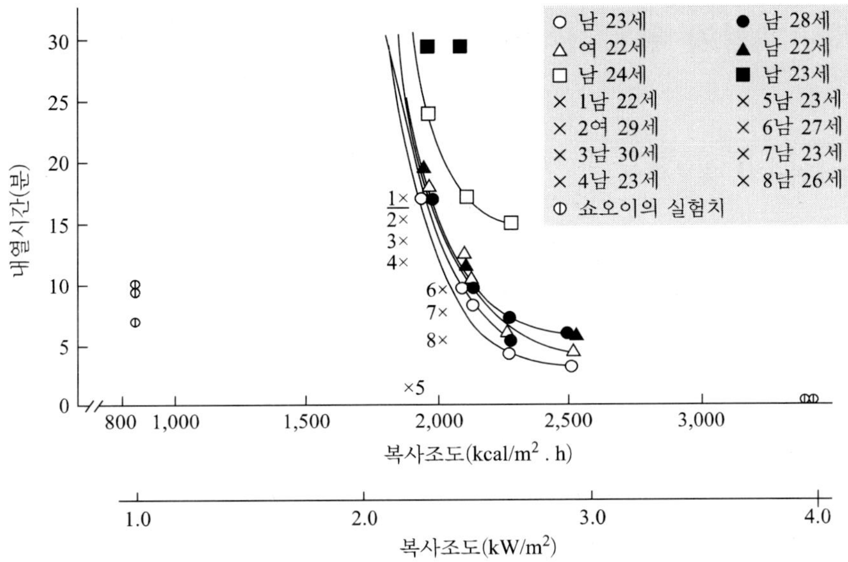

그림 7.4.7 인체에 대한 복사조도와 내열시간

한편 화재가 발생한 건축물 내에서 피난자에 대한 단기간 폭로된 내열온도에 관한 유효한 데이터는 거의 없다. 단, 내열온도는 주변의 습도에 크게 좌우된다는 것이 알려지고 있다. 인체에 지장이 없는 흡기온도(주변의 공기온도)의 한계로서 「고온다습한 공기의 호흡한계(피험자가 참을 수 있는 상태) 온도는 정지상태에서 평균 63℃, 운동하고 있는 상태에서는 평균 57℃이다. 전술한바와 같은 고온다습한 공기 하에서의 호흡한계의 온도에 이르면 입이나 목이 일시적으로 타는 것과 같이 느끼고, 입천장이나 인두의 뒷부분이 붉은색으로 변하는 등의 생리현상이 나타난다」라는 보고도 있다.

7.5 피난계획의 원칙과 방법

(1) 페일세이프와 훌프루프

피난계획에서는 안전한 피난경로를 확보하는 하드한 계획(피난시설계획)과 피난유도방법 등의 소프트한 계획(피난유도계획)을 복합적으로 고려하여 원활하게 안전한 피난이 달성될 수 있도록 한다. 그때에는 페일세이프와 훌프루프의 원칙을 적용한다.

a) 페일세이프의 원칙에 따른 피난계획

페일세이프의 원칙이라는 것은 실패와 고장이 발생하여도 대체수단을 통하여 안전에 이르는 것 다시 말하면 시스템의 확장성을 충족시키는 것이다.

예를 들면 화재가 확대되어도 피난경로가 확보될 것, 다시 말하면 피난경로가 보강되어 2방향피난이 확보되어야 한다. 그러기 위해서는 계단을 2개소 이상 배치하고 피난경로상의 중복거리를 적게 하여야 한다. 방화설비나 배연설비가 적절하게 작동하지 않고 피난경로의 복도로부터 피난이 되지 않는 경우, 발코니 경유의 탈출경로를 설정하는 것도 페일세이프에 따르는 계획이라고 할 수 있다.

b) 훌프루프의 원칙에 따른 피난계획

훌프루프의 원칙이라는 것은 위급 시에는 인간의 행동 또는 판단의 능력이 저하하여도 인간의 행동특성을 고려한 대책을 행함으로서 행동의 저하를 보완하여 당초의 목적이 이루어질 수 있도록 하는 것이다.

예를 들면, 연기 등으로 당황스런 상태가 되어도 안전성은 확보되어야 한다. 이것을 화염과 연기가 임박하지 않은 제1 상황의 피난에도 유용하여야 하며 연소나 농연이 임박한 제2 상황에서도 피난에 유용하여야 한다는 것을 염두에 두고 구체화하여야 한다. 제1 상황에서 피난이 완료될 수 있도록 하는 것이 기본전제이나 생각대로 되지 못한 경우를 대비하여 제2 상황을 고려하여야 한다.

훌프루프의 원칙에 따른 피난계획으로서는 문을 피난방향으로 열리도록 하거나 명쾌한 피난경로를 설정하여야 하고, 계단의 위치를 알기 쉽게 하여야 한다. 경로를 잘 모를 위치에 유도등을 설치하며, 피난경로를 일상동선과 관계되도록 설정하는 등 피난시의 행동 특성에 고려한 계획으로 하여야 한다.

그림 7.5.1은 복도의 단부에 피난출구(계단)를 설치한 예이다. 복도를 직진한 후 문이 있으므로 농연 중이라도 용이하게 피난출구라는 것을 인식할 수 있다.

한편 그림 7.5.2는 디자인을 중시하였기 때문에 색상이 동일하게 된 피난계단의 입구 예이다. 계단의 위치가 인식하기 어렵게 되어 있고, 더 나아가 겨우 피난유도등에 의한 것만으로 피난계단인 것을 알 수 있다.

그림 7.5.1 복도의 단부에 피난출구가 있음
(복도를 직진하면 피난출구가 있으므로 피난출구의 파악이 용이함)

그림 7.5.2 주변과 같은 색상으로 피난계단의 입구가 눈에 띄지 않음
(화면 중앙의 피난유도등 밑에 문이 있음)

그림 7.5.3은 지하공간의 피난경로를 어안렌즈를 사용하여 촬영하고 피난자의 시야정보의 차이를 나타낸 것이다. 피난경로에 광고 등의 다수의 디자인이 설치되어 있으면 특히 분기점에서는 출구방향이 알 수가 없기 때문에 경로탐색의 용이성을 충분히 배려한 디자인의 계획이 중요하다. 시야정보의 각종 사인에 대한 입체각투사법을 사용하여 피난경로의 탐색의 용이성을 평가할 수 있다는 보고도 있다.[21)]

또한 그림 7.5.4는 비상출구 앞에 상품이 진열되어 있는 예이다. 화재발생시 피난자가 피난출구 전에 도달하였음에도 불구하고 피난출구가 사용할 수 없는 매우 위험한 상황이 발생하게 될 수 있다.

이와 같은 예에서 나타낸 바와 같이 피난시의 행동특성을 고려한 계획 및 방화관리가 중요하다.

(a) 출구방향을 알 수 없는 피난경로의 분기점
(일본의 지하가)

(b) 광고가 적으므로 알기 쉬운 피난경로
(벨기에 지하철역 구내 : 유도표식만 녹색)

그림 7.5.3 피난자의 시야화상을 사용한 피난경로의 탐색용이성 비교

그림 7.5.4 피난경로상에 놓여있는 상품

(2) 피난경로의 구성

피난경로는 출화실 및 출화층, 건물전체로부터 피난을 행하기 위한 수단으로서 거실의 피난출구(피난문), 복도, 계단, 발코니 등의 피난시설로서 구성된다. 더 나아가 건물의 형태 및 규모로부터 피난행동을 고려하여 화연에 의한 영향이 없도록 설계하여야 할 필요가 있다.

계단유입까지의 필요한 시간이 긴 경우에는 그림 7.5.5에 나타낸 바와 같이 계단의 앞에 화연으로부터 보호될 수 있는 안전구획을 설정하여 피난자를 화재실로부터 안전구획으로 유입시켜 계단 앞에 체류하는 피난자를 일정시간 보호하는 방안도 있다.

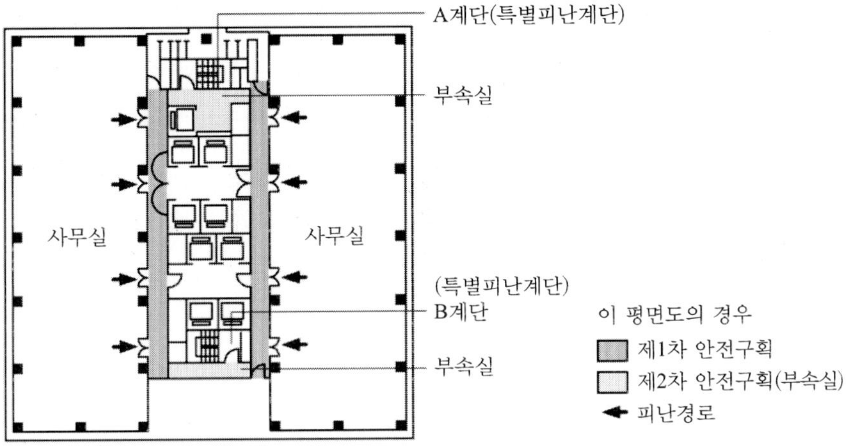

그림 7.5.5 안전구획의 예 11)

(3) 수평피난방식에 따른 피난

그림 7.5.6에 나타낸 바와 같이 평면을 복수의 존으로 방화구획하여 비출화존을 출화존에 대한 안전구획으로서 기능시키는 방안도 있고, 이러한 방법을 수평피난방식이라 칭한다.

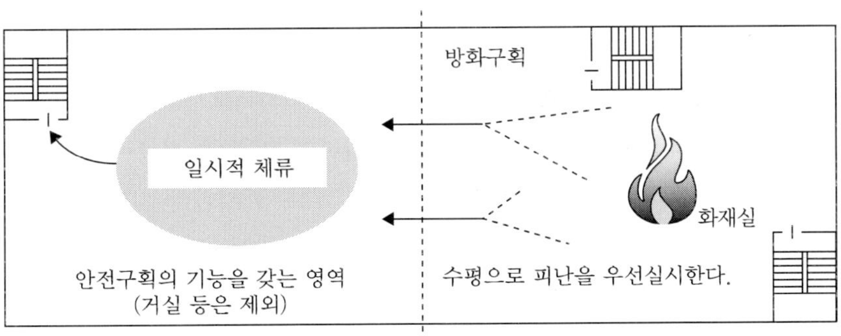

그림 7.5.6 수평피난방식의 개념 11)

병원이나 사회복시시설 등에 있어서는 재해 시에 자력으로 피난하는 것이 곤란한 재난약자가 다수 존재한다. 피난 시에는 스태프 일인당의 재난약자가 많을수록 전원이 피난 완료할 때까지의 시간은 길게 되고 야간 등 스태프가 적은 경우에는 피난하는데 많은 시간이 걸리게 된다. 여기에서 화재발생시 연기 등에 의한 영향 받는 부분을 구획시키는 대책이 필요하게 된다. 방화방연구획에 의하여 건축물의 평면을 2개 이상으로 구분하고 하나의 영역에서 출화된 화재의 영향을 다른 구역에 미치지 못하도록 한 후, 화재가 발생한 영역으로부터 다른 영역으로 피난을 행하는 것이다. 이와 같이 하면 피난해야할 재난약자를 화재가 발생한 영역에 있는 사람으로 국한시키고 피난할 장소까지도 가깝게 되므로 위험한 장소로부터의 일시적인 피난에 요하는 시간은 짧아진다(그림 7.5.7 참조). 이 수평피난방식은 방화방연구획의 폐쇄기능이 확실하다면 기타의 용도에서도 응용이 가능하다.

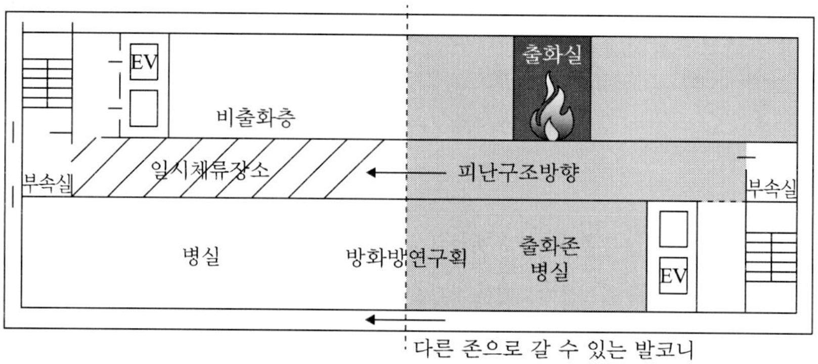

그림 7.5.7 수평피난방식과 피난에 유효한 발코니의 개념

(4) 계단의 계획

층으로부터 신속한 피난을 위하여 계단은 가능한 한 층의 모든 위치로부터 보행거리가 짧아지는 거리에 설치하여야 한다. 또한 화재에 의하여 일부의 경로가 통행되지 못하더라도 계단에 도달할 수 있도록 중복거리가 짧게 되도록 설치한다.

특히 많은 수의 피난자가 통행하는 계단은 자연스럽게 통행할 수 있는 형상으로 하여야 할 필요가 있다. 층계참의 단차, 1, 2단만의 단차 등은 단차의 존재를 인식하기 어렵기 때문에 넘어질 우려가 있으므로 절대적으로 피하여야 한다.

한편 계단은 피난시설로서 가장 기본적인 것이면서 동시에 수직으로 관통되어 있으므로 화염이나 연기가 들어오게 되면 피난이 불가능해짐과 더불어 상층부로 전파경로가 되기 때문에 2중의 중요성이 있다. 일본 건축기준법에서는 피난층까지 연속되고 있는 직통계단 중 고층이나 지하층으로 통하는 계단은 내화구조의 벽으로 둘러싸이고 출입구의 문을 차연성능이 있는 방화설비로 한 「피난계단」으로 하거나 계단 앞부분에 부속실을 설치하여 보다 안전성을 높인 「특별피난계단」으로 하여야 한다.

(5) 피난경로에서의 유동과 체류

피난경로에 병목이 있는 경우, 병목장소에 도착한 인원이 유출인원을 넘게 되면 체류가 발생한다. 체류장소에서는 보행속도가 저하되어 피난자들의 간격이 더욱 좁아지고 밀도가 상승함으로써 군집사고의 위험성이 증대한다. 따라서 「신 · 건축방재계획 지침」에서는 밀도의 한계로서 복도 등에서는 3.3 [인/m^2], 안전성이 높은 부속실 등에서는 초조함이 상당부분 저하함으로서 앞으로 한 발짝 더 나가는 정도의 5 [인/m^2]로 하여 피난계획에서 요구한 체류인수에 따른 면적이 복도나 부속실에서 확보되어 있는가를 확인하고, 그 이상으로 사람들이 밀려와서 군집밀도가 상승하지 않도록 하고 있다.

(6) 과도한 체류의 방지

피난출구 등의 병목부분으로 다수의 피난자가 쇄도한 경우, 단순화하면 반원형의 아치모양으로 형성된다. 따라서 아치부분이 붕괴되는 형태로 피난자가 유출되나 곧바로 아치모양이 형성되기 때문에 피난자가 유출되기 어렵게 되고, 군집사고로 이어진다. 이것을 막기 위해서는 아치모양이 형성되는 정도로 다수의 인원수가 몰리지 않도록 체류인수를 제한하여야 한다. 일본건축학회의 화재안전설계 지침에서는 병목폭 1 m 당 120인을 상한치로 두고 있다.

7.6 피난안전성의 평가

피난시설이 적절하게 계획되어 있는가를 평가하기 위해서는 화재성상과 피난행동을 예측하고 피난행동 중에 인간이 위험한 상태로 되지 않는 것을 확인하는 것이 바람직하다.

그때 화재성상과 피난행동 그리고 건물에 관한 여러 조건(가연물의 분포, 재실자의 속성과 재실자수의 시간변동・계절변동, 방화・방재설비의 작동신뢰성, 피난유도를 행하는 방재요원의 유무 등)에 좌우된다. 따라서 이러한 여러 조건의 설정과 시방에 의하여, 확보된 피난안전성의 정도가 상이하게 된다. 일반적으로는 가연물의 분포는 경년변화를 포함한 건물의 사용실태로서 상정된 것 중에서 화재성상이 보다 위험해지는 시기, 재실자는 피난시간이 보다 길어지는 시기, 예를 들면 연중 피크의 인원을 설정함으로서 안전측으로 평가를 실시할 수 있다.

방화・방재설비의 작동 신뢰성에 대하여는 각설비의 작동・부작동을 각각 상정함으로서 무엇보다도 화재시나리오를 상정할 수 있다. 일반적으로 안전측으로 평가되는 것으로는 설비는 모두 작동하지 않는다는 상태를 상정하는 경우도 있다. 그러나 여러 노력에 따라 신뢰성을 높이는 것도 가능하므로 그 노력으로 달성된 작동신뢰성을 고려하여 평가하는 것도 가능하다. 다시 말하면 각설비의 작동・부작동을 복합한 것 중 실제적으로 발생할 수 있는 시나리오 중 매우 낮은 시나리오는 무시하고 선택한 화재시나리오로 피난안전성을 평가하는 것이다.

지금까지 확립된 평가방법중 대표적인 것으로는 「신・건축방재계획지침」의 피난계산법에 의한 평가[11], 「건축기준법시행령에 따른 피난안전검증[10]」, 「건축물의 종합방화설계법」의 피난계산법에 의한 평가법[23] 등을 들 수 있다.

이러한 평가법은 각설비가 작동하는 것을 전제로 구축된 것이 대부분이고, 설비가 부작동 되는 사태를 보완하기 위하여 7.5 피난계획의 원칙과 방법을 노력목표로서 그 평가의 전제로 하고 있다. 그러나 예를 들면, 방화셔터의 폐쇄가 부분적으로 행하여지지 않는 등의 사태를 상정하는 등 보다 안전측의 평가를 행하는 시도도 이루어지고 있다. 이러한 평가방법의 개요를 설명한다.

(1) 「신 · 건축방재계획 지침」의 피난계산법에 의한 평가

이 평가법은 다음에 나타내는 평가기준과 계산방법에 준하여 평가하는 것으로 정의되어있다.

a) 평가기준의 개요

피난시간과 체류면적에 대하여 평가기준이 정하여져 있다.

- 피난시간 : 거실로부터 피난, 복도로부터 피난, 층으로부터 피난 각각에 대하여 목표시간을 정하여 그것보다 빠르게 피난할 수 있을 것
- 체류면적 : 피난 중에 복도 및 부속실에 체류하는 최대인수가 정하여진 밀도로 체류할 수 있을 것

본 지침에서는 피난시간과 체류상황의 양자를 평가하고 있으므로, 피난경로의 병목폭과 체류면적과 같은 피난시설용량을 평가할 수 있다. 한편, 피난시간의 기준치는 어느 정도 연기하강의 개념을 포함하고 있으나 후술하는 피난안전검증법 정도로 공학적이 아닌, 예를 들면 연기제어에 따라 피난경로의 안전성을 높인 효과를 반영하는 것은 아니다. 또한 피난시간의 산출은 그래프를 그리지 않으면 곤란한 점이 있는 반면 그래프화 함으로써 체류자수의 시각변화가 확인될 수 있다는 점은 피난안전검증법에는 없는 이점이 있다고 할 수 있다.

b) 계산방법

i) 거실피난시간

거실피난시간(T_1)은 거실로부터 전원이 대피하는 시간이다. 거실로부터 대피할 경우, 출구를 통한 군집유동으로 되고, 피난경로상에 출구와 같은 병목부분이 있으면 그 부분에서 체류가 발생한다[그림 7.6.1(a)] 출구로부터는 단위시간에 일정한 인원수정도만 유출할 수 있으므로 병목부분에서 체류의 해소시간으로 피난시간이 결정됨으로서 병목부분의 피난자전원이 그 부분을 통과하는데 필요한 시간(t_1)을 거실피난시간으로 하고 있다. 단, 피난자수에 대하여 병목부분이 거의 없고, 최대보행거리가 큰 경우에는, 보행시간의 경우가 병목부위에서 체류해소시간보다 길어짐으로서 최대보행거리의 보행시간(t_2)이 거실피난시간으로 된다[(그림 7.6.1(b)]. 이와 같은 사항을 계산식으로 나타내면 다음과 같다.

$$T_1 = \max(t_1,\, t_2)$$

$$t_1 = p/(N \cdot B)$$

$$t_2 = L/V$$

여기서, P : 병목지점(해당출구)으로부터 피난자수[α인]

N : 유동계수[인/m・초]

B : 피난경로상의 병목지점폭(해당출구폭) [m]

L : 평가하는 실의 최대보행거리[m]

V : 보행속도[m/초]

이 평가법에서는 거실피난시간(T_1)이 거실허용피난시간($_rT_1$) 이내로 되면 안전한 것으로 평가된다.

$$_rT_1 = 2\sqrt{A_1} \quad (\text{천장의 높이가 } 6\,\text{m 이상인 경우는 } 3\sqrt{A_1})$$

여기서, A_1 : 화재실의 면적[m^2]

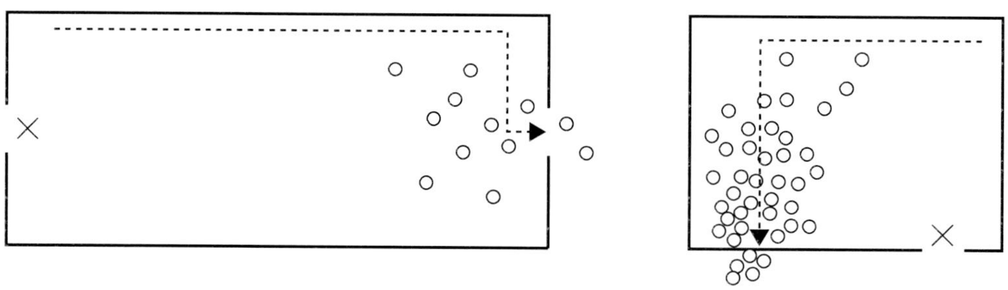

(a) 피난자수가 많고 피난거리가 긴 경우 $L/V > P/(N \cdot B)$로 될 가능성이 큼

(b) 피난자수가 많고 피난거리가 짧은 경우 $P/(N \cdot B) > L/V$로 될 가능성이 큼

그림 7.6.1 평면형상과 피난자수의 다소에 따른 거실피난시간의 경향

ii) 복도피난시간

복도피난시간(T_2)은 피난자가 화재실로부터 복도로 유입하고 나서, 그 층의 전피난자가 계단실 또는 부속실로 들어오는 시간이다. 계단입구 및 부속실입구가 병목이 되므로 그 부분의 체류해소시간이 복도피난시간의 큰 구성요소이다. 이 복도피난시간의 계산에

는 비화재실로부터 복도로 유입하는 피난자도 대상으로 하고 있으므로 비화재실로부터 복도에 어느 시점에 유입될까, 다시 말하면 비화재실의 피난개시시간을 상정할 필요가 있다. 화재실의 피난종료시간보다 약간 늦게 비화재실로부터 피난 개시하는 것으로 간주하여 비화재실의 피난개시시간(bT_o)은 화재실의 피난개시시간(T_o)의 2배로 하고 있다.

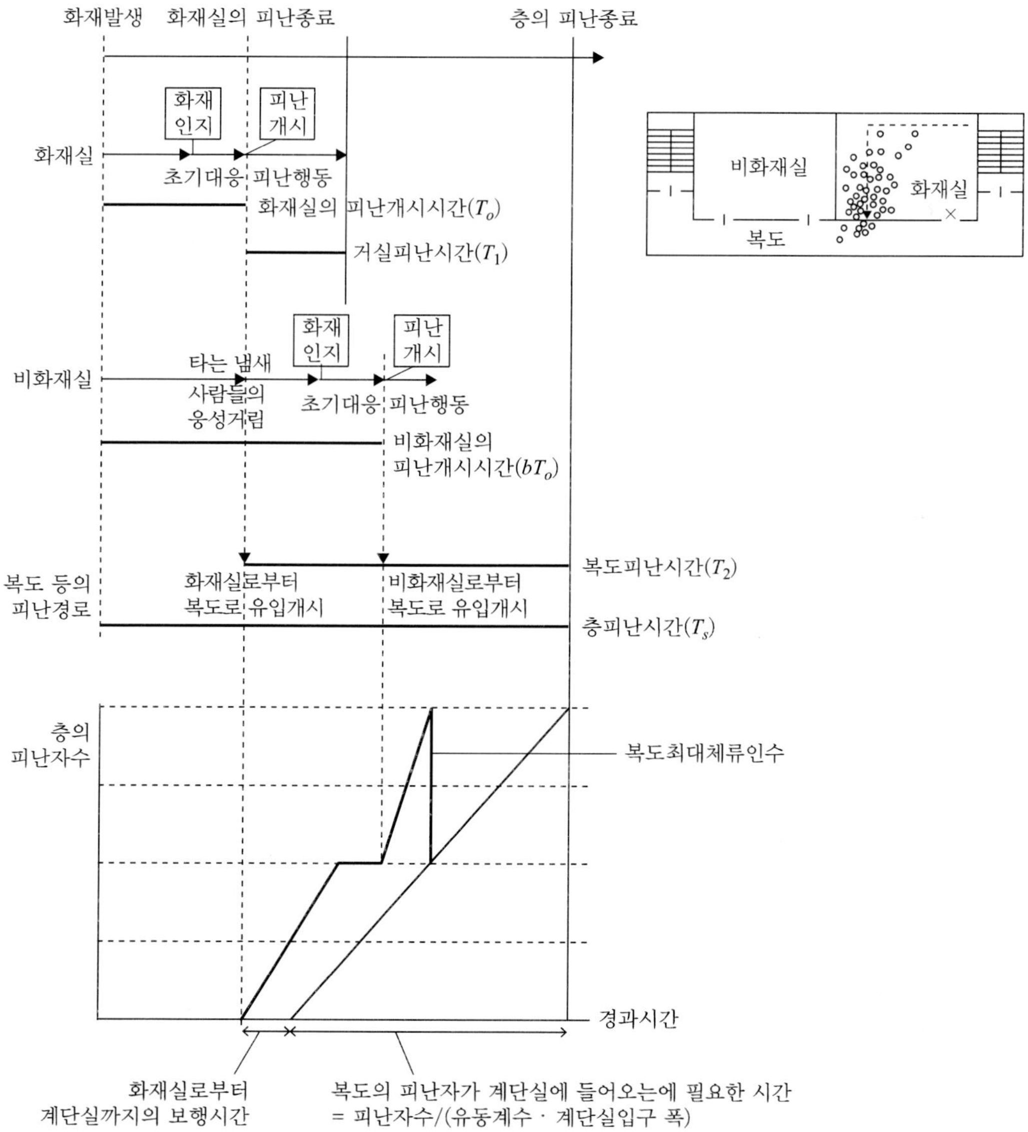

그림 7.6.2 화재발생 후의 재실자의 행동과 거실, 복도, 층피난시간, 복도체류인수 등의 관계

각 구역(화재실, 비화재실)의 피난자 등이 어느 계단을 사용할까? 각 계단을 피난경로로 설정하여 계단별로 복도피난시간을 산정한다.

그림 7.6.2에 나타낸 바와 같은 피난계산 그래프를 계단별로 작성하면 지금까지의 관계를 알기 쉽게 되고, 그래프를 보면서 계단피난시간을 산출할 수 있다.

이 평가법에서는 복도피난시간(T_2)이 복도 허용피난시간($_rT_2$) 이내이어야 한다.

$$_rT_2 = 4\sqrt{A_{1+2}}$$

여기서, A_{1+2}는 그 층의 모든 거실의 면적과 복도면적의 합계[m^2]이다.

iii) 층피난시간

층피난시간(T_s)은 출화시점부터 그 층의 피난자 전원이 계단실 또는 부속실로 피난할 때까지의 시간이다. 각 구역의 피난자가 어느 계단을 이용할까? 각 계단에 대한 피난경로를 가정하고 계단별로 피난시간을 계산한다. 그림 7.6.2로부터 알 수 있듯이 층피난시간은 출화실의 피난개시시간(T_o)에 복도피난시간(T_2)을 더한 것이다.

이 평가법에서는 층피난시간(T_s)이 허용피난시간($_rT_f$) 이내로 되는 것을 목표로 한다.

$$_rT_f = 8\sqrt{A_{1+2}}$$

이상 거실, 복도, 층에서 허용피난시간의 산정식을 나타내었다. 또한 이 평가법에서 사용되는 허용피난시간은 피난자가 거실, 복도 및 계단으로 피난하는 사이 연기유동과의 비교로 설정할 수도 있다.

iv) 체류장소의 군집밀도상승을 막기 위한 복도 및 부속실 등의 체류면적의 확보

피난계산 그래프로부터 계단이나 부속실 등 병목으로 되는 출구의 앞에서 피난군집이 체류하는 최대인원수를 정하고 피난자가 체류하는 복도나 부속실의 면적이 충분하게 확보되어 있는 지를 체크한다. 복도의 경우, 최대밀도시의 각 피난자에 필요한 공간은 0.3 [m^2/인], 부속실의 경우는 보다 안전도가 높은 공간이므로 0.2 [m^2/인]로 규정되어 있다.

(2) 「건축기준법 시행령 및 고시에 정해진 피난안전검증법」에서의 피난계산

이 검증법도 「신・건축방재계획 지침」과 마찬가지로 평가기준과 계산방법의 복합에 의하여 정의되고 있다.

a) 평가기준의 개요

피난자가 피난 중에 이 연기층에 폭로되지 않도록 안전한 장소로 피난할 수 있는 것을 평가기준으로 하고 있고, 이러한 평가기준의 평가대상을 다음의 3가지로 나누고 있다.

① 출화실로부터의 피난
② 출화층의 비화재실로부터 피난
③ 건물로부터의 피난

이 중 ① 및 ②에서는 연기층이 피난자가 존재하는 바닥면의 위쪽으로부터 1.8 m까지 하강하기 전에 피난완료하는 것으로 정하고 이것을 「층피난안전성능」이라 정의하고 있다.

③에서는 전술한 것과 더불어 수직관통공간으로 연기가 진입하기 전에 피난완료할 것으로 정하고 있다. 또한 모든 층의 층피난안전성능에 더불어 ③의 성능도 만족하는 성능을 「전관피난안전성능」이라고 정의하고 있다.

이 방법은 연기하강시간보다 피난시간이 짧은 것을 평가기준으로 하고 있고 이점은 신건축방재계획지침의 평가법과 비교하여 평가대상이 비교적 구체적이라는 것이다. 또한 이 계산방법의 이점은 실의 면적, 천장높이, 용도(가연물량, 재실자밀도), 배연량 등 건축 및 설비시방의 패러미터를 입력치로서 비교적 용이하게 평가할 수 있다.

한편으로는 간소화되었기 때문에 보다 공학적으로 분석한 경우보다 피난시간이 길고, 연기하강시간이 짧게 됨으로서 안전측인 평가방법이다. 따라서 일반적인 평가보다 매우 강도 높은 평가로 판단된다. 또한 계단배치를 밸런스 좋게 하여도 이것이 평가향상에 연결되지 못하는 점과 어느 위치에 어느 정도 체류자가 발생하는지 등의 피난상황의 정보를 얻을 수 없게 된다. 「신・건축방재계획 지침」의 방법에서는 이것을 조정하는 「설계 툴」로서 사용할 수 있으나 피난안전검증법에서는 기준에 적합할까로서의 「판정 툴」로서의 측면이 강하다.

b) 계산방법

연기하강시간과 피난시간을 계산하는 방법이 고시로 정하여지고 있다. 여기에서는 연기하강시간의 방법은 생략하고 피난시간의 산출방법의 개요를 그림 7.6.3에 나타낸다.

이 방법에서는 피난시간을 「층피난시간 + 보행시간 + 출구통과시간」으로 정의하고 있다. 「신 · 건축방재계획 지침」의 계산방법과 비교하면 피난개시시간이 부가되어 있고, 보행시간과 출구통과시간과의 큰 쪽의 시간이 아닌 양자의 합으로 되어있는 점에 차이가 있다. 또한 체류면적의 평가는 하지 않으나 체류면적의 충족률에 따라 개구부 유동계수를 변화시킴으로서 체류면적의 효과를 평가의 일부로 행하고 있다.

(3) 고도한 공학적평가를 위한 체계

특수한 화재조건이나 보다 고도한 계산모델이나 시뮬레이션을 개발하고 활용하는 경우에는 건축물의 종합방화설계법에 나타낸 후레임워크를 이용하면, 공학적 평가의 흐름은 명확하여 진다.

이 설계법은 다음의 3가지 내용으로 구성된다.

① 피난안전에 관한 다양한 기본요건과 정량적인 성능기준

② 검증을 행하기 위하여 상정해야할 화재조건

③ 화재나 피난성상을 예측하기 위한 계산모델

「신 · 건축방재계획 지침」이나 피난안전검증법도 동일한 구성으로 보이나 크게 다른 것은 양자는 평가기준과 계산방법이 하나의 세트로 되어 있으므로 그 복합으로 평가가 성립하게 된다. 이 의미에서는 양자는 절차나 법령으로서의 명확성이 높다고 할 수 있다.

①에서는 피난안전에 관한 광범위한 기준이 제시되고 있으며, 예를 들면 피난자와 연기의 관계로 말하면 다음과 같은 것을 제시할 수 있다.

- 피난자가 연기층으로부터 받는 복사열
- 한계연기층 높이
- 피난자가 엷은 연기층에 폭로된 경우의 한계치
- 피난장소의 CO_2농도

②에서는 피난자의 조건으로서 재실자밀도나 보행속도가 제시되고 또한 표준적인 화원의 발열속도가 제시되어 있다.

③에서는 피난성상예측모델이나 연기성상예측모델이 제시되어 있다. 피난성상예측모델은 「신・건축방재계획 지침」의 방법에 가깝다.

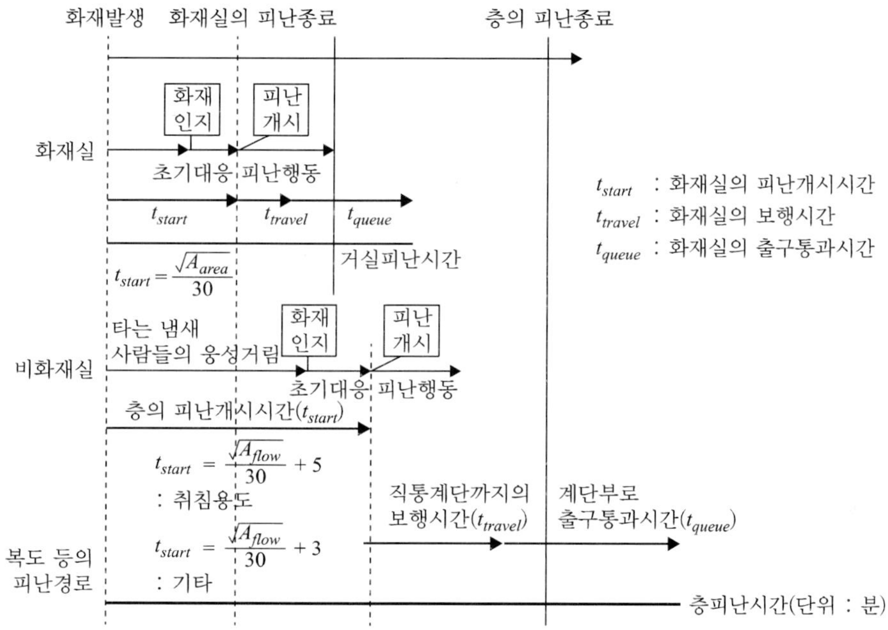

그림 7.6.3 화재발생 후 재실자의 행동과 피난안전점검증법의 거실피난시간과 층피난시간의 관계

참고문헌

1) 堀内三郎：新版建築防火，朝倉書店，1994

2) 中出聡，室崎益輝，大西一嘉：火災覚知過程および避難開始時間に関する研究（その 2），日本建築学会大会学術講演梗概集，pp. 725-726，1986

3) 室崎益輝：建築防災・安全，鹿島出版会，1993

4) 建設省南砂高層住宅火災調査委員会：南砂超高層住宅火災報告書，1990

5) 建設省：建築物の防火設計法の開発報告書，第 3 巻 避難安全設計法，1988

6) 日本建築センター：建築防災計画実例図集，1985

7) 日本建築学会：建築設計資料集成［人間］，2003

8) 小林正美，堀内三郎：オフィスビルにおける火災時の人間行動その２，日本建築学会論文報告集，No. 284，1979

9) 日本火災学会：火災便覧第 3 版，共立出版，1997

10) 国土交通省住宅局建築指導課ほか：2001 年版避難安全検証法の解説および計算例とその解説，2001

11) 日本建築センター：新・建築防災計画指針－建築物の防火・避難計画の解説書－，1995

12) 堀内三郎：新版建築防火，朝倉書店，1972

13) 秋月有紀，井上容子：個人の最大視力に対する視力比の概念の導入－個人の視力に配慮した視認能力評価における背景輝度と視距離の影響の取り扱いについて－，照明学会誌，86，11，pp. 819-829，2002

14) Yuki Akizuki，Takeyoshi Tanaka and Kohei Yamao：Calculation model for travel speed andpsychological state in escape routes considering luminous condition，smoke density and evacuee’s visual acuity，Fire Safety Science -Proceedings of the 9th International Symposium，pp. 365-376 ，2008

15) K. E. Boyce，T. J. Shields，and G. W. H. Silcock：Toward the Characterization of Building Occupancies for Fire Safety Engineering ： Capabilities of Disabled People Moving Horizontally and an Incline，Fire Technology，pp. 35-86，1999

16) 原田和典：建築火災のメカニズムと火災安全設計，日本建築センター，2007

17) 神忠久：煙中でのものの見え方，照明学会雑誌，Vol. 57，No. 3，pp. 170-175，1973

18) 神忠久：日本火災学会論文集，1969～1973

19) E. M. Killick：Physiological Response to Breathing Hot Air，Journal of Hygiene，32(3)，pp. 332-339，1932. 07

20) 長谷見雄二，重川希志依：火災時における人間の耐放射限界について，日本火災学会論文集，p. 7-14，1981

21) Yuki AKIZUKI, Shino OKUDA, Michico IWATA, and Takeyoshi TANAKA : Evaluation Method for Easy Wayfinding of Escape Routes by Configuration Factor, Study on the Visual Environment Designs for Smooth Evacuation Guidance, No. 2, 日本建築学会環境系論文集, Vol. 77, No. 674, pp. 231-239, 2012. 04
22) 日本建築学会：建築物の火災安全設計指針, 2002
23) 国土開発技術研究センター：建築物の総合防火設計法, 1988

1. 일본의 화재
2. 주요외국의 화재사례

부 록

부록 1. 일본의 화재

(1) 시로끼야 화재

1932년 12월 16일 동경 일본교에 있는 백화점 「시로끼야」는 개점 후 몰려든 연말을 위한 쇼핑객으로부터 아침부터 붐비고 있었다. 화재는 오전 9시 30분경 4층의 매장으로부터 출화되어 5층, 6층과 7층으로 연소확대되었다. 출화원인은 전구의 스파크였던 것으로 알려지고 있다. 대피할 장소를 모르는 쇼핑객들은 대부분 옥상으로 대피하였다. 통보를 받은 경시청 소방부로부터 소방차 30대 사다리차 3대 소방대 300인이 출동한 것은 물론 자위대 근위 제 3연대로부터 1개 중대와 타치가와 기지로부터 군용기 7대가 출동하여 소화와 구조를 담당한 것으로부터 그 당시의 긴박한 상황을 알 수 있다. 그러나 이와 같은 필사적인 구조활동에도 관계없이 사망자 14인 중상자 47인 경상자 44인이라는 큰 참사로 기록되었다. 사망자의 대부분은 여성점원이었고, 구조로프를 사용하여 탈출하려고 하였으나 한손으로 옷매무새를 신경쓰다보니 많은 사람들이 체중을 견디지 못하고 추락사한 것으로 알려지고 있다. 그때까지 내화건물에 대하여는 방화구획 등의 방화대책은 필요하지 않은 것으로 간주되었으나 이 화재사고를 계기로 필요성이 인식되어 1936년 피난규정을 포함한 특수건축물규칙이 제정되었다.

그림 A.1 시로끼야 화재(사진 : 마이니치 신문사)

(2) 호테이자 화재

1943년 3월 6일 일본 북해도의 극장인 호테이자에서 발생한 화재는 208인이 사망한 일본건축물화재사상 최대의 참사였다. 그러나 태평양전쟁이 악화되면서 본 화재에 대한 상세한 조사는 행하여지지 못하였다. 호테이자에서는 그날 영화회가 개최되어 730~750의 인원이 있었고 대부분은 부인들과 어린아이가 영화를 보고 있었다. 화재는 19시 10분 1층 객석 후반에 있던 영사실의 필름으로부터 출화되었다. 관객은 초기에는 영사실의 옆으로 이동하여 영화관의 출입구에 피난할 수 있었으나 화재의 급속한 확대에 따라 피난경로가 막힘으로서 208명이 연기에 질식과 화염으로 희생자가 매우 컸던 화재사례이다.

(3) 가나이 빌딩 화재

1966년 1월 9일에 일본 가와사키시의 지하 1층 지상 6층 건축면적 약 200 m^2의 다중이용업소에서 화재가 발생하였다. 지상으로부터 2층은 커피숍, 창고 및 오락실 등이었고, 3층과 4층은 일부가 관통되어 카바레로 이용되었고, 5층과 6층은 사무소와 주택 그리고 옥상에는 프리해브주택이 위치하고 있었다. 오전 1시경에 3층 갱의실에서 화재가 발생하였고, 원인은 담뱃불에 의한 것으로 추정되고 있다. 수직관통구획은 설치되지 못하였고, 내장은 대부분이 가연성으로서 3층과 4층은 전소, 5층은 반소의 화재피해를 입었다. 연기는 3층으로부터 계단실을 통하여 급속하게 상승하였다.

모두 영업종료 후였기 때문에 손님은 없었다. 4층 카바레에 종업원 17인이 있었으나 그중 1명이 발견하였고, 몇 명인가 소화를 실시하였으나 실패한 후 빌딩 내의 다른 사람들이나 소방대에 연락도 하지 않은 채 피난하였다. 5층 이상에는 사장가족과 종업원 20명이 남아있었다. 1명은 피난할 수 있었으나 7명은 옥상에 남아있는 상태였다. 소방의 사다리차를 펼쳤으나 12 m까지였고 그들이 있는 곳은 23 m 정도로 도달할 수 없었다. 그 후 인접빌딩으로부터 로프를 던져 7명을 구조하였다. 그림 A2에는 로프를 전달하여 피난하는 피난자를 촬영한 것이다. 다른 층에 있던 12명은 일산화탄소로 인한 중독으로 사망하였다.

이 화재 이후 가와사키시의 소방국에는 31 m급의 사다리차가 배치되었고, 전국에서 최초로 소방특별구조대가 설치되었다. 또한 이외에도 여관화재(1968년 고베시), 호텔화재(1968년 코우리야마시) 등이 있고 1970년까지 소방법 및 건축기준법이 개정되어 방화관리, 방염규제, 수직관통구획, 내장제한, 배연시설, 비상용조명장치, 비상용진입구 및 비상용승강기 등에 관한 규정이 제정되었다.

그림 A.2 가나이 빌딩 화재

(4) 센니치 백화점 빌딩화재

오오사카시 센니치마에에 있는 센니치 백화점건물은 백화점이기는 하나 당시의 사용실태는 다중이용시설이었고, 최상층인 7층에는 카바레가 있었다. 1972년 5월 13일의 22시 30분경 3층의 부인복매장에서 발생한 화재는 2~4층으로 연소확대 되었다. 당시에는 3층에서 개수공사가 있었으므로 출화원인은 작업관계자의 담배 등으로 조사되었다. 밤에 발생한 화재이고 매물객은 없었으므로 백화점부분에서는 사망자는 발생하지 않았다.

다수의 사망자가 발생된 곳은 7층의 카바레였다. 수직관통구획이 불완전하였기 때문에 화재의 연기가 덕트샤프트, 엘리베이터 샤프트 등을 통하여 7층으로 대량 유입되었고 피난경로로 사용되어야 할 계단이 대부분 역으로 연기의 침입경로가 되었다. 카바레는 가스실과 같은 상태였을 것으로 추정되었다.

더 나아가 피난계단으로 갈 수 있는 비상구의 문은 커튼으로 가려져 있었고, 보안실의 담당자로부터 화재에 대한 정보전달이 소방서에는 전달되었으나 7층에는 전달되지 않음으로써 피해를 키운 원인으로 되었다.

당시 카바레는 손님과 호스티스, 밴드 및 종업원 등 212인이 있었으나 침입한 연기로 질식하거나 창문으로 뛰어내려 추락사하여 사망자 118인 부상자 81인 등 카바레에 있던 사람들의 대부분은 사상되는 대참사로 되었다. 그림 A3은 카바레 내의 사체의 분포(○ : 남, ● : 여)를 나타내고 있으나 사체의 대부분은 실의 구석 및 창 주변에 몰려있었다. 사람들이 출구를 찾고 신선한 공기를 구하고자 한 흔적들이 발견되었다.

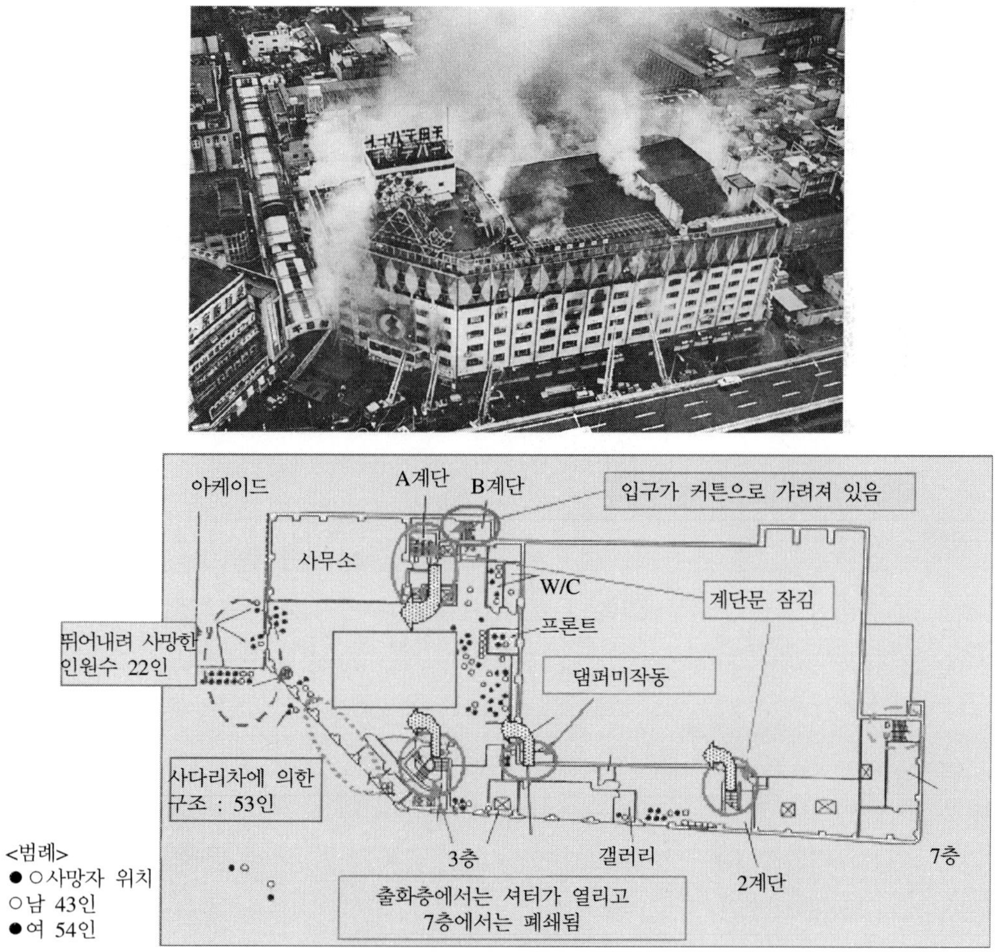

그림 A.3 센니치 백화점 빌딩화재(사진 : 마이니치 신문사)

(5) 타이요 백화점 화재

센니치 백화점빌딩화재에 이어 그 다음 해인 1973년 구마모토시의 타이요 백화점 화재가 발생하였다. 11월 29일 13시 15분경, 2층으로부터 3층에 걸쳐 계단참 부분에 쌓여있던 상품으로부터 출화되어 3~9층으로 연소확대되었다. 계단실 및 방화문의 주변에 많은 상품이 쌓여있었기 때문에 방화문 및 셔터의 대부분이 폐쇄되어 있지 않았기 때문에 연기나 화염이 상층부로 확대되는 것을 막을 수 없었다. 더 나아가 개장공사 중이었기 때문에 피난시설이 일부 사용이 불가하였기 때문인 것도 피난의 장해원인으로 조사되었다.

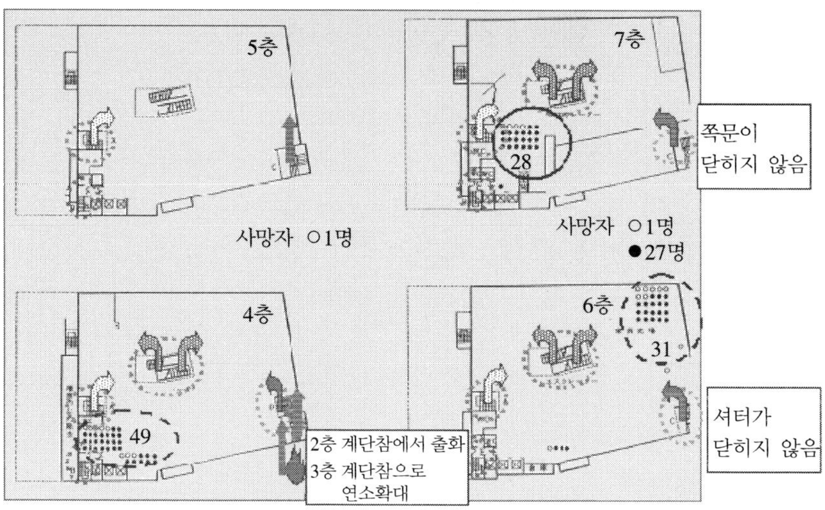

그림 A.4 타이요 백화점 화재

출화 시 점내에는 합계 1,166인의 재실자가 있었고 그 중 사망자가 103인, 부상자가 121인이라는 많은 희생자가 발생되었다. 사망자는 특히 4층 , 6층 및 7층에 집중되어 있으며 각 층에서는 30~40인이 계단 부근 및 실의 구석 한군데에 모여 사망한 특징이 있었다. 다행히 5층에는 사망자는 발생하지 않았다. 이것은 5층에서는 피난유도가 적절히 행하여진 것으로 보이고, 또한 그림 A4에서 보이는 바와 같이 이층에서는 수직관통구획이 비교적 잘 기능하여 연기의 침입이 상대적으로 미약했던 것이 원인으로 판단된다. 이것이 적절한 피난유도가 가능한 여유를 준 것으로 판단되었다.

또한 창으로부터 분출된 화염은 대부분의 건물전체를 감쌌고 점내에서는 농연이 가득 차 있었으므로 소방활동이 어려워져서 진화될 때까지 8시간이나 걸린 화재사고였다.

(6) 가와지 프린스호텔화재

가와지 프린스호텔은 4층으로서 철골조본관과 증축된 2층의 방화목조신관이 연결된 복잡한 건물이었다. 화재는 1980년 11월 20일 15시 10분경 신관 1층인 목욕탕부근에서 출화된 것으로 보이나 당시는 고령자의 단체손님 100인이 도착하여 본관 3층과 4층에서 휴식 중이었다. 이 화재에서는 자동화재탐지설비는 작동되었으나 종업원의 화재발견이 늦었고, 또한 숙박객들은 오보라고 생각하여 피난이 지연되었으며 인지한 경우에는 2개의 계단으로부터 연기가 올라오고 있었으므로 대피할 수가 없게 되었다. 3층의 숙박객은 바로 2층의 지붕이 약간 튀어나온 부분이 있었으므로 그 부분으로 지상으로 뛰어내리거나 그 부분에서 구조되었다. 그럼에도 10인이 사망하였다. 조건이 좋지 못했던 4층의 경우에는 49인 중 30인이 사망하였고 11인이 부상으로 입원하게 되었다. 이 화재로 인하여 최종적으로 45인이라는 일본호텔화재에서 최악의 사고였다.

그림 A.5 가와지 프린스호텔 화재(사진 : 마이니치 신문사)

(7) 호텔 뉴재팬 화재

호텔 뉴재팬은 동경도심에 입지하는 10층 건물로 국제관광호텔이었다. 출화는 1982년 2월 8일 화원은 9층 객실에서 숙박객의 담배가 원인이었던 것으로 조사되었다. 화재는 9층과 10층이 각 2000 m^2 전후 그리고 8층도 약간 연소하였다. 특이한 것은 출화시각을 모르는 것이다. 화재감자기도 작동을 하지 않았고 소방으로 최초로 통보한 것은 오전 3시 39분에 행하여졌다. 호텔의 관리자가 화재를 인지한 것은 그 후로 조사되었다.

당시 9층과 10층에는 104인의 숙박객이 있었다. 출화실의 객이 피난 시에 문을 열어버린 채로 대피하였으므로 많은 객이 화재를 인지하였을 때에는 복도에 고온의 연기로 가득 차있었으므로 대피할 수 없었다. 결과적으로 각 실이나 복도에서 연기에 질식되어 혹은 창으로부터 뛰어내려 32인이 사망하는 비참한 결과로 되었다. 대피할 수 있었던 경우는 대부분 배수관 또는 창에 연결시킨 시트에 매달려 내려오거나 소방대의 로프에 매달리는 것과 같은 죽을 각오로 행한 기적적인 과정으로 대피할 수 있었다.

여기에서 숙박객에도 외국인도 많았고 32인의 사망자 중 22인은 한국과 타이완 등 외국으로부터 온 관광객이었다. 따라서 국제화에 따른 피난계획 및 유도도 일본어를 모르는 외국인의 존재도 고려할 필요성이 인식된 화재였다.

이 화재에서는 연소확대에서도 특이한 점이 있었다. 그 원인의 하나로서 객실간의 콘크리트블록에 의한 방화구획벽이 창부분에서 떨어져있는 것이 지적되었다. 이 결락부분은 합판 등으로 시공하고 통상시의 차음 등에 관해서는 문제없는 상태였으나 화재 시에는 구멍이 뚫린 것과 같은 상태였다.

그림 A.6 호텍 뉴재팬 화재(사진 : 마이니치 신문사)

(8) 신주꾸 가부끼쵸 다중이용업소 화재

일본최대의 환락가인 신주꾸 가부키쵸의 명성 56빌딩인 다중이용업소에서 2001년 9월 1일에 발생한 이 화재는 소규모인 건물화재임에도 불구하고 사망자가 44인, 부상자 3인이 발생한 참사였다. 화재건물은 음식판매 등을 하는 다중이용업소로서 4층 건물이나 각 층의 바닥면적도 80 m^2 정도로 매우 작고 계단도 하나만 있었다. 출화원인은 방화로서 착화방법은 상세한 정보는 없으나 계단실의 3층 바닥부분에 쌓여있던 맥주의 플라스틱케이스가 주요한 가연물이었다. 또한 계단실에는 다양한 가연물이 놓여있던 것으로 조사되었다. 출화장소는 3층의 마작점의 입구 문 앞이었고, 4층의 음식점은 개방상태였다. 이 때문에 희생자는 3층과 4층에 집중되었고, 각층에서 연기의 침입을 인지한때에는 피난할 수가 없었을 것으로 조사되었다.

이 화재로 인하여 다중이용업소의 방화관리가 강화됨과 동시에 피난계단 및 방화설비가 부족한 소규모건물의 방화대책의 어려움이 큰 이슈로 되었다.

(9) 오사카시 비디오방 화재

2008년 10월 1일 오사카에 있는 다중이용업소인 개별 비디오방에 방화사건이 발생하여 사망자 15명, 부상자 10명(그 중 1명은 48시간 경과 후 사망)한 참사였다.

오전 2시 50분경, 254 m^2의 동점포 내에 있던 32개의 실 중 하나의 실에서 티슈 페이퍼박스에 방화되어 의자에 연소확대됨으로써 복도 및 다른 개별실로 연기가 확산된 것으로 조사되었다. 소실바닥면적은 37 m^2로 비교적 적고, 개별구역으로부터 외부로의 출구가 하나밖에 없으며 내부의 복도는 좁고 복잡하였고 이용자의 대부분이 취침상태였다는 것이 주요원인으로서 출화된 실보다 안쪽에 있던 이용객의 대부분이 연기에 휩싸여 일산화탄소중독으로 사망하였다.

이 화재가 발생당시 종업원에 의한 적절한 피난유도가 행하여지지 못한 점, 관리인(겸 방화관리자) 이 화재탐지기의 소리를 오작동으로 인식하여 바로 정지시킨 점 등 방화관리상의 문제 외에도 배연설비 및 비상용조명의 미설치가 건축기준법에 위반한 것으로 조사되었다, 스프링클러설비의 법적설치의무는 없었다.

출화원인은 방화였고 예상할 수는 없었지만 최근 다중이용시설에서의 화재에 의한 참사는 매우 많고 건물 내부가 밝지 못한 상태에서 손님이 이용하는 용도의 경우 방화관리의 철저와 더불어 피난시설들에 대한 보완이라고 하는 소프트와 하드 양면으로부터 대책이 강구될 필요가 있다는 것이 과제가 된 사례였다.

부록 2. 주요외국의 화재사례

(1) 부르클린 극장화재

화재는 1876년 12월 미국 뉴욕시의 부르클린극장에서 연극상연 중에 무대 뒷부분에서 발생하였다. 당시 극장 내에서는 1000인의 관객이 있었고, 그중 500인이 발코니석에 있었으나 희생자는 주로 발코니석에 있던 관객이었다. 화재를 인지한 관객이 패닉현상으로 비명을 지르며 출구로 쇄도하였다. 인기여배우인 크라스톤양은 관객을 안심시키기 위하여 필사적으로 노력하여 무대가 불길에 휩싸이기 직전까지 연기를 계속하였으나 충분한 효과도 없었고 발코니석의 관객은 계단으로 집중되어 움직일 수 없는 사이에 불길은 확대되어 296인이 그곳에서 사망하였다. 후의 사고조사에서 알 수 있었던 것은 관객들이 패닉이 없었다면 전원 무사히 피난하는데 충분한 여유가 있었던 것으로 조사되었다.

(2) 이로코와 극장화재

1903년 12월 30일에 발생한 미국 시카고시의 이로코와 극장화재는 미국 화재사상 가장 큰 희생자가 발생한 건축화재였다. 이 화재의 사망자는 602명이고 부상자는 250인 이상이었다. 그날은 수용정원인 1625인을 넘는 1850명의 관객이 입장하였고 그중 약 200인이 통로측에 앉거나 서거나 하면서 관람하고 있었다. 또한 무대에는 275인의 출연자가 있었다.

화재는 아크라이트조명의 퓨즈가 절단되어 무대막에 인화됨으로써 발생한 것으로 조사되고 있다. 무대상에서는 소화기 등을 사용하여 소화가 시도되었으나 착화된 위치가 높아서 화재가 쉽게 확대되어 일반관람석으로부터도 화염이 보이게 됨으로서 화재다라는 외침과 동시에 관객이 동시에 피난함에 따라 일시에 출구로 모여들기 시작하였다.

무대에서는 아스베스토 커튼을 폐쇄하고자 노력하였으나 조명기구로 인하여 도중까지만 닫을 수 있었다. 그중 무대 뒤의 비상구가 피난을 위하여 개방되었고, 또한 관객석의 천장의 배연구가 열려있었기 때문에 비상구로부터 강풍이 불어와 연기가 관객석으로 유입되었다. 또한 화세도 급격히 강하게 되어 대량의 연기와 화염이 객석부분으로 유입되었다.

602인의 사망자중 약 70%가 천장관람석 있던 관객이었고, 기타는 발코니석의 관객이었다. 1층석의 사망자는 비교적 적었다. 사체의 대부분은 발코니석으로부터 주출입구로 통하는 회랑에 인접하는 통로 중에 삼중 사중으로 쌓여 발견되었다.

(3) 트라이앵글사 화재

트라이앵글사는 뉴욕시의 10층 임대건물 중 8층부터 10층을 빌려 셔츠봉제공장을 하고 있었고 당시로서는 일반적이었다.

1911년 3월 25일 8층에서 발생하여 빠른 속도로 확대되었다. 옥내시설은 작고 더구나 나선계단이었기 때문에 많은 사람이 피난에 적합하지 못하였다. 옥외계단은 빗물로 인하여 열화된 상태였으나 피난자가 쇄도하여 붕괴됨으로서 자상으로 추락하였다. 종업원은 젊은 이민자의 자녀였으나 결과적으로 145인이 화염으로 사망하였고, 30 m 아래의 보도로 떨어져 추락사 하였다. 그 중에는 소방대의 구조망에 구조되었으나 망이 찢어짐으로써 사망한 불운한 자도 있었다.

본 트라이앵글사의 화재는 이로코와 극장 화재와 더불어 미국의 인명안전위원회에서 피난기준의 검토의 계기가 된 사례이고 특히 계단용적의 기준으로 본 화재의 교훈이 큰 영향을 미치게 되었다.

(4) 코코넛그룹 화재

코코넛 그룹은 마국 보스톤시에 있던 당시의 전형적인 나이트클럽으로서 지상 1층 지하 1층의 벽돌조 건물이었다. 화재가 일어난 1942년 11월 28일은 토요일이었고, 수용정원 600인인 클럽에 1000명이나 모여 춤을 추고 있었다,

화원은 확정되지 못하였지만 그림 A.7에 보이는 지하의 멜로디라운지에 장식되어 있던 모조수목의 근방으로 조사되었다. 클럽의 내장은 가연성이었으므로 화재는 급속하게 확대되었다. 주요한 피난구는 클럽의 출입구였으나 회전문이었기 때문에 빠른 피난이 될 수 없었고 약 200여 명이 이 앞에서 사체로 발견되었다. 기타 반 정도 열린 비상구가 하나 더 있는 정도였고 그 외는 전부 잠기어 있었다.

이 화재의 결과 북미 중의 법규가 개정되어 모든 실에서 2개 이상의 피난출구를 가능한 한 분리하여 설치할 것과 또한 피난출구의 수도 수용인원의 증가에 따라 600인 이상

인 경우에는 3개소, 1000인 이상인 경우에는 4개소 이상 설치하는 것 등의 규정이 도입되었다.

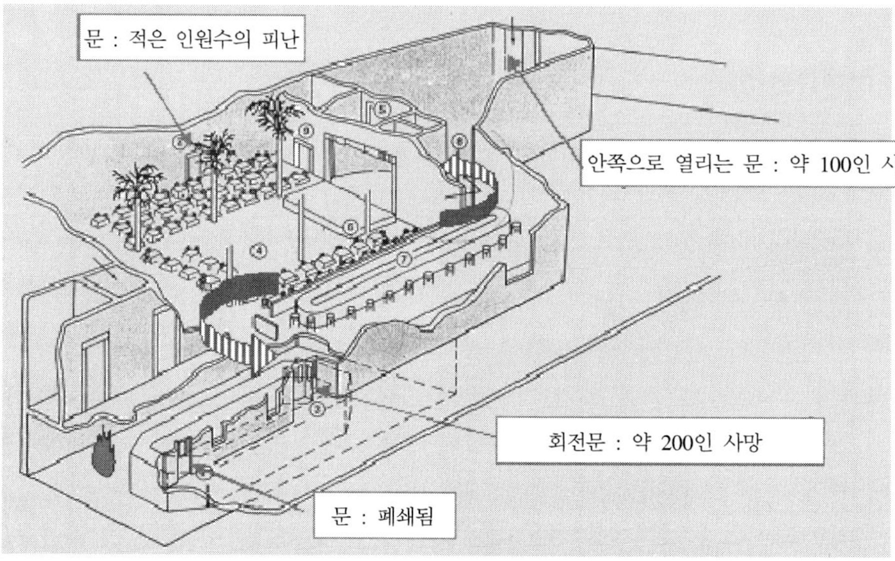

그림 A.7 코코넛그룹 화재(보스톤, 1942)

(5) 조에르마 빌딩화재

1974년 2월 1일 브라질 상파울로시의 26층 빌딩인 조에르마 빌딩에서 발생한 화재는 사무소빌딩화재사례로서 세계 최대이다. 원인은 공조기의 고장으로 조사되었고 화원인 12층부터 30분 사이에 26층까지 연소확대되어 빌딩전체가 타버리는 듯한 화재로 진전되었다. 오전 8시 30분경 출화되었기 때문에 건물에는 600인 정도만 있었으나 그럼에도 불구하고 사망자 188인 부상자 354인이 발생하는 참사로 되었다.

출화층의 직상인 14층(13층은 크리스트교회에서 좋지 못한 수이기 때문에 존재하지 않음) 사람들은 겨우 대피할 수 있었으나 15층 이상에서는 많은 사람이 화염을 피하여 옥상으로 대피하였다. 그러나 건물을 둘러싼 열과 연기는 옥상도 안전한 대피장소가 아니었다. 이건물의 옥상은 코아부분이므로 2개로 나뉘어져 있었고, 바람이 불어오는 상류측 코아부분으로 대피한 20여명은 살 수 있었으나 하류측 코아부분으로 대피한 모든 사람들은 전멸하였다. 옥상에서는 헬리콥터에 따른 구출도 시도되었으나 강한 상승기류 때문에 실효를 걷을 수는 없었다.

옥상으로도 대피할 수 없었던 사람들은 발코니 쪽으로 대피하였으나 결국 버티지못하고 뛰어내려 사망하는 사람들도 많았다. 그 당시 추락하는 순간이 영상으로 전세계에 방송되어 신문에서는 「죽음의 다이빙」이나 「죽음으로의 탈출」이라는 타이틀로 보도되어 온 세계에 충격을 주었다.

브라질에서는 1972년에도 31층 건물인 안드라우스 빌딩의 2층에서 출화되어 순식간에 최상층까지 연소확대되어 건물전체가 맹렬한 불로 둘러싸인 믿지 못할 화재가 있었다. 이때의 화재사망자는 16인 이었고, 500인 이상이 머물러있던 계단실에는 강풍에 의한 급기가 압된것과 같은 동일한 효과가 있어 연기침입을 막을 수 있었던 행운이 있었다. 이와 같은 극심한 화재 시 계단실이 보호되면 희생자가 최소한으로 될 수 있는 가능성이 있다는 것을 증명해준 사례였다.

(6) MGM그랜드호텔화재

MGM그랜드호텔은 미국 라스베가스시에서 최대급이고 최고급이면서 전체 미국에서도 제2위의 규모를 자랑하는 26층의 고급호텔로서 엘리베이터 계단 등을 포함한 중앙의 코아로부터 좌우 및 수직으로 거의 동일한 길이로서 객실층이 뻗어있는 T자형의 계획으로 되어있다. 본 호텔에서는 5층으로부터 25층까지 2076실의 객실이 있고 또한 116 m × 336 m 넓은 저층부에는 다수의 점포, 영화관, 옥내주차장, 경기장, 43 m × 130 m의 카지노, 레스토랑, 쇼룸 및 콘벤션센타 등이 있다.

1980년 11월 21일 오전 7시 10분 1층의 경양식집으로부터 출화된 화재는 내장이 가연성이었던 카지노의 천장을 급속하게 확대되어, 엘리베이터 및 계단과 기타의 수직관통공간을 통하여 상부호텔로 확대되었다. 당시의 호텔에서는 숙박객과 종업원을 합하여 약 6000명이 있었으나 화재경보가 작동하지 않은 것도 있었지만 화재를 늦게 인식함으로써 자신의 방으로 들어온 연기와 냄새를 통하여 겨우 화재인지를 하는 정도였다. 또한 소방대의 헬리콥터소리나 라디오 혹은 텔레비전방송을 통하여 처음으로 자신이 숙박하는 호텔의 화재를 인지한 사람도 많았다고 한다. 이 화재에서 84인이 사망하였으나 그 중 18인이 카지노부분에서 사망하였고, 6인은 엘리베이터 내부에서 사망하였고, 1인은 창으로부터 추락사였다. 다르 59인의 사체는 20～26층 부분의 객실과 복도 및 계단 등에서 발견되었으나 사인은 질식 또는 일산화탄소 중독이었다. 또한 679인의 부상자 중 132인은 소방대원이었다.

호텔 내의 사람들의 구출은 계단을 통하여 이루어졌으나 6개의 계단은 연통과 같은 상태가 되어 연기로 충만하였기 때문에 구출은 곤란한 상태로서 전원이 구출 완료된 시점은 이미 정오를 지난상태였다.

(7) 산티카 디스코클럽화재

2009년 1월 1일 0시 30분경, 타이방콕의 디스코클럽에서 화재가 발생하였다.

당시 디스코클럽에서는 신년의 카운트다운 라이브콘서트로서 연주가 행하여지면서 무대 위로 불꽃을 쏘아 올렸다. 이 불꽃이 천장의 흡음재에 착화되면서 급속하게 연소확대되었다. 본 건물은 클럽건물이었으나 실제로는 상업주택으로서 당국에 신고 되어 있는 구조물로서 불법적인 용도로 사용되는 건축물로서 충분한 방화대책이 이루어지지 않은 구조물이었다. 또한 400명 정원이었으나 1000명 이상의 관객이 입장하게 되었고 피난 시에는 혼란이 극심하였으므로 본 화재로 인하여 사망자 66명, 부상자 236명의 대참사로 되었다.

화재발생 시 많은 관객이 화재를 쇼로 오인하여 화재라는 것을 인지하는데 매우 늦었고, 어떠한 피난유도도 없었으며 초기에 천장의 샹들리에가 떨어져 피난자들이 깔리는 사고가 있었고 정전으로 조명이 나가버리는 등 피난상 중대한 지장이 컸던 화재사고였다. 또한 본 화재에서는 출입구 근처의 1층 디스코플로우와 2층 객석으로부터의 계단의 합류하는 부분에 피난자가 쇄도함으로써 실제적으로 그 부분에서 많은 사망자가 발견되어 건물의 평면계획에도 문제가 많았던 화재사례였다.

그림 A.8 다수의 사망자가 발견된 디스코클럽 층으로부터 출입구로의 계단

▌찾아보기 ▌

▌나▐

▌다▐

▌라▐

▌마▐

▌바▐

▌사▐

▌자▐

▌차 ▌

▌카 ▌

ABC

PBD를 위한

건축물의 연기제어 계획지침

정가 29,000원

발 행 2019년 3월 10일 초판 1쇄

저 자 일본건축학회

역 자 한국화재소방학회

발행처 도서출판 동화기술

경기도 파주시 광인사길 201(문발동, 파주출판도시)

Tel (031)955-4211~6 donghwapub@nate.com

Fax (031)955-4217 www.donghwapub.co.kr

(등록) 1977년 12월 19일/9-16호

Printed in Korea

ISBN 978-89-425-9199-2